“十三五”国家重点图书出版规划项目 | 城市安全风险管理丛书

城市水安全风险防控

Risk Prevention and Control of Water Security in Urban Areas

白廷辉 主 编　胡 欣 伍爱群 副主编

图书在版编目(CIP)数据

城市水安全风险防控 = Risk Prevention and Control of Water Security in Urban Areas/白廷辉主编.--上海:同济大学出版社,2018.11
(城市安全风险管理丛书)
"十三五"国家重点图书出版规划项目
ISBN 978-7-5608-8196-6

Ⅰ.①城… Ⅱ.①白… Ⅲ.①城市用水—水资源管理—安全管理—研究—中国 Ⅳ.①TU991.31

中国版本图书馆 CIP 数据核字(2018)第 248788 号

"十三五"国家重点图书出版规划项目

城市安全风险管理丛书

城市水安全风险防控

Risk Prevention and Control of Water Security in Urban Areas

白廷辉 主编 胡 欣 伍爱群 副主编

出 品 人: 华春荣
策划编辑: 高晓辉 吕 炜 马继兰
责任编辑: 高晓辉
助理编辑: 宋 立
责任校对: 徐春莲
装帧设计: 唐思雯

出版发行 同济大学出版社 www.tongjipress.com.cn
(上海市四平路 1239 号 邮编:200092 电话:021-65985622)
经 销 全国各地新华书店、建筑书店、网络书店
排版制作 南京新翰博图文制作有限公司
印 刷 上海安兴汇东纸业有限公司
开 本 787mm×1092mm 1/16
印 张 24.25
字 数 605 000
版 次 2018 年 11 月第 1 版 2018 年 11 月第 1 次印刷
书 号 ISBN 978-7-5608-8196-6
定 价 120.00 元

内容简介

本书在近年来国家实施最严格的水资源管理制度、水生态文明建设、全面推行河长制、海绵城市建设的背景下,对城市水安全风险管理理论与实践进行了系统地阐述与总结,构建城市水安全风险管理框架体系(组织、内容、措施)。重点论述我国城市实现水安全的风险管理多元共治与精细化管理机制;分别对城市防汛、城市供水和水生态环境三方面展开风险识别与评估、预警与防控的分析与讨论;结合防汛保险制度、供水保险管理、智慧水务等多方面的创新与探索实例,展示城市水安全风险管理最前沿的研究与实践成果。

本书是城市决策者、管理者及相关技术人员了解、学习和掌握风险管控知识的必备读物,尤其为城市水务行业与企业的管理与相关从业人员提供理论与技术指导。

作者简介

白廷辉

男,1967 年 2 月生,工学博士,教授级高级工程师,同济大学博士生导师。现任上海市水务局(上海市海洋局)局长、党组书记。曾任上海市市政局总工程师助理,上海地铁总公司副总工程师,地铁盾构公司经理,上海城市轨道交通建设有限公司总经理,上海地铁建设有限公司副总经理、总工程师,上海申通集团有限公司总工程师,上海申通地铁集团有限公司总工程师、副总裁等职。

“城市安全风险管理丛书”编委会

《城市水安全风险防控》编撰人员

主　　编　白廷辉

副 主 编　胡　欣　伍爱群

编　　撰　（按姓氏笔画排序）

刁春晖　王　莉　王　静　王景成　孔令婷　田利勇
白晓慧　朱慧峰　刘新成　刘曙光　李　松　李　娜
李　琛　邱绍伟　邱皓廷　何建兵　汪瑞清　沙治银
张　东　张　洪　张平允　陈　升　陈　峰　陈　嫣
周逸岑　郑怡如　赵　欣　赵　鉴　胡传廉　胡群芳
钟桂辉　娄　厦　袁　悦　贾卫红　顾家悦　徐贵泉
唐建国　谈　祥　梅晓洁　崔　冬　舒诗湖　童　俊
赫　磊　蔡小芬　谭　琼　谭学军　魏源源

总序

浩荡40载，悠悠城市梦。一部改革开放砥砺奋进的历史，一段中国波澜壮阔的城市化历程。40年风雨兼程，40载沧桑巨变，中国城镇化率从1978年的17.9%提高到2017年的58.52%，城市数量由193个增加到661个(截至2017年年末)，城镇人口增长近4倍，目前户籍人口超过100万的城市已经超过150个，大型、特大型城市的数量仍在不断增加，正加速形成的城市群、都市圈成为带动中国经济快速增长和参与国际经济合作与竞争的主要平台。但城市风险与城市化相伴而生，城市规模的不断扩大、人口数量的不断增长使得越来越多的城市已经或者正在成为一个庞大且复杂的运行系统，城市问题或城市危机逐渐演变成了城市风险。特别是我国用40年时间完成了西方发达国家一二百年的城市化进程，史上规模最大、速度最快的城市化基本特征，决定了我国城市安全风险更大、更集聚，一系列安全事故令人触目惊心，北京大兴区西红门镇的大火、天津港的"8・12"爆炸事故、上海"12・31"外滩踩踏事故、深圳"12・20"滑坡灾害事故，等等，昭示着我们国家面临着从安全管理1.0向应急管理2.0及至城市风险管理3.0的方向迈进的时代选择，有效防控城市中的安全风险已经成为城市发展的重要任务。

为此，党的十九大报告提出，要"坚持总体国家安全观"的基本方略，强调"统筹发展和安全，增强忧患意识，做到居安思危，是我们党治国理政的一个重大原则"，要"更加自觉地防范各种风险，坚决战胜一切在政治、经济、文化、社会等领域和自然界出现的困难和挑战"。中共中央办公厅、国务院办公厅印发的《关于推进城市安全发展的意见》，明确了城市安全发展总目标的时间表：到2020年，城市安全发展取得明显进展，建成一批与全面建成小康社会目标相适应的安全发展示范城市；在深入推进示范创建的基础上，到2035年，城市安全发展体系更加完善，安全文明程度显著提升，建成与基本实现社会主义现代化相适应的安全发展城市。

然而，受制于一直以来的习惯性思维影响，当前我国城市公共安全管理的重点还停留在发生事故的应急处置上，突出表现为"重应急、轻预防"，导致对风险防控的重要性认识不足，没有从城市公共安全管理战略高度对城市风险防控进行统一谋划和系统化设计。新时代要有新思路，城市安全管理迫切需要由"强化安全生产管理和监督，有效遏制重特大安全事故，完善突发事件应急管理体制"向"健全公共安全体系，完善安全生产责任制，坚决遏制重特大安全事故，提升防灾减灾救灾能力"转变，城市风险管理已经成为城市快速转型阶段的新课题、新挑战。

理论指导实践，"城市安全风险管理丛书"(以下简称"丛书")应运而生。"丛书"结合城市安全管理应急救援与城市风险管理的具体实践，重点围绕城市运行中的传统和非传统风险等热点、痛点，对城市风险管理理论与实践进行系统化阐述，涉及城市风险管理的各个领域，涵盖城市建设、城市水资源、城市生态环境、城市地下空间、城市社会风险、城市地下管线、城市气象灾害以及城市高铁运营与维护等各个方面。“丛书”提出了城市管理新思路、新举措，虽然还未能穷尽城市风险的所有方面，但比较重要的领域基本上都有所涵盖，相信能够解城市风险管理人士之所需，对城市风险管理实践工作也具有重要的指南指引与参考借鉴作用。

“丛书”编撰汇集了行业内一批长期从事风险管理、应急救援、安全管理等领域工作或研究的业界专家、高校学者，依托同济大学丰富的教学和科研资源，完成了若干以此为指南的课题研究和实践探索。“丛书”已获批“十三五”国家重点图书出版规划项目并入选上海市文教结合“高校服务国家重大战略出版工程”项目，是一部拥有完整理论体系的教科书和有技术性、操作性的工具书。“丛书”的出版填补了城市风险管理作为新兴学科、交叉学科在系统教材上的空白，对提高城市管理理论研究、丰富城市管理内容，对提升城市风险管理水平和推进国家治理体系建设均有着重要意义。

钟志华

中国工程院院士

2018 年 9 月

前言

水安全问题是时刻悬停在城市上空的达摩克利斯之剑,解决和处置好水安全问题则是城市建设者和管理者永恒的课题。近年来,我国社会和经济不断发展,城市化进程大幅加速;与此同时,城市水安全问题不断涌现,并且受到了社会各界的广泛关注。为保障城市经济建设和社会发展,国家出台了实施最严格的水资源管理制度、水生态文明建设、全面推行河长制、海绵城市建设等一系列政策与法规。在生活与建设管理过程中,水安全领域的风险意识和风险理念逐渐深入人心,社会共识度也愈来愈高,城市水安全风险防控研究随之提上了日程。

水安全防控,旨在通过防治水害,合理开发、利用、节约和保护水资源,从而达到满足人类合理的用水需求,维护水生态系统健康,实现人水和谐,促进水资源可持续利用,支撑经济社会可持续发展的状态。防汛安全、供水安全、水生态环境安全是关乎每个城市居民切身利益,也是保障城市经济建设和社会发展的三大水安全问题。上海作为滨江临海的特大型城市,水安全风险防控要求高,因而在防汛安全、供水安全、水生态环境安全风险防控理论研究与实践方面积累了不少经验和教训。

在此背景下,由上海市水务局牵头,同济大学、太湖流域管理局水利发展研究中心、上海市水务规划设计研究院、上海市水利工程设计研究院有限公司、上海市供水调度监测中心、上海市防汛信息中心、上海市政工程设计研究总院(集团)有限公司、上海市城市建设设计研究总院(集团)有限公司、上海宏波工程咨询管理有限公司、中国水利水电科学研究院、上海城投水务集团有限公司等多家单位参与,共同编写本书。编撰人员由从事水务行业研究、规划、设计、建设、管理等相关工作的专家、学者、一线技术人员等组成,结合上海市在防汛安全、供水安全、水生态环境安全风险防控方面的具体实践,对城市水安全风险防控理论与实践进行了系统化的阐述与总结。

全书共分四篇。第 1 篇,基于风险管理基本原理与主要方法构建城市水安全风险管理框架体系,重点论述我国城市水安全风险管理制度设计与运营机制。第 2—4 篇,分别对防汛安全、供水安全、水生态环境安全 3 方面的风险识别与评估、预警与防控进行了细致地分析与讨论;各篇穿插展示了防汛保险制度、供水保险管理、智慧水务等多方面的创新与探索实例，尽可能具体、生动地反映城市水安全风险管理研究与实践方面的最新发展。编者希望本书能对从事城市水安全风险管理实践的相关人员提供参考与借鉴。

鉴于城市水安全风险防控方面的系统性总结尚属首次，许多理念和经验总结也仅针对上海市的既有实践，书中许多内容仍有待补充与完善，疏漏与不妥之处敬请读者批评指正。

编者

2018 年 9 月

目录

第4篇　水生态环境安全风险管理

第 1 篇

绪　论

水安全是水灾害、水资源和水环境的综合效应。随着城市化进程的加快，流域下垫面条件的改变，极端台风高潮、暴雨事件导致的洪涝灾害日趋频繁。与此同时，需水量和污水排放量都大大增加，进一步造成了水资源紧缺和水污染加剧。因此我国的城市水安全保障形势十分严峻。本篇归纳总结了防汛安全、供水安全、水生态环境安全风险防控三方面涉及的共性问题、一般性原理与方法。首先，介绍和区分了“水务”“水务行业”“城市水务”及“城市水务产业”等相关的重要概念，并明确定位我国水务行业的发展现状，指出存在的问题以及开展城市水安全风险管理的必要性。其次，针对城市水资源特性，从风险管理的基本概念出发，提出了城市水安全风险管理的基本原理与方法，并构建了城市水安全风险管理框架体系。最后，鉴于城市水安全管理理念逐渐从控制洪水、保证供水和治理水环境污染向水安全风险管理转变的现状，分别从多元共治机制、精细化风险防控机制、风险防控标准体系三个关键方面，详细阐述了我国的风险管理制度设计与运营机制。政府主导、市场运作和社会公众参与的多元共治机制是我国建立、健全城市水安全风险管理制度的一大特色。充分发挥政府的全局指导和部门协调作用、市场的资源优化配置作用和社会公众的参与辅助作用，使水安全风险与城市经济社会的承受能力相适应，最终实现城市防汛系统、供水系统和水生态系统的良性循环和持续发展。

1　水务行业概述

1.1　水务行业简介

水是生命之源、生产之要、生态之基。21 世纪被称为“水的世纪”，随着全球经济、社会的发展及人口的不断增长，水资源在世界范围内已成为稀缺资源，水资源的优化配置已经成为影响社会和经济可持续发展的重要因素。我国正处于城市经济社会快速发展的重要时期，城市化进程加快，随着城市居民生活水平的提高以及中国社会主义市场经济体制的逐步完善，尤其是在中国特色社会主义进入新时代以后，人民对美好生活的需求日益增长，对我国水务行业的发展提出了更高、更新的要求。

水务行业是中国乃至世界上所有国家和地区最重要的城市基本服务行业之一，日常的生产、生活都离不开城市供水和防洪排水。改革开放以来，随着中国城市化进程的加快，水务行业的重要性日益凸显，目前已基本形成政府监管力度不断加大、政策法规不断完善，水务市场投资和运营主体多元化、水工程技术水平提升，供排水管网分布日益科学合理、供排水能力大幅增强，水务行业市场化、产业化进程加快，水务投资和经营企业发展壮大的良好局面。

为了促进我国水务行业更好地发展，首先要区分“水务”“水务行业”“城市水务”及“城市水务产业”等相关概念，并明确定位我国水务行业的发展现状，指出存在的问题以及开展城市水安全风险管理的必要性。

1.1.1　水务行业的定义

水务是指以水循环为机理、以水资源统一管理为核心的所有涉水事务。广义的水务主要包括原水保护和掘取、引水、制水、供水、用水、排水、污水处理、中水回用、水库设施、防洪灌溉、农田水利、水土保持等涉水事务。狭义的水务一般指引水、制水、供水、用水、排水、污水处理、中水回用等[1]。

水务行业是指由原水、供水、节水、排水、污水处理及水资源回收利用等构成的产业链(图 1-1)，以及政府公共投入为主的防洪、治涝和河湖治理、农田水利等体系。

城市水务是城市辖区内防洪、水资源、水源、供水、排水、污水处理及回收利用等所有涉水有关事务的统称，它为城市社会、经济、环境三个系统提供服务，并受这三个系统的制约。其主要内容是建立较高标准的防洪体系，满足城市发展的水源需求，恢复千姿百态的生态环

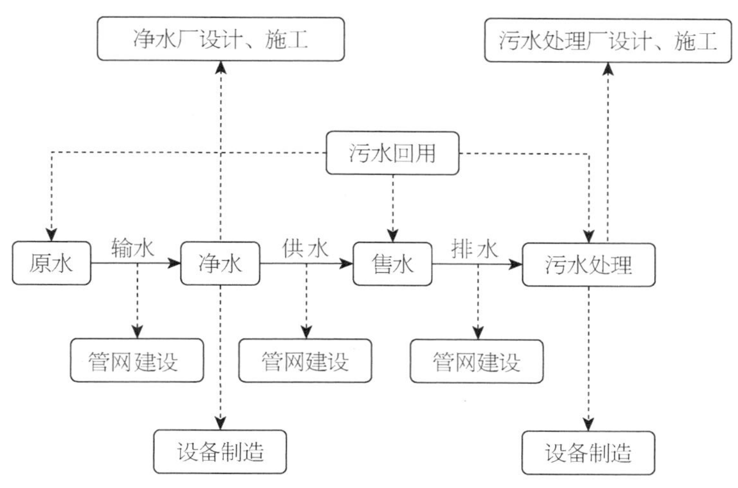

图 1-1 水务产业链

摘自：刘继平.中国城市水务产业发展研究［M］.成都：西南财经大学出版社，2010.

境，打造丰富多彩的水域景观，建设现代城市的管理体系，扩展城市水务的融资渠道。图 1-2 描述了城市水务系统与社会、经济发展以及环境之间的关系[2]。首先，城市水务系统要为人们的日常生活服务，提供饮用水以及其他生活用水，同时又应该采取有效的节水措施以保护有限的水资源；其次，城市水务还要服务于经济系统，为其提供生产用水，但是供水量又受到经济结构的影响，不同的企业对水资源的需求不一样，因此应当合理并且有效地分配水资源；再次，城市水务系统与生态环境也是相辅相成的，水资源来源于自然，城市环境会影响城市水源的水量与水质；最后，城市水务系统又为环境系统提供生态用水，是城市环境优化的有效保障。从功能上来说，城市水务系统包括水资源环境、水源、供水、用水、排水、水处理与回用，以及相关的资源管理和产业管理，其主要任务是为城市水资源开发、利用、治理、配置、节约和保护提供保障，它是城市建设与发展的基础。

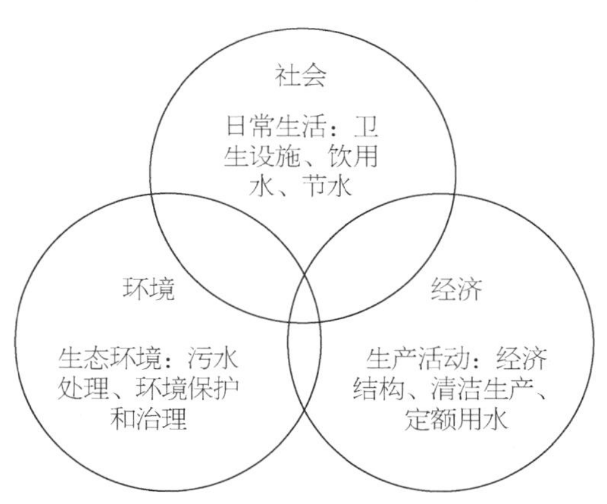

图 1-2 城市水务与社会、经济及环境的关系

摘自：谢京.城市水务大系统分析与管理创新研究［D］.天津：天津大学，2007.

城市水务产业是指在城市范围内以自来水的生产供应和污水收集处理为核心业务的涵盖水源建设，城市供水、节水，城市污水收集、处理及其回收利用等内容的城市公用事业（不含设备制造）[3]，可用图 1-3 示意，整个系统是一个由人工推动的水循环大系统。

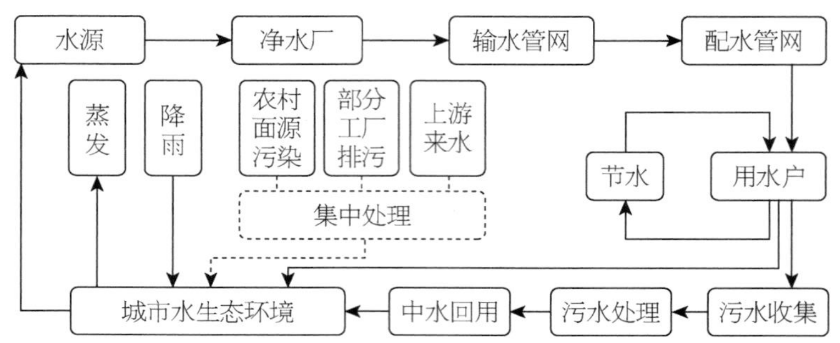

图 1-3　城市水务产业系统图

摘自：刘继平.中国城市水务产业发展研究［M］.成都：西南财经大学出版社，2010.

1.1.2　水务行业的分类

水务投资主体有多种类型：按资金背景分类，有外资、国有、民营资本；按企业历史分类，有建设施工型、设备制造提供型、纯投资型、投资管理综合型等；按投资区域分类，有全国型、地区型和本地型[2]。水务行业包括原水、供水、防洪、区域除涝、城镇排水、节水、污水处理、回水以及相关设备生产等行业。

(1) 原水行业：主要负责统一管理区域水资源(含空中水、地表水、地下水)，促进水资源的可持续利用。其主要工作如下：制订水资源中长期供求计划、水量分配调度方案，并监督实施；负责计划用水工作，组织、指导和监督节约用水工作，保障城乡供水安全；组织实施取水许可制度和水资源费征收工作；负责水质监测和跟踪及水资源污染事件的应急处置；发布水资源公报。

(2) 供水行业：主要负责供水行业管理，组织实施供水行业特许经营管理制度；监督检查公共供水和自建设施供水的服务质量与安全生产工作；负责农村通水、改水管理；负责供水突发事件应急管理工作。

(3) 水利行业：主要负责防洪排涝和农业灌排的行业管理；负责防汛抗旱指挥部办公室的日常工作；负责雨情、水情信息的收集及防汛工作方案的制定；负责水库、河道、水利泵闸等水利工程设施建设和运维管理；负责防汛经费、物资的安排及使用。

(4) 排水行业：主要负责排水行业管理和排水许可具体实施工作；编制排水工程年度建设计划并组织实施；制定排水设施建设、运行、管理的标准、规范和规程，并监督实施；负责排水许可审核和排水管网接驳、迁改、临时占用排水设施的管理工作；负责雨污分流改造工作；负责排水突发事件应急管理工作，指导已建排水设施的安全生产工作。

(5) 节水行业：主要负责水资源的节约和保护工作，组织指导计划用水、节约用水工作，指导全国节水型社会建设；组织编制全国节约用水规划；组织拟订区域与行业用水定额并监督实施。

(6) 污水处理行业:主要负责将污水通过特定的处理技术进行净化使其达到排入某一水体或再次使用的水质要求。其处理的污水对象主要有以下 4 类:①工业废水,来自制造采矿和工业生产活动的污水,包括来自工业或者商业储藏、加工的径流渗沥液,以及其他不是生活污水的废水;②生活污水,来自住宅、写字楼、机关或相类似的用户污水、卫生污水、下水道污水,包括下水道系统中与生活污水混合的工业废水;③商业污水,来自商业设施而且某些成分超过生活污水无毒、无害标准的污水,如餐饮污水、洗衣房污水、动物饲养污水等;④表面径流,来自雨水、雪水、高速公路下水,来自城市和工业地区的二次污染废水等。

(7) 回水行业:主要负责将城市污水进行再生和利用,污水利用的条件是拟进行回用的水必须满足一定用途的水质要求。目前回水一般考虑较多的是城市污染水处理厂二级处理后的出水。

1.1.3 水务行业的特点

区别于其他行业,水务行业有以下几个特点[5-6]:

(1) 天然垄断性。水是人类生产生活的必需品,涉水设施如水厂、供水管道等一旦形成,便具有很强的排他性和区域限制,在市场上具有支配性的地位。涉水企业又受城市规划的影响,不可能无限扩大规模,只能在有限范围内提供服务,其他竞争者想进入此范围的经济成本非常高,而且这种重复建设也不符合市场经济规律。同时,在区域内的用水户也无法选择用水企业,因而在区域内形成垄断。

(2) 含有公益性。用水、防洪、除涝及排水等基础设施都事关民生大计,水不仅是一种商品,更是一种公共资源,具有公共属性。政府不仅要保证所有人群包括最低收入群体都能享受到安全清洁的饮用水,而且有职责防洪除涝,保护好用水生态环境。政府部门的职责需要通过行业内的管理来履行,这也要求水务行业不仅要维护水源地的设施,而且要在水源地的保护、水土保持、防洪抗旱、航运、发电等方面发挥重要作用。

(3) 资本密集性。水务行业是城市基础设施建设的重要行业,存在设施资产大、使用年限长、专用性强(无法改变使用方向)、残值率低等特点,这就使得水务行业背负巨大的资金沉淀成本,在资金利用和周转方面的能力十分有限,并且在运营中存在财务和管制的风险。

(4) 产品或服务的需求弹性小。自来水是人们日常生产和生活的必需品,因此,水是人民群众的刚性需求[7]。

1.1.4 水务行业存在的风险

我国正处于快速的城镇化进程中,1978 年以来到 2017 年末,我国城镇常住人口从 1.7 亿人增加到 8.1 亿人,城镇化从 17.9%提升到 58.52%,城市数量从 193 个增加到 661 个,形成沈阳、哈尔滨、东莞、昆明、大连等 20 座特大城市以及上海、北京、重庆、天津、广州、深圳等 10 个人口超过 1 000 万的超大城市。长三角、珠三角、京津冀、长江中游、成渝、海峡西岸、中原、哈长、辽中南、关中平原、山东半岛等城市群日益突出。仅仅是长三角、珠三角、京津冀、长江中游和成渝地区五大超级城市群,就以11%的国土面积聚集了40%的人口,创造了55%的GDP,成为带动我国经济增长的重要平台[8]。

城市的扩张与城市群的形成极大地改变了水循环的基本模式,水循环已从“自然”模式占主导逐渐转变为“自然—社会”二元模式,城市水循环的“自然—社会”二元水循环程度逐步加深,随之而来的问题是城市水安全状况不容乐观。我国城市水安全风险事件近20年来多发、频发、重发,如北上广深等城市夏季频发的严重内涝事件;水污染风险事件不胜枚举,如松花江苯泄漏、广东北江镉污染、广西贺江镉铊污染以及滇池水葫芦、太湖蓝藻、青岛浒苔爆发等[3];还有气候变化引起的城市水循环风险问题,饮用水处置不当引起的微生物健康风险问题和化学健康风险问题,等等。

城市水安全问题主要涉及以下几个方面:

(1) 防汛排涝安全风险:城市化开发会影响降雨产汇流机制、河湖调蓄能力,破坏排水系统。而水务相关部门的城市应急管理,如监测和预警、应急预案等工作是否到位,这些因素都将导致城市防汛排涝风险。

(2) 供水安全风险:城市水务行业在运行过程中由于原水行业与供水行业处理不当会造成供水安全风险以上海市为例,其主要来源有三部分:①水源安全,河流污染、湖库富营养化、河口城市外海咸潮入侵风险和危险品船舶移动风险源;②水厂运行管理安全,来源于部分水厂超负荷运行、水厂制水工艺中的微量有机物安全风险和微生物泄漏风险;③供水管网运行安全,来源于极端低温恶劣天气对供水管网的影响和二次供水水质安全风险。

(3) 水生态环境安全风险:城市水生态环境安全风险成因有很多,如工业企业废水、生活污水、降雨径流污染、码头和船舶污染、畜禽养殖污染、街头营业摊贩餐饮、洗车和在建施工工地等污废水混排与散排、河湖水面率减少以致水系断阻以及河道缩窄淤塞导致水流不畅等,其污染来源主要有城市化造成的污染、工业化造成的污染和集约农业化造成的污染。以上海市为例,城市水生态环境安全风险体现在:①河湖水面率被侵蚀,河网水系阻断;②工业企业废水超标排放(如锑等);③城乡生活污水未纳管、未处理排放,混接排放;④航道、码头、船舶乱排污;⑤突发性水污染事故威胁;⑥畜禽渔牧养业污染排放(如抗生素等新型污染物);⑦农业生产径流面源污染(如农药等)。

1.2 水务行业现状——以上海市为例

1.2.1 上海市水务行业的发展现状

2002年年底,建设部发布《关于加快市政公用行业市场化进程的意见》(建城〔2002〕272号),水务行业一体化开始受到重视。随着我国城市化进程的加快,水务行业现已成为社会进步和经济发展的重要基础性行业[9-10]。上海作为我国的先驱城市,其水务行业的发展事关全市经济社会发展、城市安全运行、生态环境改善、现代农业建设的全局[11-12]。本节以上海市为例，简要介绍水务行业的发展现状、存在问题以及城市水安全风险管理的必要性。

1.2.1.1　上海市水务行业的组织体系现状

上海市水务行业的工程体系大体可分为水利工程、供水工程、排水工程及水污染处理工程，每个工程体系对上海城市水务建设都做出了重要的贡献。

1. 水利工程

上海市的自然灾害主要由台风、暴雨、高潮和洪水构成，据史料记载，平均 3 年遭受一次涝灾，平均 5 年遭受一次风暴潮，平均 10 年遭受一次洪灾。因此，上海的水利工程主要围绕着上海防汛工作而展开建设，主要由三大部分组成："千里江堤""千里海塘"和"区域除涝"。这些水利工程的建设不仅关系到防汛安全、生态安全，而且关系到社会经济安全、人民生命财产安全和城市运行安全。

"千里江堤"主要指上海市黄浦江一线堤防，黄浦江河道从吴淞口至沪苏浙省界，包括上游拦路港、红旗塘(上海段)、太浦河(上海段)、大泖港干流和各支流(165 条)河口至第一座水闸或者已确定的支流河口延伸段之间的河道，全长约 248 km，两岸堤防全长约 486 km。其主要作用是防御太湖流域洪水和长江口潮水倒灌，以及防范因洪水下泄而引起的城市内涝灾害(附图 D-8)。

"千里海塘"主要是指长江口、东海和杭州湾沿岸以及岛屿四周修筑的堤防(含堤防构筑物)及其护滩、保岸、促淤工程，总长 523 km。其主要作用是防止东海高潮对沿海经济发达区造成的损失灾害(附图 D-8)。

"区域除涝"是指防治暴雨涝灾的工程体系，上海市为外围一线堤防、水闸、泵闸，片区河道以及圩区组成的 14 个水利控制片，目前已建圩区 385 个、圩堤 2 637 km、排涝泵站 1 116 座、水闸 1 910 座，规划除涝标准达到 20 年一遇，现状平均除涝标准达到 10～15 年一遇(附图 D-8)。

2. 供水工程

长期以来，上海的供水行业为保障市民用水、提高水质、扩大供水区域，做了大量工作。20 世纪 90 年代以来，上海加大了水厂建设和改造力度，投资数十亿元新建了凌桥水厂、泰和水厂、大场水厂和闵行三水厂，大大提高了自来水服务供应能力。为改善供水水质，自 1987 年起，又先后投资十亿多元，建设了黄浦江上游引水一、二期工程和长江引水工程，为水厂提供优质原水。目前，上海城市共有水厂 16 座，其供水规模和形式各异，规模最小的居家桥水厂日处理能力仅 10 万 m^3，而规模最大的长桥水厂日处理能力达 160 万 m^3。上海城市自来水厂现在每日总供水量可达 720 万 m^3，送配管道长约 7 500 km(直径大于 75 mm)，向城市工业与居住用户供应优质和安全的饮用水。上海市供水规划图与原水规划图如图 1-4 和图 1-5 所示(彩图详见附图 D-1 和附图 D-2)。

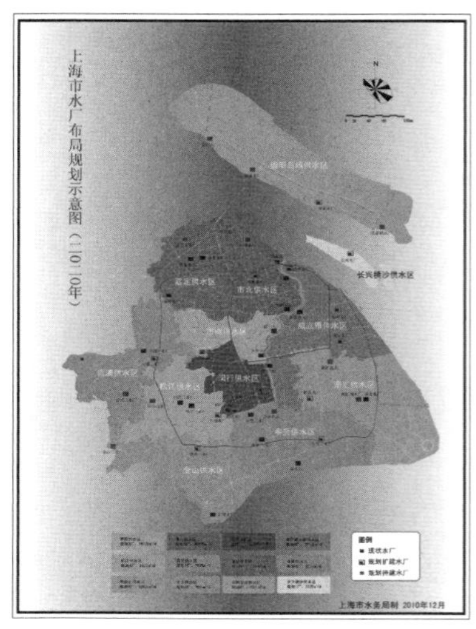

图 1-4　上海市供水规划

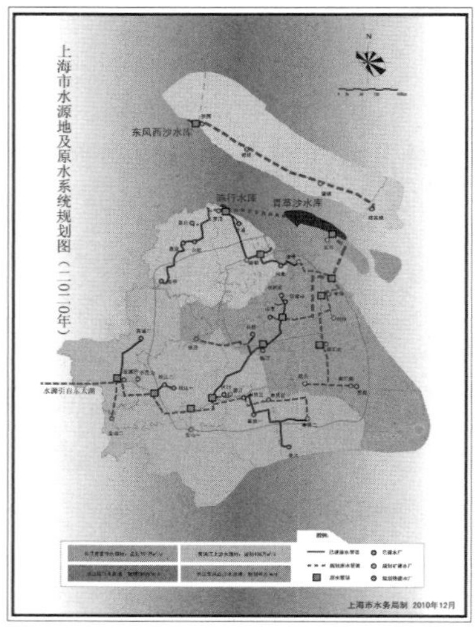

图 1-5　上海市原水规划

3. 排水工程

按照“一年一遇”(小时降雨量 36 mm)的标准,目前上海市已建成排水系统 261 个,服务面积 595 km^2,泵排能力 3 068 m^3/s。部分重要地区如浦东机场、陆家嘴金融贸易区等达到 3～5 年一遇的标准。排水工程主要分两部分,即雨水排水系统和污水排水系统(图 1-6 和图 1-7,彩图详见附图 D-3 和附图 D-4)。

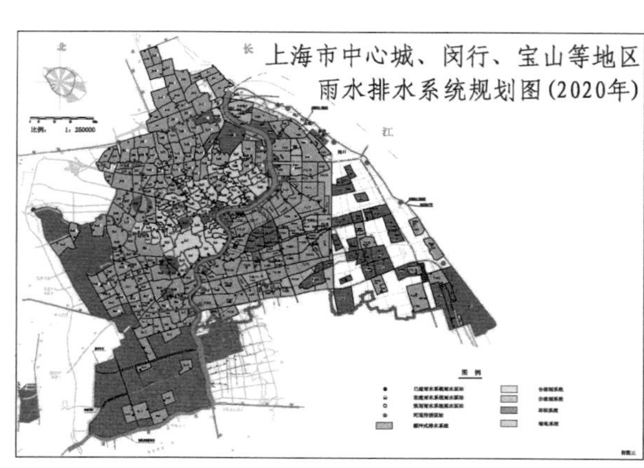

图 1-6　上海市雨水排水系统

图 1-7　上海市污水排水系统

以苏州河为例,苏州河深层排水调蓄管道系统工程(以下简称“深隧”工程)建设计划同步实现三大目标:①苏州河沿线排水系统设计标准达到 5 年一遇;②有效应对百年一遇降雨;③22.5 mm 以内降雨泵站不溢流($P=1$ 年),基本消除工程沿线初期雨水污染。但由于按照上海市排水管理处提供的雨水泵站放江数据，初雨的峰值界限并不明确，“深隧”工程是否能有效解决初雨问题仍值得商榷。且“深隧”工程的规划目标是有效应对百年一遇降雨，仅指城市排水系统的排水标准，而以河网系统为重的区域除涝是否能够仅靠“深隧”工程单一措施解决百年一遇降雨的城市内涝还无法得到验证，故而，苏州河深层排水调蓄管道系统目前还在前期试验阶段。除此之外，2018 年，上海市还有很多在建排水系统工程，如张家浜雨水泵站、殷家浜雨水泵站、何家湾排水系统、南大北排水系统等。

4. 水污染处理工程

城镇小河道中市政、小区、企业雨污水混接混排，中心城区雨水泵站放江，镇村生活污水，畜禽养殖污染，临河违建和在建工地排污，河道堵塞，河道污染底泥淤积，城镇面源污染等导致的“黑臭水体”是上海市的河道水污染处理的重点对象。水污染处理手段主要包括以下五点：控源截污、沟通水系、生态修复、执法监督、长效管理。通过大力推行“河湖长制”，上海市河道水污染治理力度有明显的提高(图 1-8)，经整治处理后，河道水质得到较大程度提升和好转(图 1-9)。但是，经实测调查，目前上海市仍有 4 000 多条黑臭河道，且已整治的部分河道仍有黑臭现象反复或间歇性黑臭。因此，“黑臭水体”的整治仍迫在眉睫。

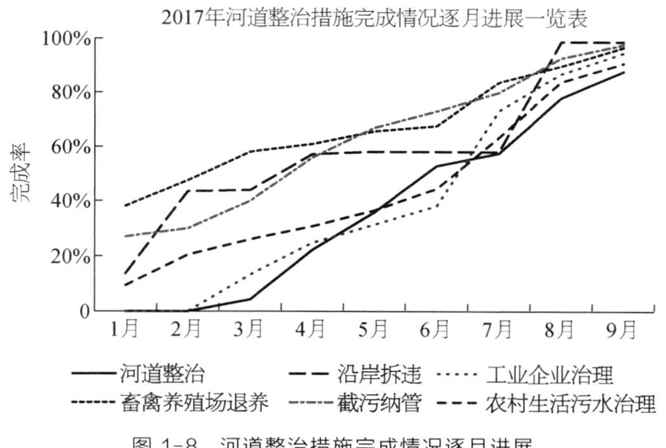

图 1-8 河道整治措施完成情况逐月进展

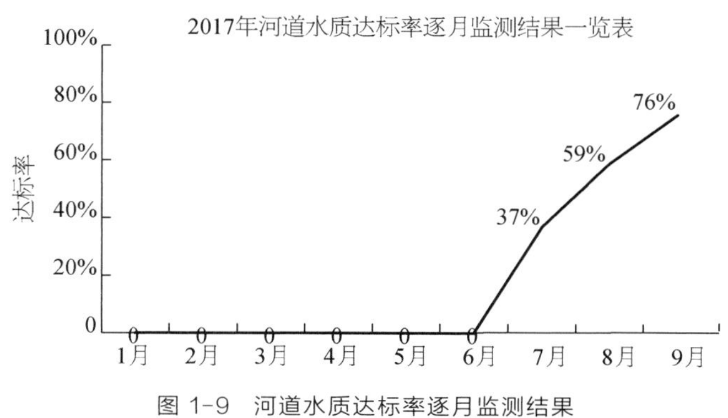

图 1-9 河道水质达标率逐月监测结果

1.2.1.2 上海市水务行业的管理体系现状

上海市水务管理目前多采用现代化的智能监测、预报手段，推行水务一体化、智慧水务的管理手段。

1. 水务一体化

水务一体化是指城、乡地域一体，水利、供水、排水行业一体，水资源开发、利用、治理、配置、节约、保护的管理一体，以及规划、建设、管理的工作一体。其管理核心就是要统一管理所有与水务相关的事务，让主管部门对水资源利用的所有环节以及对辖区内的涉水事务实行统一管理，以实现水资源优化配置以及社会经济的快速发展和水资源可持续开发利用相统一，满足人们生产生活所需，同时也达到水资源的供求平衡以及水资源开发利用与生态环境的综合平衡。

以上海市为例，在推行水务一体化之前，上海市呈现"九龙治水"的现象，由于水利局、市政局、建委、农委、公用事业、环卫局、环保局、苏州河综合整治办公室(以下简称"苏办")、河道污染综合整治办九大部门的分割，在一些城市水安全问题上顾此失彼、因小失大。例如，在城市规划中忽视了水的环境生态功能；传统水利的建设仅从部门自身出发，局限于对水体功能的开发、利用和水害的防治，而忽视了对生态环境、生态功能的开发和保护；在防洪规划中，忽视了"堵疏结合、蓄泄并存"；在水利工程规划中重视引水灌溉、排涝、航行等功能，忽视了水资源保护和供水安全；在水资源开发利用中忽视了水污染的防治；在市政排水规划建设中，忽视了河道的容蓄承载能力，等等。在推行水务一体化之后，上海市水务行业的组织体系主要分成了水利、供水、排水及水污染处理四大部分，每个组织体系之间相互关联、相互协调，对上海城市水务建设上都做出了重要的贡献，主要体现在：

(1) 在综合规划中充分发挥了统筹兼顾的作用。针对部门分割的弊病，编制了《上海市水资源综合规划纲要》，统筹水资源的综合配置和节约保护利用，协调水利、供水、排水体系关系。在修编各类专业规划时，特别注意了专业规划之间的平衡、协调和衔接。

(2) 防台防汛整体性更强。每次台风到来之前，水利、排水部门主动对接防汛指挥部，领取任务并接受统一调度；水闸和泵站联合预抽、预排、预降水位腾出库容；量水放水人员提前到位，各项准备工作比以往做得更扎实、更有效；防汛信息系统及时从排水部门获得多个雨量点和水位信息，使防汛信息资源得到了共享，对全市雨情、水情的预测预报更迅速、准确且具有权威性；在发生河水漫溢、防汛墙危险的危急时刻，市、区防汛办、排水部门、水闸堤防管理部门迅速实行联合调度，防汛设施运行更统一、更协调、更迅速、更准确。

(3) 在水资源调度方面更加协调。水文总站在发现黄浦江上游负流量时就立即报告，水务局马上启动系统内的预警机制，自来水公司加强监测和准备充足的凝固剂、消毒剂，以备不测，水务局邀请太湖局和召集供水、排水、河道水闸等相关部门会商；请求太浦河水闸开闸放水，下令黄浦江沿江水闸暂停向黄浦江排水，暂停全市改善水生态环境的水资源调度，要求原水公司加大引用长江水力度。这些系统内的预警措施，使上海这座超大国际都市每年都能安全度过枯水期，有效保证了全市的供水安全。

(4) 在水生态环境治理方面系统性更强。自推行水务一体化后,明确了水利局、市政局、建委、苏办、整治办、农委、环卫局、环保局等各部门的职责,按照"截污治污、沟通水系、调活水体、改善生态、营造水景"的方针,在水生态环境治理上取得不错的成绩。

(5) 在为民服务和办实事及处理突发事件方面操作性更强。推行水务一体化后,开通了水务热线,建立了热线服务体系,使原水、自来水、排水公司,水利部门,防汛部门,排水部门的一条龙优质服务更加具有操作性。

上海市水务一体化改革情况较好,上海水务管理部门水务管理职能纳入情况良好,供排水及污水处理与回用纳入的比例达到 75%。

2. 智慧水务

智慧水务包含三个方面的内涵:①充分利用现代传感技术,实现对自然界水体的全面透彻准确实时监测,形成强大的感知水联网;②充分利用云计算等技术,对传统水利水务的全领域进行智能化管理,切实提高水利水务建设的管理水平;③加快水利改革发展,促进水务一体化,并充分利用新一代信息传媒技术,将这种支撑保障和水利水务的科技文化为社会公众提供定制服务(图 1-10)。上海市以"数字水务"建设为载体,一是逐步实现行政监管、公共服务的对象数字化、过程数字化,集约建设了一张传输数据和视频会议应用的网络、一个数据共享交换服务的水务公共信息平台、一个政务服务的应用门户、一张信息共享的电子地图、一个分层应用的数据中心。二是运用云计算、大数据、人工智能等新技术探索行政监管和公共服务决策数字化,有序推进"智慧水务"向"智慧水网"发展,在汇聚各行业涉水信息采集的信息服务的基础上,逐步建设水情预报、功能区划和水资源调度数值模拟系统、智慧苏州河调度系统、排水泵车调度系统、管网感知监测系统等智慧化项目。目前上海已经实现风情雨情、水情涝情、水质水量实时掌握,气象水文、海洋海事、城管环保、环卫绿化、交通路政涉水信息实时共享。水务部门还建立了洪水风险分析模型,能通过多种渠道及时发布预警信息。

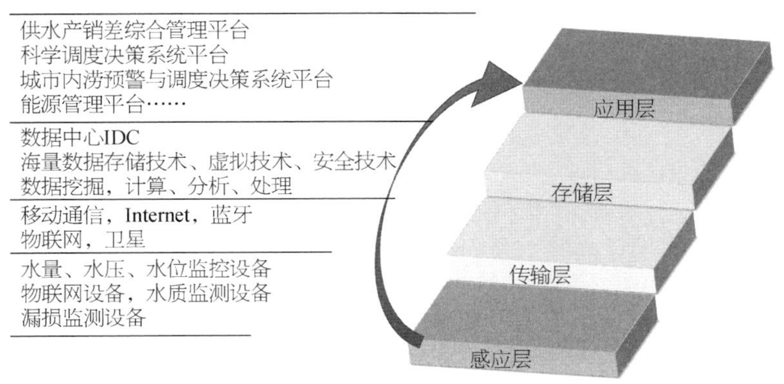

图 1-10 智慧水务的系统构架

智慧水务的建设不仅可以更加合理地利用水资源,确保水量、水质、水压和供水安全,为用户提供更高水平的供水服务,降低由于管网漏损或爆管对路面建设以及城市交通和用户生产生活的影响，还可以提高水司运维水平，保持合理的运维成本，从而减缓供水成本升高对水价的压力。

1.2.2 上海市水务行业存在的问题

1. 部门协调不足

由于政府部门之间存在着一种横向关系，供水、节水、排水、防汛排涝、环保、农业、水生态环境治理等部门之间在水治理职能上的交叉、缺位、不均衡，这也就一定程度上造成了新的“九龙治水”的局面，降低了工作效率。以水生态环境治理为例，水体污染问题暴露在水体、根子在岸上的老大难原因，涉及住房小区、环保水务、环卫绿化、工商城管等多部门。

2. 城乡分布不平衡

上海郊区水务基础设施能力和服务水平与本市城乡一体化发展的要求仍然存在差距。部分地区河网蓄排能力和排涝泵闸规模不足，防汛排涝能力较弱；供水管网漏损率偏高、污水处理率有待进一步提高，局部区域供排水设施能力尚有缺口；部分圩区排涝能力仍显不足，农田涝渍尚未解决，农田水利现代化水平有待提高。

3. 服务与民主意识欠缺

从服务角度而言，在城市整个水务系统中，政府与民众的关系显得尤为重要，通过协调政府与民众的关系，使之交流沟通更加顺畅，对于城市水务行业的发展有百利而无一害，这也是上海市在水务管理方面需要努力的方向。从政务公开角度而言，目前相关部门在管理城市水务工程建设和方案制定时多采取内部决策的方式，民众享受到的更多的是被告知权，参与权和监督权不够。这种方式是不够公开、不够透明的。所以当水务系统某个方面出现问题时，民众对于整个工作流程并不了解，对相关政策也不熟悉，以致误解，不能很好配合相关政府部门进行工作，这些都是由城市水务管理中公共意识不强、公开措施不到位造成的。

2 水安全风险管理概述

2.1 基本理论

2.1.1 城市水资源特性

城市水资源是指一切可以被城市利用的、具有足够数量和质量的、并能供给城市居民生活和工农业生产用水的水源，包括当地的天然淡水资源、外来引水资源和可再生的使用过的水以及经过处理的污水。按类型可分为雨水、地表水、地下水、海水和可再生利用水五类；按地域特征可分为当地水资源和客水资源两大类，前者包括流经城市区域的水资源、赋存在城市区域或能在该区域内被直接抽取的水资源以及可再生利用的废水污水资源，后者是指通过引水工程从城市区域外调入的水资源[13]。

由于人类活动的增强，原有的自然水循环已演变成自然—社会二元水循环。即按照其水循环特性，城市水资源有两大属性：①自然属性，即产生水资源安全问题的直接因子是天然水(即传统水资源)的质、量和时空分布特性；②社会属性，即水资源安全问题的承受体是市民及其活动所在的社会与各种城市资源相互作用关系的集合，包括与非传统水资源的相互作用[14]。

2.1.1.1 自然属性

1. 循环再生性

天然水资源系统是一个庞大的循环系统，在开采利用后，能够得到大气降水的补给，处在不断地被开采、补给和消耗、恢复的循环之中。水资源可再生，但再生需要一定的周期，如果某一期间水量消耗超过该期间水量补给量，就会破坏水平衡，引发一系列的生态环境问题。从这种意义上说，水资源是一种虽可补给但也可耗竭的自然资源。

水资源的循环再生性还表现在共开发利用上，即水资源的社会循环。人类不断地从自然界获取水资源，经过工、农业与生活耗用，使水资源质量下降，而失去其使用价值，失去使用价值的水资源通过人为再生重复利用，返回自然环境，重新进入水资源的自然循环和社会循环。

2. 时空分布不均匀

水资源随自然周期随机变化，空间和时间分布不均衡。世界各大洲的降水、径流和水资源概况差异较大。水资源在空间分布不均衡的同时还具有随时间明显变化的特点。由于天然水资源的再生和补给主要依靠降水，因此，不同地区水资源在年内和年际均有不同程度的变化，有时变化十分剧烈。

3. 水循环的脆弱性

城市区域污染源点多、面广、强度大,因而城市水资源在循环过程中水质容易受到污染物的影响;另外,当开采地下水时,开采超过补给量时,水量容易失去平衡。尤其是地下水的平均循环时间长,在深处蓄水层可达数千年,遭到破坏后短时间内很难恢复,破坏地下水常常需要付出巨大的代价。因此,城市水循环的脆弱性表现在两个方面:一是水资源易受污染;二是水量易失去平衡。

4. 流动性

水资源在自然循环和社会循环中处于非固定、非稳定状态[14]。水资源是自然资源中较为少见的具有固、液、气三态的资源。水资源的固相,即冰川或积雪状态,水资源中有半数以上以冰川和永久性积雪存在,其中绝大部分难以利用。气相,即在大气中的水蒸气,人类目前也无法利用。因此,主要可被利用的水资源呈液相,具有流动性。

2.1.1.2 社会属性

1. 水量的有限性

城市水资源开发利用上有极限。随着城市自身人口的增加,经济和工业的发展,与急剧增长的城市用水需求量相比,城市水资源可开发利用的总量是极为有限的。其中,多数缺水城市的当地水资源已接近或达到开发利用的极限,一些城市的地下水处于超采状态;而客水资源因受水资源分布、生态环境、经济条件和水资源所有权等因素的制约,能被城市获取和利用的水量也是有限的。

2. 可恢复性

通过人为干预,可以改善城市水资源的水质,补充水量、改善水质可通过水体的自净功能和人为手段来实现,这个过程需要一定的时间,要付出很大的代价。水量的增加和补充依赖于自然环境中水的可循环性。只有合理地控制使用,才能使城市水资源得到持续利用。

3. 商品性

水资源的稀缺性决定了其具有一般商品的特性。在城市水资源开发利用中,政府及供水部门投入了人力和物力,付出大量的社会必要劳动,因而创造了价值,城市水资源在供给的过程中,水资源通过交换,使其价值得以实现。水资源为各用水单位创造了经济效益,因而城市水资源具有商品属性。

4. 公共性

水资源具有商品属性,但使用水资源同时也是人的基本权益之一。因此,水资源是不同于一般商品的特殊商品,即水资源具有公共性[15]。

5. 大量集中性

主要表现为城市对水资源需求量大且集中。由于城市人口集中,工商业发达,对水的需求量很大而且集中,即应具有足够的资源储备量和集中供给的条件,否则就无法满足城市运行和发展的需要。

6. 系统性

水资源在地表、地下、大气降水的不断循环中形成了复杂的系统,不同类型的水在相互转化时,受到人类活动的影响,渗入污染物质,发生着质和量的变化。城市水资源开发利用过程中的不同环节(如取水、供水、用水、排水等)是个有机整体,任何一个环节的疏忽都将影响到城市水资源利用的整体效益。

此外,城市水资源特性还与城市本身的特征有关。如沿海城市水资源,因其处于流域下游或末端,过境水体受流域水资源开发利用累积效应影响,水污染通常较为严重,导致过境水体质量不太乐观;遭受海洋赤潮、咸潮或海水入侵等对淡水资源的影响严重,尤其未来全球气候变暖及海平面上升将导致咸潮或海水入侵更为加剧,影响风险将持续并长久。也正是沿海城市与内陆城市水资源特征的差异性、独特性、严重性,决定了沿海城市的水资源存在更大的安全风险性。

综合上述可知,城市水资源系统既是城市经济系统发展所需的重要资源,又是城市生态系统的重要组成部分,同时也是社会系统不可缺少的重要因子,与城市社会经济发展和生态环境密切相关。因此,城市水资源可能出现的各种安全问题就尤其值得关注,对城市水安全风险管理进行研究具有重要意义。

2.1.2 城市水安全风险管理的原理与主要方法

2.1.2.1 风险的基本原理

1. 风险的定义

风险表达了对事件后果和相关的可能性概率。风险是潜在事件和后果,或它们的组合[16]。风险是不确定性对目标的影响。

“风险”既是一个通俗的日常用语,也是一个重要的科学术语。尽管目前各个学科的许多学者对风险概念有着不同的解释,但其核心内容基本一致,即“风险”是遭到“伤害或损失的可能性”。

因此,风险包含两个基本要素——风险事件发生的不利后果及其可能性,其数学关系可表达为式(2-1)的形式,各种定义的差别仅仅体现在这两者之间的关系不同而已。

$$R = f(P,\ C) \tag{2-1}$$

式中 P——风险事件发生的概率;

C——风险事件发生的后果。

为了比较风险的大小,研究者常常用期望值替代概率分布,或选用某种或某些算子对有关的量进行数学组合。这种风险的定量表达,也称为“风险度”。自然灾害风险有不同的定义,相应风险度的表达也有一些差异,其中最简单也是最常用的是相乘关系,即 $R=P\cdot C$。这种风险函数定义默认每一风险因素对应一个发生概率和后果，是一个定性的定义。

基于上述风险的基本概念，“洪灾风险”可定义为：在一定区域和时间内，由特定的洪灾引起的经济损失和生命伤亡的期望值。该洪灾风险定义泛指洪灾发生的时间、空间和强度的可能性。例如，“一场大洪水 3 h 后将会淹没地铁站 A”，时间是“3 h 后”，空间是“地铁站 A”，强度是“大洪水”，可能性是“将会”(在数学模型中可量化为 1)。

然而，洪灾通常不是单一明确的、有确定概率的事件，而是以具有无限多变量的不同形式出现的。例如，将上述洪灾风险表述中的空间扩大一些，如“其附近的几个车站”，判断起来就比较困难，都被淹没的可能性通常会小一些。在流量为 Q 的洪水灾害中，上述“洪灾风险”必须表达为如下积分形式：

$$R=\int_{Q_a}^{\infty} C(Q) f(Q) \mathrm{d} Q \tag{2-2}$$

式中 R—— 风险；

$C(Q)$—— 给定流量为 Q 的洪水带来的损失；

$f(Q)$—— 洪水流量的概率密度函数；

Q_a ——损失起始流量。

如果限定时间和空间，严格地讲，洪灾风险是灾害损失领域上的可能性分布。其中，概率是被广泛使用的一种可能性测度。因此，须对洪水流量大于损失起始流量 Q_a 的所有区域进行积分。然而，除了采取某种特别的方法结合 $C(Q)$ 和 $f(Q)$，通常这种积分方法无法采用解析法求解。例如，如图 2-1 所示，把 $C(Q)$ 函数变成分段函数，当 $Q<Q_a$ 时，$C(Q)=0$；当 $Q>Q_b$ 时，$C(Q)=C_{\max}=$常数；当 $Q_a \leqslant Q \leqslant Q_b$ 时，$C(Q)$ 为线性函数，并且概率密度函数为式(2-3)所示的单一参数的指数分布：

$$f(Q)=\lambda \mathrm{e}^{-\lambda(Q-Q_0)} \tag{2-3}$$

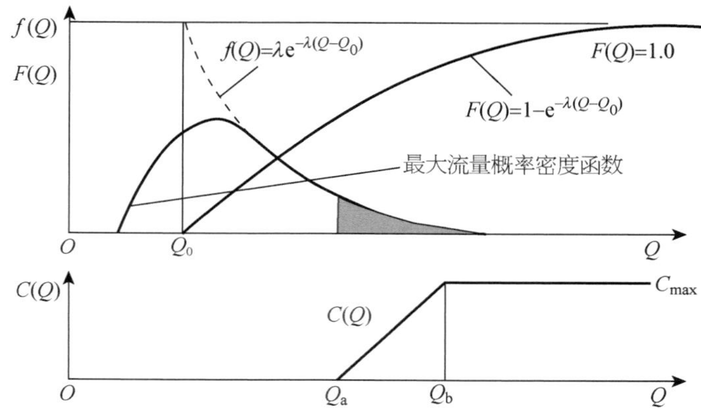

图 2-1 “真实”最大流量概率密度函数

则式(2-2)可以表达为如下公式：

$$R=\int_{Q_a}^{Q_b}\frac{C_{max}}{Q_b-Q_a}(Q-Q_a)\lambda e^{-\lambda(Q-Q_0)}dQ+\int_{Q_b}^{\infty}C_{max}\lambda e^{-\lambda(Q-Q_0)}dQ \quad (2-4)$$

计算式(2-4),可以得到:

$$R=\frac{C_{max}}{Q_b-Q_a}e^{-\lambda Q_0}\left[(Q_a-Q_b)e^{-\lambda Q_b}+\frac{1}{\lambda}(e^{-\lambda Q_a}-e^{-\lambda Q_b})\right]+C_{max}e^{-\lambda(Q_b-Q_0)} \quad (2-5)$$

实际上,这种对风险进行评估的分析计算一般不太可能实现,主要是因为掌握的数据资料非常少,才常常采用简化的计算程序。

非严格地讲,致灾因子强度、易损性程度和损失程度的可能性分布,都可以称为洪灾风险。正因为如此,人们通常视洪水淹没图为洪水风险图。

2. 水安全风险影响因素

联合国国际减灾策略(International Strategy for Disaster Reduction, ISDR)2004 年提出的风险表达式为:

风险＝致灾因子×脆弱性

在该风险表达式中,风险由致灾因子和脆弱性两个因素决定[17]。当以具体资产或基础设施面临的风险为研究对象时,影响风险的因素除了致灾因子和脆弱性外,还有处于危险环境中的暴露元素[18]:

风险＝致灾因子×脆弱性×暴露元素

在研究具体资产面临的水安全风险时,可以将该公式修改如下:

水安全风险＝洪水致灾因子×脆弱性×暴露元素

2.1.2.2 风险管理的主要方法

城市水安全风险管理运用不同的方法进行水资源和水生态环境的风险管理,其过程分为风险识别、风险分析和评估、风险决策以及风险监控四个方面[19],其核心在于城市水安全风险决策,上一节中已经详细说明了相关的原理,基于这些原理所采取的主要方法如下。

1. 最小化代价原则

最小化代价原则又称成本和效益的比较原则,其工作思路就是在风险管理中找出安全管理重点并进行有效控制与重点管理。以最小的代价较快地达到提高风险管理水平的目的[20]。

2. 强调事前管理

按照海因斯沃尔斯问题的生命周期模型理论,问题的发展是一个循环的过程,问题的生命周期曲线如图 2-2 所示。生命曲线可以看出问题到危机再到问题的演变,是一个四阶段的循环过程:起源、扩大、成型/危机、解决。防止问题的发生,需要在事先建立起应对的程序,“被忽视的问题是危机滋生的温床”,“防火重于救灾”。美国著名安全工程师海因里希提出的 300 :

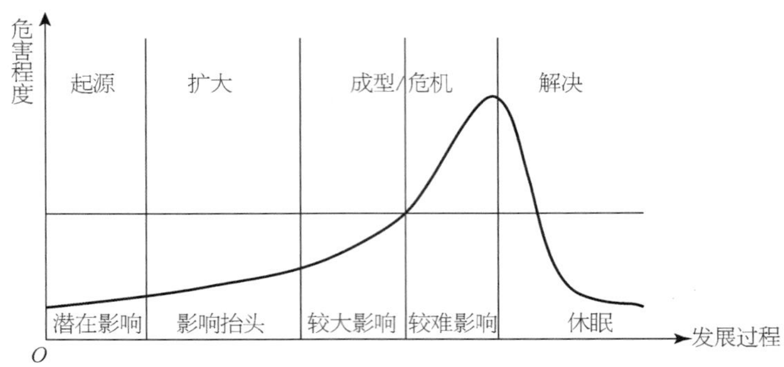

图 2-2　生命周期曲线

摘自：张卫民.基于风险管理的泰达水安全计划研究［D］.天津大学，2010.

29∶1法则也告诉我们，当一个企业有 300 个隐患或违章，必然要发生 29 起轻伤或故障，在这 29 起轻伤事故或故障当中，必然包含有 1 起重伤、死亡或重大事故，即在 1 件重大的事故背后必有29 件“轻度”的事故，还有 300 件潜在的隐患事故。

3. ALARP 原则

ALARP(As Low As Reasonably Practicable)原则是将安全相关系统的风险分成以下三类：①足够大的风险，组织不能接受；②足够小的风险，组织可以忽略；③介于以上两种风险之间的风险，组织必须采取适当的、可行的、合理成本下的方法将其降到可以接受的最低程度。在图 2-3 的最上层，即高于不可接受区域边缘的等级，该部分的风险被认为是不可接受的风险，在任何情况下都不能，必须拒绝。在不可接受风险等级以下，我们采用 ALARP 原则进行风险的降低，在该阶段，必须对风险降低而花费的代价进行评估，在风险和代价之间进行平衡。在可接受区域边缘以下，该区域的风险有些微不足道，可以忽略，我们不需要采用任何方式或方法去降低它，当然我们必须将该区域的风险始终保持在该等级水平上。

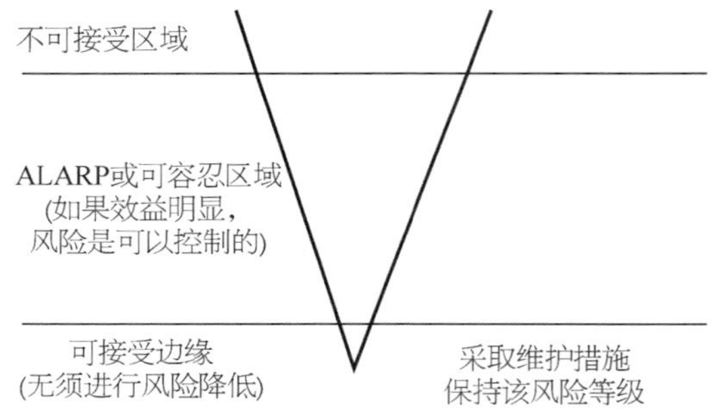

图 2-3　三种风险的关系

摘自：张卫民.基于风险管理的泰达水安全计划研究［D］.天津大学，2010.

4. 风险分析和评估的方法

针对城市水安全风险性的不同指标和基于不同的理论以及应用的不同层次，存在众多的城市水安全风险分析与评估方法，常见的有以下五种：

(1) 水文水力学方法。该方法根据不同频率的降雨过程，通过流域产流模型和汇流模型以及一维或二维洪水演进模型的数值模拟计算，推求相应洪水过程的可能淹没范围、淹没深度和淹没历时等洪水强度指标及其概率分析曲线。该方法能够给出特定频率洪水在某种洪水调度或工程失事情况下，可能的淹没范围、水深、流速、历时等指标的估计值，所得到的洪水灾害危险性指标信息较为丰富。

(2) 历史洪水类比方法。这类方法基于现在和未来的洪水强度指标与历史洪水强度指标具有相似性,通过对比实际洪水强度指标与历史洪水强度指标,估计实际洪水强度指标的概率分布函数。

(3) 数理统计方法。回归分析方法是在目前洪水灾害危险性分析中经常应用的一种数理统计方法,它从分析影响洪水灾害危险性指标的因素入手,采用数学手段,并结合专家经验和知识,从众多的可能影响因子集合中选出若干主要影响因子,然后利用回归分析原则来建立洪水灾害危险性分析模型。

(4) 专家调查方法。它属于定性分析方法,其中最常用的是德尔菲法。

(5) 现代不确定性分析方法。目前主要包括灰色系统方法、模糊数学方法、混沌分析方法等。

5. 风险决策

在决策科学中,可把目前的决策分析分为硬决策和软决策两种。硬决策也称为数学决策,它的一般方法是先建立方程式、不等式、逻辑式或概率分布函数来反映减灾测率问题,然后直接用数学手段来求解,找出最优方案。它所应用的数学工具,主要是运筹学,其中包括线性规划、非线性规划、整数规划、动态规划、排队论、对策论、更新论、搜索论、统筹法、优选法、投入产出法、蒙特卡罗法、价值工程等。另外,也常常用到系统分析、系统工程、网络工程、网络图论等。当然,这些问题的求解大都是在计算机的帮助下完成的。软决策又称为专家决策,它的主要内容是“专家决策”的推广和科学化,当然也包括一些硬决策的软化工作。软决策可以通过所谓“专家法”把心理学、社会学、行为科学和思维科学等各门科学的成就应用到具体决策问题处理中来,并通过各种有效的方式,使专家在不受干扰的情况下充分发表见解。它的代表性方法是专家预测法、头脑风暴法、德尔菲法,此外还有模糊决策、灰色决策、人工智能等减灾决策方法可供使用。洪水灾害风险决策分析的一些基本方法有确定型决策分析方法、不确定型决策分析方法和风险型决策分析方法[22]。

1) 确定型决策分析方法

确定型决策是指未来洪水灾害的发生情形为确定条件下的决策。在确定型决策分析方法中常用的有:①用微分方法求极值;②用拉格朗日法求条件极值;③用线性规划与非线性规划求最优值;④用动态规划求多阶段决策过程等。由于洪水灾害的可预知性较低,故确定型决策分析方法在洪水灾害风险管理中并不常用,即使应用,一般也仅在防灾减灾措施方面。遇到重大减灾决策问题时,确定型决策分析方法便因显得过于简单、距离实际情况过远而失去其效力。

2) 不确定型决策分析方法

不确定型决策是指未来洪水灾害的发生情形为不确定条件下的决策,它是最复杂的决策问题,也是洪水灾害风险决策中经常碰到的决策问题。由于未来将要发生的灾害及可能造成的损失往往不能预先为决策者或决策机构所了解,所以决策者或决策机构常常必须面临着这类决策问题。

在目前不确定型决策研究中，主要是根据决策方案优劣的标准进行选取，从而形成各种不同决策分析方法，这些方法的决策结果也不尽相同，以使这类决策问题得以简化。从不同目标出发，可以确定衡量决策方案优劣。至于在何种场合下，应该用哪种方法，要根据具体情况而定，主要与决策者的偏好和经验有很大关系。

(1) 小中取大法：又称悲观法，这是一种保守的决策分析方法。它是从不利的情况出发，按灾害可能造成的最大损失估计，选择最好的方案，该方法尤其适用于对有可能危及人民生命的灾害制定防灾减灾方案。

(2) 大中取大法：又称乐观法，这是一种冒险的决策分析方法。它是从各种自然状态下的各方案的最大效益中，选取最大效益的最大值，即选取各极大值中的最大值所对应的方案为实施方案。该方法适用于灾害性质较轻的减灾决策问题，而并不适用于危及人身健康和可能造成重大财产损失的灾害。

(3) 大中取小法：又称最小遗憾法则。一般指在最大损失中取最小损失的方案。

(4) 平均值法：这种方法是把每一方案在各种可能情况下的效益加以平均(假定每一种情况出现的可能性是一样的)，进行比较，取其中最大的一种方案。

(5) 折中法：又称乐观系数法则。它的特点是既不像小中取大法则那样保守，也不像大中取大法则那样冒险，而是从中找出一个折中标准，即：首先根据历史数据的分析与经验判断办法确定一个乐观系数，用 a 表示，$0 \leqslant a \leqslant 1$，当 $a=0$ 时，便成为小中取大法则；当 $a=1$ 时，便成为大中取大法则。

除上述方法外，还有拉普拉斯法则、敏感性法则等。

3) 风险型决策分析方法

风险型决策是指决策因素中的未控制因素 Y 具有概率变化的决策。风险型决策中未来事件可能发生的概率为：

$$0 \leqslant P(Y_i) \leqslant 1, \quad \sum_{i=1}^{n} P(Y_i)=1 \tag{2-6}$$

为了提高减灾决策的可靠性，可利用贝叶斯条件概率公式将风险型决策转化为确定型决策。

设有 A、B 两事件，B 为事件的结果，A 为 B 事件发生的原因；设原因 A_i 有 n 个($i=1,2,3,\cdots,n$)，条件 $A_1, A_2, A_3, \cdots, A_n$ 是样本空间 S 的一个划分，即

$$A_iA_k=\Phi, \ A_1 \cup A_2 \cup \cdots \cup A_n=S$$

如果 $P(B)>0$，则根据贝叶斯公式有：

$$P(A_i/B)=\frac{P(A, B)}{P(B)}=\frac{P(A_i)P(B/A_i)}{\sum_{i=1}^{n} P(A_i)P(B/A_i)} \tag{2-7}$$

贝叶斯公式用在决策分析中的意义在于，根据造成 B 事件发生的原因 A_i 的概率的预测，对减灾经济效果进行决策，这样便可以把风险型决策转换成确定型决策，以提高减灾决策的可靠性。

在洪水灾害风险管理工作中所遇到的决策问题大多是风险型的。因为洪水灾害的发生是随机的,人类对洪水灾害的认识和预测基本上也只能达到“某年某月某日发生洪水灾害的概率是多少”这种程度。对于风险型决策问题,常用方法有以下两种。

(1) 最大可能法:根据概率论可知,一个事件的概率越大,事件发生的可能性也越大。基于这种思想,可在风险型决策问题中选择一个概率最大的自然状态进行决策,而不管其他自然状态,这就使问题变为确定型。

(2) 期望值法:是以决策问题构成的损益矩阵为基础,计算出每个减灾方案的期望值。

$$E_S = \sum P_i S_i \tag{2-8}$$

式中,P_i 为 $S = S_i$ 的概率。

在各个决策方案中,选择具有最大收益期望值或最小损失期望值的方案为最优,具体形式有表格计算法和决策树计算法两种,前者适用于单级决策问题,后者适用于单级决策问题和多级决策问题。

由于在决策过程中利用了洪水灾害发生的概率,而概率表示灾害发生的可能性大小,并非必定要发生,故用期望值法进行决策要冒一定的风险。但是,由于期望值法利用了统计规律,用准确的数学语言描述了状态参数的信息,并把这信息应用到决策分析中来,故这种决策的成功率仍占大多数,比直观的经验方法要合理得多,因此至今仍是一种有效的决策分析方法。

4) 马尔可夫型决策分析方法

马尔可夫型决策分析方法与贝叶斯决策分析方法不同,后者是用历史资料进行预测和决策,而前者是用近期资料进行预测和决策。对于洪水灾害风险决策问题,马尔可夫型决策分析方法有良好的应用前景,值得进一步研究。

6. 洪水保险

针对洪水保险中的费率制定问题和经营风险问题,可采取以下的原则和方法[23]:

1) 制定费率的原则

洪水保险费率的制定应遵循公平合理、保证保障和促进防损三条原则。

由于处于不同地理位置的同一类财产,或处于同一地理位置的不同类财产,遭受洪灾的风险都不相同,相应地其费率也应有所区别。为此,可以根据 5 年、10 年、20 年、50 年、100 年一遇的洪水位,将地区划分成 5 个区,每个区的财产,又根据其对洪水的敏感程度划分成若干类别。结合上述三条原则,对各区各类财产分别制定合适的费率。洪灾损失率是随机变量,逐年并不相同,但存在一定的概率分布,具有相应的统计参数——均值和均方差。在保险学中,通常取损失率均值作为“理论”的净费率,考虑保证保障原则的要求,又取损失均方差与均值之比为风险附加系数,以损失率均值 × (1 + 风险附加系数)作为“真正”的净费率。当然,为了开展保险业务,公司还必须支付各种其他费用,书中统称为业务费用,它可以用净保费的某个百分比——业务费用率来表示。因此,总的费率还应当包括这部分费用引起的附加费率。

2）洪灾损失率分析

利用实测洪水资料展延洪灾损失记录。按不同频率洪水位确定各区淹没水深，再由不同淹没水深对于各类财产的损失率通过概率加权平均求出各区各类财产损失率的均值和均方差，具体公式如下：

$$\bar{K}_{i,j}=\sum_{l=1}^{6}\Delta P_l K_{l,i,j} \tag{2-9}$$

$$\sigma_{i,j}=\sum_{l=1}^{6}\Delta P_l (K_{l,i,j}-\bar{K}_{i,j})^2 \tag{2-10}$$

式中　$\bar{K}_{i,j}$—— 第 i 区第 j 类财产损失率的均值；

$\sigma_{i,j}$—— 第 i 区第 j 类财产损失率的均方差；

ΔP_l—— 第 l 级洪水发生的概率；

$K_{l,i,j}$—— 第 l 级洪水对第 i 区第 j 类财产的损失率。

3）洪水保险费率的计算模式

保险基金是由投保户向保险公司缴纳保险费而筹集起来的，用于支付赔偿及其他费用。综合公平合理原则和保证保障原则的要求，书中取风险附加系数为 10%(即每年结余相当于 10% 赔偿费的资金作为风险附加费)，提出了 3 种费率计算模式。

(1) 模式Ⅰ。基金收支项为保费、赔偿费、业务费，投保金额和资金的价值不随时间而变，财务上各区各类财产独立核算。由基金方程式（保费－赔偿费－业务费＝风险附加费）得：

$$R_{i,j}=[(1+U)\bar{K}_{i,j}](1+V) \tag{2-11}$$

式中　$R_{i,j}$—— 第 i 区第 j 类财产的保险费率；

$\bar{K}_{i,j}$—— 含义同前；

U—— 风险附加系数，$U=10\%$；

V—— 业务费用率，$V=20\%$。

(2) 模式Ⅱ。基金收支项为保费、赔偿费、业务费，安全偿还费(其中安全偿还费是因为年财产未遭洪水破坏而返还给投保户的费用，其数值为 10%净保费)；其他条件同模式Ⅰ。由基金方程式（保费－赔偿费－业务费－安全偿还费＝风险附加费）得：

$$R_{i,j}=(1+U)\bar{K}_{i,j}(1+V+0.1\sum_{l=1}^{i}\Delta P_l) \tag{2-12}$$

(3) 模式Ⅲ。基金收支项同模式Ⅱ；投保金额和资金价值随时间而变；财务上整个研究地区统一核算。记 F_0＝保费－赔偿费－业务费－安全偿还费－风险附加费，得：

$$\begin{aligned}F_0=&\sum_{t=1}^{n}\sum_{i=1}^{5}\sum_{j=1}^{6}C_{i,j}(1+F_{i,j})^{t-\frac{1}{2}}R_{i,j}(1+V)^{-t+\frac{1}{2}}-\\&(1+U)(1+V)\sum_{t=1}^{n}\sum_{i=1}^{5}\sum_{j=1}^{6}C_{i,j}(1+F_{i,j})^{t-\frac{1}{2}}\bar{K}_{i,j}(1+V)^{-t-\frac{1}{2}}-\\&0.1(1+U)\sum_{t=1}^{n}\sum_{i=1}^{5}\sum_{j=1}^{6}\sum_{l=1}^{i}\Delta P_i C_{i,j}(1+F_{i,j})^{t-\frac{1}{2}}\bar{K}_{i,j}(1+V)^{-t}\end{aligned}$$

式中，F_0 为经济计算期 n 年中累计收入减累计支出。

业务费是保险公司为经营风险而须支付的各项其他费用，如工资、手续费、管理费等，通常以保费的百分比计算。

2.2 城市水安全风险管理框架体系

随着我国城市经济社会快速发展，城市化率稳步提高，城市水资源供需矛盾等问题则日益突出。城市水安全主要包括城市洪涝安全、城市供水安全以及城市水生态环境安全。城市水安全关系到粮食安全、经济安全、生态安全、国家安全等安全风险。而上述水务行业存在的部门协调不足、城乡分布不平衡及服务与民主意识欠缺等问题会对城市水系统运行造成一定的安全隐患，因此，对城市水安全进行风险管理非常有必要。

2.2.1 城市水安全风险管理的内容

城市水安全风险管理的内容框架如图 2-4 所示。防汛排涝安全风险管理的内容包括防洪、排涝、减灾和恢复，供水安全风险管理的内容包括取水、供水和用水，水生态环境安全风险管理的内容包括水生态环境、水景观和水文化。鉴于节水具有非常重要的意义，且贯穿供水安全管理始终，地下水管理也具有其特殊性，本部分把节水、地下水分别单列作为供水管理的内容[24, 25]。

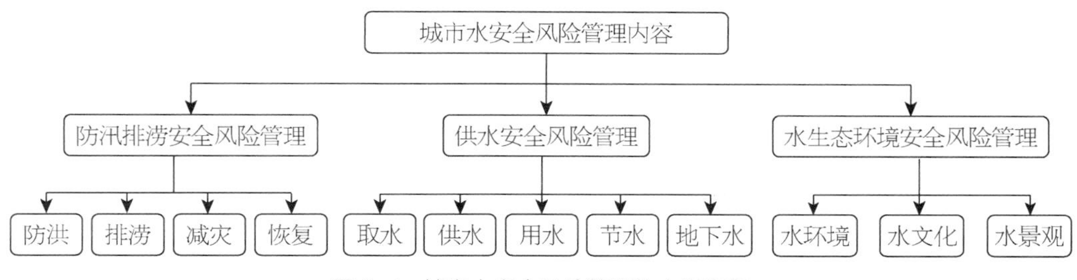

图 2-4 城市水安全风险管理的内容框架

1. 防汛排涝安全

近年来，随着全球气候变化异常，短时强降雨多发，加之我国城市化的迅猛发展，不透水地表、路面大幅增加，使得雨洪径流增加、产流加速，导致国内很多城市都发生了较为严重的洪灾内涝。特别是大都市，一旦遭遇特大暴雨，整个城市几乎陷入瘫痪，严重影响城市交通和居民正常的工作生活与生命财产安全。据 2010 年以来的统计，我国各大城市都受到了不同程度的洪涝灾害的影响，例如，2010 年 7 月 12 日，南京暴雨导致雨花台花神大道严重积水，最深处达 80 cm；2011 年 6 月 23 日，北京暴雨内涝导致道路交通瘫痪，29 处积水点，2 人死亡；2013 年 8 月 30 日，深圳内涝导致 2 人死亡，100 多处遭水浸，直接经济损失 5 000 多万元；2013 年 9 月 13 日，上海暴雨内涝导致地铁 2 号线部分停运，80 多处积水深度超过 30 cm。由此可见，我国的城市管理和防汛排涝管理系统功能目前存在严重缺陷和问题，亟待建立一套健全的防汛排涝安全风险管理体系来应对洪涝灾害[25-30]。而城市防洪排涝是一项系统工程，涉及面广，要求高，必须建立科学、高效的管理体系，使各控制建筑物的调度运行满足防洪除涝和水生态环境改善等要求，实现城市防汛排涝调度的自动化和现代化[26]。

防汛排涝安全风险管理主要是指以防灾、减灾、恢复为中心的城市防洪排涝安全风险管理。城市防洪要非工程措施和工程措施并举，要增强全社会的防洪减灾意识，认真做好防洪规划，适当提高防洪标准，建设防洪工程。城市防洪工程包括堤防加高加固工程、蓄涝洪区安全设施、重点病险水库水闸除险加固等。城市排涝与城市防洪密不可分，城市的排涝应纳入城市防洪整体规划中统筹考虑，根据城市的实际情况，因地制宜地制定排涝体系和标准[31,32]。

建立城市洪涝灾害防治体系的内容主要包括以下四个方面。

(1) 建立合作机制。如果每个行政单元或微观主体都是为了自己的安全自行提高所在区域的洪涝灾害防治能力，其后果必将导致无休止的水灾防治“竞赛”，进而加大整个流域的水灾防治难度。因此为了减小微观决策主体的成本外溢造成的负面影响，就要实现不同行政区之间、不同部门之间、不同措施之间的合作。

(2) 建立协调机制。我国城市水务一体化管理还不到位，在不同的机构和部门间建立有效的协调机制是搞好城市水务管理的一个重要方面。已有的一些实例表明，尽管涉及多个管理机构，但有效协调机制的存在会使水务管理问题得到很好解决。参与合作的行政区或微观主体的水灾防治宏观目标是一致的，即总体水灾防治成本最小化或承受的水灾损失最小化，但在微观利益上却有分歧。政府部门要通过建立协调机制，作为各个行政区或微观主体开展协商的平台。

(3) 建立补偿机制。协调机制的运作，不仅需要确认参与合作的行政区和微观主体中哪些获得利益，哪些承担成本，而且要计算出这些利益和成本的具体数值，这一点在有些情况下无法做到，如在运用蓄滞洪区滞洪、利用水库削峰和退耕还林还草减少水土流失等活动中。需要由政府设立一项补偿机制，对蓄滞洪区、水库管理单位和山区农民给予经济补偿。

(4) 建立保险机制。由于存在太多的不确定因素，即使是最完备、最坚固的水灾防治体系，也只能减小水灾的频率和危害程度，而不能从根本上消除水灾带来的危害。因此，完善的水灾防治体系，还需要有水灾保险作为补充。

2. 供水安全

在世界范围，城市供水系统的主要水源，都是依靠降雨补给。在某些情况下，降水量变化很大，不仅随季节变化，而且年际变化也很大。多数的城市供水系统包括一些形式的水储存设施，在雨水补给的水源不能满足供水需求时来维持供水。存储设施包括储水罐和水库、地表存储和地下存储等。

随着水资源匮乏形势愈加严峻和我国人口的不断增加，我国的供水体系也在不断地完善。但城市供水系统也会受各种外界因素如自然灾害等的影响，造成供水系统瘫痪等问题，我国可供人们使用的水资源有限,人均用水量相对较少,合理使用水资源对社会的长足发展具有重要的意义。

城市供水安全风险主要来自三个方面。

(1) 城市供水系统中存在的安全风险。城市供水包括居民生活用水、工业生产用水、农业灌溉用水等多方面水资源的利用,但是由于水资源污染导致的安全问题不可忽视也不可避免。

(2) 城市供水系统中存在的自然风险。自然灾害如地震、地面沉降等对地下供水管道等城市供水系统造成的伤害往往会导致城市用水困难,给人们的生活带来很大的问题。

(3) 城市供水系统中存在的社会风险。城市供水系统的资金投入主要由政府承担,但是仍存在部分不法官员和承建商、运行商从中谋取私利使得城市供水系统的建设、运行服务质量存在严重问题进而威胁供水生命线安全。这种存在城市供水系统中的社会风险会严重影响人们的生产生活,影响人们的生活质量[33,34]。

城市供水安全风险管理的内涵是指供水企业与政府管理部门通过风险识别、风险衡量和风险分析来有效地控制风险,并用最经济可行的方法来综合处理风险,以实现最佳安全生产保障的科学管理方法[31]。

针对城市供水安全中存在的风险问题,城市供水安全风险管理的内容可从城市的取水、供水、用水、节水、地下水五个方面进行管理。

(1) 城市取水管理,指通过实行取水许可制度和收取水资源费来直接进行取水管理。主要内容包括:①制定取水许可和水资源费征收条例,依法进行行政审批;②对取水工程、取水计量设施进行监督管理。

(2) 城市供水管理的主要内容包括:①合理确定城市供水水源,加强对水源地的环境保护,确保水源水质满足要求;②严格控制水厂的水处理工艺运行,有效控制供水水质,保障供水安全,实现制水工艺的稳定可靠和出厂水的长期稳定达标;③在水的输配过程中,对管网供水水质安全的控制。

(3) 城市用水管理。首先,要按照国民经济发展状况,合理确定工业、生活用水的定额,并按照公平、鼓励节水、适度照顾、重点用户优先和就近取水等原则,制定各用水单元的水资源分配方案,以合理分配可供的水资源;其次,要合理利用有限的水资源,注重工业和生活节水、污水的回收处理与再生水利用等。

(4) 城市节水管理,是指基于国家关于加快推进生态文明建设、实施最严格水资源管理制度、实施海绵城市建设等意见或精神,统筹国家新“五化”(即新型城镇化、工业化、信息化、农业现代化、绿色化)等建设要求,通过行政、技术、经济等管理手段加强用水管理,调整用水结构,改进用水工艺,实行计划用水,杜绝用水浪费,运用先进的科学技术建立科学的用水体系,加强生活节水、工业节水和农业节水,有效地使用水资源,保护水资源,适应城市经济和城市建设持续发展的需要,努力建设节水型城市。

(5) 城市地下水管理,则应把重点置于防止地下水超采和防治地下水污染。对地下水资源进行有效的管理,可以很大程度上解决城市供用水面临的水质和水量问题。

城市供水安全风险管理方法主要有损失控制、风险融资和内部风险抑制三种,如图 2-5 所示。

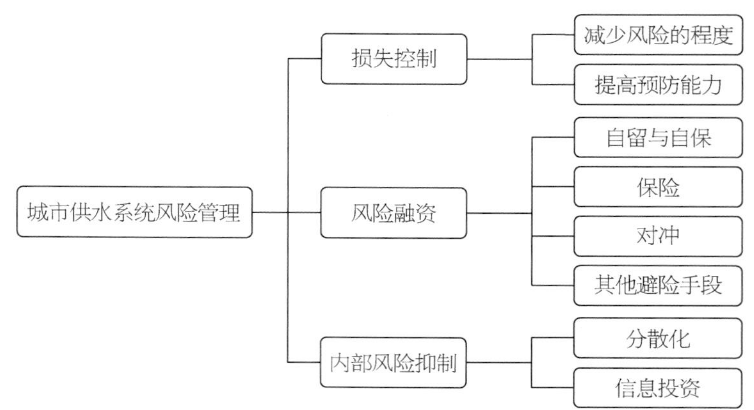

图 2-5　城市供水安全风险管理的主要方法

摘自:李景波,董增川,王海潮,等.城市供水风险分析与风险管理研究[J].河海大学学报(自然科学版),2008,36(1):35-39.

1) 损失控制

损失控制即风险控制,是指通过降低损失频率和(或)减小损失程度(规模)来减小期望损失成本的各种行为。降低损失频率的行为称为损失防止,而减小损失程度的行为称为损失降低。损失控制的常用方法有两种:①减少风险活动的数量;②提高预防风险活动可能造成的损失的能力(其目的是使供水活动更安全)。

2) 风险融资

风险融资通过获取资金的方法来支付或补偿损失。损失融资的手段通常有自留、购买保险合同、对冲和其他合约化风险转移四种。这些手段经常会组合使用[35]。

(1) 自留。自留就是自我承担部分或全部的损失。如果通过一个正式的损失融资计划来自留风险,这时的自留也称为自我保险。对于中小风险,一般城市供水企业经常会采用这种方法。

(2) 购买保险合同。目前,国内外一般供水企业尚未全面施行供水保险。此处提出的主要保险框架是:保险公司为约定的损失支付资金(即为这些损失融资);作为交换,在合同开始时,城市供水企业要向保险公司支付一笔保险费。保险合同降低了供水企业的风险,把损失风险转嫁给了保险公司,保险公司通过分散化经营来降低自身的风险。

(3) 对冲。利用远期合约、期货合约和期权合约等对风险进行对冲。

(4) 其他合约化风险转移。供水企业可以通过这种手段将风险转嫁给其他方。

3）内部风险抑制

供水企业除了可以使用风险融资手段把风险转嫁给其他方来降低风险外，还可以在其内部抑制风险。内部风险抑制主要有分散化经营和信息管理投入两种形式。

针对城市供水安全风险管理策略有以下三个方面：

(1) 定期整治，消除安全隐患。为有效防止工厂污水和居民生活用水的肆意排放，城市管理人员要定期对居民用水的水源附近进行环境卫生整治，防止有害液体和生活垃圾对饮用水造成污染，并制定合理有效的惩治措施，使其具有一定的威慑作用。加强对人们进行宣传教育，让他们了解我国饮用水的紧张程度，了解节约用水的重要性。

(2) 提高城市供水系统质量，防范故障发生。城市居住人口对自来水的依赖性比郊区及农村人口要大得多，其生产、生活用水全部来自城市供水系统，但是由于地下管道质量过低或自然灾害等原因所造成的地下管道受损会严重影响人们的生活。因此，在城市供水系统建设过程中，要严把质量关。另外，我国的地震发生次数比较频繁，其对城市供水系统的破坏力也相当强。综上可见，提高城市供水系统地下管道的质量对居民的生产、生活用水具有非常重要的作用。

(3) 增大城市供水系统建设的监管力度，做到资金去向透明化。国家对城市供水系统的资金投入事实上可以满足城市居民对饮用水的需求，但需要防止资金腐败事件的发生。可以在城市供水系统建设过程中设立监督管理部门，对政府管理人员起到一定的监督管理作用，增大城市供水系统建设过程中的监管力度，在资金的使用上，做到公开化、透明化，使每一分钱都切实地用在老百姓上。总之，通过多种措施保障供水安全，使人们能用上安全放心的饮用水。

3. 水生态环境安全

水生态环境安全是中国环境问题中最复杂且具有挑战性的，城镇化快速进程和工业企业的密集发展，造成大量的污染物不断被排放到自然水体中，包含了许多有毒、持久性、生物高富集的危险化合物，水生态环境的严重退化，对水生态环境系统以及人类健康造成了巨大的威胁[33-36]。

所谓生态安全风险，是指自然或人为干扰对非人类的生物体、种群和生态系统以及对人类造成的风险，其风险源包括但不限于污染物、自然灾害和技术事故[37]。因此，城市水生态环境安全风险主要来源于以下几个方面：工业企业废水排污、城镇与农村生活污水、雨污混接与市政泵站放江、船舶污染、畜禽养殖污染、城镇商贩和施工工地混排及散排、农业种植面源污染、河岸违建与河道填堵等。

水生态环境安全风险管理的内涵是保障城市社会经济发展和人居环境的安全，改善水生态环境质量和实现水资源的持续利用，确保水体自然景观与人文景观的协调和美观，实现历史文化的展现和城市品位的提升。因此，水生态环境安全又包含了三方面的内容，即水生态环境、水景观和水文化[38-40]。

城市水生态环境是城市可持续发展的重要制约因素，在《中国 21 世纪议程》中，水生态环境被摆在突出的位置。水生态环境保护的主要途径是在水资源管理中运用水质管理手段，如控制工业污水排放量、治理农业面源污染、城市污水集中处理、划分水生态环境水功能区等，最终实现水生态环境承载力和水生态环境承载力的提升。要特别重视对地下水生态环境的保护。

水景观建设是通过改善相邻生态系统来保护城市水域的生态系统，其主要内容包括城市河流水域沿岸带及水域范围内的景观建设。在城市水景观建设中，要结合当地的实际，做好水景观功能划分和水景观规划等工作。

水文化，在当今水生态环境文明视野下是一个复合角色，除了基本的自然属性特征，更多地体现了其社会属性特征，如生态性、文化传承性、开放性、和谐性及可持续性[23]。因此，广义而言，水文化是指城市水利在形成和发展过程中精神财富与物质财富的总和。狭义的水文化则指河湖沿岸及水域所发生的各种文化现象对人类的感官发生刺激，由此产生的感受和联想通过各种文化载体所表现出来的作品和活动。

此外，特别需要指出的是，水市场管理贯穿于取水与供用水、水生态环境保护和水生态环境管理中。例如，在城市供水基础设施项目建设中，就需要开放水市场；在实行再生水利用和分质供水时，确定水价也十分关键；在建设城市水景观的同时，要考虑充分体现其经济效益。水市场管理涵盖水权、水价和水经济三个方面的内容。

(1) 水权。水权是指水资源的所有权，我国水资源为国家所有。各供水单位、用水单位和个人对水资源使用的水权一般是指水资源的使用权。在城市水安全风险管理中贯彻水权管理制度的思想，通过水权制度来规范、调整人们的水权关系并约束水事行为，有利于保障国家水政策和法律法规的有效实施，促进提高水资源开发利用效率，加快水务市场化建设进程。

(2) 水价。《城市供水价格管理办法》，由国家计委和建设部于1998年9月23日制定印发，旨在规范城市供水价格，保障供水、用水双方的合法权益，促进城市供水事业发展，节约和保护水资源。水价风险管理的主要任务是在明确水权的基础上，深入研究合理水价问题，提出水价核定的内容、方法及管理办法，最终建立科学的水价体系。

为更好地运行城市水安全风险管理体系，制定水价时要遵循公平性原则、差别性原则、水资源高效配置原则、成本回收原则和环境补偿原则，积极推进水价改革，使水价管理走向科学化、规范化。这是引导人们自觉调整用水数量、用水结构并引导产业结构调整，实现全社会优化配置水资源和建设节水型社会的重要措施。

(3) 水经济。本书所指的水经济仅仅是指实现城市水生态环境建设的经济价值。在城市水安全风险管理体系中，要运用市场经济手段，将城市水生态环境系统中可以用来经营的存量资本和生产要素推向市场，进行重新组合和优化配置，寻求开发途径，从中获得收益，再将这笔收益投入到城市水生态环境系统建设和管理的新领域，从而实现水生态环境系统建设的可持续发展。

2.2.2　城市水安全风险管理的措施框架

城市水安全风险管理的措施，通常理解为工程措施和非工程措施两大类。

工程措施是指对城市水工程的新建、改建、扩建、迁移和拆除。由于工程措施是基础，长期以来人们对城市水安全风险管理的工程措施研究较多，本书把城市水管理的工程分为供水工程（这里为广义上的供水工程，即包括狭义上的取水工程、供用水工程和节水工程）、防洪除涝工程、水生态环境治理工程、排水工程四类。

相比于工程措施，城市水安全风险管理的非工程措施具有更为明显的多学科综合性，涉及社会科学、自然科学、人文科学的诸多领域。城市水安全风险管理的非工程措施具有空间维度，对于不同的国家和地区，由于政治、社会、经济、文化背景的差异，水管理的非工程措施也会存在不同。同时，城市水安全风险管理的非工程措施又受到时间维度的制约，随着生产力的进步和社会的发展，在同一国家或地区的不同时期，非工程措施的内容也发生着变化，这种变化体现在诸如水资源的数量、质量和运动变化引起的调控措施的改变，水法律法规的适应性变化，由于科技进步而引起的落后技术的淘汰等方面。总体而言，城市水安全风险管理的非工程措施主要可分为管理、法规制度、经济和科技四个方面。

本节主要讨论的城市水安全风险管理措施分为事前预警预案、事中防控调度和事后救助保险三大类。

2.2.2.1　事前预警预案

城市水安全风险预警实际上是由四个前后相继的单元要素所构成的（图 2-6），即潜在经济损失的相关估计、气象地质状况的实时监测、警报信息的有效共享及传播和社会公众的及时响应，这四个重要环节都是必不可少的，任何一个出现了问题都会导致城市水安全风险预警工作无法发挥其响应作用[37]。

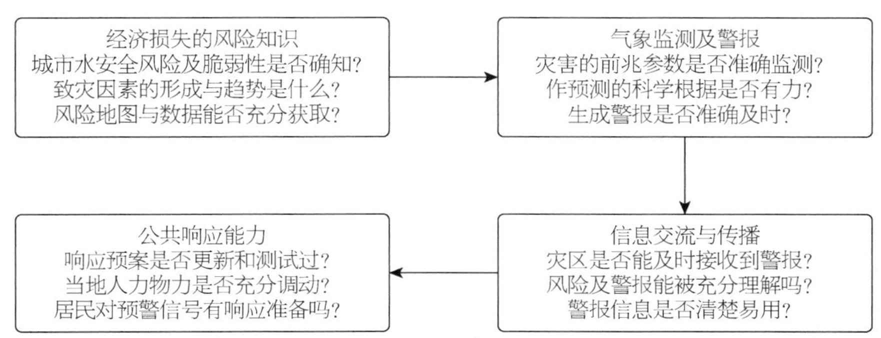

图 2-6　有效的城市水灾害预警体系组成要素及逻辑联系

摘自：卓志.巨灾风险管理制度创新研究［M］.北京：经济科学出版社，2014.

2004 年颁布实施《国家突发公共事件总体应急预案》和应对自然灾害的 5 个专项预案，全国应急预案框架体系初步建立。2005 年《政府工作报告》中明确提出："我们组织制定了国家突发公共事件总体应急预案，以及应对自然灾害、事故灾害、公共卫生和社会安全等方面 105 个专项和部门应急预案，各省（区、市）也完成了各级总体应急预案的编制工作。建设法治政府，全面履行政府职能，取得突破性进展。”2005年5月14日，国务院正式颁布了《国家自然灾害救助应急预案》，明确了减灾委在自然灾害应急救助中的地位和作用、应急响应的程度和级别、应急响应的财物保障和技术支持体系等。预案的颁布实施进一步规范了中国的应急救助工作。2006年为进一步加强城市防洪应急管理工作，依据国务院发布的《国家突发公共事件总体应急预案》和《国家防汛抗旱应急预案》，国家防办组织专家对《城市防洪预案编制大纲》进行了修订，将其更名为《城市防洪应急预案编制大纲》，要求有防御洪水（含江河洪水及山洪等）、暴雨渍涝、台风暴潮等突发灾害任务的城市（含县市）必须编制城市（含县市）防洪应急预案[35]。2008年，国务院各涉灾部门的应急预案编制工作已基本完成，全国31个省（自治区、直辖市）以及灾害多发地、县也出台了预案，全国自然灾害应急预案体系已初步建立[42]。2018年，国家大部制机构改革成立了应急管理部，主要负责国务院办公厅的应急管理职责；负责民政部的救灾职责；负责水利部的水旱灾害防治职责；负责国家防汛抗旱总指挥部、国家减灾委员会、国务院抗震救灾指挥部、国家森林防火指挥部的职责；等等，由此也更加凸显城市水安全风险应急管理的重要性。

从预案的执行情况看，城市防汛应急预案对于城市有计划、有准备地防御和调度突发性洪水起到了重要的作用，但同时也暴露出了一些问题：①对突发性洪水可能造成的致灾后果考虑不足。一些城市在编制防汛预案时仅是简单套用《城市防洪应急预案编制大纲》，未针对城市具体面临的水灾类型及规模科学地开展洪水风险分析，亦未制定明确的洪水预警启动标准及相应的响应行动，以致不能及时发布洪水预警信息并采取有效地应急响应行动。②预案中的响应体制和机制有待完善和细化。在城市遭遇突发性洪涝灾害后，洪水预警与启动响应行动之间可利用的时间短暂，预案无法为全社会的防洪救灾工作提供科学的指导，应急管理效果较差。

所以，提高城市水安全应急预案适用性的对策有以下几点：

(1) 城市水安全风险预案编制工作应建立在洪水风险分析的基础上，首先要制定详细的洪水风险地图，使公众了解自己周围的洪水风险水平。将城市洪涝仿真模拟技术应用于城市防洪预警和应急响应体制建设之中，分别按照最可能与最不利原则设计洪涝模拟方案，应用洪涝仿真模拟技术对设计方案下城市可能出现的洪水风险进行模拟分析，并根据分析成果开展防洪预警和应急响应研究工作。不同城市面对的水灾类型及其致灾后果差异较大，只有充分的预见到可能发生的洪水风险，预报预警、危险识别、应急响应、职责分配、应急保障、灾后恢复等每项工作的制定与实施才可能做到有针对性。

(2) 利用现代信息技术预测。暴雨洪涝灾害的最理想的防御方法之一就是能够实时预测、监测降水变动过程，我国洪水预测借鉴了美国的先进经验，应用遥感技术（Remote Sensing, RS）、地理信息系统（Geography Information Systems, GIS）、全球定位系统（Global Positioning Systems, GPS），即3S集成技术对洪水进行预测，但目前仅处于开始阶段，尚未得到普及，还有较大发展空间[43]。

(3) 制定洪水预警与应急响应的等级划分标准与启动程序。通过对突发性洪水灾害的属性进行统计分析，科学制定洪水预警与应急响应的等级划分与启动程序。基于对城市自身脆弱性及防洪能力的考虑，启动的洪涝预警等级应随着灾害发展而不断进行调整。

（4）应用媒介进行预警。媒体是沟通政府和公众的桥梁，在突发应急事件时，是最有效的传播媒介。因此，可以考虑通过媒体来达到洪灾预警的目的。为了达到全方位覆盖，既要考虑到应用报纸、电视、广播等传统媒体，也要考虑互联网、手机短信等新媒体。如果是全城应急的话，可以考虑专用报警器，为避免可能引起的全城恐慌，建议建立预警发布制度和开展民众日常演练工作。

（5）通过防汛演练来考证预案的可操作性、有效性和针对性。通过演练、培训等方式提高防汛主管领导和防汛业务人员对预案的熟悉程度，明确自身的职责，认真执行防汛预案的分工、各司其职。特别是在实际灾害发生后，要根据预案实施中出现的问题以及城市洪灾呈现的新特性，及时总结抗灾经验、修订预案。

2.2.2.2 事中防控调度

城市水安全风险管理的事中防控措施不仅包括灾害发生时的应急响应措施，还应致力于在自然、社会和工程等学科基础上综合集成的防控管理行为，以积极响应，降低损失，支持灾后恢复管理。

水灾害发生时，各利益相关者应积极响应，尽量降低灾害损失。这些应急响应包括应急警报、应急疏散、应急基础设施抢险和应急卫生等。

（1）应急警报。暴雨降临时，政府要关注其发展态势，及时发出警报。比如 2013 年 9 月 13 日，上海遭遇了相当罕见的特大暴雨袭击，上海中心气象台先后发布雷电、大风黄色预警和暴雨红色预警，上海市防汛指挥部相应发布了防汛防台预警，及时启动了应急响应，有效减少了暴雨灾害损失和影响。

（2）应急疏散。在发生洪涝灾害时，应首要关心人员疏散，因为处理不好疏散问题，就可能演变为一个更繁复的营救事件。疏散的对象包括建筑物（商用、民用，尤其是地下室）内的人群、交通空间（隧道、地铁、公交等）内的人群以及其他地下空间的人群。对于临时选好的疏散地，选择合适的信息传送方式，可以通过逐户敲门、在公共空间启用电子留言板、移动扬声器、公建广播公告或媒体来通告。对于灾民安置地的选择方面，应根据政府指示和应急预案，提前选择安置区，将受灾严重地区的人群就近转移安置，待灾情好转之后，再将转移的灾民接回恢复生产。

（3）应急基础设施抢险。对于城市生命线系统，如道路、供水、供电等，应急部门应在灾害发生第一时间进行抢险，进而能保证其他响应事件的开展，如上海市水务局调度移动式电源泵车处理了多起突发排水事件。

（4）应急卫生。在发生水灾害时，水中会携带大量对人体有害的病菌，因此，在进行应急救援时，要考虑到灾区严重的卫生防疫问题。为防止灾区疫病的进一步滋生与传播，地方政府以及卫生防疫部门一方面要成立医疗队，调运大批药品与机械，组织医务人员深入灾区进行医疗救助;另一方面,要发动群众,在灾区开展群众性卫生防疫运动。

2.2.2.3 事后救助保险

在城市水灾发生之后,灾区各地应遵照地方党委和政府的指示,采取一系列措施,充分发动群众开展生产救助活动,保证灾后重建工作的开展。

1)总结教训,科学编制灾后重建规划

洪灾过后,恢复重建工作是第一要务,而如何能避免重蹈历史覆辙是每一个参与者必须要考虑的问题,这就要求认真总结教训,科学编制灾后重建规划。灾后恢复重建的基本方针有:一是从全局出发,整体规划、分步实施;二是迅速优先恢复生命线与生产线工程;三是充分调动政府、企业及社会各界的力量,投入灾后恢复重建。其中,灾后重建内容主要分为两块:一块是对生命线系统的恢复重建;另一块是对生产线系统的恢复和重建。前者主要包括灾区住房及公共设施系统的恢复与重建,后者主要是指工、农、矿、商业各系统的恢复。

2)开展灾害救助工作

灾后救助是另外一种事后救助措施,这个救助分为物质上的救助和精神上的救助两个方面。

(1)物质救助。物质上的救助是指给受灾的企业或个人以一定的损失补偿,使其能尽快恢复生产生活。有三种途径:第一种是通过国家的财政拨款救助;第二种是洪水保险救助;第三种是社会捐助救助。无论是哪种途径,政府都应保证信息公开透明,加强百姓对政府的信任度。

(2)精神救助。经历过洪涝灾害的公民大多会留下心理创伤,即使在灾害过后,恐慌、忧虑情绪会一直伴随。因此,精神上的帮助也很重要,要通过心理危机干预使灾民重获生活的信心。

以2018年8月20日山东寿光发生的洪灾为例。在灾害发生过后,山东省减灾委、省民政厅紧急启动Ⅲ级救灾应急响应,下拨省级救灾应急资金和救灾物资,对灾区人民进行救助工作。与此同时,以科学发展观为指导,坚持以人为本,把保障民生放在优先位置,把妥善安排受灾群众和恢复重建作为事后救助工作的重中之重。民政、农业、交通、水务、电力等部门分别根据各领域受灾情况作出相应的恢复重建规划,尽快恢复灾区的水利设施、交通设施、供水供气等公共服务设施、供电设施、通信设施、农业生产设施等,使灾区尽早恢复生产,重建家园。

3)完善城市水安全风险保险制度

国家应制定与水灾保险相关的激励政策,鼓励商业保险公司积极参与水灾保险,形成政府救助、社会捐助和保险补偿共同分担的城市水安全风险救助补偿体系。首先,可以考虑制定适当的政策为保险公司的水灾保费收入给予税收优惠;其次,为解决保险公司建立的水灾准备金初期面临的风险和困难,可以考虑给予保险公司政策支持或财政拨款。以上措施可以鼓励商业保险公司积极参与城市水安全风险管理,更好地发挥保险灾害补偿等社会功能,让灾区的恢复重建工作更加有保障。

3 风险管理制度设计与运营机制

水安全是水灾害、水资源和水生态环境的综合效应。随着城市化进程的加快、流域下垫面条件改变,极端台风高潮暴雨事件导致的洪涝灾害日趋频繁。与此同时,需水量和污水排放量都大大增加,进一步造成了水资源紧缺和水污染加剧。因此,我国的城市水安全保障形势十分严峻。

水安全事故的发生具有不确定性,一旦发生往往带来巨大损失,水安全问题本身是一种风险问题。因此,目前城市水安全保障逐渐从控制洪水、保证供水和治理水生态环境污染向水安全风险管理转变。

目前,主要的发达国家在水安全领域都实施了风险管理,通过政府、市场和社会三者的相互配合来实现水安全风险防控。发达国家的水安全风险管理充分发挥了市场的作用。1968 年,美国国会通过了《国家洪水保险法》,并于 1973 年对《国家洪水保险法》进行修改,将保险计划自愿性改为强制性。洪水保险制度有利于加强社区洪水风险防范能力建设、提高民众的防灾减灾意识和降低政府的财政压力,是一种有效的风险转移手段。水权交易制度是市场发挥作用的另一个实例,如美国的水银行制度,澳大利亚的水融通、水股票制度和日本的综合水权管理制度等。水权交易制度将水资源作为商品通过市场进行优化配置,保证高价值用途的用水需求,避免因开发高成本的水源而破坏环境。

我国的水安全管理主要是政府通过制定相关政策法规、做好统筹规划工作、完善城市水利基础设施建设和应急管理机制来保障城市水安全,市场起到的作用较小。在十九大报告"增强驾驭风险本领,健全各方面防控机制"的指示下,在新时期城市水安全严峻形势的要求下,城市水安全管理向风险管理转变已成为必然趋势。我国要通过政府主导、市场和社会公众参与的多元共治机制来逐步建立健全水安全风险管理制度,以实现城市水安全风险防控。在水安全风险管理中要充分发挥政府的全局指导和部门协调作用、市场的资源优化配置作用和社会公众的参与辅助作用,使水安全风险与城市经济社会的承受能力相适应,实现城市防汛系统、供水系统和水生态环境系统的良性循环与持续发展[44]。

3.1 多元共治机制

3.1.1 政府主导

在水安全风险管理的多元共治机制中,政府处于主导地位,它是宏观调控、制度供给的主体,也是水安全风险管理策略的提供者和经营主体之一[45],政府主导下的水安全风险管理框架

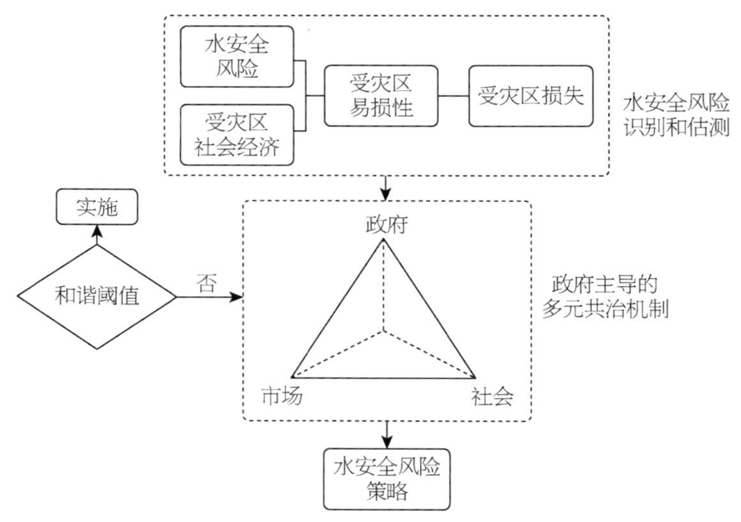

图 3-1　政府主导下的水安全风险管理框架

摘自：马树建.政府主导下的我国极端洪水灾害风险管理框架研究［J］.灾害学，2016，31（4）：22-26.

如图 3-1 所示。

政府主导下行之有效的水安全风险管理的规则[46]包括：中央政府的统一领导下，上下分级管理，部门分工负责的水安全风险管理体制；以防洪、供水和水生态环境工程体系、预防预警机制、应急响应机制和损失补偿机制为核心的水安全风险管理机制；以《中华人民共和国防洪法》《城市供水条例》《中华人民共和国水污染防治法》为代表的水安全风险管理法制，以及各种现代化水安全风险管理技术。我国应该主要从管理机构设置、管理方法改进和管理制度完善这三个方面来推进城市水安全风险管理的实现。

3.1.1.1　管理机构

我国的水安全风险管理行政体制是由中央、省级和市级政府机构组成，各级机构各司其职、分工负责。

中央机构主要由中华人民共和国水利部负责水安全风险管理，主要职责在于：编制各流域的技术性水利规划，起草有关法律法规草案；防止水旱灾害；合理分配和保护水资源；指导水文工作；指导水利工程建设和管理。中华人民共和国水利部内设的规划计划司、政策法规司、水资源司、建设与管理司、国家防汛抗旱总指挥部办公室、水文司和安全监督司负责上述工作的具体展开，水利部的内设机构如图 3-2 所示。此外，中华人民共和国水利部还设置了七大流域机构和直属事业单位来辅助开展水安全风险管理工作。

在此基础上，中央政府将水安全风险防控的职责进一步细分，于 2018 年 3 月，根据第十三届全国人民代表大会第一次会议批准的国务院机构改革方案设立了以下部门：中华人民共和国应急管理部，承担水旱灾害防治相关职责；中华人民共和国自然资源部，承担水资源调查和确权登记管理职责；中华人民共和国生态环境部，承担水功能区划编制、排污口设置管理、流域水生

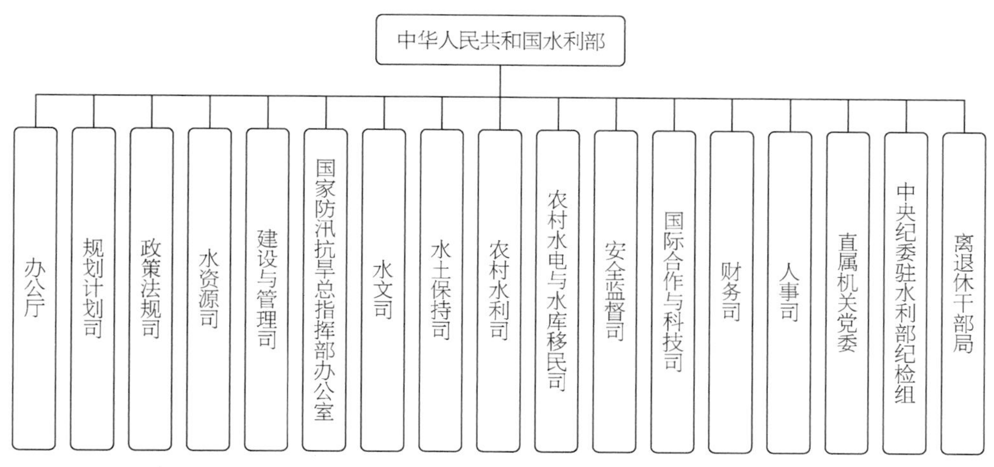

图 3-2 中华人民共和国水利部内设机构

态环境保护职责。这体现了我国对防汛抗旱、水资源和水生态环境保护的重视，也表现了我国水安全风险管理机构设置更加合理、各部门权责更加分明、风险防控更加专业，至此形成了国家层面上完备的水安全风险防控组织机构设置。

地方层面上，我国设立了各省水利厅(局)和市水务(利)局，具体负责各省、各市的水灾防治、水资源保护和水生态环境治理等各项工作的组织实施。上海市将涉水行政职能进行整合，设立了上海市水务局(上海市海洋局)，开展水务一体化管理，实现法规、政策、制度、标准、定额的统一管理，水资源评价、规划、开发、利用、配置、保护的统一管理，取水、供水、用水、节水、排水、污水处理、再生回用的统一管理，水量、水质、水域、水能的统一管理。至此，我国形成了自上而下、分工合作的水安全保障体系。在此基础上各部门相互沟通、协调和配合才能保证水安全风险防控机制的高效运行。

值得注意的是，我国至今尚未在不同层次上建立各级统一的水安全管理机构，省级和市级水安全管理机构名称不一、权责不明，无法有效地整合各部门在水灾害防治、水资源保护和水生态环境污染治理方面的资源，大大降低了城市水安全风险防控的效率。因此我国当前要着力完善地方水安全管理机构的设置，统一省级、市级的水安全管理机构设置和权责划分，促进中央水安全风险防控政策方针的贯彻落实，结合各省市的具体情况开展水安全防控工作，将保障城市水安全真正落到实处。

3.1.1.2 管理方法

水安全风险管理制度需要相关机构制定和实施合理有效的管理方法，逐步建立健全风险管理体系，为实现水安全风险管理的总体目标提供制度保障。水安全风险管理方法主要包括相关法律、法规、规范的制定和风险评估体系的建设。

1. 法律、法规

1) 法律

法律是一切管理活动的准绳，完善法制建设，可以为城市水安全风险管理各项措施的实施提供强有力的保障。

与城市水安全风险防控相关的现行法律主要有《中华人民共和国水法》(以下简称《水法》)、《中华人民共和国防洪法》(以下简称《防洪法》)、《中华人民共和国水污染防治法》(以下简称《水污染防治法》)、《中华人民共和国环境保护法》(以下简称《环境保护法》)、《中华人民共和国水土保持法》和《中华人民共和国城市规划法》。其中,《水法》主要关注水资源规划、开发利用、保护、配置和节约使用;《防洪法》主要侧重于防洪规划、防洪工程管理、防汛抗洪组织制度和保障措施这四个方面;《水污染防治法》主要包括水污染防治监管、水污染防治措施和饮用水源保护这三个部分。现行的相关法律主要集中在防洪和水生态环境两个方面,对加强防洪和水污染管理发挥了重要作用。

目前,河长制已由应急之策上升到国家意志,《水污染防治法》第五条提到要在省、市、县、乡建立河长制,河长制集中了水生态环境管理权力,明确了相对责任。同时,《水污染防治法》明确了水生态环境污染的安全责任,制定了污染事故赔偿机制。《环境保护法》也提到了应当建立环境保护责任制度,明确单位负责人和相关人员的责任。水生态环境保护和水污染治理的责任明确,能够将水安全风险管理真正落到实处,也体现了国家对水生态环境保护的高度重视,有利于进一步提高民众的水生态环境保护和监督意识。

《防洪法》规定各级人民政府应当采取措施,提高防洪投入的总体水平,设立水利建设基金用于工程建设,通过工程措施来减小洪水发生的可能性。在我国,政府还投入大量资金用于洪水灾害救助和灾区重建,政府是洪水风险的主要承担者。虽然《防洪法》第四十七条规定:"国家鼓励、扶持开展洪水保险。"但洪水保险作为一个特殊的险种,目前尚缺乏法律的支持,《防洪法》没有就如何鼓励、扶持洪水保险提出具体的条文。洪水保险不仅能起到经济补偿作用,还有利于加强洪泛区的全面管理,间接减轻洪水灾害,是洪泛区风险管理的重要手段,已在美国、英国、法国等发达国家得到了充分的重视和广泛的实施,我国需要在借鉴外国洪水保险制度的基础上,推动洪水保险立法工作的进行。

供水安全方面则存在立法缺失:已有《水法》的内容实为"水利法",城镇供水、排水并未纳入规范对象;供水行业的第一大法——《饮用水安全法》,世界各大国均立有此法,我国却长期缺失,甚至目前还没有纳入立法规划[47]。

此外,开放水资源和水生态环境市场也需要相关法律的支持。落实水权交易制度和开放水生态环境治理市场,有利于充分发挥市场的资源优化配置作用,促进水资源高效利用和水生态环境治理与保护。

针对水安全风险防控在立法方面不足的现状,政府需要进一步推动立法机关完善水安全风险法制建设,全面提升水安全保障能力。

2) 法规

行政法规是指国务院根据宪法和法律,按照法定程序制定的有关行使行政权力,履行行政职责的规范性文件的总称,一般包括条例、办法、实施细则、规定等形式。

城市水安全管理行政机构将根据法律和行政法规的规定，采用行政手段对城市涉水事务进行管理和协调，改善相关制度推行的外部环境，进行相关制度的推行，对城市水资源、水设施、水行业等进行规划、管理、保护、维护、调查和监督。

现行的城市水安全相关的法规涵盖了防汛、供水和水生态环境这三个方面，国家和上海市的水安全管理法规详见表 3-1。

表 3-1 水安全管理法规

	国　家	上海市
防汛	《中华人民共和国防洪法》 《中华人民共和国防汛条例》 《中华人民共和国河道管理条例》	《上海市防汛条例》 《上海市河道管理条例》
供水	《中华人民共和国水法》 《城市供水条例》 《取水许可和水资源费征收管理条例》 《城市节约用水管理规定》 《取水许可管理办法》 《城市供水价格管理办法》 《水利工程供水价格管理办法》 《城市供水水质管理规定》	《上海市供水管理条例》 《上海市供水调度管理细则》
水生态环境	《中华人民共和国水污染防治法》 《城镇排水与污水处理条例》 《入河排污口监督管理办法》 《中华人民共和国环境保护税法实施条例》 《饮用水水源保护区污染防治管理规定》	《上海市饮用水水源保护条例》 《上海市环境保护条例》 《太湖流域管理条例》 《上海市水资源管理若干规定》

(1) 防汛

《中华人民共和国防汛条例》规定：防汛组织主要由国家防汛总指挥部、流域管理机构和地方防汛指挥部组成；防汛工作实行各级人民政府行政首长负责制，各有关部门实行防汛岗位责任制。《中华人民共和国防汛条例》还就防汛准备和防汛抢险措施等做了具体规定。《中华人民共和国河道管理条例》对河道清障、阻水工程设施的改建或者拆除进行了详细规定，有利于行洪排涝。

上海市地处长江入海口，属亚热带季风气候，每年的 5 月至 9 月为汛期，汛期期间强对流天气较多，台风强、降雨多。同时，上海市属于高度城市化区域，改变了流域的下垫面条件，使产汇流特性发生了显著变化，给上海市的防洪防汛带来明显压力。因此上海市结合市情，在国家行政法规的基础上，出台了《上海市防汛条例》和《上海市河道管理条例》，用于指导上海市防汛工作的具体展开。

(2) 供水

《城市供水条例》规定由国务院城市建设行政主管部门主管全国城市供水工作，各级人民政府城市建设行政主管部门具体开展城市供水工作。《城市供水条例》还对城市供水水源、城市供水工程建设、城市供水经营、城市供水设施维护等做了详细说明。此外，国家还就取水许可、供水价格和供水水质等出台了针对性的法规。

上海市为了在取水、制水、输配水过程中实现供需平衡并保障供水安全，制定了《上海市供水调度管理细则》。《上海市供水调度管理细则》明确了各部门的职责，规定市水务局是供水行政主管部门，市供水管理处负责供水行业的监督考核工作，市供水调度监测中心负责供水调度的日常管理，区(县)供水行政管理部门负责本区(县)范围内供水企业的供水调度的监督管理工作，供水企业负责实施本供水区域内供水调度工作。《上海市供水调度管理细则》还提到要加强供水信息管理，建设城市供水信息监控网，建立供水调度信息系统，实现各部门供水调度信息共享。供水信息管理能够为供水风险评估和供水保险费率的厘定提供资料，是供水风险管理的基础，是我国供水安全保障转向供水安全风险管理的标志。未来上海市还将进一步完善水源地建设、管理与保护、水厂深度处理工程建设、供水管网升级改造、二次供水设施改造、应急供水调度、节约用水等方面的法规，实现上海市供水安全风险管控。

(3) 水生态环境

为了加强对城镇排水与污水处理的管理，保障城镇排水与污水处理设施安全运行，防治城镇水污染和内涝灾害，保护环境，国务院发布了《城镇排水与污水处理条例》(以下简称《排水与污水条例》)。《排水与污水条例》规定全国城镇排水与污水处理工作由国务院住房城乡建设主管部门统一指导监督，地方城镇排水与污水处理的监督管理由地方人民政府城镇排水与污水处理主管部门负责。

《排水与污水条例》从规划、设施建设及政策鼓励等方面制定了一系列促进污水再生利用和污泥、雨水资源化利用的制度措施[48]。《排水与污水条例》提出了排水综合管理的理念，总结了近年来国内外研究和实践的先进经验，提出了蓄、滞、渗、用、排相结合的雨水综合管理的理念，提倡构建与自然相适应的城镇排水系统，为城市水安全风险管理提供了法律保障和制度基础[49]。

上海市属于特大城市，人口密集，生活用水需求量大。为了保证原水安全，上海市制定了《上海市饮用水水源保护条例》，对加强饮用水水源保护，提高饮用水水源水质，保证饮用水安全，保障公众身体健康和生命安全，促进经济社会全面协调可持续发展具有重要意义。

在国家环境保护改革的背景下，上海市与时俱进，于 2016 年 7 月修订通过了《上海市环境保护条例》，推动了上海市环境治理体制与机制的创新，具体包括深化环评审批改革、探索排污许可“一证式”管理、细化总量控制制度、鼓励环境污染第三方治理、推进环境监测社会化等改革创新工作。《上海市环境保护条例》贯彻了“广泛参与、绿色发展、全面监督、严格执法”的基本原则。其中，“绿色发展”突出源头防治，明确将饮用水水源保护区纳入生态保护红线范围，实施严格保护；“全面监督”强调在完善政府和企业环境信息公开制度的基础上，督企与督政并重[50]。未来，上海市将进一步完善污水系统调整优化、污染物实时感知监测、工艺应急调整措施、水质超标紧急上报等方面的法规，全面构建上海市水生态环境安全保障体系。

流域范围内的水资源与水生态环境相互联系、相互影响，并且会形成有机整体。目前除了要从水安全保障向水安全风险管理转变外，还要将各种水问题结合起来考虑，建立水安全综合管理制度。

上海市在水安全综合管理方面有相应的法律支撑。《太湖流域管理条例》综合考虑了太湖流域的水资源保护、水污染防治和防汛抗旱，提到要合理划分水功能区、实现用水定额管理、推行重点水污染物排放总量控制制度、建立太湖流域监测体系和信息共享机制，对于保障两省一市(江苏省、浙江省、上海市)的生活、生产和生态用水安全及改善太湖流域生态环境具有重要意义。《上海市水资源管理若干规定》提出要严格实行河长制、用水总量控制制度、用水效率控制制度、水功能区限制纳污制度、水资源管理责任和考核制度，保证水资源可持续利用，推进生态文明建设。

目前相关法规提到要将水资源开发利用和污水排放限制在水体承载能力之内，有利于降低水安全事故发生的概率，减小损失，为我国水安全风险管理制度的建立奠定了法律基础。为了进一步推进水利改革发展、建立健全水安全风险管理制度，我国需要进一步完善水安全相关的法律法规。当前我国水行政立法的内容应该包括三个方面。

(1) 加快水资源立法，以加强对水资源的开发、配置、利用和保护。

(2) 制定城市水安全管理机构法，以法律的形式对管理机构的职能、工作程序给予规定，赋予其行政、经济方面的权力。

(3) 设立公众参与制度，对我国公民参与水安全管理的程序、规则和方式予以规范。

加大执法力度是水安全风险防控相关法规执行的保障。水行政执法，是指各级水行政主管机关，按照有关水的法律、法规的规定，在水管理领域里，依法对水行政管理的相对人采取的直接影响其权利义务，或者对相对人的权利义务的行使和履行情况直接进行监督检查的具体行政行为[44]。水行政执法的具体行为方式主要有四种：水行政强制执行；水行政许可和水行政审批；水行政检查、监督；水行政处罚。严格立法、科学执法、民众守法是城市水安全风险管理的基础。

2. 规范制定

我国目前在水安全保障领域发布了一系列规范，涵盖了防洪排涝、供水和水生态环境三方面内容，涉及相关工程的规划、设计和管理、水质标准、污染物排放标准和水生态环境质量标准等方面，见表 3-2。

1) 防洪排涝

防洪相关的规范以防洪标准为基础，主要涉及相关工程的规划、设计和管理。《防洪标准》(GB 50201—2014)主要规定了防洪保护对象或工程本身要求达到的防御洪水的标准，通常以频率法计算的某一重现期的设计洪水位作为防洪标准，或以某一实际洪水(或将其适当放大)作为防洪标准。按某一重现期对应洪水设计的建筑物有其对应的危险率，因此可以将频率和风险结合起来，可以在《防洪标准》(GB 50201—2014)中引入风险的概念。

《城市防洪规划规范》(GB 51079—2016)在考虑了城市防洪标准的基础上，对城市用地布局进行合理规划，并规定要建立城市防洪体系。城市防洪体系要求工程措施和非工程措施相结

表 3-2　　水安全保障规范

防洪排涝	供　　水	水生态环境
《防洪标准》(GB 50201—2014) 《城市防洪规划规范》(GB 51079—2016) 《城市防洪工程设计规范》(GB/T 50805—2012) 《堤防工程设计规范》(GB 50286—2013) 《堤防工程管理设计规范》(SL 171—96) 《城市排水工程规划规范》(GB 50318—2017) 《室外排水设计规范》(GB 50014—2006) 《治涝标准》(SL 723—2016)	《城市供水水源规划导则》(SL 627—2014) 《城市给水工程规划规范》(GB 50282—2016) 《生活饮用水卫生标准》(GB 5749—2006) 《城市供水应急预案编制导则》(SL 459—2009) 《二次供水设施卫生规范》(GB 17051—1997) 《二次供水工程技术规程》(CJJ 140—2010)	《地表水生态环境质量标准》(GB 3838—2002) 《污水综合排放标准》(GB 8978—1996) 《城镇污水处理厂污染物排放标准》(GB 18918—2002) 《水污染治理工程技术导则》(HJ 2015—2012) 《河湖生态保护与修复规划导则》(GB 709—2015) 《人工湿地污水处理工程技术规范》(HJ 2005—2010) 《城镇污水再生利用工程设计规范》(GB 50335—2016) 《城市污水再生利用 分类》(GB/T 18919—2002) 《城市污水再生利用 城市杂用水水质》(GB/T 18920—2002) 《城市污水再生利用 景观环境用水水质》(GB/T 18921—2002) 《城市污水再生利用 工业用水水质》(GB/T 19923—2005)

合，工程措施包括挡洪、泄洪、蓄滞洪及泥石流防治四类，非工程措施贯彻“全面规划、统筹兼顾、预防为主、综合治理”的原则，主要包括水库调洪、蓄滞洪区管理、暴雨与洪水预警预报、超设计标准暴雨和超设计标准洪水应急措施、防洪工程设施保护、行洪通道管理保护等方面。城市防洪体系建设对于提高城市防洪能力、加强城市防洪风险管理具有重要意义。上海市通过堤防工程、河道整治、排水系统、海绵城市建设等工程措施，以及防汛指挥体系建设、洪水风险图绘制、暴雨与洪水预警预报平台建设、暴雨应急响应体系建设等非工程措施，建立了较为完备的城市防洪体系。未来我国各城市还需要进一步健全城市防洪工程体系，加快防洪非工程体系的建设，逐步实现城市防洪安全风险管理。

汛期强降雨除了会加大防洪压力，还易导致城市内涝。近年来，我国“城市看海”现象较为严重，合理规划城市用地保证河网调蓄能力和水面率，科学建设城市排水系统是解决城市内涝最主要的有效手段。《城市排水工程规划规范》(GB 50318—2017)规定，城市建设应根据气候条件、降雨特点、下垫面情况等，因地制宜地推行低影响开发建设模式，削减雨水径流、控制径流污染、调节径流峰值、提高雨水利用率、降低内涝风险。《室外排水设计规范》(GB 50014—2006)，提高了排水管渠设计标准，增加了内涝控制要求，见表 3-3 和表 3-4。

表 3-3　　雨水管渠设计重现期　　单位:年

城镇类型	中心城区	非中心城区	中心城区的重要地区	中心城区地下通道和下沉式广场等
特大城市	3～5	2～3	5～10	30～50
大城市	2～5	2～3	5～10	20～30
中等城市和小城市	2～3	2～3	3～5	10～20

表 3-4　　内涝防治设计重现期

城镇类型	重现期/年	地面积水设计标准
特大城市	50～100	①居民住宅和工商业建筑物的底层不进水; ②道路中一条车道的积水深度不超过 15 cm
大城市	30～50	
中等城市和小城市	20～30	

2) 供水

供水系统包括原水系统、制水系统、输配水系统和二次供水系统。目前针对原水系统,水利部编制了《城市供水水源规划导则》(SL 627—2014),用于评价供水水源现状、合理配置水资源、规划和建设供水水源工程。《城市给水工程规划规范》(GB 50282—2016)则涵盖了整个供水系统的工程规划,在预测城市用水量的基础上,进行城市水资源与城市用水量之间的供需平衡分析,选择给水水源和水源地,确定给水系统布局,明确主要给水工程设施的规模、位置及用地控制,设置应急水源和备用水源,提出水源保护、节约用水和安全保障等措施。《城市给水工程规划规范》(GB 50282—2016)是供水安全风险管理的具体体现,需要相关部门坚决贯彻执行,并在实践中不断完善和更新。

二次供水是指单位或个人将城市公共供水或自建设施供水经储存、加压,通过管道再供用户或自用的形式,是目前高层供水的唯一选择方式。二次供水设施是否按规定设计、建设及建设的优劣直接关系到二次供水水质、水压和供水安全,与人民群众的日常生活密切相关。二次供水相关的规范主要有《二次供水设施卫生规范》(GB 17051—1997)和《二次供水工程技术规程》(CJJ 144—2010)。

此外,为了应对城市供水过程中的突发事件,水利部发布了《城市供水应急预案编制导则》(SL 459—2009),主要对城市供水应急预案中突发事件的种类和级别、应急措施、组织体系、预案运行机制、保障和监督管理等做了规定,对于减小供水事故损失具有重要意义。

3) 水生态环境

水生态环境相关的规范主要涉及水生态环境质量标准、污染物排放标准和水污染治理三个方面。

《地表水生态环境质量标准》(GB 3838—2002)在划分水域功能区的基础上,确定各功能区的水生态环境标准值,从而对各功能区进行水质监测和评价。《地表水生态环境质量标准》(GB

3838—2002)是水生态环境风险评估的前提,也是水生态环境治理成果评价的基础。

水污染物的排放管理是水生态环境风险管理的重要环节。我国制定了《污水综合排放标准》(GB 8978—1996),按照污水排放去向,分年限规定了 69 种水污染物最高允许排放浓度及部分行业最高允许排放量,有利于控制水污染、保护水质、保障人体健康、维护生态平衡。污水处理厂是污(废)水达到排放标准、适应环境容量要求的保证。我国发布了《城镇污水处理厂污染物排放标准》(GB 18918—2002),分年限规定了城镇污水处理厂出水、废气和污泥中污染物的控制项目与标准值,有利于促进城镇污水处理厂的建设和管理,加强城镇污水处理厂污染物的排放控制和污水资源化利用,保障人体健康,维护良好的生态环境。

除了加强水污染防控以外,还需要参考《水污染治理工程技术导则》(HJ 2015—2012)、《河湖生态保护与修复规划导则》(SL 709—2015)和《人工湿地污水处理工程技术规范》(HJ 2005—2010)等规范对目前已造成的水污染进行治理。《水污染治理工程技术导则》(HJ 2015—2012)规定了水污染治理工程在设计、施工、验收和运行维护中的通用技术要求,有利于改善水生态环境质量。《河湖生态保护与修复规划导则》(SL 709—2015)提到了生态需水量的概念,提出了污染物入河(湖)量控制方案,有利于降低水污染事件发生的概率,是减小水污染损失的有效手段。

严格贯彻落实上述规范,使得城市水安全保障有“标准”可循。同时,秉持与时俱进的原则,根据实际情况进行规范的补充和更新,例如,可以适当提高城市的防洪排涝标准和制定关于城市雨洪调蓄系统建设的规范,将对保障城市水安全具有重要意义。近年来,国内外随着城市水生态环境管理的需求,一些诸如低影响发展(Low Impact Development, LID)、城市水循环全面管理、应用生态水文学、水敏感城市设计、可持续城市排水系统(Sustainable Urban Drainage System, SUDS)等方法被广泛接受。

目前,我国的水安全保障规范已出现了风险相关的概念,未来还将进一步补充完善,为我国的城市水安全风险管理提供指导。

3. 风险评估

现代风险理论认为,客观环境和条件的不确定性是风险的重要成因。尽管人们不能控制客观条件,却可以逐步认识并掌握客观状态变化的规律,并作出科学的预测和决策,这是风险评估的重要前提。水安全风险评估是指通过相关部门的监测得到控制性水文要素,在此基础上进行水安全风险识别、分析和评价,进而排查风险、展开预警工作并在综合预警平台上进行实时水风险信息公开的程序,具体过程如图 3-3 所示。

水安全风险评估是减少水灾害损失的一项重要举措。近年来,我国各地水文部门努力践行“大水文”发展思路,积极开展城市水文工作,在城市水文站网建设、水生态环境监测和水资源分析评价、水文信息服务、城市水文研究等方面取得了新进展[6],为构建城市水安全风险评估系统提供了基础数据资料。在此基础上,各城市需要进一步完善水安全风险评估体系建设,协调各部门工作,进行科学的风险预测,及时预警,保障人民群众的生命财产、城市公共基础设施安全。

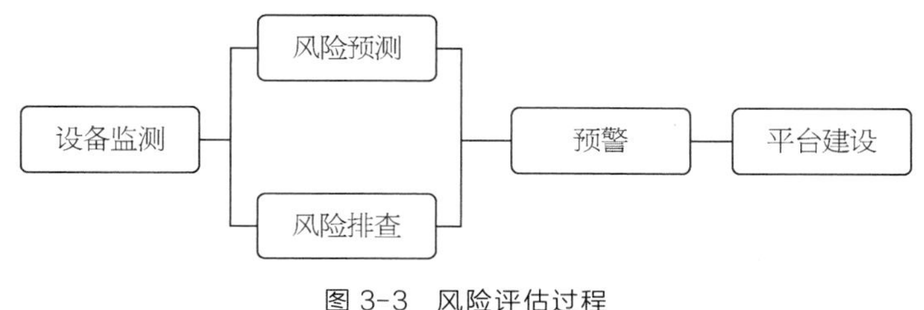

图 3-3　风险评估过程

水安全风险评估可具体到洪水风险评估、供水风险评估和水生态环境风险三个方面。

1）洪水风险评估

洪水风险属于自然、部分可控的风险，风险的统计规律较为明显。由于洪水的自然属性，洪水风险虽不能完全消除，但可通过风险评估，尽可能减少直接损失和间接损失。洪水风险评估是分析、评价、预防和处理洪水风险的一项复杂的系统工程，其总目标是选择最经济和有效的方法使风险成本最小。

首先，要通过相关部门监测得到控制性水文要素，如水文站提供实测水位、流速、降雨量等。其次，将这些监测到的水文要素汇总进行风险分析、评价和决策，具体而言：洪水风险分析是分析某地区在特定时间内发生洪水灾害的可能性及其可能产生的损失，包括风险识别和风险估计；洪水风险评价，是在研究地区洪水风险分析的基础上，把各种风险因素发生的概率、损失幅度及其他因素的风险指标，综合成单指标值，以表示该地区发生风险的可能性及其损失的程度，并与根据该地区经济的发展水平、可接受的风险标准进行比较，进而确定该地区的风险等级，由此确定是否应该采取相应的风险处理措施；洪水风险决策，是在洪水风险分析与风险评价的基础上，采取的监测、接受、回避、转移、抵抗和控制洪水灾害风险等各种行动方案中选择最优方案的过程，是洪水灾害风险管理的核心。最后，进行风险排查、预警工作开展和平台信息更新，将风险评估真正落到实处，使人民群众及时了解灾情，促进抢险救灾工作的展开。

城市洪水风险评估可以推动建立城市防洪预警预报系统，制定各类防洪抢险调度预案与抗洪抢险对策，进行险情处理与救灾。此外，对各类防洪工程进行安全评估和风险分析，编制洪水风险图，对于完善洪水评估系统和洪水保险的定价都具有积极意义。

2）供水风险评估

不确定因素是风险产生的根源，风险大小取决于所致损失概率分布的期望值和标准差。对于城市地区，如果发生水源地污染和水管爆裂等安全事故，需水量大于供水量，就会出现供水风险。目前城市化进程加快、城市人口数量不断增加，需水量越来越大，供水风险评估显得尤为重要，加快构建城市供水系统风险评估体系也成为当务之急。

以城市供水系统为研究对象（取水口—原水厂—原水管—净水厂—管网—二次供水—龙头），以日常运行管理和企业应急预案为研究范围，采取条块结合、点线交融的科学方法划分基本单元，围绕水量、水质、水压和安全生产等目标体系，分别对水源、水厂、管网、二次供水四个控制单元进行风险评估，进而通过风险整合构建城市供水系统风险评估与安全体系[49]，供水系统风险评估体系如图 3-4 所示。

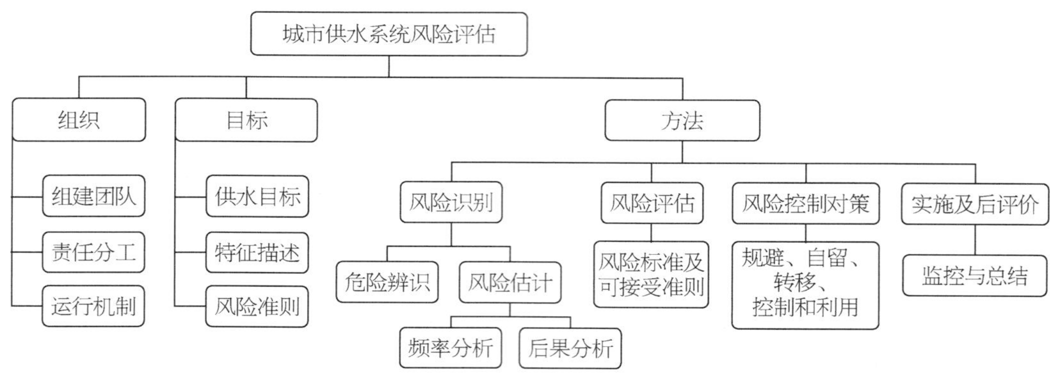

图 3-4 城市供水系统风险评估体系

城市供水系统风险评估过程包括了组建评估团队、特征描述、确定风险准则、风险识别、风险分析、风险评价和撰写评估报告 7 个方面，如图 3-5 所示，沟通与记录、监督与检查贯穿于整个风险评估过程[49]。

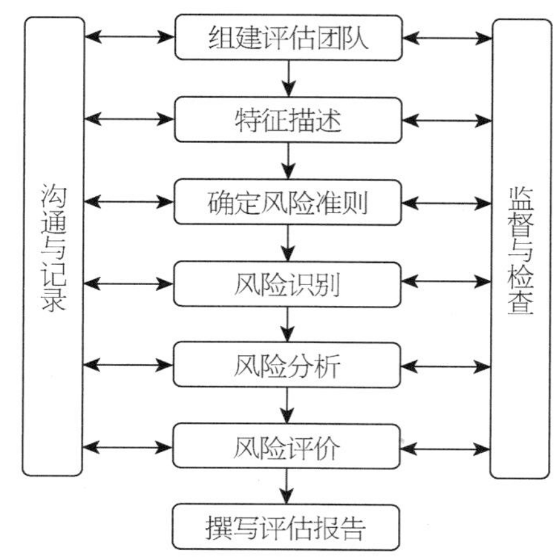

图 3-5 城市供水系统风险评估操作流程

摘自：周雅珍，蔡云龙，刘茵，等.城市供水系统风险评估与安全管理研究［J］.给水排水，2013，39（12）：13-16.

3）水生态环境风险评估

城市水生态环境风险评估主要包括风险源识别、风险评估、风险监控及管理、预警模型预测及其信息管理和特征污染物应急控制等相关过程。

城市水生态环境风险评估主要从以下三方面研究：城市水生态环境的风险分区及评估，即针对流域水生态环境风险源具有的特征，对风险源进行分级从而实现风险管制，建立城市水生态环境风险分区体系和评估体系，以达到消除风险的目的；城市水生态环境监控预警，即监测并分析某一具体的水域或断面的特定状态，以得出相应级别的警戒信息，以实现对水生态环境的预测，提出对应的解决办法；城市水生态环境应急管理，针对突发性水生态环境污染事件爆发的情况，发挥应急指挥作用，如应急预案的执行等[50]。

建立水生态环境风险评估体系的目的在于及时提供准确的数据，将风险分区与风险评估、风险防范、监测和预警管理平台及应急管理体系统一起来，有助于提高城市水生态环境风险监管水平，全面提升城市水生态环境风险评估与预警决策能力。

基于水生态环境安全的动态性、系统性和全面性特征，未来还需要进一步构建更加完善和科学的水生态环境安全风险评估体系，保障城市的水生态环境安全。

3.1.1.3 制度设计

制度管理是指对水安全风险管理各个方面制定制度的管理行为。

1. 现行的水安全风险管理制度

为了使城市水安全风险管理的实施更有实效性和针对性，目前，我国已经出台了一些全局性的规划和宏观管理政策。

1) 最严格水资源管理制度

2012年1月，国务院发布了《关于实行最严格水资源管理制度的意见》，明确提出了实行最严格水资源管理制度、管理保障措施等，主要内容就是确立"三条红线"，建立"四项制度"。

"三条红线"是指水资源开发利用控制红线、用水效率控制红线和水功能区限制纳污红线。

"四项制度"包括：一是用水总量控制制度。严格落实水资源开发利用红线，健全完善水资源规划体系，加强规划和建设项目水资源论证，强化区域取用水总量控制，严格执行取水许可制度，加大地下水管理和保护力度，推进水资源有偿使用，实行水资源统一调度。二是用水效率控制制度。严格落实用水效率控制红线，推进节水型社会建设，把节约用水贯穿于经济社会发展和群众生活生产全过程，加强用水定额管理和节水技术改造，强化对用水大户的监管，建立用水效率考核激励机制。三是水功能区限制纳污制度。严格落实水功能区限制纳污红线，严格水功能区监督管理，加大饮用水源地保护力度，加强河湖水域、岸线和滩地管理。四是水资源管理责任和考核制度。将水资源开发利用、节约和保护的主要指标纳入地方经济社会发展综合评价体系，政府主要负责人对本行政区域水资源管理和保护工作负总责。

"十二五"期间，华东沿海城市不断推进辖区最严格水资源管理制度的落实工作，如上海市同期全面完成了水利部试点，实施最严格水资源管理制度，相关工作包括：完成各类取用水户水量控制指标的分解、建立年度绩效考核评价体系、完善与国网信息系统互联互通等。

2) 加快推进水生态环境文明建设工作

2013年，水利部印发了《关于加快推进水生态环境文明建设工作的意见》，该意见充分认识到加快推进水生态环境文明建设的重要意义，主要工作内容包括以下八项：落实最严格水资源管理制度；优化水资源配置，形成科学合理的水资源配置格局，显著提高防洪保安能力、供水保障能力和水资源承载能力；强化节约用水管理，建设节水型社会；严格水资源保护，编制水资源保护规划，做好水资源保护顶层设计，改善水功能区水质；推进水生态环境系统保护与修复，确定河流湖泊的生态需水量，保障生态用水基本需求，定期开展河湖健康评估，采取措施促进生态脆弱河湖与地区的水生态环境修复；加强水利建设中的生态保护；提高保障和支撑能力；广泛开展宣传教育。

3) 海绵城市

海绵城市，是新一代城市雨洪管理概念，国际通用术语为"低影响开发雨水系统构建"，是指通过加强城市规划建设管理，充分发挥建筑、道路和绿地、水系等生态系统对雨水的吸纳、蓄渗和缓释作用，有效控制雨水径流，实现自然积存、自然渗透、自然净化的城市发展方式。

2015年，国务院办公厅出台了《关于推进海绵城市建设的指导意见》，指出，采用渗、滞、蓄、净、用、排等措施，最大限度地减少城市开发建设对生态环境的影响，将70%的降雨就地消纳和利用。

《关于推进海绵城市建设的指导意见》还包括以下三方面的要求：一是加强规划引领，将雨水径流总量控制率作为城市规划刚性控制指标，建立区域雨水排放管理制度，并在规划许可等环节严格把关；二是统筹有序建设，明确通过工程措施和生态措施统筹推进新老城区海绵城市建设，加快海绵型建筑和相关基础设施建设，解决城市内涝，加强雨水收集利用、黑臭水体治理工作；三是抓好组织实施，明确城市人民政府、各有关部门在海绵城市建设工作中的职责，各有关部门要各司其职，密切配合，共同做好海绵城市建设相关工作。

上海的海绵城市建设从 2016 年年初启动，注重顶层设计，通过制定、推行符合上海特点的海绵城市建设实施意见和标准体系，对海绵城市的规划与建设统一部署，推进海绵城市建设。上海市海绵城市建设目标为：到 2020 年基本形成生态保护和低影响开发的雨水技术与设施体系，老城地区通过试点和改造实现 75％年径流总量控制率。

上海市要进一步做好海绵城市的统筹规划，贯彻落实海绵城市建设的渗、滞、蓄、净、用、排六字方针，保障上海市的水安全。

4）“水十条”

《水污染防治行动计划》又称“水十条”。2015 年 2 月，中央政治局常务委员会会议审议通过了“水十条”。同年 4 月，国务院正式向社会公开“水十条”全文。

“水十条”在全面控制污染物排放、推动经济结构转型升级、节约保护水资源等多方面进行强力监管并启动严格问责制，切实加强水生态环境管理，全力保障水生态环境安全，铁腕治污进入“新常态”。

全面控制污染物排放提到要治理城镇生活污染，主要措施包括加快城镇污水处理设施建设与改造、加强配套管网建设、实现雨污分流改造和污泥处理处置。推动经济结构转型升级中提到要根据流域水质目标和主体功能区规划要求，明确区域环境准入条件，细化功能分区，实施差别化环境准入政策；建立水资源、水生态环境承载能力监测评价体系，实行承载能力监测预警；充分考虑水资源、水生态环境承载能力，以水定城、以水定地、以水定人、以水定产；严格城市规划蓝线管理，积极保护生态空间。节约保护水资源则进一步强调最严格水资源管理制度的贯彻落实。

在此基础上，政府进一步完善法规标准，明确和落实各方责任，加大环境执法力度，并通过建立水污染防治联动协作机制、完善水生态环境监测网络、提升环境风险防控技术支撑能力、建立严格监管所有污染物排放的水生态环境保护管理制度来提升监管水平，切实加强水生态环境管理，严格环境风险控制，全力保障水生态环境安全。

5）“河长制”

（1）国家层面

2016 年 12 月 11 日，中共中央办公厅、国务院办公厅发布《关于全面推行河长制的意见》，要求地方各级党委和政府要抓紧制定出台工作方案，到 2018 年年底前全面建立河长制。2017 年 6 月 27 日，“河长制”首次写入《水污染防治法》：“省、市、县、乡建立河长制”（第五条）。河长制由应急之策上升到国家意志。

"河长制"即由各级党政主要负责人担任"河长",实质是辖区内河流治理的责任制。全面推行"河长制",是以保护水资源、防治水污染、改善水生态环境、修复水生态环境为主要任务,全面建立省、市、县、乡四级河长体系,构建责任明确、协调有序、监管严格、保护有力的河湖管理保护机制,为维护河湖健康生命、实现河湖功能永续利用提供制度保障。

"河长制"的主要任务包括六方面:一是加强水资源保护,全面落实最严格水资源管理制度,严守"三条红线";二是加强河湖水域岸线管理保护,严格水域、岸线等水生态环境空间管控,严禁侵占河道、围垦湖泊;三是加强水污染防治,统筹水上、岸上污染治理,排查入河湖污染源,优化入河排污口布局;四是加强水生态环境治理,保障饮用水水源安全,加大黑臭水体治理力度,实现河湖环境整洁优美、水清岸绿;五是加强水生态环境修复,依法划定河湖管理范围,强化山水林田湖系统治理;六是加强执法监管,严厉打击涉河湖违法行为。

"河长制"的优点在于:第一,明确了地方党政领导对环境质量负总责的要求;第二,最大程度整合了各级党委政府的执行力,弥补了"多头治水"的不足;第三,提出了辖区内河道治理的总体目标和基本措施,并在行政系统内形成竞赛氛围,促使相关部门提升水治理水平;第四,强调了要加强水生态环境治理和水生态环境修复,有利于落实绿色发展理念、推进生态文明建设。

"河长制"是对现有管理制度的创新,其核心是各级河长办及水利环保等相关部门,关键是依托专家决策对涉水大数据的挖掘,基础是各类涉水数据的精准采集。《关于全面推行河长制的意见》规定通过加强组织领导、健全工作机制、强化考核问责、加强社会监督四项保障措施来督促各级河长履责。"河长制"需要建立大数据分析平台,通过大数据技术,结合监测数据、空间数据以及各部门的业务协同信息、社会经济数据、人口数据等,对河湖治理任务进行预判性分析,如河湖承载能力分析、河湖健康分析等。"河长制"需要加强监测体系建设,主要内容包括水文监测、河湖工程、遥感监测、视频监控等。

"河长制"的落实可以与现代管理理念和手段相结合,打造"河长制"综合管理平台,提高管理效率。"河长制"综合管理平台要实现河湖动态实时监控,实现数据实时监测、传输、预警和分析,实行一河一档、一河一策的管理。把重要的河湖管护基础信息如流域河段责任划分信息、重要水功能区、水源地信息、入河湖排污口信息、水利工程信息、水域岸线管理信息、水质与水雨情信息展现在各级河长面前,实现信息管理的可视化。将"互联网+"的服务理念融入河湖网格化管理体系,建设能综合河湖规划、环境监测、污染源监控、环评管理、水资源配置、水污染变化等功能的智能化管理平台[51],有利于进一步提升河湖空间动态监管、分析预判、功能管护的信息化水平,是未来"河长制"发展的方向。

(2) 上海市层面

2017 年 12 月,中共上海市委办公厅、上海市人民政府办公厅印发《关于本市全面推行河长制的实施方案》的通知。根据《关于本市全面推行河长制的实施方案》,上海市按照分级管理、属地负责的原则,建立市-区-街镇三级河长体系。

上海市注重"河长制"的顶层设计,主要体现在制定"河长制"实施方案、加强"河长制"机制设计这两方面。

① 制定“河长制”实施方案

“河长制”实施方案具体包括六个方面：一张河长名单，即形成一张覆盖全市所有河湖、小微水体的河长名单；二类河长设置，如图 3-6 所示，实现辖区管理和河道具体管理；三级组织体系，建立市-区-街镇三级河长体系，设立三级河长制办公室，分级管理、属地负责；四项配套制度，具体指河长会议制度、信息报送和共享制度、工作督察制度和考核问责制度的落实；五个主要目标，到 2017 年年底实现全市河湖河长制全覆盖和全市中小河道基本消除黑臭，到 2020 年年底达到基本消除劣于Ⅴ类的水体、重要水功能区水质达标率提升到 78%和河湖水面率达到 10.1%的目标；六大方面任务，即加强水污染防治和水生态环境治理、加强河湖水面控制、加强河湖水域岸线管理保护、加强水资源保护、加强水生态环境修复及加强执法监管。

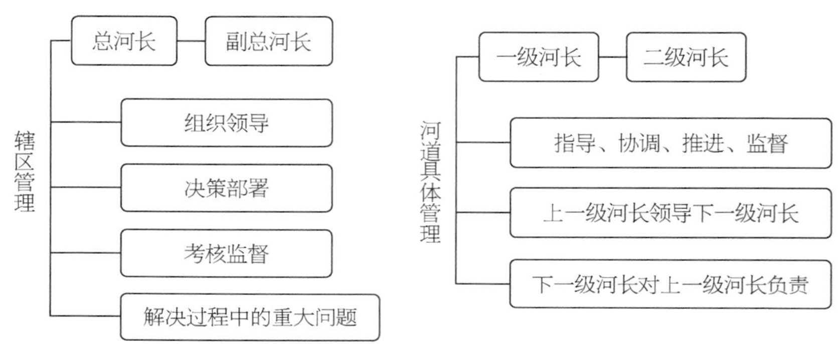

图 3-6 上海市河长设置

② 加强“河长制”机制设计

“河长制”机制设计具体包括三个方面：一是建立河长责任机制，河长承担河道的管理责任，协调监督河道的清淤疏浚、保洁和维修养护，协调推进河道系统治理和综合治理；二是建立领导协调机制，横向上建立河长制联席会议制度，纵向上对具体河道实施分级分段河长责任制；三是建立长效管理机制，建立市区联动、水岸联动、上下游联动、干支流联动、水安全水生态环境水生态环境联动机制，并且要发挥群众的主体作用。

为了保证“河长制”的推行，上海市全面落实“四个到位”，即实施方案到位、组织体系和责任落实到位、相关制度和政策措施到位、监督检查和考核问责到位。为了进一步深化“河长制”工作，上海市贯彻四个“坚持”，即坚持法制引领，贯彻落实《水污染防治法》和《水资源管理若干规定》；坚持系统推进，统筹推进河长制各项任务，加快形成治水与治岸、生态保护与经济发展协同联动的长效机制，如图 3-7 所示；坚持精细化管理，水安全管理向法制化、标准化、智能化、社会化发展，进一步完善入河排污口“身份证制度”，实现“泥、水、气、管网”同治，加快制定小微水体管理指导意见，完善引清调水方案；坚持社会监督和公众参与，可通过完善人大法制监督、政协民主监督制度，设置民间河长，开设上海市水务“公众参与”“献计献策”微信公众号等措施实现。

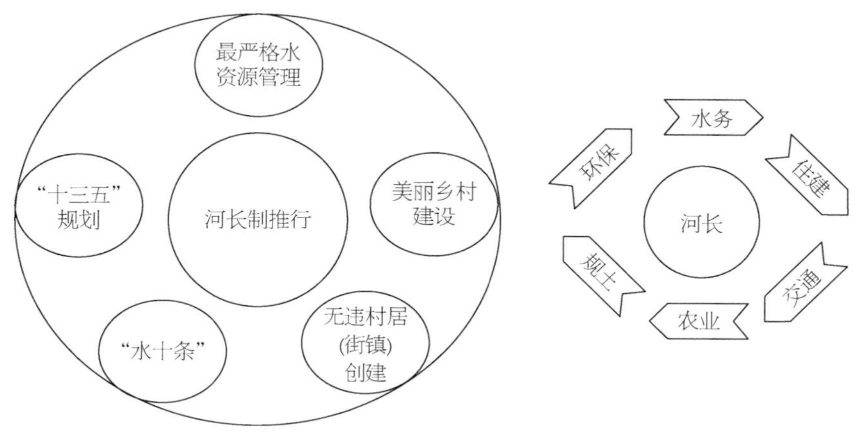

图 3-7 上海市河长制系统推进示意

上海市“河长制”实行已初见成效，主要体现在水污染防治和水生态环境治理步伐加快、河湖基本情况掌握、水面积得到有效控制、水生态环境改善、饮用水水源安全得到保障、供水标准提高、合力治水系统形成等方面，对上海市实现水安全的长效管理，建设全球卓越城市具有重大意义。

6) 水利改革发展“十三五”规划

2016 年 12 月，经国务院同意，国家发展改革委、水利部、住房城乡建设部联合印发了《水利改革发展“十三五”规划》(以下简称《水利“十三五”规划》)。《水利“十三五”规划》坚持节水优先、空间均衡、系统治理、两手发力，以全面提升水安全保障能力为主线，从全面建设节水型社会、健全水利发展体制机制、完善水利基础设施网络、保护和修复水生态环境四个重点领域推进水利改革发展。

《水利“十三五”规划》强调要形成政府和市场两只手协同发力的格局。在发挥政府作用方面，主要是通过健全一系列制度，加强水资源管理、河湖管理、水利工程质量监管，把该管的管住、管严、管好。

(1) 加强水资源管理。落实最严格水资源管理制度，严格控制流域和区域取用水总量。加强最严格水资源管理制度考核工作，把节水作为约束性指标纳入政绩考核，在严重缺水的地区率先推行。强化水资源安全风险监测预警，加强水资源风险防控。

(2) 加强河湖管理。全面推行“河长制”，强化地方党委政府在水资源保护、水域岸线管理、水污染防治、水生态环境治理等方面的责任。加快推进水流产权确权试点，从水域、岸线等水生态环境空间确权和水资源确权两方面开展工作，着力解决权属不清、监管不力的问题。

(3) 加强工程质量监管。加强水利建设项目全过程质量管理，强化政府质量监督，严格水利建设质量工作考核，实行工程质量终身责任追究制。在发挥市场作用方面，主要是通过体制机制创新，理顺价格机制，发挥价格杠杆调节供求，发挥市场配置资源的优势。

《水利“十三五”规划》把生态文明理念融入水资源开发、利用、治理、配置、节约、保护各方面。一是细化落实用水总量控制，强化规划水资源论证实现水资源有度有序利用，促进人水和谐。二是全面加强节水型社会建设，推动用水方式转变。三是加大水资源保护力度，改善水生态环境质量。四是加强水生态环境保护和修复，维护河湖健康生命。五是强化水利工程全过程监管，打造生态友好型工程。《水利“十三五”规划》提出的水资源保护措施主要包括水功能区限制纳污、加强水源地保护和入河排污口整治三个方面。

《水利“十三五”规划》的贯彻执行有利于防洪抗旱减灾体系、水资源合理配置和高效利用体系、水资源保护和河湖健康保障体系的建设，有利于进一步完善水利基础设施网络，有利于推进水治理能力现代化建设，可以显著提高国家水安全保障综合能力。

2. 水安全风险管理制度展望

从现状来看，在世界范围内比较，我国的水安全风险并不算太高，但在水安全风险管理上，我国不仅横向显著弱于发达国家，纵向比，水风险管理水平的提高速度也难以跟上经济社会发展的速度。目前，我国在提升水安全保障能力方面制定了一系列的制度，未来我国城市水安全管理要进一步向风险管理转变，具体可以从以下几个方面展开。

(1) 城市水安全风险统一管理是必然趋势

全面推行“河长制”，打破行政分割，实现各部门统一管理模式，协调水资源的开发、利用、保护、管理等各环节，推行城市水务一体化管理，建立一个以水行政主管部门为主，多个相关部门为辅，多层次的协调与协商机制，分清权、责、利，并以法律、法规的形式固定下来。

(2) 完善城市水管理法规，严格执法，提高水资源管理效率

我国在城市水安全风险管理立法、执法方面取得了一定的成效，但现有的城市水管理法律、法规尚不健全，还不足以提供有力的法律保障和执法依据，部分执法队伍和执法人员在执法过程中还存在执法不严的现象。因此，要健全城市水安全风险管理法规体系，对具体管理工作，如水利设施建设与管理、水灾害防治、水污染治理、水资源量度，都应出台具体的法规，使水管理措施法制化。

(3) 构建城市水安全风险管理的现代管理体制，推进其社会化

我国传统的水安全风险管理实际上是政府或流域自理机构利益和要求的表达。这种决策无法保证充分考虑上下游、左右岸及干支流各用水户的利益，难以做到群策群力，制订出最优的管理方案，也难以避免缺乏有效监督的趋利性。因此，政府应以组织者和领导者的角色推动城市水安全风险管理的社会化。此外，根据我国民主政治制度的客观实际，还要充分发挥人大代表和政协委员的作用。通过全国人大制定出台相关法律，在这个过程中充分考虑人大代表和政协委员的意见与建议，地方法规的出台也应如此。这样将有利于吸收更多公众和公众代表的意见，大大提高民主管理水平。

(4) 以水资源综合规划为指导，开源节流，平衡供需

自 2000 年开始的全国水资源综合规划编制工作对进一步查清水资源数量、质量及其时空分布，解决水资源的开发、利用配置、节约、保护和治理等重大问题有着极其重要的意义。各城市应利用编制全国水资源综合规划的契机，认真查清辖区内的水资源情况，结合流域总体规划，

对本地区的水资源状况重新作出评价。北方城市以总量控制、南方城市以定额管理为基础，确定城市水资源的宏观控制指标和微观定额指标。要严格限制水资源的开采量，以提高城市水资源的承载能力为核心，开源节流，平衡供需。要从全局来考虑，按照各个城市水资源的自身状况来科学规划经济社会的发展布局。分别在水资源充裕城市和紧缺城市打造不同的产业结构，量水而行，以水定发展。

(5) 洪水灾害风险管理由“防御洪水”转向“洪水管理”

20世纪后期，在“征服自然，改造自然”等理念的支配下，人类开展了大规模的江河湖泊整治工程；在河岸两侧展开了大规模的经济建设，从而陷入了经济发展与洪水灾害相互竞争的恶性循环之中。历史证明，这种洪水灾害管理方式是没有出路的。近年来提出的洪水灾害管理策略，就是对洪水灾害风险进行管理，调整人与水的关系，对江河的整治由过去的以防洪为主要目标逐渐转变为防洪减灾、水资源保护、改善环境及生态系统等多目标的综合整治，并且由对水系的整治转变到对全流域的国土综合整治，在社会经济可持续发展的总目标下，协调流域内人与水的关系，即由“防御洪水”转向“洪水管理”。

(6) 加大水污染治理力度，有效改善城市水生态环境

水污染往往与地方政府追求区域利益有重大关系。排污企业上缴的税收形成了地方税收的重要来源，上缴的环保罚款又直接充入地方财政，形成地方性收入，所以一些地方政府面对生态环境破坏和群众抱怨往往听之任之、置若罔闻。近年来，我国政府已开始加大水污染治理力度，重视改善城市水生态环境。今后可通过实施水质保护和水污染治理工作异地审查制度、建立领导干部水生态环境保护绩效考核制度、设立水质评价公布制度、强化水生态环境功能区划的监督管理，以及调整产业结构等具体措施，做好水污染防治工作，有效改善城市水生态环境。

3.1.2 市场运作

市场运作是分配资源、传递价格信号的有效手段，在许多方面发挥着政府不可替代的作用，利用市场机制可以迅速分散水安全风险。包含保险市场和资本市场在内，市场可以有效参与水安全风险管理。现代社会处于市场经济时代，市场经济能够为水安全风险管理提供充足的准备资金，因此，市场能够为水安全风险提供科学化的管理方法和必要的技术支持。

目前市场对降低水安全风险起到的作用主要体现在洪水保险和水务行业市场化两个方面。

3.1.2.1 洪水保险

洪水保险作为防洪非工程手段之一，一直以来得到了各国政府的关注，许多发达国家已经建立了较为完备的洪水保险制度，并且取得了良好的成效。我国在这方面尚处于起步阶段，结合发达国家的经验开展全国洪水风险图编制等一系列探索工作，有望通过制度的逐渐完善使洪水保险成为我国转移洪水风险的有力工具。下面以美国、日本、英国的洪水保险实例加以说明。

1. 美国

美国于1968年通过了《国家洪水保险法》，次年制定了国家洪水保险计划(National Flood

Insurance Plan, NFIP)，由隶属于联邦紧急事务管理局(Federal Emergency Management Agency, FEMA)的联邦保险管理总署(Federal Insurance Administration, FIA)管理。美国是最早建立国家强制性洪水保险的，规定洪泛区内的社区必须申请参加NFIP，否则该社区将受到相应的处罚，且一旦洪灾发生，未参保社区将不能享受联邦政府提供的无偿救济、洪灾补助和灾区所得税减免等各种形式的直接援助。私营保险公司参与NFIP，可以以自己的名义出售国家洪水保险单，负责理赔工作，但不承担洪水保险业务的最终赔偿责任。美国洪水保险经营模式如图3-8所示。

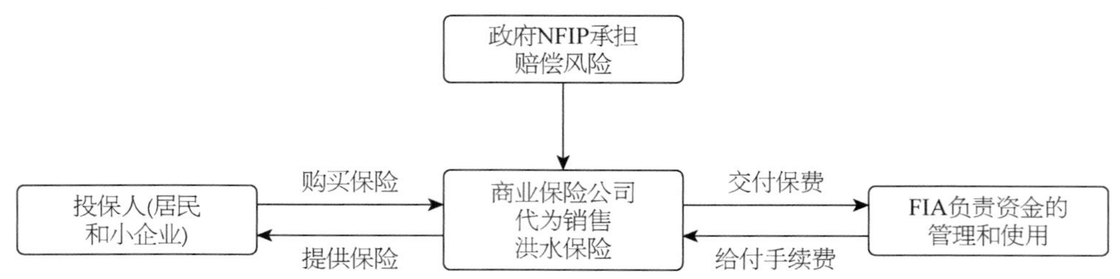

图3-8 美国洪水保险经营模式

摘自：段弯弯.我国多触发条件洪水指数保险研究[D].西南财经大学，2014.

2. 日本

日本的洪水保险采用的是政府支持下的商业保险合作经营模式。灾害共济制度是这种模式的最佳代表，该险种主要针对的是农户，农户购买农业保险后，综合承保洪灾带来的损失。

日本的灾害共济制度的风险由保险合作社、农业保险组织联合会、政府三级对洪水保险进行损失的逐级分担。保险机构不仅负责销售、承保和理赔，也负责最后的资金赔偿责任。政府作为洪水保险政策的制定者，鼓励和支持成立互助组织，并且在资金上给予补贴，同时作为风险分散的最后承担者，是洪灾损失最后的“兜底人”[52]。

3. 英国

英国洪水保险制度采取完全市场化的运作模式。所谓市场化就是商业保险公司完全按照商业经营原则，自主经营、自负盈亏、自担风险。商业保险公司自行确定承保范围，按照承保标的的实际风险状况确定保险费率，并负责保单的销售和提供相关的服务等经营管理工作。保险风险完全由商业保险公司承担。政府与保险公司之间通过“君子协议”规定各自的责任，建立起伙伴关系。根据“君子协定”，政府的职责就是投资修建一系列洪水防御设施工程，建立有效的防洪体系，并向商业保险公司提供与洪水风险有关的风险评估、洪水灾害预警、气象研究等资料，这样商业保险公司就可以将洪水风险控制在可以承保的范围内，即洪水风险具有了商业可保性，从而在标准家庭财产保单及小企业财产保单中承保洪水风险[53]。英国洪水保险经营模式如图3-9所示。

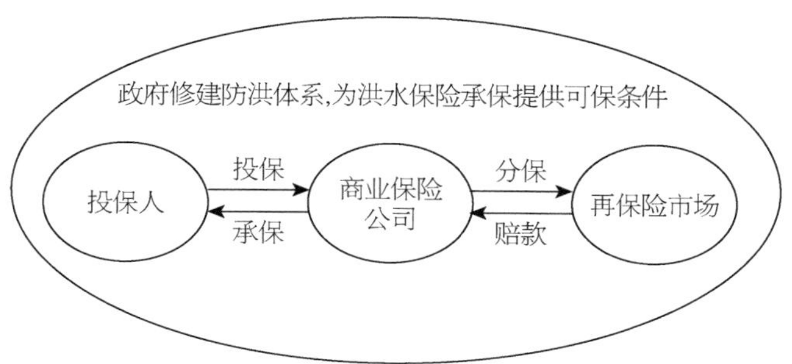

图 3-9　英国洪水保险经营模式

摘自：段弯弯.我国多触发条件洪水指数保险研究［D］.西南财经大学，2014.

结合洪水保险在美国、日本、英国等发达国家的运营现状,对我国的洪水保险制度建设建议如下[53]：

(1) 政府在洪水保险制度构建中处于主导地位,并采取市场化运作模式。

(2) 洪水保险制度应选择强制的实施方式。

(3) 洪水保险制度中,政府除了制度设计和推动实施以外,应作为再保险人参与巨灾保险制度运行。

我国应当考虑建立政府支持的多层次洪水风险分担机制,由商业保险公司、洪水保险基金、再保险公司和政府来共同承担洪灾风险,国家财政对洪水保险的损失提供最后担保。人民的生命财产安全得到一定程度的保障,有利于维持社会秩序稳定和推动全面建设社会主义现代化国家。

3.1.2.2　水务行业市场化

2010 年 12 月 31 日,中共中央国务院发布《中共中央国务院关于加快水利改革发展的决定》,提出要建立水利投入稳定增长机制。除了加大公共财政对水利的投入外,还要加强对水利建设的金融支持,主要体现在:综合运用财政和货币政策,引导金融机构增加水利信贷资金;支持符合条件的水利企业上市和发行债券;探索发展大型水利设备设施的融资租赁业务;积极开展水利项目收益权质押贷款等多种形式融资;鼓励和支持发展洪水保险;提高水利利用外资的规模和质量。同时政府还鼓励社会资金投资水利,积极稳妥推进经营性水利项目进行市场融资。

近年来,在相关政策的支持下,我国在水务行业市场化方面进行了一系列探索与总结,目前已经在供水和水生态环境治理两方面取得了一定的成果。

1) 供水

城市供水基础设施建设包括取水厂、供水管网的铺设、更新、改造以及供水的配套项目建设。目前我国的城市供水基础设施投资市场进一步开放,包括运用债券、股权融资、BOT(Build-Operate-Transfer)、TOT(Transfer-Operate-Transfer)、PPP(Public-Private Partnership)等多种方式吸引社会资金和引进外资参与水务建设。我国将进一步对城市供水设施建设和经营管理者实行政策倾斜,推动供水业向市场化、专业化和国际化发展。

参照国际市场，一般水、电价格比为6∶1，而我国仅为2∶1左右，从发展趋势上看，为了促进节约用水和水资源合理配置，水价进一步上涨已成必然趋势。为了建立完善的水价机制，2013年上海在居民用水中首次引入阶梯型水价：第一阶梯确保基本需求；第二阶梯抑制超额消费；第三阶梯遏制奢侈浪费。我国的水价调整是一个漫长的过程，但边改革边提价的趋势是必然的。供水企业可以通过提高水价增加收入来逐步收回投资，在保证科学管理的前提下，做到保本微利。

2）水生态环境治理

“水十条”提到要充分发挥市场机制的作用。一是完善收费政策，修订城镇污水处理费、排污费、水资源费征收管理办法，合理提高征收标准，做到应收尽收。二是健全税收政策，依法落实环境保护、节能节水、资源综合利用等方面税收优惠政策。三是促进多元融资，引导社会资本投入，主要体现在：积极推动设立融资担保基金，推进环保设备融资租赁业务发展；推广股权、项目收益权、特许经营权、排污权等质押融资担保；采取环境绩效合同服务、授予开发经营权益等方式，鼓励社会资本加大水生态环境保护投入。

引入市场机制，拓宽融资渠道，还应积极吸引中外环保企业的资金和国外金融组织的资金，使之投向城市污水处理和再生水利用设施项目的建设和运营，并采取BOT、PPP等运作模式，加快城市污水处理设施的建设步伐。

此外，在市政部门的引导和监管下，可以在城市河湖水域附近适当发展房地产行业，则开发企业、物业机构会一定程度地投入资金，参与到水生态环境的建设中来，成为保障水生态环境安全资金归集的一种辅助手段。

随着我国水务市场一体化进程的推进，各种融资方式的进一步完善和成熟，市场在保障城市水安全方面起的作用将会增大，我国的水安全防控机制将会更加科学合理。

3.1.3 社会救助

中国政府坚持以人为本，始终把保护公众的生命财产安全放在第一位，把减灾纳入经济和社会发展规划，作为实现可持续发展的重要保障。近年来，我国进一步加强减灾的法制、体制和机制建设，努力推进减灾各项能力建设，大力倡导减灾的社会参与，积极开展减灾领域的国际合作，不断推进减灾事业发展。

政府越来越注重与各种非政府组织建立合作伙伴关系，在防灾救灾活动中相互支持、相互配合，充分发挥非政府组织的作用。非政府组织一般是指“在地方、国家或国际级别上组织起来的非营利性的、自愿公民组织”，如志愿者组织、社会团体、行业协会、社区组织等[54]。非政府组织是协助政府开展减灾工作的可靠力量，是进行防灾宣传教育的社会渠道，在防灾救灾工作中发挥着重要的作用。

1. 志愿者组织

2009年5月新修订的《中华人民共和国防灾减灾法》总则第8条写道：“国家鼓励、引导志愿者参加防灾减灾活动。”这是有关汶川地震的反思在防震减灾制度建设中的集体表现。

志愿者组织在防灾减灾中具有广泛的基础和重要作用。在洪水灾害救助方面，志愿者组织可以通过开展紧急救助的专门培训，提升志愿者队伍的救助能力，从而在洪水灾害面前进行迅速而有效的救助。在宣传洪水保险、监督供水企业和造纸厂等易造成水污染的企业方面，志愿者组织可以通过社区演讲、发传单等方法宣传洪水保险，有利于洪水保险在我国的推广和民众防洪意识的加强。此外，志愿者组织可以较为全面地监督水务相关的企业，促使水安全保障相关法律、法规的贯彻执行，有利于落实最严格水资源管理制度和加快水生态环境文明建设。

2. 行业协会

行业协会是指介于政府和企业之间，并发挥服务、咨询、沟通、监督、自律、协调等功能的社会中介组织。行业协会是一种民间性组织，它不属于政府的管理机构系列，是政府与企业的桥梁和纽带。

行业协会致力于在政府、社会和企业之间搭建一个沟通、交流的桥梁，推动“以法治为主导、以灾前防御为主线、以科技进步为动力、以全社会参与为基础、以产业发展为支撑”的全社会协同防灾应急服务体系的建立。

在保障城市水安全方面，行业协会坚持以政府法律、法规为指导，以推进防灾、应急领域科技发展为使命，参照国际规则，创造性开展行业服务工作。同时，行业协会将通过组织论坛、研讨、展览等多种形式的交流活动，组织专家为供水和水污染治理企业提供技术咨询、战略指导、政策解读、市场分析等多种形式的服务；通过协会网站、杂志、会刊等信息平台为水安全相关行业提供资讯服务；通过开展各种社会公益活动，组织专业培训、技术讲座、行业刊物、行业报等，面向全社会普及水安全防控相关知识，提升全社会的防洪减灾、水资源保护和水污染防治意识。最后，行业协会还将发挥组织协调的积极作用，促进企业与政府、用户之间的对接，促进企业与科研机构、社会组织之间的战略合作，促进水安全保障相关产业的发展和社会防灾应急能力的整体提升。

3. 社会团体

随着洪水灾害的影响范围和公共事业管理范围的不断扩大，政府部门管理的局限性日益显露。社会团体与政府间是互补关系，对政府部门的职能起到拾遗补缺的作用。所以，在提高社会防灾减灾能力以及做好防灾减灾工作的同时，减灾社会团体的参与辅助作用不可忽视。

社会团体在灾前、灾中和灾后都将起到十分重要的作用，主要体现在：灾前，宣传和普及防灾减灾知识，收集灾害相关信息，协助政府组建抗灾应急救援队并开展灾前应急演练，组织、开展广泛的学术研讨、交流；灾中，组织群众开展自救、互救，快速收集和报告灾情，协助政府做好灾害发生中的宣传报道工作；灾后，协助政府做好灾区的恢复重建工作，及时为民众提供生活日用和急需物品[55]。

4. 国际组织

洪涝灾害和水生态环境污染的承灾体可能是一个地区、一个国家或多个国家，但是防灾救灾却是全球问题。因此,防灾减灾必须加强国际间的协调、合作与交流。我国在国际交流方面较为活跃,通过“走出去”“请进来”,进行了一系列防灾减灾领域的交流和探讨。

在保障水安全方面,国际组织可以起到以下四方面的作用:

(1) 促进国际水文交流,推动全球水文数据共享,推动全球气候模型的建立,有利于洪水频率分析和洪水预报。

(2) 促进水安全风险管理措施和方法的国际间交流。

(3) 促进水安全灾害预警的国际合作,进一步完善水安全灾害预警机制。

(4) 宣传我国的水安全风险管理相关政策制度,吸引资本市场投资,树立我国在水安全保障方面的良好形象。

总体而言,在我国,水安全风险有关的社会救助体系尚处于起步阶段,对防灾减灾起到的作用有待进一步加强。

3.2 精细化风险防控机制

风险控制是指风险管理者采取各种措施和方法,消灭或减少风险事件发生的各种可能性,或风险控制者减少风险事件发生时造成的损失。

作为一个水资源禀赋条件较差的国家,中国一直以来饱受各种水问题的困扰。在经济社会快速发展和全球气候变化不断加剧的影响下,中国水资源情势的不确定性进一步增加,新老水问题相互交织,水安全风险日趋复杂。

防控水资源风险需要坚持以下三方面原则。一是要坚持突出重点、循序渐进。按照轻重缓急,优先应对导致水安全风险的主要因素和主要风险地区,逐次解决影响水安全风险的各类致险因子。把制度建设作为水安全风险防控的重点之一,完善制度体系,用制度强化水安全风险管控。二是要坚持系统治理、统筹兼顾。以水安全风险全过程为对象,统筹风险规避、损失控制、转移风险和风险保留等不同措施,综合施策、积极应对水安全风险。把水安全风险防控能力建设同水利自身的改革发展工作紧密结合,努力实现一举多效、统筹协调。三是要坚持底线思维、问题导向。做好应对最严峻挑战的准备,针对水安全问题的突出软肋,以问题为导向,从最坏处着想,围绕风险应对的各个方面、环节,强化应急预案和能力建设,提高抵御极端水安全风险事件的应对能力。

3.2.1 风险源识别预警机制

一般认为风险源是能产生物质的或者能量的,并且引发风险发生的客体。它是指在一定范围内存在有一定危险的环境体系。具体来说,可以是发生泄漏的有毒有害物质以及泄漏时释放的有害能量,也可以是环境污染、威胁到人们生命安全的设备、场所、设施等。而风险源识别是分析发生安全事故的可能性,并预测其可能导致的危害。

3.2.1.1 防汛排涝安全风险控制

洪水风险的本质，是人类在开发和利用洪泛区的过程中，由于未来洪水的不确定性引起损失的可能性。洪水风险（或者说洪水灾害风险）不等同于洪水灾害，洪水风险强调的是洪水灾害的不确定性。

1. 风险源识别

洪水风险是客观存在的，为了对洪水风险进行有效的管理，预防损失的发生或减少损失发生的影响程度，以保证获得最大的利益，需要进行洪水风险源的识别。

洪水风险源可分为自然风险源和工程风险源两个方面。自然风险源主要指天然超标准洪水、暴雨和高潮等；工程风险源主要指水利基础设施建设的薄弱环节，例如，未达到防洪标准的堤坝和建设不合理的排水系统等。这两个方面的风险源都直接影响到城市的防汛排涝安全，需要综合考虑才能更全面地评价城市的洪水风险。

洪水风险区划是广义的洪水风险源识别，是制定洪水风险区管理政策和措施的基础，可帮助洪水威胁区有效地防御洪水灾害和减轻洪水损失，为区域发展进行有效调控提供依据。

洪水风险区划有三个层次：频率区划、危险度区划和风险区划。这三种区划都可以通过风险图的方式表现。

(1) 频率区划：计算不同频率洪水的淹没情况，基本上按 5 年、10 年、20 年、50 年、100 年、200 年、500 年洪水淹没范围进行区划。

(2) 危险度区划：根据洪水水深、流速、到达时间等特征，在频率区划的基础上进行危险度区划。

(3) 风险区划：考虑风险区社会经济情况，在上述区划的基础上，计算各风险单元（例如每平方公里）的期望损失，以期望损失量级为指标进行风险区划。

确定洪水风险区划，首先要按洪水频率划分区域级别，然后进行水灾损失区域调查，在全面准确调查的基础上，合理计算各区域洪涝灾害损失，最后对发生 20 年一遇、50 年一遇、100 年一遇等不同频率洪水时，洪水风险区的灾害损失进行科学的评价，能够为洪水风险图的绘制打下基础，也是防汛部门实施指挥决策、防洪调度和抢险救灾的科学依据。确定洪水风险区划的过程如图3-10所示。

2. 预警

随着城市化进程的快速发展，城市热岛效应明显，城区强降雨等极端天气频繁发生，一方面城区暴雨呈现局地性、突发性、瞬时雨强大、成灾时间短、灾害影响大等特点，另一方面城区基础设施防洪排水能力相对薄弱，防汛工作涉及城市管理的各个部门，协同配合和管理难度大。因此，针对城区发布汛情预警更具普遍性、常态性。汛情预警发布能否做到提前和准确，直接关系到政府各部门应对暴雨工作的好坏，直接关系到防汛应急响应各流程环节作用的发挥（图 3-11）。

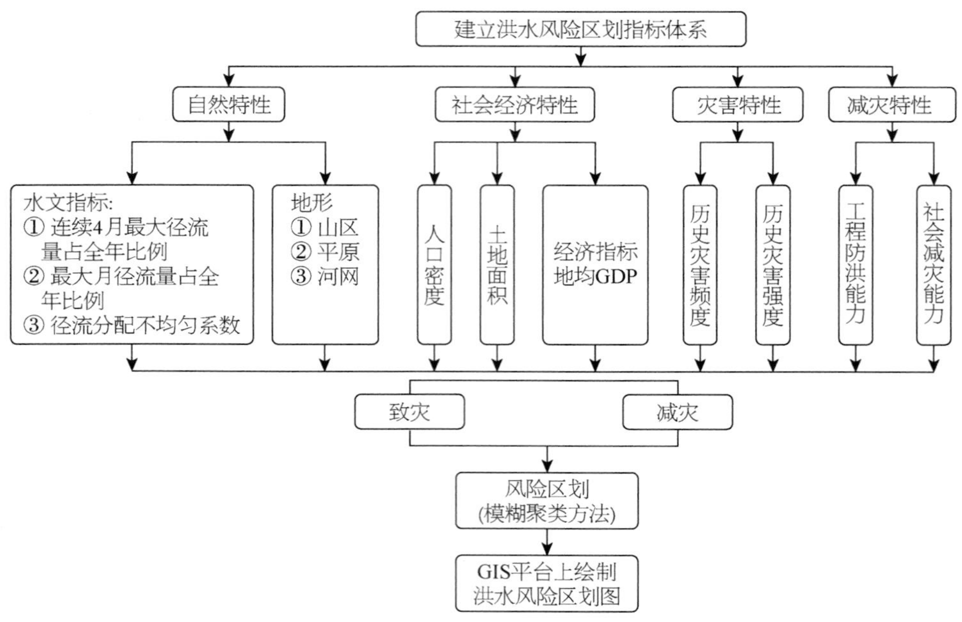

图 3-10　确定洪水风险区划过程

摘自：周魁一，谭徐明，苏志城，等.洪水风险区划与评价指标体系的研究［C］//中国科协 2002 年减轻自然灾害研讨会论文汇编之五，2002.

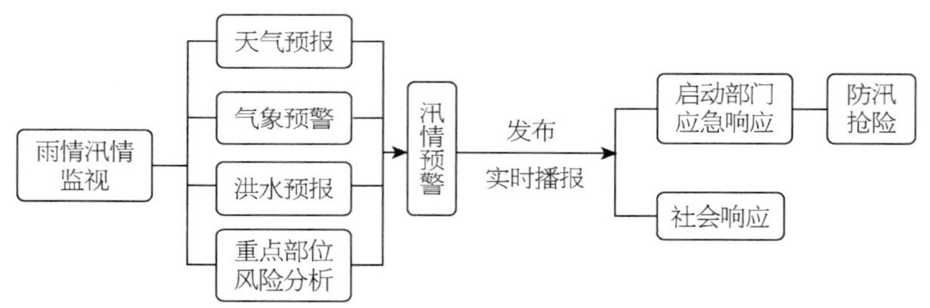

图 3-11　汛情预警发布和响应流程

摘自：臧敏.基于北京城市运行保障的汛情预警管理研究［J］.北京水务，2011（5）：40-42.

通常将基于江河洪水、山洪灾害、渍涝灾害、台风暴潮等灾害的预警统称为防汛预警，各国形成了不同的防汛预警等级划分机制。

在我国，防汛预警由各级政府防汛指挥部发布。2006 年 1 月，国家防汛抗旱应急预案公布实施，规定各级防汛抗旱指挥机构按照分级负责原则，确定洪水预警区域、级别和洪水信息发布范围，按照权限向社会发布。目前，我国多数城市按照蓝（Ⅳ级）、黄（Ⅲ级）、橙（Ⅱ级）、红（Ⅰ级）四色分四级进行防汛预警。

北京、上海等大城市率先发布了灾害天气预警和防汛预警的规范和标准。2006 年北京市政府颁布了《北京市防汛应急预案》。上海市的防汛预警划分为一般、较重、严重、特别严重四个级别，分别以蓝色、黄色、橙色、红色表示，判断的依据包括了台风、暴雨、潮位与灾情等四个方面，同时以量化指标明确了相应各级预警的响应标准、响应行动和防御提示，并通过防汛信息网、电讯、电视、广播等各种传播媒体向社会公布，如表 3-5 所示。目前防汛预警主要采取的是临灾警报，即根据临近天气预报、洪水预报和汛情进行发布并作出响应，主要指标有天气预报、城区道路积水、河道及水库水情等。

表 3-5　上海市防汛四级预警启动标准

等级	指标与标准
Ⅳ级相应标准 （蓝色预警）	出现下列情况之一，市防汛办视情向防汛部门及相关单位发布防汛防台蓝色预警信号，组织实施Ⅳ级应急响应，并向市防汛指挥部报告： ① 上海中心气象台发布上海市台风蓝色预警信号后； ② 上海中心气象台发布暴雨蓝色预警信号后； ③ 上海市防汛信息中心发布黄浦江苏州河口潮位蓝色预警信号后； ④ 造成一般等级灾害的其他汛情
Ⅲ级响应标准 （黄色预警）	出现下列情况之一，市防汛办视情向防汛部门及相关单位发布防汛防台黄色预警信号，组织实施Ⅲ级应急响应，并向市防汛指挥部报告： ① 上海中心气象台发布上海市台风黄色预警信号后； ② 上海中心气象台发布暴雨黄色预警信号后； ③ 上海市防汛信息中心发布黄浦江苏州河口潮位黄色预警信号后； ④ 防汛墙或海塘发生险情，可能造成局部地区危害的； ⑤ 造成较大等级灾害的其他汛情
Ⅱ级响应标准 （橙色预警）	出现下列情况之一，市防汛指挥部视情向防汛部门及相关单位发布防汛防台橙色预警信号，组织实施Ⅱ级应急响应，并向市政府报告： ① 上海中心气象台发布上海市台风橙色预警信号后； ② 上海中心气象台发布暴雨橙色预警信号后； ③ 上海市防汛信息中心发布黄浦江苏州河口潮位橙色预警信号后； ④ 防汛墙或海塘发生险情，可能造成较大危害的； ⑤ 造成重大等级灾害的其他汛情
Ⅰ级响应标准 （红色预警）	出现下列情况之一，市防汛指挥部视情向防汛部门及相关单位发布防汛防台红色预警信号，组织实施Ⅰ级应急响应，并向市政府报告： ① 上海中心气象台发布上海市台风红色预警信号后； ② 上海中心气象台发布暴雨红色预警信号后； ③ 上海市防汛信息中心发布黄浦江苏州河口潮位橙色预警信号后； ④ 沿长江口、杭州湾主海塘决口或市区重要地段防汛墙决口； ⑤ 造成特大等级灾害的其他汛情

目前国内外的防汛预警指标主要选择了以下几类（表 3-6）：

（1）表示降雨、洪水、高潮、台风等可能造成洪涝灾害的自然现象的物理特征，如降雨量、洪水位、洪水频率、潮位、台风风力、土壤含水量等指标。

（2）表示防洪工程状态的指标，包括工程出险与否和水位达到工程设计的水位与否，如：堤防溃决与否，水库溃坝与否；水库水位是否达到汛限水位、校核水位等。

（3）表示灾害可能带来的影响与损失的指标，如积水深度、受淹面积、房屋倒塌间数、可能

表 3-6 国内外采用的防汛预警指标

防汛预警指标类型	指　　标
降雨	降雨量 预报或观测的降雨强度 24 h, 12 h, 6 h, 3 h, 1 h 雨量
河道洪水	洪水频率； 特征水位，如警戒水位、保证水位或危险水位等
台风	24 h, 12 h, 6 h 热带气旋影响与否； 沿海或者陆地平均风力、阵风风力
山地灾害(滑坡、泥石流等)	暴雨强度、累积雨量、土壤含水量
潮水	预报或观测的潮位
工程险情	堤防可能或已经漫溢、溃决； 水库达到特定水位； 大坝可能或已经出险
灾情	城区主要道路路段积水深度； 低洼地区、立交桥下、地铁等处积水深度； 民居进水户数； 农田受淹或农作物及设施受损面积； 房屋倒塌间数； 因汛死亡人数

摘自：程晓陶.防汛预警指标与等级划分的比较研究 [J].中国防汛抗旱，2010,20(3):26-31.

死亡人数等。

各防汛部门应根据实际情况自主发布汛情预警。汛情预警发布主要遵循分时段、分区域、分部门的原则，也可以根据汛情变化发展，对汛情预警进行升级或降级。按照规定，市防汛办可以根据雨情和汛情自行发布或解除蓝色、黄色汛情预警。橙色、红色汛情预警由市防汛办请示市应急委同意后，由市应急办或授权市防汛办发布或解除。汛情预警发布方式采取多种有效措施：通过传真群发平台，在 30 min 内将汛情预警信息发送到各防汛指挥部；通过短信群发平台将汛情预警信息发送到各防汛指挥部主要领导手机上；通过 800 M 防汛电台呼叫，及时将汛情预警信息通知各防汛部门；通过飞屏形式将汛情预警和公众提示信息在市电视台各频道进行播放；通过电台主持人反复播报，提醒市民注意防范措施，配合政府号召做好相关工作；必要时，采取公告或短信，对社会公众进行广而告之。多种措施齐头并用，目的就是以最快速度通知到有关区县、部门和社会公众，做到快速及时启动和各自响应，做到有效应对和自身防护。

在发布汛情预警后，各防汛部门根据汛情预警级别启动应急预案，领导到岗到位，抢险队伍出动巡查，快速处置各类险情，提前转移遇险群众。宣传部门通过电台、电视台、网络等媒介实时发布汛情预警，提醒市民注意自身防范、出行错开早晚交通高峰、尽量减少出门等信息，真正做到防范暴雨、应对灾害、规避风险，实现防汛突发事件应对的社会化管理。

国外防汛预警机制显现了逐步精细化的特点：

(1) 按危险等级划分，但考虑空间分布的差异。即使发生特大水灾，从空间分布来看，不同区域的危险性是有差异的。因此，防汛预警系统要用绿、黄、橙、红 4 色标示出危险性空间分布的差异。

(2) 按紧急情况划分，但考虑事件发生的概率。预警提前的时间越早越好，但是不确定性也相对较大。随灾害临近而逐步提高的预警等级，可以避免一些应急响应行动中的盲目性。

(3) 综合运用多种信息来源作判断，并使警报信息尽可能明确化。事实上，灾害临近时防汛指挥机构可以从各级政府、相关部门及民间得到各种风情、雨情、水情、工情、险情、灾情信息，因此，预警等级与发布时机要根据多种信息来源及多项指标作出综合判断，并且要使警报信息尽可能明了。

(4) 提高预警水平的关键是将大量基础工作做在灾前。要使预警信息在空间与时间上能够更好地识别不同类型灾害危险性的差异，需要对可能受灾区域开展风险区划研究，并将其与预警指标及等级划分的阈值建立联系。

(5) 预警指标的改进与科技进步密切相关。日本最新的预警指标体系之所以能够以流域降雨量与土壤含水量为指标，并将辨识率细化到 1 km^2，得力于覆盖全国的雷达测雨与洪水观测预报系统、地理信息系统，离开扎实的基础工作和新技术的采用，要做到这一点是不可想象的。

总体上看，我国的防汛预警机制仅考虑了危险性的等级，尚未细化到考虑危险性空间分布的差异与随致灾过程的变化。一方面除少数发达城市外，多数地区尚未建立有效的灾害天气预警发布制度，即使作出了极端天气的预报，也判断不出可能产生怎样的严重后果；另一方面已有的预警制度警报信号设置不全面，分级指标不明确，缺乏严密的警报传递系统，影响了警报的警示和告知功能。随着我国防洪安全保障要求的不断提高，防汛预警系统还需要不断完善。不仅需要加强基础资料的积累与防汛预警的基础研究，逐步细化重点防洪区域特别是城市型水灾害的预警模式，向分类、分区、分时、分级的方向努力；还要强化洪水预警信息发布与服务体系的建设，确保将可能发生危险的洪水预报预警信息准确及时地通告给决策部门和可能受威胁的群众。大力加强各级防汛指挥部办公室的业务能力建设。在水灾发生前告知公众何地、何时、何种程度可能受淹，是一件复杂的事情，但这也正是防汛决策参谋部门的职责，是今后需进一步改进的方向。

3.2.1.2 供水安全风险控制

1. 风险源识别

众所周知，风险是由于系统的不确定性因素引起的。由于客观世界的复杂性及人类认识客观世界的局限性，水资源系统的决策总是伴随着各种不确定性因素的困扰。这些不确定性因素的来源可分为三个方面：自然现象的不确定性(如降雨径流的变化、河流的洪水和干枯等自然现象均具有较大的不确定性)；社会现象的不确定性(如人口变化、经济发展、政治上的政策、战争等均具有不确定性)；人类认识客观世界的局限性(如模型的不确定性、参数的不确定性等)。正是由于这些不确定性因素的存在，水资源系统的决策不可避免地要冒一定的风险。

供水系统是开放的、多元化系统，涉及取水、制水、输配水和二次供水等多个环节，具有流程长、时空范围广、影响因素多、结构复杂的特点，使得供水安全仍存在较多的隐患和薄弱环节。供水设施的老化、管网跑冒滴漏现象严重以及水危机事件的频发，不但给供水企业造成一定的经济损失，更重要的是造成供水中断，危及社会公共安全。

风险源识别是发现、列举和描述风险要素的过程。通过识别供水系统中不确定事件的风险源、影响范围、形成与发展原因及潜在的后果等，生成一个风险列表，以供后续的风险分析和风险评价。该阶段可以通过安全检查表、现场考察、座谈交流及历史资料归纳供水系统的风险信息、形成风险源清单。城市供水系统的风险源清单见表 3-7。

表 3-7　　城市供水系统的风险源

子系统	风险因素	子系统	风险因素
原水系统	单一水源	制水系统	单一出水总管
	干旱、水文条件变化		单路电源
	单一输水管线		设备老化、腐蚀
	单路电源		运行或维修时误操作
	水源水污染		维护维修不到位
	在线监测仪表		员工培训制度
	设备老化、腐蚀	输配水系统	防回流装置
	运行或维修时误操作		泵站配置不足
	码头航运		管网老化
	维护维修不到位		设备老化、腐蚀
	员工培训制度		运行或维修时误操作
二次供水系统	二次供水设施管理		维护维修不到位
	运行或维修时误操作		
	员工培训制度		

摘自：黄凯宁，尚昭琪，宛如意.基于层次分析和风险矩阵法的城市供水系统风险评估［C］//饮用水安全控制技术会议暨中国土木工程学会水工业分会给水委员会年会，2013.

对大多数的城市水源地而言，水源地突发性水污染事件按风险源位置可分为固定源、移动源及流域源三类[56, 57]。固定源常见的有工业污染源、废水处理厂、危险有毒化学品仓库、废弃物填埋厂和装卸码头等，其污染特征主要为由点及面、从局部扩散，多为化学性污染。移动源如航运船舶、货运车辆等，其污染特征为由点及面，或带状污染，主要为油品及化学性污染。流域源如潮汛(盐潮入侵)、水灾等，其主要污染特征为水体盐度增高、污染流域、有机物浓度激增造成生物性污染。流域源污染主要是由潮汛和水灾引起的大面积非点源污染引起的，该类风险源发生突发性污染时，同样具有发生突然、瞬间污染强度大等特点，但与其他两类不同的是，潮汛、水灾是整个流域的自然、水文现象，受人类活动的干扰不是很强，发生前可能会有一定的预兆，甚至有周期性预测的可能。该类突发性污染事件可能会造成大规模、整个流域的污染，但由于其发生频次十分有限，且可以进行一定的预测，真正的破坏性影响力往往不如其他两类。此外，流域源突发性污染具有一定的地域性。因此下面只介绍固定源和移动源的识别方法。

1）固定源识别

该类风险源发生突发事故性排放时，泄漏、排放地点一般固定，事件起初的污染影响范围也只限于局部水域，由点及面，逐渐扩散，以化学性污染为主。其中，工业污染源和废水处理厂的突发性水污染形式，主要表现为污水排放口的非正常超标排放；危险有毒化学品仓库和废弃物填埋厂的突发性水污染，一般表现为渗漏液或冲刷液等随雨水或其他径流途径汇入水体；装卸码头的突发性水污染事件，一般表现为货品直接掉入或流入水体造成污染。

2）移动源识别

移动源包括水体中的航运船舶以及沿岸公路上行驶的货运车辆。船舶引起的突发性水污染事件主要表现为燃油溢出、化学品货物泄漏等，货运车辆造成的突发性水污染事件则主要是指化学品货物的倾翻入水。该类事件具有诸多不确定性因素，如发生位置不确定性、发生时间不确定性、泄漏物质不确定性以及泄漏量不确定性等，城市水源地移动源情况及曾发生过的污染事故调查主要在于了解水源地名称、类型和所在水系、移动源名称、与水源地距离、运输基本情况、曾发生过的污染事故、进入水源地的可能性以及可能的污染物种类等。其中，运输基本情况包括运输的货物种类、大致数量等；曾发生过的污染事故主要指交通运输过程中化学品泄漏造成水源污染的历史情况；可能造成的污染物种类应具体到化学品种类、监测到的污染指标等。

2. 预警

城市供水系统易受到意外的污染或蓄意的破坏，建立预警系统是保障供水安全的重要途径。

城市供水安全预警是指在全面准确地把握水资源供需安全运行状态和变化规律的基础上，对水资源安全的现状和未来进行测度，预报不正常的时空范围和危害程度，提出有效的防范措施。迄今国内外有关城市供水安全的预警系统基本上都是通过识别预警因子建立预警指标体系，评估水的质与量偏离预警阈值的程度，发出预警信号，并采取预防预控措施的综合系统。

水量的常见预警指标有瑞典水文学家 Malin Falknmark 1992 年提出的以下几项:“水短缺指标”,即年人均水资源量,可用来衡量某地区因人口集中导致的水资源短缺状况;“供水短缺率指标”,即余缺水量与可供水量之比,能直观地反映城市供需水矛盾,但是单一的供水短缺率指标无法准确衡量河口城市的供水安全,还需考虑海平面上升导致的盐水入侵增强对河口城市供水安全的影响;“供水水域的最长连续不宜取水天数”,在供水短缺率指标的基础上,增加盐水入侵时各水源地连续不宜取水天数预警指标,能更准确地衡量河口城市水源地供水安全状况;“万元 GDP 用水量指标”,是评价一个国家或地区节水潜力、水资源承载能力和经济社会可持续发展的重要指标,也是国际公认的评价用水效率的通用指标,所以河口城市供水安全预警指标中还应加入万元 GDP 用水量指标。评价水质的基本指标主要有浊度、细菌总数、总大肠菌群、余氯、生化需氧量(Biochemical Oxygen Demand, BOD)和化学需氧量(Chemical Oxygen Demand, COD)。

目前,国内外常用的预警方法有专家打分法、层次分析法、熵权模糊物元法、模糊综合评判法、灰色关联分析法、人工神经网络法等。这些方法主要通过预警指标的加权运算值来评价预警对象的安全状况。在层次分析法和模糊综合评判法中,指标权重由专家根据经验主观判断得到,评价结果具有较强的主观随意性和狭隘性;人工神经网络法运算过程比较复杂;灰色系统理论法中灰色关联分析法存在评价值均化、分辨率不高的特点,因此均不适用于供水安全的评价。熵权模糊物元法是一种能够将评价对象、特征及相应的量值综合考虑在一起的客观赋权法,能尽量消除各指标权重计算时的人为干扰,在评价供水安全这样涉及自然、社会、经济等领域的多属性多指标综合问题上具备较大的优势,使评价结果更符合实际。

预警等级即警度,是指供水安全状态偏离预警阈值的程度。供水水量预警分为 4 个等级:特别严重(Ⅰ级)、严重(Ⅱ级)、中度(Ⅲ级)和轻度(Ⅳ级)。警度划分有多种方法,如突变论方法、对比判断法、专家确定法和综合评判法等。突变论方法在进行数学分析时比较困难;专家确定法多根据个人主观经验确定;对比判断法操作方便,但常用于区域内相关行业的横向对比;综合评判法通过多维指标空间中现实点与理想点之间的距离来确定综合指标的警度,用于多指标构成的供水安全预警。相应于水质标准的评价级别,将水质预警等级也划分为 5 个等级:特别严重(Ⅰ级)、严重(Ⅱ级)、中度(Ⅲ级)、轻度(Ⅳ级)和微度(Ⅴ级)。

建立供水预警机制的主要措施有以下几点。

1) 建立模型

目前,已有的水质评价方法主要有指数评价法、分级评分法、层次分析法和综合评价法。依据多年来全国重点城市供水水质的监测数据,可以建立水质评价模型以便为供水水质预警机制的建立做好准备工作。模型的构成要素有评价指数计算式、水质指标体系(包括指标构成、指标危害系数或指标权重)、水质标准值、评价分级。通过建立模型,可以直观清晰地观察到水质各项指标的变化,从而使供水水质的预警更加准确。

前人对供水水量模型已经做了相当多的研究,主要包括灰色模型、霍华特指数平滑模型、

BP 神经网络模型、动态等维新息模型和数学模型等。任何一种预测模型都有其优点和不足之处，如果简单地将预测误差较大的一些方法舍弃掉，会丢失一些有用的信息。近年来，组合预测方法已成为预测领域中的一个重要研究方向，并引起了国内外众多学者的兴趣。理论证明，组合预测方法的效果优于选用的任何一种预测方法。故选用几种预测方式的组合并分析对比，选取其中精度最高的方式作为供水量的预测模型，将能为预警机制的建立提供更好的基础支持。

2）搭建信息平台

现代水务管理运行机制的建设，离不开水务信息化建设的支撑，水务信息化建设是水务管理现代化、决策科学化的前提。现代水务复合系统是一个极其复杂的系统，其中包含 6 个相辅相成的子系统，各子系统数据流之间有着较为复杂的关系。国内外的一些专家已经对水务复合系统的相关问题做了很多研究，发表了各自不同的观点，但是还没有形成一套完整的体系，还有许多亟待改进的地方。特别是城乡统筹建设以来，城市供水问题愈来愈复杂，单一的供水模型难以应对供水预警，建立一套合理的预警机制必须借助于信息平台来完成。供水信息平台的搭建有助于对供水水质及供水水量的预警，可以及时发现供水系统中存在的问题并进行预警，从而为供水预警机制的建立提供决策支持。

但是鉴于水资源安全系统的复杂性、不确定性、变化性和多维性等特征，目前国内外尚未出现有效的水资源安全预警的控制机制。

3.2.1.3 水生态环境安全风险控制

1. 风险源识别

城市水生态环境风险识别的范围应该包括水生态环境设施风险识别和所涉及的物质风险识别两部分。设施风险识别的对象主要包括污水收集和输送管网、泵站设施、污水处理厂和城市水体的各类相关设施，物质风险识别则主要包括超标排放的污水、(污水处理厂)出水、恶臭气体、剩余污泥等。

在风险识别的过程中，首先需要收集大量与水生态环境相关的资料，然后通过物质危险性识别和综合评价筛选环境风险评价因子，最后进行潜在危险性识别，以确定潜在的危险单元和重大风险源[58]。

按照污染物排放方式的分类，城市水生态环境的风险源主要是面源和点源。

城市的面源污染主要来自地面上的建筑材料、固液废弃物、燃料和废渣等的雨水淋溶物；市区以外的污染主要来自带有农药、化肥或植物残体的农田排水、养殖场废料排放或雨水淋溶物。

城市的点源污染主要来自生活污水与工业废水。点源污染主要由三种途径排放产生：通过境内河网排污、通过企业直接排污水口排污和市政管网排污。威胁水生态环境安全的风险源主要是易产生污染的工业企业，例如农副食品加工业，电力、热力的生产和供应业，非金属矿物制品业，食品制造业，化学原料及化学制品制造业，餐饮业，洗车店等。

在确定研究区域的水生态环境风险源后，还要选取水生态环境风险源评价模型，确定风险源识别指标,建立水生态环境风险源评价指标体系,在指标归一化、指标权重确定与计算和风险指数计算的基础上进行风险识别结果分析与校核。目前国内针对水生态环境污染事故风险源的综合识别的研究方法已经很多,但还没有形成系统的分析体系,特别是缺乏在流域层次上,考虑风险源多因素的综合评价方法,这也即将成为以后国内研究风险源识别技术的主要方向之一[59]。

我国流域水生态环境风险源复杂,涉及点源、面源等。其中,点源风险主要由工业废水和生活废水的事故排放和混接、混排引起,这些废水含污染物多,成分复杂,其变化规律难以追溯,企业对危险物质的储存、使用、运输、泄漏、排放是重点污染环节,容易引发水生态环境风险,进而威胁人体生命健康,造成生态环境破坏和社会经济损失。面源风险主要包括农业面源污染(生产活动中的氮磷营养元素、农药以及其他有机或无机污染物通过地表径流和地下渗漏引起地表和地下水生态环境污染)和城市面源污染(雨水冲刷、地表径流以及大气沉降引起地表水中持久性有机污染物、氮磷等污染),这些污染来源广泛、成分复杂,难以进行治理。

2. 预警

水生态环境安全预警主要是针对水生态环境不安全相关状况的预测性评价,以提前发现与未来有关的水生态环境可能出现的恶化、退化问题及其成因,从而把握水生态环境及其相关生态系统中潜在威胁的时空变化趋势,进而提出缓解或预防措施。

影响水生态环境系统的因素众多,涉及自然、社会、经济、技术等各个领域,同一或不同领域的环境影响因子之间又存在着各种复杂关系。虽然建立一套完整而合理的预警系统指标体系是学者们的普遍追求,但是指标体系牵涉的因素过多,必然会带来计算和分析上的困难,从而限制指标体系的广泛应用。因此,按照体系的复杂程度在国内已建立的单项指标、复合指标以及系统指标 3 个指标体系中,复合指标得到了在规模较大的区域和流域等系统中最广泛地应用。

区域水生态环境污染预警系统由区域内一些主要的预警中心组成,每个预警中心有 3 个基本的构成部分,在主要预警中心之间建立的通信系统、应急决策支持系统和技术支持系统(图 3-12)。对每个主要预警中心而言,这 3 个子系统是紧密联系的,其中通信系统负责实时接收和处理信息,保证 24 h 全天候工作;技术支持系统对已经报告污染事件的影响尤其是对下游地区的影响进行评价;应急决策支持系统则由职权部门授权做出关于区域和区域之间的警报决策[60]。

区域水生态环境污染预警系统的实现主要包括实时处理和离线处理两部分。每次独立预警的实时处理过程包括现场流量、蒸发、降雨实时信息的收集,数据的传递和接收,预警模型计算和输出、决策管理;离线处理过程包括历史数据和区域特征输入、预警模式选择、参数率定等(图 3-13)。

预警系统的改进应着重于四个方面:信息的加强(经验的交流、人员的培训、增强与水务部门及其他部门的联系、水质自动警报站的建立等);模型率定方法的提高(示踪技术、示踪实验新

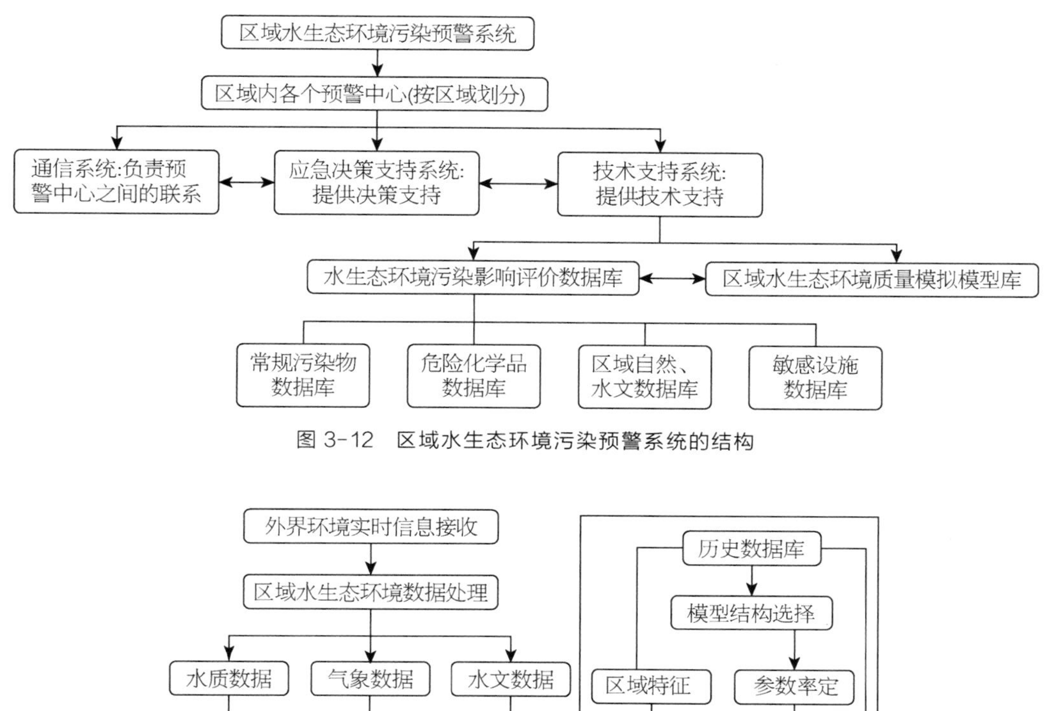

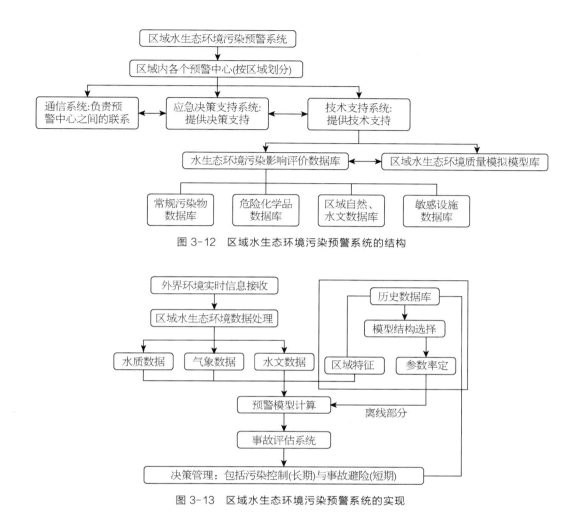

图 3-12　区域水生态环境污染预警系统的结构

图 3-13　区域水生态环境污染预警系统的实现

技术的改进、率定实验的实现、模型的率定与验证);技术人员操作水平的提高(对突发性污染意识的提高、信息流的提高、预警系统功能的更新、风险的详细分析);评价内容的扩展(行为评价、空间扩展、操作扩展、洪水与冰冻警报)。

目前,国内的水生态环境预警系统在理论和建设上都取得了一定的成果,但仍处于发展和完善中。

流域水生态环境风险预警系统可为流域水生态环境风险管理提供直接信息,包括风险源识别、影响过程及风险后果预测等,从而为水生态环境风险管理提供技术支持。

3.2.2　风险防控成套技术体系

城市水安全风险管理是一个系统性的、较长期的过程,该过程包括灾前预防、灾中应急和灾后重建三大部分[11]。城市水安全风险防控成套技术体系主要是指水灾害应急管理体系,在城市水灾害形成时,以政府为主体的应急管理机构根据应急预案采取各项紧急措施以减少水安全风险事件带来的损失。

2003 年，为了加强应急管理工作，国务院办公厅成立应急预案工作小组，部署全国应急预案体系建设，所谓的“一案三制”是指应急预案、应急管理体制、机制和法制。应急预案是应急管理的重要基础，是中国应急管理体系建设的首要任务。我国应急管理体制以统一领导、综合协调、分类管理、分级负责、属地管理为主要原则，机构设置包括 2018 年 3 月根据国务院机构改革方案设立的中华人民共和国应急管理部，及地方政府对应的各级应急指挥机构。应急管理机制是指突发事件全过程中各种制度化、程序化的应急管理方法与措施。应急管理法制是在深入总结群众实践经验的基础上，制定各级各类应急预案，形成应急管理体制、机制，并且最终上升为一系列的法律、法规和规章，使突发事件应对工作基本上做到有章可循、有法可依。具体的应急措施包括救灾人员的调动、民众的遣散、灾民的搜救和人员转移、救助物资的发放、交通工具的调动、防灾工程的抢修、水灾害信息的上传下达、医疗援助以及对未来灾情的预测等。

3.2.2.1 防汛排涝安全风险防控技术体系

城市是流域内的一个点，范围小，涉及面广，防洪标准要求高。城市所在具体位置不同，防洪特性各异。我国关于规定城市洪涝灾害应急管理的法律主要有《中华人民共和国防洪法》和《中华人民共和国防汛条例》。中央和地方财政不断加大对城市洪涝灾害应急管理的投入，加强应急物资储备及应急队伍装备，不断提高城市洪涝灾害的监测和预警能力。在城市洪涝灾害中形成了以公安、武警、军队等为主要突击力量，防汛专业队伍为基本力量，以企事业单位专、兼职队伍和应急志愿者为辅助力量的应急队伍体系。一旦某一城市发生洪涝灾害，采取“救火式”群众运动，政府、军队、民众立即被动员起来，在短期内能够迅速组织强大的资源应对，效果较好。

城市防洪应急管理机构基本工作内容有防洪应急预案编制、防洪建设、防洪工程的管理和运用、洪水调度和安排等。其采用的防洪技术要根据洪水规律与洪灾特点，研究并采取各种对策和措施，以防止或减轻洪水灾害，保障社会经济的可持续发展。

城市防汛办公室要坚持科学规划、实事求是的原则，在水情、雨情、灾情等水文气象情报的收集、整理和分析的基础上，编制城市防洪排涝应急预案，并结合实际，进一步细化完善堤防、水库、河道、蓄滞洪区等防洪工程的防洪预案，建立防汛应急抢救队伍，确保防汛物资储备充足，及时有效开展防洪抢险工作，最大限度减少损失。防洪排涝应急预案的编制是城市防洪应急管理的基础。

防洪工程建设是城市洪水风险防控的重要保障，堤防加固、河道整治、防洪闸设置、分蓄洪区和水库的建设等是减小洪水风险损失的有效手段。近年来，短历时暴雨频发，城市内涝灾害严重，要进一步加快疏浚河道和完善城市排水系统，重点解决支流的排水问题，使行政区域内沟河相通，形成完整的排水体系。

防洪排涝科学调度能充分发挥防洪工程的作用，在洪水灾害发生时最大限度地减少损失。水利部门要坚持科学决策、蓄泄统筹的原则，合理实施“拦、分、蓄、滞、排”措施，确保在规定标准内的防洪工程安全，平原地区排涝畅通；按照已经批准的防洪预案和调度运用计划，联合调度水库、河道、蓄滞洪区等防洪工程，充分发挥拦蓄作用，科学调控洪水，使洪水安全下泄。

洪水灾害发生时，有关部门要做好监测和检查工作，确保工程抢险工作及时展开，减小突发事件带来的损失。工程抢险[62]主要包括支流和中小河流堤防抢险、中小型水库特别是小型病险水库加固除险、水闸抢险、清淤排涝、电力抢修等。

以上海市为例，上海市防汛指挥部、应急管理办公室等有关部门负责上海市具体的防汛应急工作的展开。上海市已形成了较为完备的防汛保安体系，主要由一线海塘、千里江堤、区域除涝和城镇排水四道防线组成[63]，城市排水和河网除涝系统共同组成的城市化地区排水除涝体系构架日趋完善，洪涝灾害减轻，城镇积水状况得到改善，保障了人民生命财产的安全和城市的正常运行。上海市将进一步通过源头削减流量、过程增加渗透、末端削峰缓排等手段，提高城市排水能力，完善城市水安全保障体系，为上海城市社会经济的可持续发展服务。

我国城市洪涝灾害应急管理仍然是政府主导、政府投入、政府动员、政府立法、政府建设的管理方式，并且严格遵循自上而下的理性科层体制。我国作为一个政府主导的国家，这样的管理体制有巨大的优势和强大的执行力，在我国多次出现的重大灾害中亦有所体现。然而，随着社会经济的不断发展，社会的开放程度不断加大，城市市民化程度不断加深，以及城市的复杂性不断增加，这样的科层制将显现其不足和惰性，以及沟通协调的重复和滞后等问题，可以借鉴英国的经验[61]，充分发挥城市公共事业部门和交通营运机构的作用，辅助政府应急机构开展洪灾应急管理，并成立地方性应急论坛，增进城市区域内部、城市之间、城市与中央政府之间的联系和沟通，在地方级各部门制定的洪灾应急策略基础上制定区域级的应急方案。

3.2.2.2 供水安全风险防控技术体系

供水应急调度[64]是指在发生供水风险时，为了满足城市用水户对水量、水质及水压的要求，做到具备尽量多的水源、尽量大的取水能力和净水能力、尽量合理的输配水管网，在最大限度上满足城市居民的生活用水及主要生产部门用水需求的一种紧急供水调度行为。

我国城市初步建立供水应急预案制度，但是，目前我国还没有设立专门的供水应急系统，以应对由突发水污染事故、自然灾害等造成的影响，应急能力依然十分薄弱，主要表现在：应急责任不明确，预案制度不完善，缺乏应急信息支持系统、应急监测援助系统、应急物资储备系统、应急设施保障系统、应急供水大型装备和专业化应急队伍，达不到快速响应和迅速供水的应急需求。但随着灾害应对机制不断完善，供水应急系统将逐渐建立起来。

目前我国城市供水应急管理的关键在于应急备用水源选择和应急管理体系建设这两个方面。满足一定规模生活供水要求的地下水、地表水、外区域调水等可作为应急水源，各个城市要结合自身实际，确定合理的应急水源。配套的应急供水系统建设应该由政府应急管理部门负责，制定工作程序和管理规则，协调相关部门工作，并且要充分利用现有地下水供水系统，减少投资。在应急供水系统的规划、设计、日常维护管理方面可引进市场机制，并且可将应急供水系统的运行成本计入常规供水之中，保证应急供水系统长期运行[65]。

在城市供水的应急管理体系建设[66]方面，主要做好以下工作：

(1) 建立城市供水风险评价机制，做好供水安全预警工作。

(2) 完善城市供水应急指挥系统。供水事故一旦发生，供水应急指挥领导小组和有关专家组应立刻开展供水危机处理工作，分析应急监测得到的信息，进行事件动态监视、跟踪评估，选择应急供水的具体方案。

(3) 编制城市供水应急预案。城市供水应急预案的制定要体现职责的分工、多部门的参与和分级属地管理的体制。供水事故一旦发生，抢险救灾即需要依靠交通、卫生、消防、城管、安监、环保和供电部门的参与和协助。根据应急类型的不同，确定应急供水的最优分配方案。在城市供水水源严重短缺时，实行控制性供水，建立应急供水秩序。除了尽可能保证对社会和国民经济具有重大影响的部门供水外，全面压缩其他部门的需水要求，实行限量定时供水措施。

(4) 建立信息发布机制。把供水危机信息和采取的措施通过相关信息平台发布给公众。首先，能取得公众的理解和支持，在政府部门和公众之间建立互信机制，其次，公众可以及时响应供水危机应对措施，为化解供水危机奠定可靠的社会基础。

(5) 建立应急技术支撑系统。城市应急供水系统要突出科技性，建立应急技术支撑系统，即以计算机网络系统为基础，以有线和无线通信系统为纽带，以接报警系统为核心，集成地理信息系统(GIS)和计算机辅助决策系统，能够在紧急情况下大规模、综合性、实时地指挥调度，同时可以实现资源共享，为决策者和管理者提供一个平台，提高应急决策水平。

(6) 加快立法进程。加快对处理城市公共危机事件的立法进程，对重大的城市应急供水问题的预防和处理应有充分的法律依据，对应急准备、应急对策、应急机构、应急资金、应急状态终止和善后处理，以及物质保证等作出明确的规定，有效地引导政府依法处理城市供水危机。

3.2.2.3 水生态环境安全风险防控技术体系

2013 年 7 月，水利部大力推动水生态环境文明建设，先后启动了两批 105 个全国水生态环境文明城市建设试点，并相继制定了《国家水生态文明城市评价标准》《河湖生态环境需水量计算规范》(SL/Z 712—2014)、《河湖生态保护和修复规划导则》(SL 709—2015)等一系列标准规范，体现了国家对水生态环境文明建设的高度重视，有关部门在水生态环境治理过程中积累了一定的经验，为水生态环境安全风险防控技术体系的建立奠定了基础。

水生态环境安全风险防控技术体系[67]要在研究流域的社会经济发展、水质、水量、水生态环境潜在风险要素的变化规律的基础上，结合风险控制机理集成创建，包括流域水生态环境风险监测、预测、决策支持系统，风险规避与防范控制技术体系和风险事件损害控制技术体系三个部分(图 3-14)。

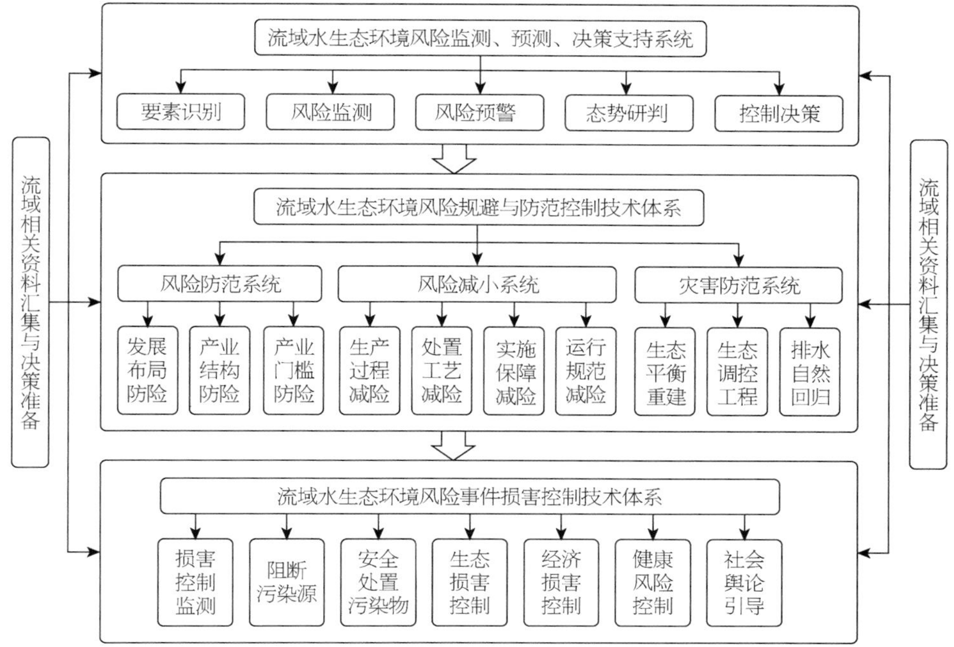

图 3-14　流域水生态环境风险控制技术体系框架

摘自：许振成，曾凡棠，谌建宇，等.东江流域水污染控制与水生态系统恢复技术与综合示范［J］.环境工程技术学报，2017，7（4）：393-404.

（1）流域水生态环境风险监测、预测、决策支持系统。以自然、经济、社会等行为活动为基础，综合判别流域水质、水量、水生态环境潜在的风险要素及风险耦合机理，建立基于生物毒性、痕量污染物、水生生态及污染物通量的综合性水生态环境风险识别与监测体系，以及基于流域生物毒性和典型优控污染物的水质-水量-水生态环境实时监控预警预报系统，实现水生态环境风险态势研判和控制决策。

（2）流域水生态环境风险规避与防范控制技术体系。该体系由三大系统构成：流域水生态环境风险防范系统从发展布局优化升级、产业结构集约调整和产业门槛规范提高等角度防范风险；风险减小系统从生产过程优化、废水处理工艺、实施保障和运行规范监督等方面降低减小风险；灾害防范系统采用生态平衡重建、生态维护工程和排水自然回归等生态工程措施防范流域水生态环境风险。

（3）流域水生态环境风险事件损害控制技术体系。由流域水生态环境风险事件损害监控、污染源阻断、污染物安全处置、生态经济健康综合风险控制及社会舆论引导等多个子系统组成。

流域水生态环境风险控制技术体系为实现我国水源型河流由污染治理向水生态环境风险控制转型提供了全面系统的技术支撑。目前，洞庭湖的水生态环境安全风险防控技术体系[18]已基本建立，如图 3-15 所示，最终给出了洞庭湖水生态环境安全风险防控的对策方案，对减小洞庭湖水质下降风险、湿地退化风险、藻类水华风险具有重要意义。

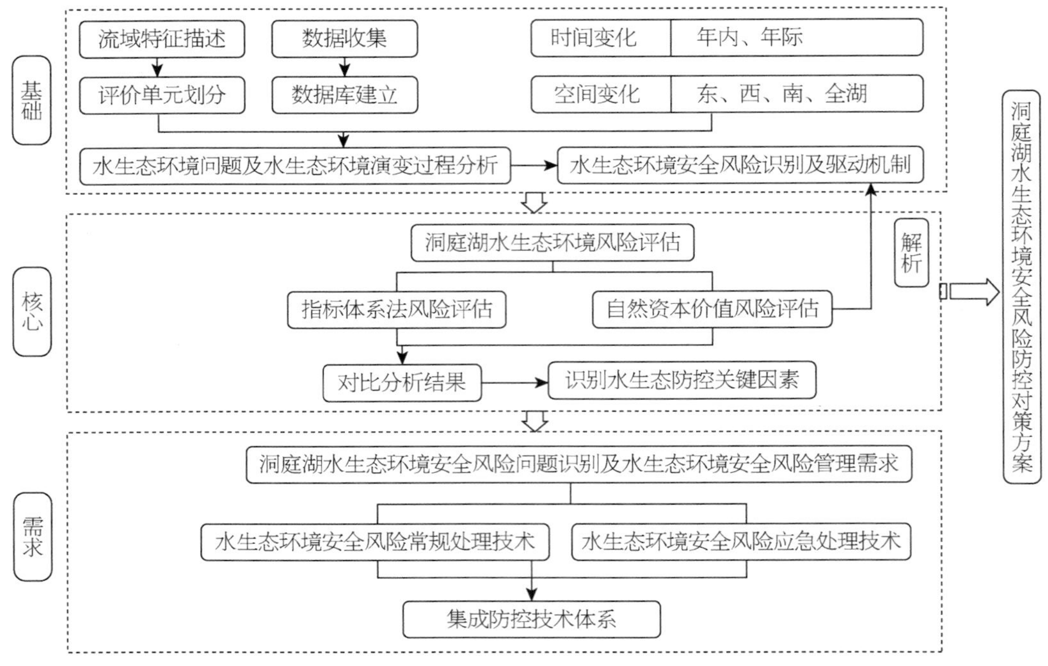

图 3-15　洞庭湖水生态环境安全风险防控技术体系

摘自：王圣瑞.洞庭湖水生态风险防控技术体系研究［J］.中国环境科学，2017，37（5）：1896-1905.

具体的水生态环境安全风险处理技术包括水生态环境安全风险应急处理技术和水生态环境安全风险常规处理技术。水生态环境安全风险应急处理技术主要是物理和化学处理技术，旨在应对突发水污染事件时迅速降低风险。水生态环境安全风险常规处理技术则越来越重视生物、生态治理技术和生态水利工程技术[68]。常见的生物治理技术包括人工湿地技术、土地处理技术、高效微生物固定化技术、水生植物处理和生物浮岛技术等；常见的生态治理技术包括生物操纵技术、沉水植物重建技术等；常见的生态水利工程技术包括河道修复技术、河道内栖息地修复技术、河岸修复技术、流域内栖息地修复技术和流域内土地利用修复技术等。随着水生态环境保护与修复技术的日益成熟，我国的水生态环境文明建设将进入一个崭新的阶段。

3.2.3　风险防控标准体系

目前，针对城市水安全风险防控的标准体系尚无成熟框架参考。已发布的相关标准体系有水利部《水利技术标准体系表》，以及地方《上海市水务标准体系表》等。

《水利技术标准体系表》已编制五轮，现有标准数量 788 项。《水利技术标准体系表》框架结构由专业门类、功能序列构成（图 3-16）[69]。专业门类与水利部政府职能和施政领域密切相关，反映水利事业的主要对象、作用和目标；功能序列是为上述专业目标，所开展的水利工程建设和管理工作等。

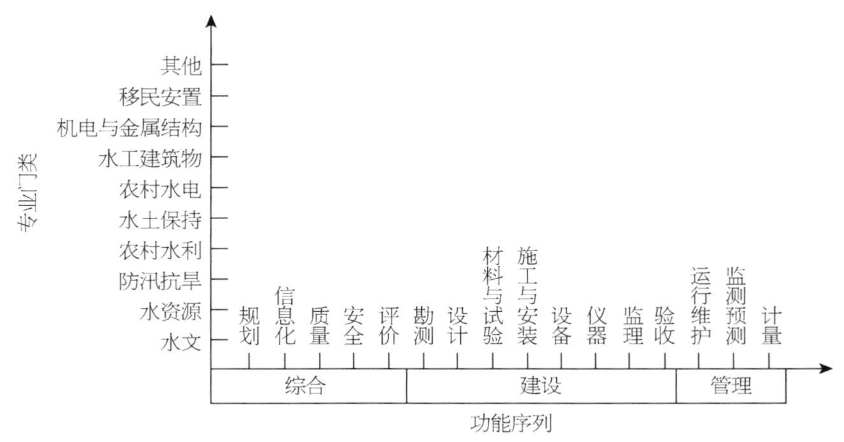

图 3-16 水利技术标准体系结构框

3.2.3.1 防汛排涝风险防控标准体系

1. 城市防洪标准

城市应当具备的防洪能力——城市防洪标准。不同地区的城市应对洪水的能力不同，城市防洪标准是根据城市的经济建设、人口容量、自然条件等因素制定的，对于城市防洪标准，我国采用的都是统一的频率分析法计算设计城市的防洪工程建设标准，确定城市的防洪体系建设标准[2]。

2. 我国的防洪抗旱技术标准体系

水利部 2014 年颁布的《水利技术标准体系表》中防汛抗旱体系包括防洪、排涝、洪水调度、河道整治、水旱灾情评估、预案编制，山洪、凌汛、堰塞湖等灾害防治，列举了防汛抗旱领域已颁、在编和拟编的标准，如表 3-8 所示。这些标准在防汛抗旱的实际工作中发挥了重要作用，是一个对防洪抗旱领域技术标准的全面、科学地归纳和规划。其中，在确定防护对象的防洪标准时，国家标准《防洪标准》(GB 50201—2014)是被防洪规划编制单位普遍遵循和采用的一个纲领性的技术文件。

表 3-8 《水利技术标准体系表》防汛抗旱标准体系表

功能序列 1 综合

序号	功能序列（二级）	标准名称	标准编号	编制状态	主持机构	备注
1	1.1 通用	防洪标准	GB 50201—2014	修订	规计司	
2	1.1 通用	水库大坝风险等级划分标准		制定	建管司	
3	1.1 通用	洪水风险图编制导则	SL 483—2010	修订	国家防办	
4	1.1 通用	防汛物资储备定额编制规则	SL 298—2004	已颁	国家防办	修订时合并《防汛储备物资验收标准》(SL 297—2004)相关内容

（续表）

序号	功能序列（二级）	标准名称	标准编号	编制状态	主持机构	备注
5	1.1 通用	旱情等级标准	SL 242—2008	已颁	国家防办	
6	1.1 通用	抗旱储备物资验收标准		制定	国家防办	
7	1.1 通用	治涝标准		制定	水规总院	
8	1.1 通用	堰塞湖风险等级划分标准	SL 450—2009	已颁	水规总院	
9	1.2 规划	防洪规划编制规程	SL 669—2014	已颁	规计司	系列标准 45"规划编制规程"
10	1.2 规划	河道采砂规划编制规程	SL 423—2008	已颁	建管司	系列标准 45"规划编制规程"
11	1.3 信息化	中国蓄滞洪区名称代码	SL 263—2000	修订	水文局	第二主持机构建管司；系列标准 43"分类与编码"；修订后改名为《蓄滞洪区代码》
12	1.3 信息化	实时工清数据库表结构及标识符	SL 577—2013	已颁	水文局	第二主持机构国家防办；系列标准 44"表结构及标识符"
13	1.3 信息化	旱情信息分类	SL 546—2013	已颁	水文局	系列标准 43"分类与编码"；修订时改名为《旱情信息分类与编码》
14	1.3 信息化	旱情数据库表结构与标识符		拟编	水文局	第二主持机构国家防办；系列标准 44"表结构及标识符"
15	1.6 评价	防洪风险评价导则	SL 602—2013	已颁	水规总院	
16	1.6 评价	洪水影响评价报告编制	SL 520—2014	已颁	国家防办	
17	1.6 评价	河道管理范围内建设项目防洪评价编制导则		制定	建管司	
18	1.6 评价	洪涝灾情评估标准	SL 579—2012	制定	国家防办	
19	1.6 评价	水旱灾害遥感监测评估技术规范		制定	国家防办	
20	1.6 评价	水文干旱特征值技术导则		拟编	国家防办	
21	1.6 评价	干旱灾害等级标准	SL 663—2014	已颁	国家防办	
22	1.6 评价	抗旱效益评估技术导则		拟编	国家防办	

（续表）

序号	功能序列（二级）	标准名称	标准编号	编制状态	主持机构	备注
功能序列 2 建设						
23	2.1 通用	山洪沟治理工程技术规范		拟编	国家防办	
24	2.3 设计	水库调度设计规范	GB/T 50587—2010	已颁	水规总院	
25	2.3 设计	河道整治设计规范	GB 50707—2011	已颁	水规总院	
26	2.3 设计	蓄滞洪区设计规范	GB 50773—2012	已颁	水规总院	
27	2.3 设计	城市防洪工程设计	GB/T 50805—2012	已颁	水规总院	
28	2.3 设计	河道管理范围内建设项目工程建设方案审查技术标准		拟编	建管司	
29	2.3 设计	山洪灾害监测预警系统设计导则	SL 675—2014	已颁	国家防办	
30	2.3 设计	堰塞湖应急处置技术导则	SL 451—2009	已颁	国家防办	
31	2.3 设计	凌汛计算规范	SL 428—2008	已颁	水规总院	
32	2.5 施工与安装	疏浚与吹填工程技术规范	SL 17—2014	已颁	建管司	
33	2.6 设备	山洪灾害监测预警设施设备通用技术条件		拟编	国家防办	
功能序列 3 管理						
34	3.2 运行维护	洪水调度方案编制导则	SL 596—2012	已颁	国家防办	修订时合并《水库洪水调度考评规定》(在编)相关内容
35	3.2 运行维护	水库调度规程编制导则		制定	建管司	
36	3.2 运行维护	水库汛期调度运用计划编制导则		拟编	国家防办	
37	3.2 运行维护	水库汛期水位动态控制方案编制技术导则		制定	国家防办	
38	3.2 运行维护	蓄滞洪区运用预案编制导则	SL 488—2010	已颁	国家防办	系列标准 49“预案编制规程”
39	3.2 运行维护	城市防汛应急预案编制导则		拟编	国家防办	系列标准 49“预案编制规程”

（续表）

序号	功能序列（二级）	标准名称	标准编号	编制状态	主持机构	备　注
40	3.2 运行维护	抗旱预案编制导则	SL 590—2013	已颁	国家防办	系列标准 49“预案编制规程”；修订时合并《抗旱规划编制导则》（在编）相关内容
41	3.2 运行维护	山洪灾害防预案编制导则	SL 666—2014	已颁	国家防办	系列标准 49“预案编制规程”
42	3.2 运行维护	防台风应急预案编制导则	SL 611—2012	已颁	国家防办	系列标准 49“预案编制规程”
43	3.3 监测预测	山洪灾害调查技术导则		拟编	国家防办	
44	3.3 监测预测	河流冰情观测规范	SL 59—93	修订	水文局	

3. 标准体系的框架

对于防洪排涝风险防控标准体系的框架构建，建议按照防洪排涝的管理流程和内容进行功能序列的框架构建。首先按照防洪排涝灾害管理的流程进行第一层次的划分，分为灾前管理、灾中管理、灾后管理，对于较为综合的技术标准列入“综合技术”。然后按照灾害管理的内容进行第二层次划分，如图 3-17 所示，综合技术主要涉及洪水的分级分等、评价、区划等方面的内容，不再划分下一级子类[3]。

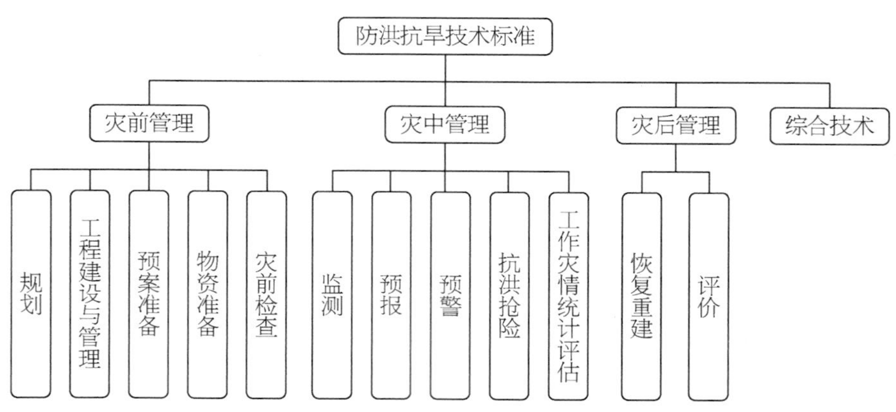

图 3-17　建议的防洪排涝风险防控标准体系框架

摘自：李娜，向立云.防洪抗旱技术标准体系存在问题及修订建议［J］.水利技术监督，2006（05）：1-5.

与现行的体系表相比，这种体系框架更加突出防洪风险防控的管理过程，更加注重整个安全体系的管理，明确了风险防控全过程中所能依据的标准。而且，该体系框架的条理相对清晰，不同类的标准针对相应的主管部门。

4. 防洪排涝风险防控标准体系构建

近年来，风险管理的方法被引进到防灾减灾的管理中来，但还没有形成成熟的标准体系。如近些年来我国开展了基于洪水风险分析的防洪标准确定方法研究，这些成果为防洪排涝风险防控标准体系构建提供了支持。

国外防洪排涝风险防控标准如表 3-9 所示。在确定防洪标准时，一些国家较为普遍使用的方法是对不同防洪标准所可能减免的洪灾经济损失与所需的防洪费用对比分析后确定。在美国《2002 年国家干旱预防法》中，鼓励预防重于保险，保险重于救济，激励重于管理。澳大利亚在大坝风险评价方面处于世界领先水平，以《整体规划法》作为其筑坝标准。其抗旱政策和标准比较多，农业部是制定相关标准的重要部门。

表 3-9　　国外防洪排涝风险防控标准

国家	类别	标准名称	颁布时间
美国	Engineering Regulations (工程规则)	*Risk-based analysis for evaluation of hydrology/hydraulics, geotechnical stability, and economics in flood damage reduction studies* (《基于水文/水力、土工技术和经济方面进行综合考虑的洪灾风险分析评估规范》)(编码:ER 1105-2-101)	2017 年 7 月
英国	综合技术	*Flood and coastal defense research and development program-Flood risk assessment guidance for new development* (《洪水和海岸防御研究发展计划——新发展时期洪水风险评价手册》)	2005 年 03 月
英国	管理	*Risk management for UK reservoirs* (《水库风险管理》)	2000 年

3.2.3.2 供水风险防控标准体系

供水行业从属公共事业行业，对水质、生产安全等具自然属性的标准存在需求。同时，供水企业在原水供应、水厂制水、管网输配和销售服务等过程中都具有相通性，存在统一建立和实施供水标准体系，规范企业管理、提高运行效益的标准化需求[4]。

1. 供水标准体系框架由专业门类和功能序列构成

标准体系可按照供水过程全生命周期管理思路确定专业门类，分为通用、原水、制水、输配、服务五类。其中，通用标准可包括通用基础标准和通用专业标准，通用基础标准指包括编码、术语和符号、标准制定修订等标准化以及信息化要求，通用专业标准指覆盖原水、制水、输配、服务四个环节技术和管理要求。现行供水标准按以上专业门类的分布比例为通用 4%、原水 8%、制水 26%、输配 22%和服务 40%。

参考《水利技术标准体系表》的框架模式，注重标准体系的简化统一和可操作性，将功能序列分为两级。鉴于供水作为基础设施建设和运维的重要性，可将一级功能序列分为综合、建设和运维，现行供水标准按以上功能序列的分布比例为综合 5%、建设 38%和运维 57%[4]。

2. 上海市水务标准体系表(BB供水)[5]

表3-10　上海市水务标准体系表(BB供水)

BBA 基础标准

BBAA 基础标准

序号	体系号	标准、规范名称	标准编号	编制出版状况			备注
				现行	在编	待编	
1	BBAA-1-1	饮用水水质指南(第2版)(世界卫生组织WHO)	Guidelines for Drinking Water Quality, 2nd Ed, 1993	√			
2	BBAA-1-2	欧盟饮用水水质指令(Drinking Water Directive)	98/83/EEC	√			
3	BBAA-1-3	国家饮用水基本规则和二级饮用水规则(美国联邦环境保护局USEPA,1986)	National Primary and Secondary Drinking Water Regulations,1986	√			
4	BBAA-1-4	饮用水水质指导(第6版)(加拿大现行饮用水水质标准)	Guidelines for Canadian Drinking Water Quality	√			
5	BBAA-1-5	生活饮用水水质标准(日本)	日本厚生省令第69号,1993	√			
6	BBAA-2-6	生活饮用水卫生标准	GB 5749—2006	√			
7	BBAA-2-7	城市居民生活用水量标准	GB/T 50331—2002	√			
8	BBAA-3-8	城市供水水质标准	CJ/T 206—2005	√			
9	BBAA-3-9	城市用水分类标准	CJ/T 3070—1999	√			
10	BBAA-3-10	城市综合用水量标准	SL 367—2006	√			

BBB 规划与咨询

BBBA 规划

序号	体系号	标准、规范名称	标准编号	现行	在编	待编	备注
11	BBBA-2-1	城市给水工程规划规范	GB 50282—2016	√			正在修订
12	BBBA-3-2	镇(乡)村给水工程规划规范	—		√		

BBC 建设

BBCA 项目管理

BBCB 勘测设计

序号	体系号	标准、规范名称	标准编号	现行	在编	待编	备注
13	BBCB-2-1	室外给水设计规范	GB 50013—2006	√			正在修订
14	BBCB-3-2	二次供水工程技术规程	CJJ 140—2010	√			
15	BBCB-3-3	含藻水给水处理设计规范	CJJ 32—2011	√			
16	BBCB-3-4	高浊度水给水设计规范	CJJ 40—2011	√			
17	BBCB-3-5	城镇给水厂附属建筑和附属设备设计标准	CJJ 41—91	√			
18	BBCB-3-6	城镇给水微污染水预处理技术规程	CJJ/T 229—2015	√			

(续表)

序号	体系号	标准、规范名称	标准编号	编制出版状况			备注
				现行	在编	待编	
19	BBCB-3-7	城市供水管道工程竣工图测绘技术要求	—		√		
20	BBCB-3-8	城镇给水膜处理技术规程	—		√		
21	BBCB-3-9	城镇给水管道非开挖修复更新工程技术规程	—		√		
22	BBCB-4-10	生活饮用水处理用聚合硅硫酸铝技术规范	DB31/T 450—2009	√			
23	BBCB-4-11	自来水处理用煤质颗粒活性炭技术规范	DB31/T451—2009	√			
24	BBCB-4-12	住宅二次供水设计规程	DGTJ08-2065—2009	√			
25	BBCB-5-13	上海市居民住宅二次供水设施改造工程技术标准	沪水务〔2014〕973 号	√			
26	BBCB-5-14	上海市居民住宅二次供水设施改造工程技术标准防冻保温细则	SSH/Z 10002—2016	√			
BBCC 施工与安装							
27	BBCC-3-1	城镇供水管网抢修技术规程	CJJ/T 226—2014	√			
28	BBCC-4-2	城镇供水管道水力冲洗技术规范	DB31/T 926—2015	√			
BBCD 验收评定							
29	BBCD-4-1	室外给水管道工程施工质量验收标准	DG/TJ08-310—2005	√			
BBCE 材料与试验							
30	BBCE-2-1	生活饮用水用聚合氯化铝	GB 15892—2009	√			
31	BBCE-2-2	管井技术规范	GB 50296—2014	√			
32	BBCE-2-3	给水用硬聚氯乙烯管材	GB/T 10002. 1—2006	√			
33	BBCE-2-4	给水用硬聚氯乙烯管件	GB/T 10002. 2—2003	√			
34	BBCE-2-5	给水用聚乙烯管材	GB/T 13663—2000	√			
35	BBCE-2-6	中空纤维帘式膜组件	GB/T 25279—2010	√			
36	BBCE-3-7	埋地聚乙烯给水管道工程技术规程	CJJ 101—2004	√			
37	BBCE-3-8	城镇给水用铁制阀门通用技术要求	CJ/T 3049—1995	√			
38	BBCE-4-9	给水减压阀应用技术规程	DBJ/CT502—1999	√			
BBCF 设备装备							
39	BBCF-2-1	反渗透饮用水处理设备	GB/T 19249—2003	√			
40	BBCF-2-2	无负压管网增压稳流给水设备	GB/T 26003—2010	√			
41	BBCF-3-3	饮用净水水表	CJ 241—2007	√			
42	BBCF-3-4	微滤水处理设备	CJ/T 169—2002	√			

（续表）

序号	体系号	标准、规范名称	标准编号	编制出版状况			备注
				现行	在编	待编	
43	BBCF-3-5	超滤水处理设备	CJ/T 170—2002	√			
44	BBCF-3-6	城镇供水管网加压泵站无负压供水设备	CJ/T 415—2013	√			
45	BBCF-3-7	管道直饮水系统技术规程	CJJ 110—2006	√			
46	BBCF-3-8	自来水加压泵站无负压供水设备	—		√		
BBD 管理与服务 BBDA 运行维护							
47	BBDA-3-1	城镇供水厂运行、维护及安全技术规程	CJJ 58—2009	√			
48	BBDA-5-2	上海市供水厂运行、维护安全技术规程	沪水务〔2010〕第 325 号	√			
49	BBDA-5-3	城市供水系统安全管理指南	沪水协〔2012〕22 号	√			
50	BBDA-5-4	上海市原水引水管渠保护技术标准	沪用法〔1997〕第 397 号	√			
BBDB 行政管理							
51	BBDB-2-1	企业水平衡测试通则	GB/T 12452—2008	√			
52	BBDB-3-2	工业用水考核指标及计算方法	CJ 42—1999	√			
BBDC 定额							
53	BBDC-4-1	学校、医院、旅馆主要生活用水定额及其计算方法	DB31/T 391—2007	√			
54	BBDC-4-2	主要工业产品用水定额及其计算方法（系列标准）	DB31/T 478. 1～DB31/T478. 22	√			
55	BBDC-4-3	商业办公楼宇用水定额及其计算方法	DB31/T 567—2011	√			
56	BBDC-4-4	城市公共用水定额及其计算方法（系列标准）	DB31/T680. 1～DB31/T680. 2	√			
57	BBDC-5-5	上海市小型给水工程专用定额	沪水务〔2012〕478 号	√			
58	BBDC-5-6	上海市小型给水工程专用定额其他费用计算规则	沪水务〔2012〕478 号	√			
59	BBDC-5-7	上海市给水管线工程概算指标（试行）2000	—	√			
60	BBDC-5-8	上海市公用管线工程预算定额（供水管线工程）2000	—		√		
61	BBDC-5-9	上海市公用管线工程概算定额（给水管线工程）2010	—	√			
62	BBDC-5-10	上海市供水设施维修养护定额（试行）2006	—	√			

（续表）

序号	体系号	标准、规范名称	标准编号	编制出版状况			备注
				现行	在编	待编	
BBDD 公共服务							
63	BBDD-3-1	城镇供水服务	CJ/T 316—2009	√			
BBE 信息化 BBEA 信息资源							
64	BBEA-3-1	城市供水管网泵站远程监控技术规程	—		√		
65	BBEA-3-2	城市供水水质在线监测技术规程	—		√		
BBEB 信息系统							
66	BBEB-4-1	城镇供水管网模型建设技术导则	DB31/T 800—2014	√			
BBF 仪器与检测 BBFB 监测检测							
67	BBFB-2-1	生活饮用水标准检验方法(系列标准)	GB 5750. 1—2006～GB 5750. 13—2006	√			
68	BBFB-3-2	城市供水污染物测定方法(系列标准)	CJ/T 141—2001～CJ/T 150—2001	√			
69	BBFB-3-3	城市供水管网漏损控制及评定标准	CJJ 92—2002	√			正在修订
70	BBFB-3-4	冷水水表检定规程	JJG 162—2009	√			

3.2.3.3 水生态环境安全风险防控标准体系

我国目前的环境标准体系多针对污染防治，在水生态环境系统如河流、湖泊、湿地等内陆生态系统的生态保护方面的环境标准极为薄弱，严重影响了我国在水生态环境保护领域的监督管理。由于我国的生态环境保护职能分属各有关部门，涉及生态环境保护内容的标准也分散在不同的标准体系中，既有强制标准，也有推荐标准。同时我国在水生态环境生态保护方面的研究工作起步较晚，对水生态环境保护的标准也不尽完善。目前我国在水生态环境系统的保护和修复方面的标准体系主要分为综合技术与规划、影响评价、设计和施工三类，需要针对不同方面构建指标体系，从而形成水生态环境标准体系的整体框架[6]。

(1) 综合技术与规划标准体系。我国现有的关于水生态环境保护的综合技术和规划类标准主要是从生态功能保护区类型与级别划分原则、生态监测标准、生态资源调查技术规范、生态保护及修复技术导则等方面进行制定。

(2) 评价导则标准体系。在水生态环境评价方面，我国目前仍然处在起步和探索阶段。现有的关于水生态环境评价类标准主要分为通用型、生态功能区评价、生态风险评估和生态损害鉴定评估等。

(3) 设计和施工标准体系。目前，我国此类标准总体上还不够健全，多分散于农业、林业、水利等多个行业标准中，远没有形成体系。

表 3-11　　上海市水务标准体系表（FB 水生态环境保护）

FBA 基础标准
FBAA 基础标准

序号	体系号	标准、规范名称	标准编号	编制出版状况			备注
				现行	在编	待编	
1	FBAA-1-1	饮用水水源地　地表水标准(欧盟的环境标准，1991)	91/692/EEC 指令	√			
2	FBAA-2-2	地表水生态环境质量标准	GB 3838—2002	√			
3	FBAA-2-3	地下水质量标准	GB/T 14848—2017	√			正在修订

FBB 规划与咨询
FBBB 咨询评价

序号	体系号	标准、规范名称	标准编号	现行	在编	待编	备注
4	FBBB-3-1	江河流域规划环境影响评价规范	SL 45—2006	√			
5	FBBB-3-2	水工程环境影响回顾性评价规范	—		√		
6	FBBB-4-3	水利水电工程环境影响评价规范	HJ/T88—2003	√			

FBC 建设
FBCB 勘测设计

序号	体系号	标准、规范名称	标准编号	现行	在编	待编	备注
7	FBCB-2-1	水域纳污能力计算规程	GB/T 25173—2010	√			
8	FBCB-3-2	水利水电工程环境保护设计规范	SL 492—2011	√			

FBD 管理与服务
FBDA 运行维护

序号	体系号	标准、规范名称	标准编号	现行	在编	待编	备注
9	FBDA-3-1	入河排污口管理技术导则	SL 532—2011	√			

FBF 仪器与检测
FBFB 监测检测

序号	体系号	标准、规范名称	标准编号	现行	在编	待编	备注
10	FBFB-2-1	pH 值的测定　玻璃电极法	GB 6920—1986	√			
11	FBFB-2-2	总铬的测定	GB 7466—1987	√			
12	FBFB-2-3	六价铬的测定　二苯碳酰二肼分光光度法	GB 7467—1987	√			
13	FBFB-2-4	铅的测定　双硫腙分光光度法	GB 7470—1987	√			
14	FBFB-2-5	镉的测定　双硫腙分光光度法	GB 7471—1987	√			
15	FBFB-2-6	氟化物的测定　离子选择电极法	GB 7484—1987	√			
16	FBFB-2-7	总砷的测定　二乙基二硫代氨基甲酸银分光光度法	GB 7485—1987	√			
17	FBFB-2-8	阴离子表面活性剂的测定　亚甲蓝分光光度法	GB 7494—1987	√			

（续表）

序号	体系号	标准、规范名称	标准编号	编制出版状况			备注
				现行	在编	待编	
18	FBFB-2-9	五氯酚的测定　藏红 T　分光光度法	GB 9803—1988	√			
19	FBFB-2-10	苯胺类化合物的测定　N-(1-萘基)乙二胺偶氮分光光度法	GB 11889—1989	√			
20	FBFB-2-11	苯系物的测定　气相色谱法	GB 11890—1989	√			
21	FBFB-2-12	总磷的测定　钼酸铵分光光度法	GB 11893—1989	√			
22	FBFB-2-13	苯并(a)芘的测定　乙酰化滤纸层析荧光分光光度法	GB 11895—1989	√			
23	FBFB-2-14	悬浮物的测定　重量法	GB 11901—1989	√			
24	FBFB-2-15	硒的测定　二氨基萘荧光法	GB 11902—1989	√			
25	FBFB-2-16	色度的测定	GB 11903—1989	√			
26	FBFB-2-17	锰的测定　高碘酸钾分光光度法	GB 11906—1989	√			
27	FBFB-2-18	银的测定　火焰原子吸收分光光度法	GB 11907—1989	√			
28	FBFB-2-19	铁、锰的测定　火焰原子吸收分光光度法	GB 11911—1989	√			
29	FBFB-2-20	镍的测定　火焰原子吸收分光光度法	GB 11912—1989	√			
30	FBFB-2-21	化学需氧量的测定　重铬酸盐法	GB 11914—1989	√			
31	FBFB-2-22	有机磷农药的测定　气相色谱法	GB 13192—1991	√			
32	FBFB-2-23	六种特定多环芳烃的测定　高效液相色谱法	GB 13198—1991	√			
33	FBFB-2-24	硝化甘油的测定　示波极谱法	GB/T 13902—1992	√			
34	FBFB-2-25	烷基汞的测定　气相色谱法	GB/T 14204—1993	√			
35	FBFB-2-26	有机磷农药的测定　气相色谱法	GB/T 14552—1993	√			
36	FBFB-2-27	钡的测定　电位滴定法	GB/T 14671—1993	√			
37	FBFB-2-28	硒的测定　石墨炉原子吸收分光光度法	GB/T 15505—1995	√			
38	FBFB-2-29	可吸附有机卤素(AOX)的测定　微库伦法	GB/T 15959—1995	√			
39	FBFB-2-30	硫化物的测定　亚甲基蓝分光光度法	GB/T 16489—1996	√			
40	FBFB-3-31	城市污水处理厂污泥检验方法	CJ/T 221—2005	√			
41	FBFB-3-32	二噁英类的测定　同位素稀释高分辨气相色谱—高分辨质谱法	HJ 77.1—2008	√			
42	FBFB-3-33	多环芳烃的测定　液液萃取和固相萃取高效液相色谱法	HJ 478—2009	√			

（续表）

序号	体系号	标准、规范名称	标准编号	编制出版状况			备注
				现行	在编	待编	
43	FBFB-3-34	氰化物的测定　容量法和分光光度法	HJ 484—2009	√			
44	FBFB-3-35	铜的测定　二乙基二硫代氨基甲酸钠分光光度法	HJ 485—2009	√			
45	FBFB-3-36	铜的测定　2,9-二甲基-1,10 菲萝啉分光光度法	HJ 486—2009	√			
46	FBFB-3-37	银的测定　3,5-Br2-PADAP 分光光度法	HJ 489—2009	√			
47	FBFB-3-38	氟化物的测定　茜素磺酸锆目视比色法	HJ 487—2009	√			
48	FBFB-3-39	氟化物的测定　氟试剂分光光度	HJ 488—2009	√			
49	FBFB-3-40	银的测定　镉试剂 2B　分光光度法	HJ 490—2009	√			
50	FBFB-3-41	挥发酚的测定　4-氨基安替比林分光光度法	HJ 503—2009	√			
51	FBFB-3-42	五日生化需氧量(BOD5)的测定　稀释与接种法	HJ 505—2009	√			
52	FBFB-3-43	氨氮的测定　纳氏试剂分光光度法	HJ 535—2009	√			
53	FBFB-3-44	氨氮的测定　水杨酸分光光度法	HJ 536—2009	√			
54	FBFB-3-45	氨氮的测定　蒸馏—中和滴定法	HJ 537—2009	√			
55	FBFB-3-46	钴的测定　5-氯-2-(吡啶偶氮)-1,3-二氨基苯分光光度法	HJ 550—2015	√			
56	FBFB-3-47	阿特拉津的测定　高效液相色谱法	HJ 587—2010	√			
57	FBFB-3-48	五氯酚的测定　气相色谱法	HJ 591—2010	√			
58	FBFB-3-49	硝基苯类化合物的测定　气相色谱法	HJ 592—2010	√			
59	FBFB-3-50	总汞的测定　冷原子吸收分光光度法	HJ 597—2011	√			
60	FBFB-3-51	甲醛的测定　乙酰丙酮分光光度法	HJ 601—2011	√			
61	FBFB-3-52	钡的测定　石墨炉原子吸收分光光度法	HJ 602—2011	√			
62	FBFB-3-53	挥发性卤代烃的测定　顶空气相色谱法	HJ 620—2011	√			
63	FBFB-3-54	氯苯类化合物的测定　气相色谱法	HJ 621—2011	√			
64	FBFB-3-55	总氮的测定　碱性过硫酸钾消解紫外分光光度法	HJ 636—2012	√			
65	FBFB-3-56	石油类和动植物油类的测定　红外分光光度法	HJ 637—2012	√			
66	FBFB-3-57	挥发性有机物的测定　吹扫捕集　气相色谱—质谱法	HJ 639—2012	√			

（续表）

序号	体系号	标准、规范名称	标准编号	编制出版状况			备注
				现行	在编	待编	
67	FBFB-3-58	硝基苯类化合物的测定　液液萃取　固相萃取—气相色谱法	HJ 648—2013	√			
68	FBFB-3-59	钒的测定　石墨炉原子吸收分光光度法	HJ 673—2013	√			
69	FBFB-3-60	肼和甲基肼的测定　对二甲氨基苯甲醛分光光度法	HJ 674—2013	√			
70	FBFB-3-61	酚类化合物的测定　液液萃取—气相色谱法	HJ 676—2013	√			
71	FBFB-3-62	汞、砷、硒、铋和锑的测定　原子荧光法	HJ 694—2014	√			
72	FBFB-3-63	百菌清和溴氰菊酯的测定　气相色谱法	HJ 698—2014	√			
73	FBFB-3-64	有机氯农药和氯苯类化合物的测定　气相色谱—质谱法	HJ 699—2014	√			
74	FBFB-3-65	65 种元素的测定　电感耦合等离子体质谱法	HJ 700—2014	√			
75	FBFB-3-66	多氯联苯的测定　气相色谱—质谱法	HJ 715—2014	√			
76	FBFB-3-67	硝基苯类化合物的测定　气相色谱—质谱法	HJ 716—2014	√			
77	FBFB-3-68	酚类化合物的测定气相色谱—质谱法	HJ 744—2015	√			
78	FBFB-3-69	硼的测定　姜黄素分光光度法	HJ/T 49—1999	√			
79	FBFB-3-70	铍的测定　铬菁 R　分光光度法	HJ/T 58—2000	√			
80	FBFB-3-71	铍的测定　石墨炉原子吸收分光光度法	HJ/T 59—2000	√			
81	FBFB-3-72	邻苯二甲酸二甲(二丁、二辛)酯的测定　液相色谱法	HJ/T 72—2001	√			
82	FBFB-3-73	氯苯的测定　气相色谱法	HJ/T 74—2001	√			
83	FBFB-3-74	可吸附有机卤素(AOX)的测定　离子色谱法	HJ/T 83—2001	√			
84	FBFB-3-75	生化需氧量(BOD)的测定　微生物传感器快速测定法	HJ/T 86—2002	√			
85	FBFB-3-76	氨氮的测定　气相分子吸收光谱法	HJ/T 195—2005	√			
86	FBFB-3-77	总氮的测定　气相分子吸收光谱法	HJ/T 199—2005	√			
87	FBFB-3-78	硫化物的测定　气相分子吸收光谱法	HJ/T 200—2005	√			
88	FBFB-3-79	锰的测定　甲醛肟分光光度法(试行)	HJ/T 344—2007	√			
89	FBFB-3-80	铁的测定　邻菲啰啉分光光度法(试行)	HJ/T 345—2007	√			

（续表）

序号	体系号	标准、规范名称	标准编号	编制出版状况			备注
				现行	在编	待编	
90	FBFB-3-81	粪大肠菌群的测定　多管发酵法和滤膜法(试行)	HJ/T 347—2007	√			
91	FBFB-3-82	化学需氧量的测定　快速消解分光光度法	HJ/T 399—2007	√			
92	FBFB-3-83	水生态环境监测规范	SL 219—2013	√			
93	FBFB-3-84	水生态环境监测实验室安全技术导则	SL/Z 390—2007	√			
94	FBFB-3-85	丙烯醛和丙烯腈的测定　吹扫捕集—气相色谱法	—		√		
95	FBFB-3-86	乙腈的测定　吹扫捕集气相色谱法	—		√		
96	FBFB-3-87	酰胺类化合物的测定　高效液相色谱法	—		√		
97	FBFB-3-88	丁基黄原酸的测定　紫外分光光度法	—		√		
98	FBFB-3-89	丁基黄原酸的测定　液相色谱—质谱法	—		√		
99	FBFB-3-90	丁基黄原酸的测定　吹扫捕集/气相色谱—质谱法	—		√		
100	FBFB-3-91	氯代苯氧酸类除草剂的测定　气相色谱—质谱法	—		√		
101	FBFB-3-92	杀菌剂苯菌灵和多菌灵的测定　高效液相色谱法	—		√		
102	FBFB-3-93	联苯胺的测定　气相色谱—质谱法	—		√		
103	FBFB-3-94	急性毒性的测定　斑马鱼卵法	—		√		
104	FBFB-3-95	物质对蚤类(大型蚤)急性毒性测定方法(修订 GB/T 13266—91)	—		√		
105	FBFB-3-96	急性毒性的测定　绿藻生长抑制试验	—		√		
106	FBFB-3-97	发光细菌抑制作用测定方法(修订 GB/T 15441—1995)	—		√		

本篇参考文献

[1] 中华人民共和国水利部水文司.中国水环境问题研讨会文集[M].北京:中国科学技术出版社,1998.

[2] 谢京.城市水务大系统分析与管理创新研究[D].天津:天津大学,2007.

[3] 刘继平.中国城市水务产业发展研究[D].成都:西南财经大学,2008.

[4] 鲁航线,张开军,陈微静.城市防洪、排涝及排水三种设计标准的关系初探[J].城市道桥与防洪,2007,11:64-66.

[5] 罗政承.我国城市水务一体化管理研究[D].宁波:宁波大学,2015.

[6] 仇保兴.我国城市水安全现状与对策[J].建设科技,2013,20(23):1-7.

[7] 王芳芳.快速城市化背景下中国城市水务产业化模式的研究[D].上海:复旦大学,2012.04.

[8] 王浩.城市化进程中水源安全问题及其应对[J].给水排水,2016,42(4):1-3.
[9] 吴福胜,钟登华.中国水务行业发展现状与趋势[J].中国给水排水,2013,29(10):23-27.
[10] 谭志国.中国水务行业改革现状与趋势展望[J].2008(11):33-37.
[11] 石中杰.天津供水业务集团化发展战略研究[D].北京:北京理工大学,2012.
[12] 奚琳琰.上海供水行业管理研究[D].大连:大连海事大学,2015.
[13] 陈俊生.基于水资源角度的城市规模研究[D].长沙:中南大学,2009.
[14] 陈祖军,李广鹏,谭显英.华东沿海城市水资源安全概念及未来战略示范研究[J].水资源保护,2017(6):38-46.
[15] 畅明琦,刘俊萍.水资源安全基本概念与研究进展[J].中国安全科学学报,2008(8):12-19.
[16] TRIESCHMANN J S. Risk management and insurance[M].12th ed.北京:高等教育出版社,2005.
[17] 史培军.三论灾害研究的理论与实践[J].自然灾害学报,2002(3):1-9.
[18] 侯林锋,敏李,李大卫,等.浙江省地震灾害风险评估研究[J].2018.
[19] 罗云.风险分析与安全评价[M].2 版.北京:化学工业出版社,2010.
[20] 刘宏.镇江市水环境安全评价及风险控制研究[D].镇江:江苏大学,2010.
[21] 张卫民.基于风险管理的泰达水安全计划研究[D].天津:天津大学,2010.
[22] 魏一鸣.洪水灾害风险管理理论[M].北京:科学出版社,2002.
[23] 华家鹏,李国芳,周毅.洪水保险研究[J].水科学进展,1997,8(3):226-232.
[24] 马树建.政府主导下的我国极端洪水灾害风险管理框架研究[J].灾害学,2016,31(4):22-26.
[25] JIMENEZ B, ROSE J.城市水安全:风险管理[M].北京:中国水利水电出版社,2014.
[26] 周振民.城市水务学[M].北京:科学出版社,2013.
[27] 徐奎.福州市主城区水系洪涝灾害成因及整治对策研究[D].天津:天津大学,2011.
[28] 向祥林.城市防洪排涝系统建设研究[D].杭州:浙江大学,2017.
[29] 乔典福.海绵城市背景下南昌市防洪排涝规划对策研究[D].广州:广东工业大学,2016.
[30] 李帅杰.城市洪水风险管理及应用技术研究:以福州市为例[D].北京:中国水利水电科学研究院,2013.
[31] 戴慎志,曹凯.我国城市防洪排涝对策研究[J].现代城市研究,2012,1:21-22.
[32] 田为军,郭琼琳,李维华.城市防洪排涝对策研究[J].科技风,2012,17:212.
[33] 王成康.城市供水风险分析与风险管理策略研究[J].现代职业教育,2015(18):146-146.
[34] 王雪梅,刘静玲,马牧源,等.流域水生态风险评价及管理对策[J].环境科学学报,30(2):237-245.
[35] 李景波,董增川,王海潮,等.城市供水风险分析与风险管理研究[J].河海大学学报(自然科学版),2008,36(1):35-39.
[36] YANNOPOULOS S I, GRIVAKI G, GIANNOPOULOU I, et al. Environmental impacts and best management of urban stormwater runoff: Measures and legislative framework[J]. Global Nest Journal, 2011, 15(3): 324-332.
[37] 卓志.巨灾风险管理制度创新研究[M].北京:经济科学出版社,2014.
[38] 程卫帅.水生态修复工程的风险管理框架[J].华北水利水电大学学报(自然科学版),2017,38(3):42-46.
[39] 朱勍,周念清,杨永兴.国家水生态文明城市建设的理论与实践:许昌市试点建设的探索[M].北京:科学出版社,2017.
[40] WEI D B, LIN Z F, KAMAYA T, et al. Application of biological safety index in two Japanese watersheds using a bioassay battery [J]. Chemosphere, 72(9): 1303-1308.
[41] 夏海霞.我国洪水风险管理研究[D].北京:中国农业大学,2005.

[42] 李莎莎,翟国方,何仲禹,等.基于风险管理视角下的城市暴雨洪涝灾害研究[C]//中国灾害防御协会风险分析专业委员会第六届年会,2014.
[43] 李曾中,程明虎,曾小苹.中国持续暴雨及洪涝灾害的成因与预测[J].北京大学学报(自然科学版),2003,39(s1):134-142.
[44] 裴宏志,曹淑敏,方国华.城市水管理综合对策研究[M].中国水利水电出版社,2007.
[45] 孙湛青,陈军飞,张波.极端洪水灾害风险管理四方合作机制的博弈分析[J].世界科技研究与发展,2015,37(4):385-389.
[46] 洪文婷.洪水灾害风险管理制度研究[D].武汉:武汉大学,2012.
[47] 曹永强,李培蕾,黄林显,等.我国开展洪水保险的具体思路[J].水利发展研究,2007,7(8):10-12.
[48] 刘志雨.亚太地区城市洪水风险管理实践经验[J].中国减灾,2013(15):28-29.
[49] 周雅珍,蔡云龙,刘茵,等.城市供水系统风险评估与安全管理研究[J].给水排水,2013,39(12):13-16.
[50] 吴丹,闫艳芳,夏广锋,等.流域水环境风险评估与预警技术研究进展[J].辽宁大学学报(自然科学版),2017,44(1):81-86.
[51] 朱玫.论河长制的发展实践与推进[J].环境保护,2017,45(z1):58-61.
[52] 段弯弯.我国多触发条件洪水指数保险研究[D].西南财经大学,2014.
[53] 谷明淑.英美两国洪水保险制度对我国的启示[J].辽宁大学学报(哲学社会科学版),2012,40(5):87-92.
[54] 刘园园.中国洪水灾害行政管理机制研究[D].大连海事大学,2011.
[55] 宋瑞祥.社团在防灾减灾工作中的作用[J].自然灾害学报,2007,16(s1):10-13.
[56] 郭文娟,董红.城市供水系统突发性潜在风险源识别方法探析[C]//城市供水应急技术和管理研讨会.2010.
[57] 郭文娟,董红.城市供水系统突发性潜在风险源识别及应急能力评估[J].给水排水,2013(s1):38-41.
[58] 潘崇伦,周振,高芳琴,等.城市水环境设施风险评价方法初探[J].建设科技,2012(10):78-80.
[59] 宋雅珊.松花江流域佳木斯段水环境风险源评价[D].黑龙江大学,2013.
[60] 冉圣宏,陈吉宁,刘毅.区域水环境污染预警系统的建立[J].上海环境科学,2002(9):541-544.
[61] 黄春豹.论我国城市洪涝灾害应急管理[D].吉林大学,2013.
[62] 许佐龙,严匡柠.应对大洪水灾害防汛抗洪工程抢险技术能力研究[J].水利水电技术,2017(s1).
[63] 时珍宝.上海城镇排水面临的挑战与战略构思[J].上海水务,2011(3):5-7.
[64] 史东超,徐海剑.唐山市应急供水分析与对策研究[J].水利科技与经济,2012,18(6):30-31.
[65] 邵新民,王蓓.建立浙江省地下水应急供水水源地的初步研究[J].水文地质工程地质,2004,31(5):54-56.
[66] 赵志江,于淑娟.城市应急供水保障体系建设研究[J].水利科技与经济,2010,16(7):725-726.
[67] 许振成,曾凡棠,谌建宇,等.东江流域水污染控制与水生态系统恢复技术与综合示范[J].环境工程技术学报,2017,7(4):393-404.
[68] 廖文根,杜强,谭红武,等.水生态修复技术应用现状及发展趋势[J].中国水利,2006(17):61-63.
[69] 水利部国际合作与科技司.水利技术标准体系表[M].中国水利水电出版社,2014.
[70] 张博威,宗云秀,李华煜,等.城市防洪标准与防洪体系探究[J].中国高新技术企业,2015(35):99-100.
[71] 李娜,向立云.防洪抗旱技术标准体系存在问题及修订建议[J].水利技术监督,2006(5):1-5.
[72] 卢宁,马娜,江平.供水标准体系框架构建研究[J].中国标准化,2017(6):38-39.
[73] 上海市水务局.上海市水务标准体系表[S].2016.
[74] 赵晓辉,赵高峰,李昆,等.我国水生态保护与修复标准体系研究初探[C]//中国水利学会 2016 学术年会,2016.

第 2 篇

防汛安全的风险管理

城市防汛安全是建设全球城市和智慧城市的重要保障。经过多年的建设，上海已基本建立以“千里海塘、千里江堤、区域除涝、城镇排水”为主的防汛工程体系：第一道防线是千里海塘，全市已建成海塘约 523 km，基本达到抵御百年一遇高潮加 11～12 级风的标准，其中 123 km 已达到 200 年一遇潮位加 12 级风标准；第二道防线是千里江堤，长约 486 km 的黄浦江堤防已形成封闭，目前黄浦江中下游堤防设施已按照国家批准的“千年一遇”设防标准完成达标建设，黄浦江上游干流段、太浦河、拦路港、红旗塘等堤防设施已按照“五十年一遇”的防洪设防标准完成达标建设；第三道防线是区域除涝工程，14 个水利控制片泵排能力达到 1 491 m^3/s，郊区 385 个圩区的平均除涝标准为 15 年一遇；第四道防线是城镇排水系统，城镇排水泵排能力达到 2 483 m^3/s，已建成的 222 个排水系统基本达到一年一遇排水标准。在工程防御体系的基础上，防汛主管部门同时建立的组织指挥体系、预案预警体系、信息保障体系和抢险救援体系，都发挥了巨大的防灾减灾效益[1]。但从风险管理的角度看，仍需加强从重事后抢险救灾向重事前风险管控的转变[2-4]。本篇首先对影响上海地区防汛安全的风险进行了识别和评估，在此基础上提出应对上海地区防汛风险的预警和防控措施。

4 风险识别与评估

4.1 灾害风险识别

4.1.1 致灾事件种类

4.1.1.1 热带气旋

热带气旋是发生在热带或副热带海洋上的气旋性涡旋，按底层中心附近最大平均风速的不同，热带气旋分为热带低压、热带风暴、强热带风暴、台风、强台风和超强台风六个等级，热带气旋等级分类见表 4-1。强度较大的热带气旋如台风所经之处常伴有狂风、暴雨、巨浪和高潮，是上海汛灾的主要致灾因子。

表 4-1　　热带气旋等级分类

名　称	属　　性
超强台风	底层中心附近最大平均风速≥51.0 m/s，即 16 级或以上
强台风	底层中心附近最大平均风速 41.5～50.9 m/s，即 14～15 级
台风	底层中心附近最大平均风速 32.7～41.4 m/s，即 12～13 级
强热带风暴	底层中心附近最大平均风速 24.5～32.6 m/s，即 10～11 级
热带风暴	底层中心附近最大平均风速 17.2～24.4 m/s，即 8～9 级
热带低压	底层中心附近最大平均风速 10.8～17.1 m/s，即 6～7 级

上海位于太平洋西岸，是易受热带气旋影响的沿海地区之一。上海平均每年受热带气旋影响 2～3 次，最多的年份如 1911 年达 11 次。台风影响主要在每年的 5～10 月。其中 5 月、6 月、10 月受到影响的次数相对较少，以 7 月、8 月、9 月三个月最多，约占全年的 90.6%，尤以 8 月份为甚，约占全年的 36.2%。风暴潮影响上海地区平均持续 2～3 d，长的可达 5～6 d，短的为 1 d。自 21 世纪以来，黄浦江河口吴淞站风暴潮增水超过 1 m 的风暴潮就有 15 次，其中最大增水达 1.86 m。

4.1.1.2 暴雨

1. 主要暴雨类型及成因

静止锋暴雨、暖区暴雨、低压暴雨和台风暴雨等是上海市主要的暴雨类型。

1）静止锋暴雨

静止锋暴雨占上海市总暴雨频次的 42%，春夏之交的 6 月和 7 月最多，主要特点是雨时长、降雨范围广、总雨量大，容易引发区域性涝灾。

比较典型的是1999年的梅雨(以下简称“99梅雨”)。“99梅雨”是超过1954年和1991年的流域性大梅雨，太湖水位持续上涨，最高水位达4.82 m(镇江吴淞高程为5.08 m)，连续18 d水位超历史最高水位，杭嘉湖平原的一些农田与村庄一片汪洋。徐家汇站记录梅雨期为43 d，总梅雨量为815.4 mm，米市渡站实测最高水位4.12 m，黄浦江上游各站最高潮位均连续突破历史记录，金泽站水位连续20 d超历史记录。6月7—10日，上海地区出现长达4 d的全市暴雨，大部分地区的累计雨量超过200 mm，造成全市近1.5万户居民家中进水、100多条道路积水严重和西部低洼地区大面积涝灾。

2) 暖区暴雨

暖区暴雨占上海市总暴雨频次的16%，盛夏的7月和8月最多，主要特点是雨时短、降雨范围小、雨强大，容易引发短时严重积水。

比较典型的是2012年8月20日上海中心城区出现暖区暴雨，小时降雨强度60～70 mm。造成虹口、闸北、浦东、闵行等局部地区近20条段道路发生短时积水，虹桥、浦东两大机场近百次航班延误。

3) 低压暴雨

低压暴雨占上海市总暴雨频次的14%，在冷暖空气交替的春夏过渡季节及弱冷空气南下的盛夏季节都会出现，主要特点是雨时较短、降雨范围较小、雨强较大，容易引发短时严重积水。

比较典型的是2008年8月25日暴雨，由于北方南下冷空气和华南沿海北输暖湿气流在长江中下游及江南北部地区交汇，并在低层形成低涡，从而在上海发生百年未遇的突发性强暴雨，小时雨量达119.6 mm，造成家中进水、道路瘫痪、航班延误等危害。

4) 台风暴雨

台风暴雨占上海市总暴雨频次的11%，夏、秋两季最多，主要特点是雨时较长、降雨范围广、雨强较大、总雨量大，如果遭遇高潮顶托的不利情况，容易引发严重的区域性涝灾。

比较典型的是“麦莎”台风暴雨，2005年8月5日傍晚到7日中午，上海地区受0509台风严重影响，形成范围大、历时较长的强暴雨，过程总雨量大部分地区在100～250 mm之间，市区最大雨量达306.5 mm。暴雨期间恰逢高潮顶托，出现风、暴、潮三碰头的不利情况，黄浦江上游最高水位创新记录，中心城区的苏州河、虹口港、新泾港等沿线的雨水泵站因河道水位超高被迫停机，因而形成上海市近30年中最严重的全市范围涝灾，直接经济损失高达13.4亿元。

4.1.1.3 高潮

潮位主要由天文潮和气象潮两部分组成。天文潮是地球上海洋受月球和太阳引潮力作用产生的潮汐部分，可准确预报潮位，正常情况下对人类危害不大。气象潮是由气象水文因素如风、气压、降水等引起的非周期性水位升降现象，若遇短期气象要素突变，会产生水位的暴涨暴落，即风暴潮。影响上海的台风平均每年2～3次，产生风暴潮影响的每年平均1～2次，每次风暴潮都会对本市造成不同程度的危害。

上海全市沿海及大小河道均受潮汐影响，一天内有两次高潮、两次低潮，而且两次高潮、两次低潮潮高不等，涨潮时间和落潮时间也不等。以一月为周期形成一月中两次大潮和两次小潮，农历初三、十八前后为大潮汛，初八、廿三前后为小潮汛。

黄浦江苏州河口的最高潮位，20 世纪五六十年代是 4.5 m，到七八十年代上升到 5 m，90 年代后升到 5.5～5.7 m，最高达 5.72 m，高潮位出现了明显的抬升趋势。自 20 世纪 50 年代至 90 年代，5 m 以上高潮位共出现 7 次，其中 80 年代 2 次，90 年代 5 次，2000 年一年就出现 4 次，刷新了历史第二高潮位，达 5.70 m，高潮位出现的频率越来越高。

据实测资料分析，凡黄浦公园站出现 4.80 m 以上高潮位时，均系台风影响所造成的，对沿江、沿海地区形成较大潮灾威胁。由于海平面上升、洪水下泄和台风涌潮顶托的多重影响，黄浦江高潮位出现的频率明显增加，潮位也屡创新高。

4.1.1.4 洪水

对城市防汛安全产生影响的洪水灾害事件，主要是城市所在流域发生的洪水，通过城市外河或内河行洪时，对城市本身造成防汛压力或导致灾害损失的情况。上海市地处长江和太湖流域下游，黄浦江是太湖流域的主要行洪通道之一，穿越上海市中心，太湖洪水通过太浦河下泄的部分，经由黄浦江流经市区后排入长江口下泄东海。因此，太湖流域发生的洪水会对上海市防汛造成不同程度影响。

太湖流域洪涝灾害频繁，据历史资料统计，南宋以来 800 多年间发生的各种洪涝灾害，平均每4～5年一次①。造成太湖流域洪涝灾害的主要原因是降雨。流域成灾降雨的类型主要有两类：一类为梅雨型，主要发生在 6～7 月，特点是降雨历时长、总量大、范围广，往往会造成流域性洪涝灾害，例如 1954 年和 1999 年的梅雨型洪水，梅雨型洪涝灾害频次相对较低，新中国成立以来，流域性特大洪水仅 1999 年和 2016 年 2 次；另一类为台风暴雨型，主要发生在 8～10 月，影响太湖流域的台风平均每年 2～3 次，特点是降雨强度大、暴雨集中，易造成区域性涝灾，例如 2005 年“麦莎”和 2013 年“菲特”等台风洪水。

1999 年太湖流域发生特大洪水，全流域 30 日平均降雨频率达到 150～200 年一遇，主要暴雨中心在浙西区、杭嘉湖区、太湖区、阳澄淀泖区和浦东区、浦西区。其中，浦东区、浦西区最大 7 天时段雨量至最大 90 天时段雨量均超过历史实测最大值。同时，黄浦江淞浦大桥涨水期净泄量为 28.9 亿 m^3，梅雨期净泄量为 37.1 亿 m^3，为常年的 3 倍[5]。上海市黄浦江和苏州河上游地区 17 个测站出现超历史记录水位，最大超历史记录 0.43 m，超历史记录时间长达 21 d。洪涝灾害波及流域内大部分重要城市，包括上海市西部地区。全流域经济损失 141.25 亿元，约占当年 GDP 的 1.6%。其中，上海市直接经济损失 8.71 亿元。

2013 年 10 月，受强台风“菲特”残留云系影响，太湖流域浙江、上海及苏南地区普降暴雨、大暴雨，局部降特大暴雨，浦东浦西区最大 3 天降雨量位列 1951 年以来第 1 位②。10 月黄浦江

---

① 水利部太湖流域管理局，太湖流域防洪规划，2008。

② 水利部太湖流域管理局，2013 年太湖流域片防汛防台年报，2014。

松浦大桥净泄量为 20.7 亿 m^3，约为常年的 2 倍①。上海市黄浦江上游米市渡潮位创下 4.61 m 的历史最高潮位，松江、青浦、金山等 11 个站点的内河水位也同时创出历史新高。上海市金山、青浦、松江、奉贤和闵行等区域出现严重内涝，上海市直接经济损失 9.5 亿元，超过 1999 年梅雨洪水。

4.1.1.5 灾害叠加

台风、暴雨、天文高潮和上游洪水既可能单一发生，但更多的是相伴而生、重叠影响。上海地区所谓的"二碰头""三碰头""四碰头"是指台风、暴雨、天文高潮、上游洪水中有两种、三种或四种灾害同时影响上海，导致上海地区出现严重的风、暴、潮、洪灾害。因此，"二碰头""三碰头""四碰头"的威胁始终是上海的心腹之患，更是防汛工作的重中之重。

"二碰头"在上海地区几乎年年都会遇到，是上海防汛日常防御的主要对象。暴雨和天文高潮遭遇时会加重涝灾；台风和暴雨遭遇时除了加重涝灾，还会加重风灾；台风与天文高潮遭遇时会使上海沿海、沿江、沿河地区出现高潮位，易发生严重潮灾，沿杭州湾、长江口地区甚至会出现灾难性潮灾。

"三碰头"在上海的防汛工作中并不少见。据资料统计，每隔几年就会出现一次，1997 年以来已经出现过 4 次，每次都给上海带来严重的灾害和损失。1997 年 9711 号台风、2000 年"派比安""桑美"台风、2005 年"麦莎"台风影响上海时，都出现了台风、暴雨、天文高潮"三碰头"的严峻局面。

"四碰头"目前在上海的防汛工作中出现过一次。2013 年 10 月 7 日至 8 日，受"菲特"台风残留云系、冷空气南下及第 24 号"丹娜丝"台风的共同影响，全市和黄浦江上游、杭嘉湖地区普降大暴雨到特大暴雨。同时，恰逢天文大潮汛，上海市出现台风、暴雨、天文高潮和上游洪水"四碰头"的严峻局面，这是上海防汛历史首次遭遇"四碰头"灾害。本次降雨致上海地区的降雨历时长、雨量大，大暴雨基本覆盖全市、黄浦江上游和杭嘉湖地区，内外河水位长时间居高不下，尤其是金山、青浦、松江、奉贤和闵行等区域，出现了大面积内涝积水，河道漫溢，局部防汛墙垮塌，导致附近居民小区进水等灾害。

4.1.2 环境影响因子

4.1.2.1 气候变化

联合国政府间气候变化专门委员会(Intergovernmental Panel on Climate Change，IPCC)完成了第五次评估报告(Fifth Assessment Report，AR5)认为：全球气候系统的变暖是毋庸置疑的，如大气和海洋变暖、积雪和冰量减少、海平面上升、温室气体浓度增加。1880—2012 年，全球平均温度升高了 0.85 ℃。由此带来的结果是冰川逐渐融化、海洋水体发生热膨胀、热带气旋强度增大等。前两者直接导致了全球的海平面上升，后者则成为全球沿海城市受极端气象灾害威胁的主要因素之一。

---

① 水利部太湖流域管理局，太湖流域片水情年报 2013，2014。

据中国气象局和国家气候委员会 2016 年中国气候公报显示，2016 年，受超强厄尔尼诺影响，我国气候异常，极端天气气候事件多，暴雨洪涝和台风灾害严重，长江中下游出现严重汛情，气象灾害造成经济损失大，气候年景差。2016 年，全国平均气温较常年偏高 0.81 ℃，为历史第三高；四季气温均偏高，其中夏季气温为历史最高。全国平均年降水量为 730.0 mm，为历史最多，南北洪涝并发，全国有 26 个省(区、市)出现不同程度城市内涝；登陆台风多，平均强度大，登陆强台风比例为历史最高；强对流天气多，损失偏重。

降水方面，与常年相比，全国大部地区降水量接近常年或偏多，其中长江中下游沿江、江南南部等地偏多 20%～50%，江苏南部偏多 50%～100%。我国东部地区降水日数偏多，江南地区年降水日数 100 d 以上，比往年偏多 20 d 以上。全国多个站点连续降水日数达到极端事件标准。

沿海城市受台风影响也较大，8 个登陆台风中，有 6 个登陆强度达到强台风级或以上，其比例达 75%，与 2005 年并列为历史最高。台风平均登陆强度达 13 级、平均风速 37.1 m/s，比常年明显偏强。其中第 14 号台风"莫兰蒂"以强台风级别在厦门沿海登陆，登陆时近中心风力达 15 级，强度强、风力大、雨势猛，又恰逢天文大潮，致使福建、浙江、江西、上海、江苏等省(市)受到不同程度影响，为全年造成经济损失最严重的台风。

4.1.2.2 海平面上升

海平面上升作为一种缓发性灾害，其长期累积效应会加剧风暴潮、海岸侵蚀、海水入侵和咸潮等灾害，降低沿海防潮排涝基础设施功能，加大高海平面期间发生的强降雨和洪涝致灾程度。

2016 年中国海平面公报数据显示，2016 年中国沿海海平面较常年高 82 mm，比 2015 年高出 38 mm，为 1980 年以来最高，东海地区比常年海平面上升达 115 mm。数据表明，上海海平面在 2016 年比常年高 102 mm，距离上海市最近的两个观测站(吕泗站和大戢山)的平均上升速率都超过 2.0 mm/a，其中吕泗站的平均上升速率超过 4.0 mm/a，预计未来 30 年，上海沿海海平面还将上升 65～150 mm。

4.1.2.3 热岛效应

城市热岛效应是指城市因大量的人工发热、建筑物和道路等高蓄热体增加及绿地减少等因素，造成城市"高温化"。城市中的气温明显高于外围郊区的现象。在近地面温度图上，郊区气温变化很小，而城区则是一个高温区，就像突出海面的岛屿，由于这种岛屿代表高温的城市区域，所以就被形象地称为城市热岛。

热岛效应是由于人们改变城市地表而引起小气候变化的综合现象，在冬季最为明显，夜间也比白天明显，是城市气候最明显的特征之一。城市热岛效应使城市年平均气温比郊区高出 1 ℃，甚至更多。夏季，城市局部地区的气温有时甚至比郊区高出 6 ℃以上。原则上一年四季都可能出现城市热岛效应。此外，城市密集高大的建筑物阻碍气流通行，使城市风速减小。由于城市热岛效应，城市与郊区形成了一个昼夜相同的热力环流。

由于热岛中心区域近地面气温高，大气做上升运动，与周围地区形成气压差异，周围地区近地面大气向中心区辐合，从而在城市中心区域形成一个低压旋涡，这势必造成人们生活、工业生产、交通工具运转中燃烧石化燃料而形成的硫氧化物、氮氧化物、碳氧化物、碳氢化合物等大气污染物质在热岛中心区域聚集。热岛效应会危害人类身体健康,影响城市交通运输,增加城市耗能,导致气候与物候异常并造成局部地区的自然灾害。热岛效应不仅会使天气酷热难耐,引发雾岛、雨岛、干岛和混浊岛等多种效应,而且还会造成雷电和暴雨等极端天气事件增多,从而引发各种自然灾害。

4.1.2.4 雨岛效应

大城市大气环流较弱,加之城市热岛效应导致局地气流的上升,有利于对流性降水的发生和发展;城区空气中凝结核多,其化学组分不同,粒径大小不一,当有较多大核(如硝酸盐类)存在时有促进暖云降水作用;城市下垫面粗糙度大,对移动滞缓的降雨系统有阻障效应,使其移速更为缓慢,延长城区降雨时间,受上述种种因素共同作用影响,会“诱导”暴雨最大强度的落点位于市区及其下风方向,形成城市雨岛。

“雨岛效应”集中出现在汛期和暴雨时,这样易形成大面积积水,甚至形成城市区域性内涝。美国曾在其中部平原密苏里州的圣路易斯城及其附近郊区设置了稠密的雨量观测网,运用先进技术进行持续 5 年的观测研究,证实了城市及其下风方向确有“雨岛效应”。研究人员利用上海地区 170 多个雨量观测站点的资料,结合天气形势,进行众多个例分析和分类统计,发现上海城市对降水的影响以汛期(5～9 月)暴雨比较明显,在上海近 30 年汛期降水分布图上,城区的降水量明显高于郊区,市中心的降水比郊区多约 60 mm,呈现出清晰的城市雨岛。

4.1.2.5 地面沉降

地面沉降又称为地面下沉或地陷。它是在人类工程经济活动影响下,由于地下松散地层固结压缩,导致地壳表面标高降低的一种局部的下降运动。地面沉降是目前世界各大城市的一个主要工程地质问题。它一般表现为区域性下沉和局部下沉两种形式。可引起建筑物倾斜,并破坏地基的稳定性。滨海城市会造成海水倒灌,给生产和生活带来很大影响。造成地面沉降的原因很多,地壳运动、海平面上升等会引起区域性沉降;而引起城市局部地面沉降的主要原因则与大量开采地下水以及城市建设有密切关系。

上海是中国最早发现区域性地面沉降的城市。因过量开采地下水资源,自发现沉降以来至 1965 年,市区地面平均下沉 1.76 m,最大沉降量达 2.63 m,最大沉降速率为 200 mm/年,影响范围达 400 km。20 世纪 60 年代中期开始,经采取回灌措施后,1966—1992 年平均沉降速率已降到 19.3 mm/年,有效地控制了地面沉降。

进入 20 世纪 90 年代,随着社会经济的发展,上海市开始大规模建设各种基础市政工程及高层建筑。而在同一时期,上海地面又出现明显加速沉降现象。由于上海中心城区地下水的开采得到严格控制,而且回灌量一直大于开采量,地下水动态历年来基本保持稳定。在严格控制地下水开采的情况下,密集高层建筑群等工程环境效应诱发的地面沉降已成为地面沉降的主要影响因素。

4.1.3 人为影响因子

4.1.3.1 下垫面改变

下垫面条件是影响洪水产汇流的重要条件之一，主要包括土地利用、植被覆盖情况等，通过影响降雨下渗、产汇流速度、水流输送和调蓄能力等，对产汇流过程和总水量产生影响。一般情况下，植被的破坏、土地的过量开垦利用等必然改变其天然产汇流条件，造成径流量增加、调蓄能力降低、汇流时间缩短、洪水发生几率增大的结果。同时，下垫面的变化还可能会对区域内的气温、降雨等条件产生一定影响。近年来城市化的快速发展，导致城市人口高度集中、建筑物及工商业区高度密集、不透水面积急剧增加、农田等透水面积大量减少，使得降雨下渗的损失量减小、天然调蓄能力减弱，因而产汇流过程发生明显变化，洪水总量明显增大，洪水形成时间缩短，峰现时间提前，流域面临洪水威胁的概率大为增加，相应的洪灾损失亦增大。

上海市城市范围内的下垫面改变主要包括以下几个方面。

1. 住宅、道路等不透水面积增加，农田面积减少

城市土地利用变化是一个复杂的过程，随着社会经济的发展及城市化进程的推进，城市建成区用地数量不断增加，耕地及其他用地数量大量减少，此外，各种土地利用类型之间亦在相互转化。

1949 年以来，上海市中心城区的主导土地利用类型经历了从水域、农田、城市住宅用地和道路广场用地逐步向城市住宅用地、工业用地和绿化用地转化的多变过程，土地利用结构逐渐向均衡状态发展，各土地利用类型的面积差别减小。以第一用地类型为判断因子，1988 年之前中心城区第一用地类型为水域(包含农田)用地，1958 年之前，水域(包含农田)用地比例占到中心城区面积的一半以上，1988 年之后中心城区第一用地类型为城市住宅用地，工业用地也有明显增加，而水域和农田用地在 2003 年已减少到仅占中心城区总面积的 1%左右[6]。上海市范围内土地利用呈同样的变化趋势，农田面积持续减少，工业用地和城镇建设用地显著增加。

2. 水系数量与结构变化

河网水系是平原河网地区降雨调蓄和排水除涝的一个关键条件。河网水系的演变不仅受到地质构造、气候、土壤等自然因素的影响，而且与土地利用方式、水利工程建设等人类活动息息相关。近年来伴随快速城市化进程，人类活动对河网水系的干扰日趋严重，大量河道被城市建设用地取代，低等级、末端河道不断减少，许多河湖逐渐萎缩，河流的形态和结构发生了深刻的改变[7]。

1) 水系数量减少

对于区域开发和城市化进程较早的上海，在工业发展、人口聚集、城市扩大的背景下，修建道路、兴建居民区、建设市政工程等造成市区和城郊众多河道被填没，导致河道大量消亡，原有自然河网水系严重消退、结构破坏、功能减弱。根据上海市有关地方志、地名志、水利志等史料记载，初步不完全统计，自 1860 年以来，上海中心城区至少有 310 多条有历史记载的河道消失，

长度约 520 km。其中 1949—2003 年，中心城区超过 220 条河道消失，总长度约 300 km[8]。

2）河网结构改变、河道连通性减弱

河湖水系连通是防洪、水资源供应和生态环境安全的基础。近年来，伴随我国城市化发展，河道水质变差、河流调蓄能力降低以及洪涝灾害风险加大等生态负效应日益凸显，这些负效应与河湖水系连通性下降有一定关联[7]。水系连通有两个基本要素：一是要有连接水流的通道；二是水流要保持流动，且满足一定的自然和社会需求[9]。水面率和河网复杂度共同决定着区域调蓄能力的大小，相对于以排水为主的骨干河流，中小河流的洪水调蓄能力更强；相对于结构简单的河网，结构复杂的河网调蓄能力更强[10]。

以近 10 年（2006—2016 年）上海新开发地区（含嘉定新城、虹桥商务区、浦江镇、淀山湖地区）为例，河网节点数、河网密度、水面率及水系分维数等河网水系结构的重要指标均发生了较大变化，见表 4-2[11]。河网水系中的节点越多表明区域的水系连通性越好，对区域的水动力条件有一定的改善，嘉定新城与浦江镇的节点减少幅度均超过 20%。河网密度反映单位面积上河网的疏密程度，对区域的行洪空间、排涝通路存在一定影响，嘉定新城河网密度降幅也达到 20%以上。水面率主要影响区域调蓄能力，嘉定新城、虹桥商务区、浦江镇水面率都有所降低。水系分维数是由水系分支比、长度比所决定的，在一定程度上反映区域河网水系的层次丰富度和结构完整性。四个区域的水系分维数结果均符合上海市平原河网水系分维的基本水平，但嘉定新城和浦江镇水系分维数也有所降低。

表 4-2　　上海市新开发地区河网水系结构指标[11]

新开发地区	河网节点数		河网密度/(km·km^{-2})		水面率		水系分维数	
	2000 年	2013 年	2000 年	2013 年	2000 年	2013 年	2000 年	2013 年
嘉定新城	2 442	1904	4.8	3.84	8.30%	7.70%	1.734 3	1.650 9
虹桥商务区	518	513	2.37	2.32	5.12%	4.96%	1.521 7	1.491 1
浦江镇	3 061	1 944	5.45	4.99	8.79%	7.81%	1.732 7	1.647 5
淀山湖地区	1 790	1707	2.68	2.62	29.58%	30.58%	1.727 8	1.731 3

不同区域河湖连通性的变化方式和变化程度与不同功能区域的自然本底及经济发展状况有一定关系。城市中心区经济发展迅速，受人类活动的影响较大，中低等级河道被填埋、阻隔，因而连通性受到显著影响；郊区经济发展相对缓慢，住宅、道路等建设相对较少，本底河流密布，低等级河道得以保留，因此连通性相对较好。

4.1.3.2　排水管网堵塞

排水管网作为保障城市排水防涝的重要基础设施，其堵塞是城区内涝积水问题的影响因子之一。排水管网堵塞的主要原因有：管网设计不合理，施工不规范；管网使用不合理，维护不到位；因施工确需临时封堵排水管道[12-13]。

1. 管网设计不合理，施工不规范

新管网设计时未对原地下管线摸底分析，且施工中临时处置方案不合理，导致管线交叉、管线基础处理不当，那么在外部荷载作用下或雨后管基土壤下沉时，会造成管道下沉；管道污水流通断面小、水流最小流速未满足设计规范要求；设计中无原则地放大管径，使充满度减少，降低排水流速；等等。上述现象均会造成污物杂质沉积管底，给排水管道堵塞埋下隐患。

管网施工中管理混乱，将一些建筑垃圾诸如水泥砂浆、碎砖渣等弃入管道中，如图 4-1 所示，导致日后管道堵塞，且疏通困难。

因此，为避免因设计不合理、施工不规范引起的排水管网堵塞，需严格按照设计规范进行管网设计，同时加强施工管理，做到管中无杂物。

2. 管网使用不合理，维护不到位

多种情况会导致管网堵塞(图 4-2)，如：管网日常使用中杂物进入管道卡堵、管道断裂、管道安装不当或沉降造成反坡，使得污物长期淤积造成堵塞；检查井崩塌，年久未进行清扫，管道内污物沉积导致堵塞；大量含有脂肪的污水排入管道，使排水断面减小而堵塞；绿化中一些植物的根须伸入管道，以及菌类在管道中的生长，久而久之也会形成堵塞。

疏通城市排水管网的方法有人工清掏法、绞车疏通法、水力疏通法、高压水射流清淤法、真空抽吸法等。由于国内城市排水管渠的建设深度越来越深，很多城市排水管渠的离地深度都超过目前现有吸污车的吸程，这时可采用超高吸程真空抽吸法。

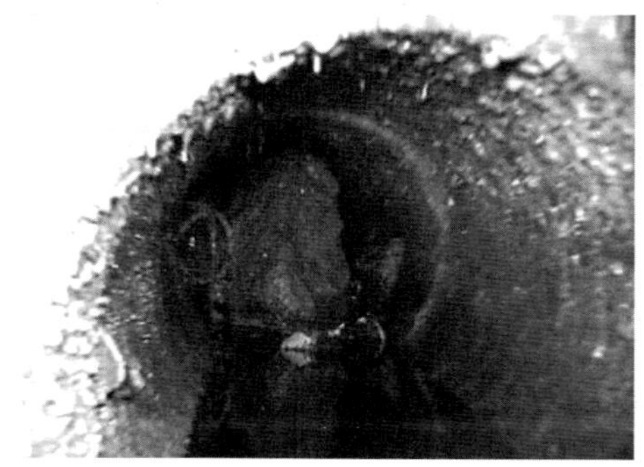

图 4-1　管网障碍物

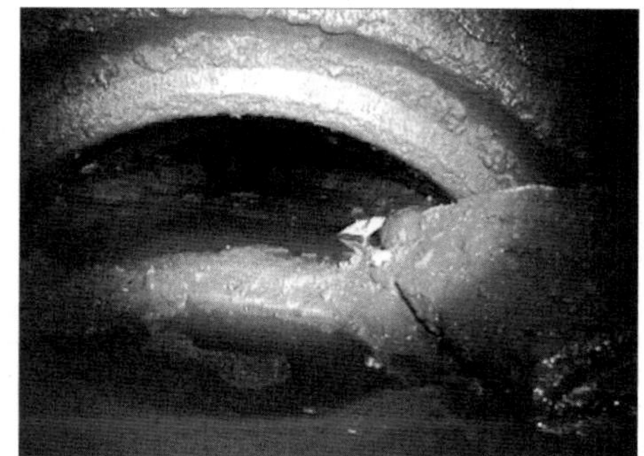

图 4-2　管网淤积

3. 因施工确需临时封堵排水管道

在城市建设、管道养护等过程中，为确保施工区域的排水安全，有时必须进行排水管道临时封堵工程。为避免由于临时封堵工程造成的区域积水问题，保障区域排水安全，根据《城镇排水管渠与泵站维护技术规程》(CJJ 68—2007)的要求，排水管道“封堵前应做好临时排水措施”。目前上海市主要采用的临时排水措施为临时泵排(图 4-3)，另存在少量工程采用临时管排(图 4-4)和管道调配(图 4-5)的措施。

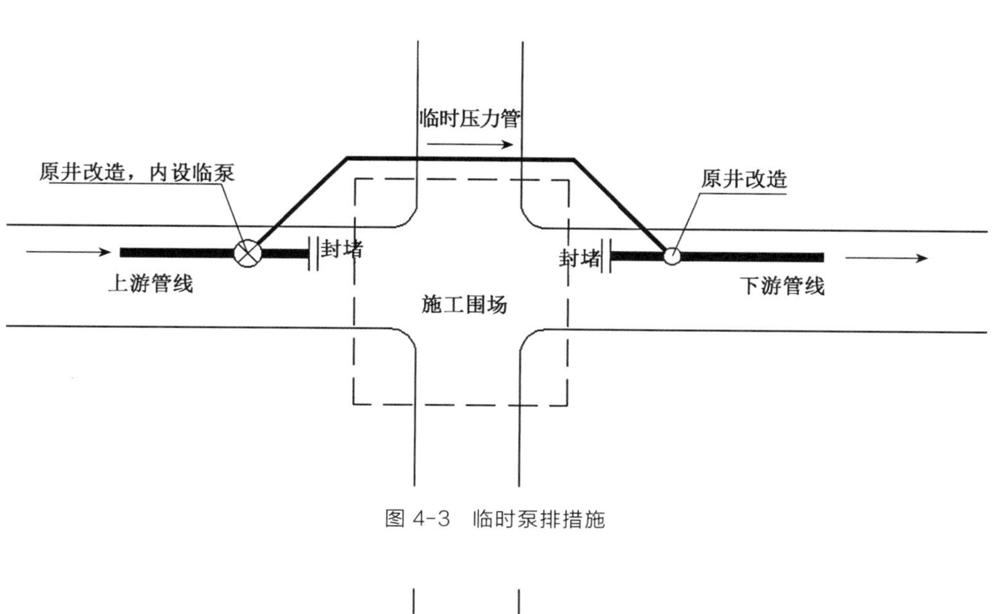

图 4-3 临时泵排措施

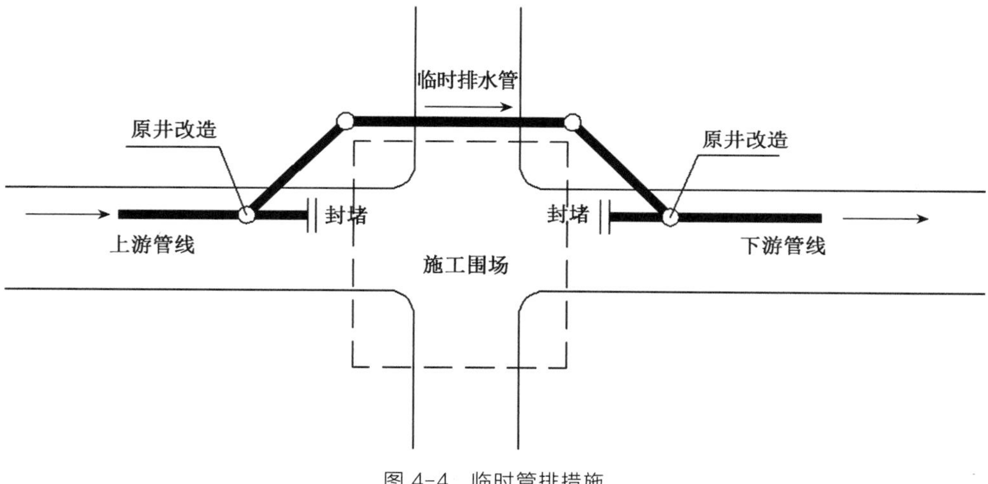

图 4-4 临时管排措施

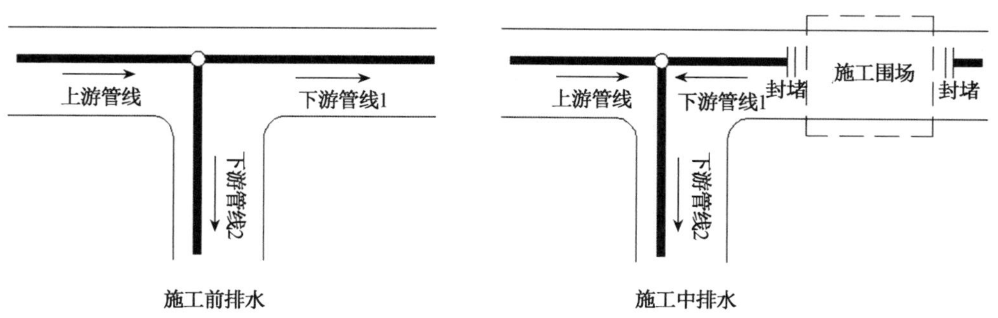

图 4-5 管道调配措施

4.1.3.3 流域活动

建设流域水利工程是防御流域洪水的重要措施，可以有效提高流域防洪能力，减轻流域洪涝灾害的风险。但其核心是使洪水尽可能归槽并更快速排出流域外，部分工程在一定程度上会增加下游城市的防汛压力。例如，在太湖流域治理过程中，黄浦江上游太浦河、拦路港、红旗塘等流域与区域骨干河道的开通和疏通，使黄浦江成为流域主要的泄洪通道之一，流域洪水经太浦河下泄后，主要通过黄浦江排入长江口。流域行洪时，上海市须与上游地区共同承担一定的防洪风险。同时，在历史形成的低洼地区分别建设圩区自保的基础上，流域内各地区为了缩短防洪战线、提高圩区防洪能力，大力开展圩区整治，实行大规模的联圩并圩，圩区保护范围不断扩大，排涝动力也不断增大，许多城市都形成了区域性的大包围。联圩并圩是提高圩区保护范围内防洪能力的有效措施，但圩区排涝动力不断增强会使圩外河道水位上涨加快，高水位持续时间延长，致使流域和地区水情恶化，对下游地区防汛安全也会形成更大压力，还会将部分原有圩外排水河道围到圩内，减少圩外水面积，削弱洪水调蓄能力，影响流域整体蓄泄能力，同样不利于下游城市的防汛安全。

4.1.3.4 其他人为影响因子

其他人为影响因子包括水利工程调度的协调性不足、标准及规范的不完备性、规划设计的不合理性、管理者与使用者的防范意识和自救能力不足等。

1. 水利工程调度的协调性不足

由于水利工程调度的管理权限分属不同行政区域，同一时期不同对象调度目标往往存在差异，统筹协调难度大，有时会出现腹部地区需要排水而沿江地区仍在引水的情况；防汛与航运、供水、环保等行业的需求也可能出现矛盾，导致预降难以执行到位，或预降水位太低导致船舶进港搁浅等情况；也会出现沿江沿海外河槽港内因有渔船常年滞留或台风期间船舶强行过闸等影响水闸排涝的情况①。

2. 标准及规范的不完备性

圩区建设和调度的相关标准和规范还不够完善，已有相关标准或规范主要从圩区内部需求出发，未充分考虑圩区建设与圩外河道排水能力之间的衔接关系，容易导致圩区排涝动力设计偏高、若同时排涝外河防洪压力太大的情况。

地下空间防洪没有专门的防洪规范和标准。地铁、越江隧道、下立交、地下商场、地下车库等都属于随着城市发展产生的新型建筑物，相应的规范和标准中尚未对其作明确的规定与要求，还是只能参照相关地表防洪和各行业的有关规定[14]。

3. 规划设计的不合理性

主要体现在排涝泵站设计和地下空间等非传统防汛重点区域的防洪工程规划设计不合理。

---

① 上海市水务规划设计研究院，区域现状除涝能力评估报告，2013。

排涝泵站设计中①，存在与河道规模不匹配、允许开泵水位偏高等情况，泵站开启后近泵河道水位迅速降低达到关泵条件，但泵站短时间内不能重复启闭，会对排涝效率造成一定影响；另外，采用液压启闭机的闸泵，容易出现因异物造成闸门关不严的情况。

地下空间防洪工程规划设计不合理主要包括：地下空间缺乏总体防洪规划，缺少应对超标准暴雨和各种突发事件的应急抢险措施；地下空间出入口坡道缺少挡水设施、截水设施或挡水设施高度不够；地下空间集水井与水泵不匹配；地下空间各类穿墙设施、施工缝、集水井与底板连接、结构突变处等结构薄弱部位防水措施不到位，等等[14]。

4. 管理者与使用者防范意识和自救能力不足

主要体现在对地下空间等非传统防汛重点区域的防汛安全重视程度不足，相关防洪安全信息缺失，专门针对地下空间防洪的预警预报机制和防洪应急处置预案尚未建立；地下空间疏于配备各类防汛器材、设施，或防洪设施疏于管理、保养维护上存在疏忽，管理者和使用者尚未树立足够的防汛安全意识；对地下空间的防洪安全教育力度不够，相关防汛演练较少[14]。

4.2 风险评估

4.2.1 风险防御标准

针对不同的风险防御对象，在上海以“千里海塘、千里江堤、区域除涝、城镇排水”为主的四道防线的工程体系中，不同的防线采用不同的防御标准。

以防御风暴潮为主的上海市外围海塘，分区设防的防御标准为“大陆及长兴岛主海塘防御能力达到 200 年一遇高潮位加 12 级风，崇明岛及横沙岛主海塘防御能力达到 100 年一遇高潮位加11 级风”，具体为：大陆主海塘三甲港—芦潮港为 200 年一遇高潮位加 12 级风上限，大陆其余部分及长兴岛为 200 年一遇高潮位加 12 级风下限；崇明岛北沿及横沙岛北沿主海塘为 100 年一遇高潮位加 11 级风上限，崇明岛和横沙岛其余部分为 100 年一遇高潮位加 11 级风下限。

以挡潮和防洪为主的黄浦江堤防，在市区段按防御千年一遇潮位(1984 年批准的水位)设防，在上游干流及其支流(太浦河、拦路港、红旗塘)按 50 年的防洪标准设防。

以防御区域洪水和涝水的区域除涝标准，中心城区为 30 年一遇 24 h 降雨即时排出，其他区域为 20 年一遇 24 h 降雨即时排出。

以快速排除市区暴雨为主的城市雨水排水标准(市镇雨水管渠设计重现期)中心城区按 3～5 年一遇的小时降雨设防，中心城区的重要地区按 5～10 年一遇的小时降雨设防，非中心城区按 2～3 年一遇的小时降雨设防。

① 上海市水务规划设计研究院，区域现状除涝能力评估报告，2013。

4.2.2 城市防汛体系风险评估

4.2.2.1 海塘风险评估

1. 海塘概况及风险评估技术路线

上海位于西北太平洋沿岸，三面临海，属于遭受风暴潮灾害较为严重的地区之一。因此，海塘是上海抵御风暴潮灾害的唯一屏障，它的安全可靠性和实际防御能力直接关系上海城市的安全。半个多世纪以来，上海沿江沿海陆续修建了500多公里海塘，在1997年9711号强台风之后，上海更是斥巨资，历时近4年对所有一线海塘按200年一遇高潮加12级风或100年一遇高潮加11级风的设防标准进行加高加固，如图4-6所示(彩图详见附图D-5)。

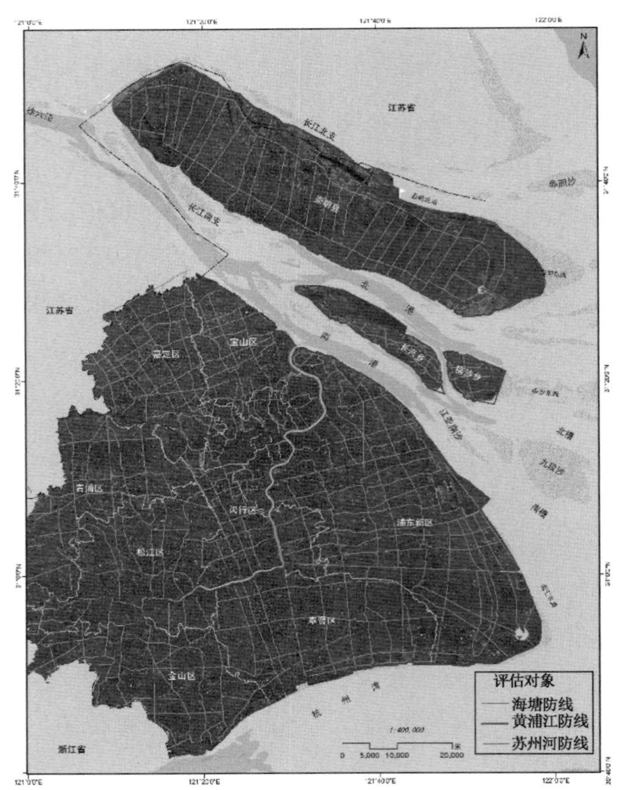

图 4-6 上海海塘及防汛墙分布

上海的海塘结构多是土石结构。传统的是在高滩上人工挑土堆筑，外包砌石护面，结构强度低，消浪能力差。近年新建海塘规模大，多建于低滩上，堤身较高，以水力充填沙筑就，因而沉降大，透水性强，易液化，且硬质护面下易有隐患而难于发现。这类海塘结构通常断面较小，不能经受长时间高水位浸泡的防渗，风浪作用全部靠外包护面抵御，一旦护面破坏，海塘极有可能溃坝。

海塘风险评估主要采取现场调查、问卷调查、个别访谈、统计分析等手段，主要技术路线如图4-7所示①。

2. 海塘风险评估标准和主要内容

海塘防洪挡潮风险能力评估按4.2.1节中的标准复核。根据上海海塘的特点，海塘风险评估主要内容包括：设防高程复核、外坡防护能力评估、堤顶宽度、堤前滩地稳定性和穿堤建筑物安全性等。在各区选择选取了20个断面进行计算复核，分别分布在金山、奉贤、浦东、宝山区、崇明岛、长兴岛、横沙岛等区域，对照海塘设防新标准，分区域选择典型断面，对既有海塘设防能力进行复核②。

---

① 上海市水利工程设计研究院有限公司，上海海塘防汛墙能力调查评估专题报告，2013。

② 上海市水利工程设计研究院有限公司，上海海塘防汛墙能力调查评估专题报告，2013。

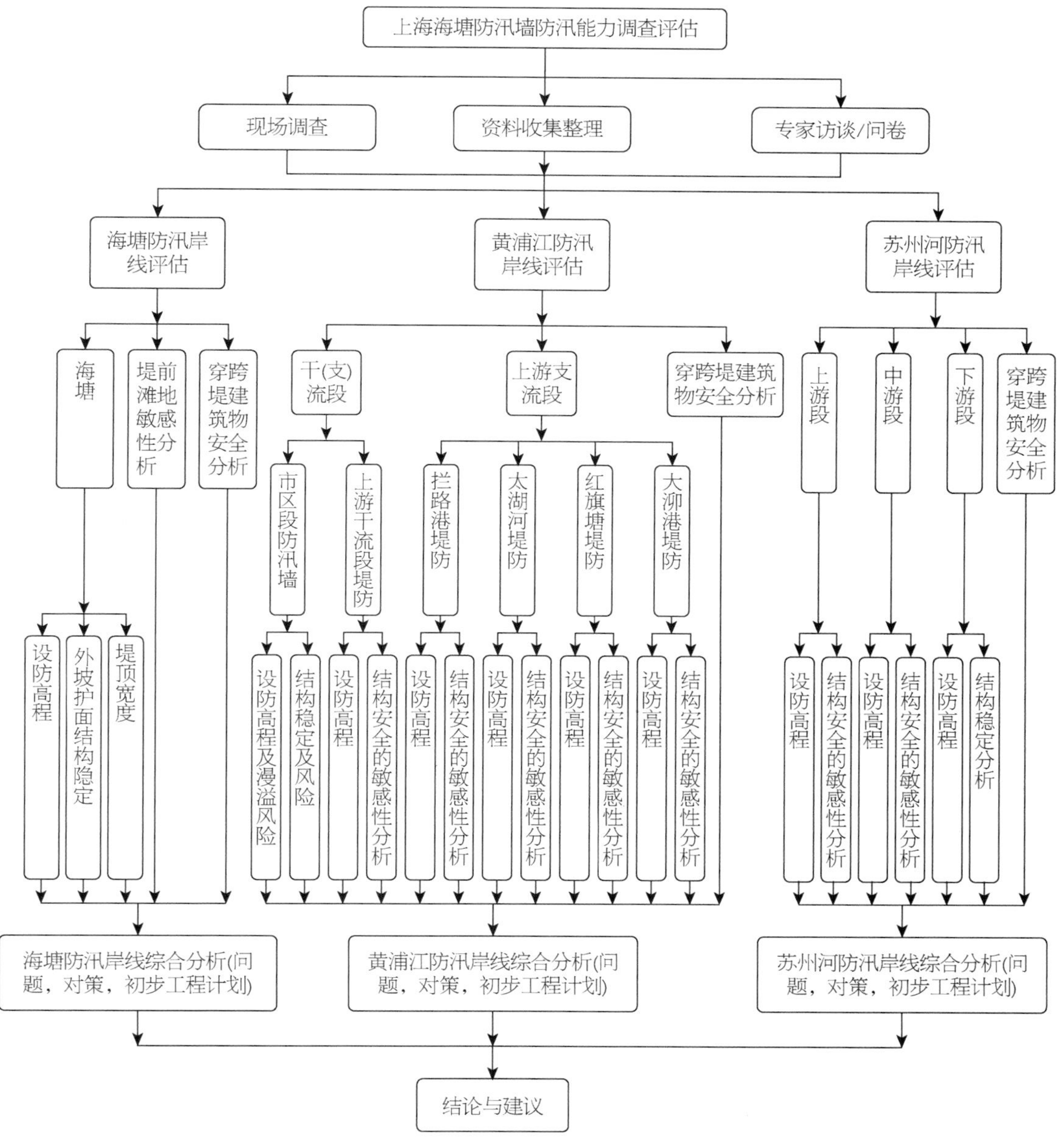

图 4-7 上海海塘风险评估技术路线

3. 海塘风险评估主要结论①

千里海塘是上海防汛保安的第一道屏障，多年来为上海的城市防汛发挥了重要作用。一线海塘防御系统由海塘工程、保滩护岸工程以及沿线的泵闸(涵闸)和穿堤建(构)筑物等组成。上海的海塘主要分布在宝山、浦东、奉贤和金山四区的陆域海塘，以及分布在崇明三岛的岛域海

① 上海市水利工程设计研究院有限公司，上海海塘防汛墙能力调查评估专题报告，2013。

塘。2013 年上海市最新海塘调查数据显示：

(1) 全市主海塘总长约 495. 4 km，一线海塘总长约 523. 0 km。一线海塘中防御能力已达到 200 年一遇潮位加 12 级风(32. 7 m/s)设防标准的海塘总长约 123. 1 km，占 23. 5%；达到 100 年一遇潮位加 12 级风或 11 级风设防标准的海塘总长约 282. 7 km，占 54. 1%；不足 100 年一遇加 11 级风的海塘总长约 117. 2 km，占 22. 4%。

(2) 全市保滩工程主要包括丁坝和顺坝，其中，丁坝共计 326 道，总长 38. 8 km；顺坝共计 151 条，总长 192. 8 km。

(3) 全市海塘穿堤建筑物共计 328 座，主要包括水(泵)闸、涵闸涵洞、排水管排污管和其他(海堤光缆电缆等)四大类。从建设时间分析，1990 年之前建成 72 座，1990—2000 年建成 32 座，2000 年以后建成 57 座。

依据上海市《滩涂促淤圈围造地工程设计规范》(DG/TJ 08-2111—2012)，对全市海堤堤顶宽度进行统计复核表明：若将全市海塘的建筑物级别都按 1 级建筑物计，即按照 1 级堤顶宽度大于或等于 8 m 的要求，全市海塘堤顶宽满足此要求的占 46. 7%；若将金山、奉贤、浦东、宝山大陆四区和长兴海塘按照 1 级建筑物堤顶宽大于或等于 8 m 的要求，将崇明和横沙岛海塘按 2 级建筑物堤顶宽大于或等于 6 m 的要求，大陆四区和长兴岛的海塘满足顶宽要求的占 53. 42%；崇明和横沙岛海塘满足顶宽要求的占 82. 48%。总体而言，现状下海塘的堤顶宽度离新规范的要求还有较大的差距，从防御越浪水流的角度看还存在一定风险。

通过调研、计算复核及现场调查等多途径分析可知，上海海塘设防标准总体水平在国内外同类城市中处于较高水平，总体防汛能力较强，大部分已达到新海塘标准。但随着全球气候变化，风暴潮等不确定性灾害的增多，以及沿江沿海经济社会快速发展，海塘整体防御能力仍显不足，海塘安全风险仍较高，具体表现在以下六个方面：

(1) 设防标准方面：原频率潮与定级风组合表达的海塘设防标准，在浦东东侧和三岛北侧等堤段，风的设防重现期偏低 1～2 级，拉低了外围防线的整体防御水平。

(2) 结构本身方面：对典型断面的设防高程和堤身外坡的护面结构稳定性进行复核表明，全市 495. 4 km 主海塘仍有约 31%即 153. 1 km(其中公用段 48. 2 km，专用段 104. 9 km)未达到新海塘标准，需加高、加固才能达标；现状海塘堤顶宽度按新的规范要求近一半不达标，防御越浪水流能力不足；现有外坡护面、堤顶及内坡在抵抗超过设计标准的强台风、超强台风时，堤防受越浪水流冲击破坏、自身结构抗力不足等问题更为突出，堤身受损甚至决堤的风险很高。

(3) 滩地条件方面：海塘堤脚滩势复杂多变，冲刷幅度不易预测，特别是在连续多个台风作用下，对大堤整体稳定安全的潜在威胁更为明显。敏感性分析表明：海堤的主要设计和防御参数对滩地的变化较为敏感，特别是爬高和越浪量；堤前滩地本身较深的大堤，波浪爬高对冲刷的敏感性较低，如金山石化段堤前滩地较深，随着滩地冲刷爬高敏感性低，而崇明等断面堤前滩地较浅，对冲刷敏感性较高；对大陆和三岛的不同区域，各主要参数变化的幅值又呈现出一定的差异。

(4) 穿堤建筑物方面:部分穿跨堤构筑物和水闸等局部工程,建设年代久远,结构存在薄弱环节,易留下安全隐患。统计表明:现有的 328 座穿堤建筑物中 27%的穿堤建筑物在 1990 年以后建成,运用指标基本或能全部达到设计标准;约 22%的穿堤建筑物在 1990 年以前建成,可能都存在一些安全隐患,对一线防汛不利。

(5) 主动防御方面:专用岸段的一线海塘投入使用后,老海塘保留利用较少,主备塘组合防汛能力未得到有效利用;新建防护林较少、已有防护林未得到有效保护,防护林应有防汛功能未能得到充分发挥。

(6) 海塘管理方面:如内青坎范围内部分岸段出现被鱼塘占用、违章搭建、乱占土地等现象,同时局部内青坎受随塘河冲刷影响,坍塌严重,不但影响了海塘的有效管理,而且对大堤整体稳定与安全构成威胁;部分公用岸段的主塘和备塘兼作区内交通要道,存在违规占用防汛通道现象,民宅依路而建防护设施较少,汛期和大风天气存在一定安全隐患;出海闸外侧多砂石料场、临时码头并停泊较多船只,对闸本身及相连堤段的安全有潜在威胁。

为全面提高海塘防御能力,有必要从适宜的防御标准、必要的工程措施和非工程措施三方面采取行动,以积极应对。

4.2.2.2 市区防汛墙风险评估

1. 黄浦江市区防汛墙概况

黄浦江防汛墙由黄浦江干流及其支流防汛墙组成,总长约 479.7 km,市区段防汛墙与上游干流段堤防是黄浦江干流段防洪体系的主要组成部分(图 4-8,彩图详见附图 D-6)。现有防汛墙在建设和运行期间,经历了多次台风高潮和上游泄洪的考验,是上海市区防汛安全的重要屏障。一方面,由于全球气候变化、海平面上升、地面沉降和风暴潮加剧等自然环境因素的变化,

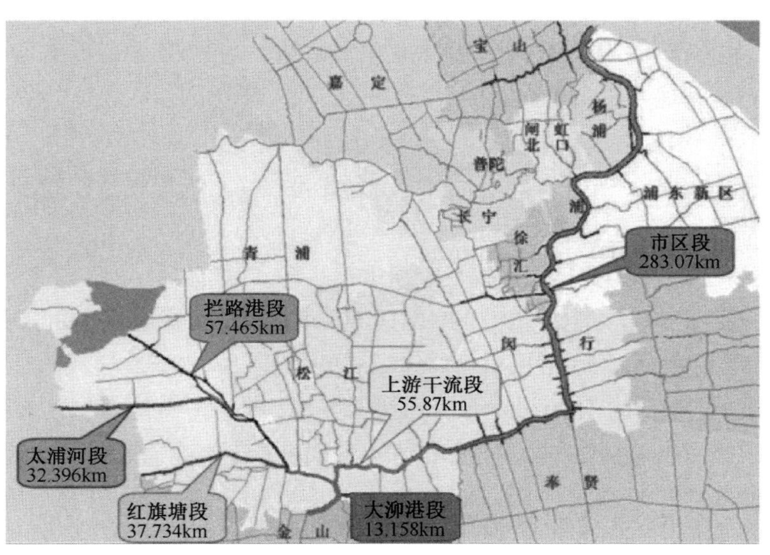

图 4-8 黄浦江防汛墙分布

以及人类社会活动的影响,黄浦江水位出现了趋势性抬高;另一方面,整个市区防汛墙建设周期较长,许多岸段经历多次加高、加固,结构类型复杂多样、基础形式千差万别。以上多种因素必然造成黄浦江防汛墙抵御台风高潮和上游泄洪的能力降低。在9711号、桑美、派比安、麦莎、海葵等台风期间,曾多处岸段出现墙后渗水、冒水、管涌等险情。特别是近年来,还由于墙前淘刷、墙后超载等原因,局部防汛墙坍塌事件频发。

2. 黄浦江防汛墙风险评估标准和主要内容

黄浦江防汛墙风险能力评估按4.2.1节中的标准复核。根据上海地区黄浦江防汛墙历史运行情况统计,其防汛失效的主要形式表现为堤顶漫溢、结构失稳(整体失稳、局部失稳)和渗透破坏等。其中,堤顶漫溢会造成城市排水系统失效,产生涝灾;结构稳定性不足会造成倾斜、滑塌、整体失稳等破坏;防汛墙地基渗流稳定性不足将会造成管涌、渗水等现象,严重者会造成墙身倾覆、塌陷、倒塌。因此,设防高程的复核与漫溢风险评价、结构整体稳定性和渗流稳定性的复核与风险评价是防汛墙防洪挡潮能力分析的重点①。

3. 市区防汛墙风险评估主要结论(2012年)①

(1) 黄浦江现有防汛岸线由黄浦江及其支流总长约479.7 km的堤防、250座支流河口水闸组成,还包括1 628座防汛闸门、1 190座潮闸门等堤防附属设施,以及20条隧道等穿(跨)堤建(构)筑物。主要分布在宝山、杨浦、虹口、黄浦、徐汇、闵行、浦东、奉贤、松江、金山、青浦11个区。

(2) 黄浦江位于太湖流域下游最低处,上接太湖,下连长江,其水位主要受天文潮汐、风暴潮增水、上游流域来水及区间降雨四种水文因素的影响。近年来黄浦江沿岸水位出现了趋势性的抬高,比较2004年和1984年年统计的特征潮位,吴淞至米市渡的千年一遇高潮位抬升了0.33～0.48 m。黄浦江中下游段年最高水位主要取决于下游的潮汐,包括天文潮及风暴潮的增水。黄浦江上游段高水位的形成主要受下游高潮位的顶托与上游太湖洪水下泄的影响,同时受水利建设等人类活动的影响显著,上游段水位出现趋势性抬升,历史最高水位由1948—1988年间的3.80 m抬升至现在的4.38 m。

(3) 关于市区段防汛墙防洪挡潮能力及风险分析如下:

市区段防汛墙按千年一遇(1984年批准的水位)标准设防。大规模达标建设主要于1988—2001年期间(208 km段加高加固)与2002—2004年期间(110 km段加高加固)完成。综合防洪挡潮能力分析成果、防汛风险分析成果以及近期排查结果,可知:

① 按千年一遇设防标准复核,市区段约24%岸段的墙顶高程满足原设防高程,其余岸段存在不同程度欠缺,其中欠缺0.20 m以上的岸段总长度约90 km。经漫溢风险计算,现状(2012年)工况下,按1984年潮位成果与2004年潮位成果计算,分别有25%与55%以上岸段位于漫溢越顶的中高风险区;预测(2020年)工况下,约90%岸段位于漫溢越顶的中高风险区。形势不容乐观,需要引起足够重视。

① 上海市水利工程设计研究院有限公司,上海海塘防汛墙能力调查评估专题报告,2013。

② 约 88%的岸段整体稳定可以满足 1 级堤防要求，约 12.2%的岸段(35 km)不满足要求(其中不满足 3 级堤防要求的岸段总长度约 13.5 km)，不满足要求的岸段位于整体稳定中高风险区。约 98%的岸段渗流稳定可以满足规范要求，约 2%的岸段(6.1 km)不满足要求，不满足要求的岸段全部分布在原市区 208 km 段。

③ 市区段防汛墙基础出现老化情况的岸段总长度约 9.2 km；出现结构受损及其他薄弱岸段情况的岸段总长度约 4.1 km；市区段堤防沿线出现违规行为的岸段总长度约 1.8 km。

4.2.2.3 城市内涝防治系统风险评估

本节以上海市中心城区为例，展开城市内涝防治系统风险评估。

1. 风险评估方法和指标体系

1) 评估方法

从上海市中心城区的排水防涝现有结构出发，根据现有条件，采用指标体系评估法与情景模拟相结合的风险评估法。

2) 风险等级与量化

上海市中心城区排水设施评估包括黄浦区、静安区、徐汇区、长宁区、杨浦区、虹口区、普陀区 7 个传统老城区。排水管道的排水能力从小于 1 年一遇到 5 年一遇，排水模式有强排和自排，排水体制有合流制和分流制，排水区域的下垫面组成也千差万别，因此，可将风险等级划分为低风险、较低风险、中风险、较高风险和高风险(表 4-3)。

表 4-3 风险等级与量化

量化范围	≤5	>5～6	>6～7	>7～8	>8
风险等级	低风险	较低风险	中风险	较高风险	高风险

3) 风险指标体系与权重

基于风险的三个要素理论，内涝灾害风险构成元素影响因子主要包括危险性影响因子、暴露性影响因子和脆弱性影响因子。

(1) 危险性影响因子

① 暴雨。在风险评估中，以典型暴雨代入模型，不计入影响因子。

② 管网排水能力。排水系统排水能力作为上海市中心城区的内涝风险因子之一，根据上海市雨水管渠设计重现期现状和规划要求，对排水系统排水能力的量化如表 4-4 所示。

表 4-4 雨水管渠设计重现期

重现期	0.5 年一遇	1 年一遇	3 年一遇	5 年一遇	10 年一遇
评分	10	8	6	4	2

③ 河道调蓄能力。河道调蓄能力可由水面率来表征，根据上海市中心城区水面率的现状和规划要求，对河道调蓄能力的量化如表 4-5 所示。

表 4-5　　河道调蓄能力

水面率	≤3	>3~5	>5~10	>10~15	>15
评分	10	8	6	4	2

④ 河道排水能力。河道排水能力可由区域除涝能力表征，对河道排水能力的量化如表 4-6 所示。

表 4-6　　河道排水能力

除涝能力	≤5	>5~10	>10~15	>15~20	>20
评分	10	8	6	4	2

(2) 暴露性影响因子

① 区域人口密度。按上海市中心城区人口密度，分为低密度区(<300 人 · hm^{-2})、中密度区(300~400 人 · hm^{-2})和高密度区(≥400 人 · hm^{-2})，如表 4-7 所示。

表 4-7　　区域人口密度

人口密度/(人 · hm^{-2})	≥500	400~<500	300~<400	200~<300	<200
评分	10	8	6	4	2

② 地区重要程度。分为市级、区级和一般三个等级，如表 4-8 所示。

表 4-8　　地区重要程度

重要性	市级	区级	一般
评分	10	7	3

(3) 脆弱性影响因子

① 下垫面结构。城市下垫面的性质对地表径流量有显著影响。不透水面积比例越大，城市地表径流系数越高，对综合径流系数的量化如表 4-9 所示。

表 4-9　　综合径流系数

径流系数	≥0.8	0.7~<0.8	0.6~<0.7	0.5~<0.6	<0.5
评分	10	8	6	4	2

② 地坪标高和内河控制水位的水位差。地坪标高和内河控制水位的水位差是雨水自排系统设计的一个重要基础参数，将地坪标高和内河控制水位的水位差作为风险因子之一，量化如表 4-10 所示。

表 4-10　　地坪标高和内河控制水位的水位差

水位差/m	≤0.5	>0.5~0.8	>0.8~1.5	>1.5~2	>2
评分	10	8	6	4	2

4) 风险因子权重

选取因子分析权重法与专家估测法相结合确定各风险因子的权重。在因子分析权重法分析的基础上,借鉴了常州和昆山两地区的专家对风险评估指标体系打分结果,确定上海市中心城区排水系统的内涝灾害主要风险评估因子及其权重值如表 4-11(强排)和表 4-12(自排)所示。

表 4-11　　城市内涝灾害主要风险评估因子(强排)

序号	主要风险因子	量化参数	权重/%
1	管渠排水能力	雨水管渠设计重现期	40
2	河道调蓄能力	水面率	10
3	河道排水能力	河道的排涝设计重现期	10
4	综合径流系数	综合径流系数	20
5	区域人口密度	区域人口密度	10
6	地区重要程度	地区重要程度	10

表 4-12　　城市内涝灾害主要风险评估因子(自排)

序号	主要风险因子	量化参数	权重/%
1	管渠排水能力	雨水管渠设计重现期	25
2	河道调蓄能力	水面率	15
3	河道排水能力	河道的排涝设计重现期	15
4	地坪标高和内河控制水位的水位差	地坪标高和内河控制水位的水位	15
5	综合径流系数	综合径流系数	10
6	区域人口密度	区域人口密度	10
7	地区重要程度	地区重要程度	10

2. 城市内涝防治系统风险评估

以排水系统为个体单位,对上海市中心城区排水系统内涝风险开展评估(以强排系统为主)。根据表 4-11 按照权重比例将各风险因子评分 $A_i (i=1, 2, 3, 4, 5, 6)$ 乘以权重相加,分别计算出中心城区各个排水系统的风险评估结果值 A,即:

$$A = A_1 \times 40\% + A_2 \times 10\% + A_3 \times 10\% + A_4 \times 20\% + A_5 \times 10\% + A_6 \times 10\%$$

将计算结果 A 值按照表中的风险等级和量化指标,划定各个排水系统的风险等级,并将其反映到图上。中心城区的内涝风险如图 4-9 所示(彩图详见附图 D-7),由图可知中心城区的除涝能力相对较好,绝大部分排水系统的处于中风险以下的内涝风险等级,然而在黄浦区、静安区、虹口区和徐汇区的北部等区域的内涝风险等级相对较高,其中黄浦区的排水系统大部分处于高风险等级,除涝能力相对较弱,易发生内涝事件。

总体上看,上海市整个中心城区雨水系统的排水能力相对较好,但与国家新规范、上海市功能定位的要求还有很大差距,有必要对具有内涝隐患的排水系统采取防治措施。

3. 城市内涝防治措施

城镇内涝防治措施应包括源头控制、排水管渠和排涝除险等工程性措施,以及应急管理等非工程性措施,并与防洪设施相衔接。

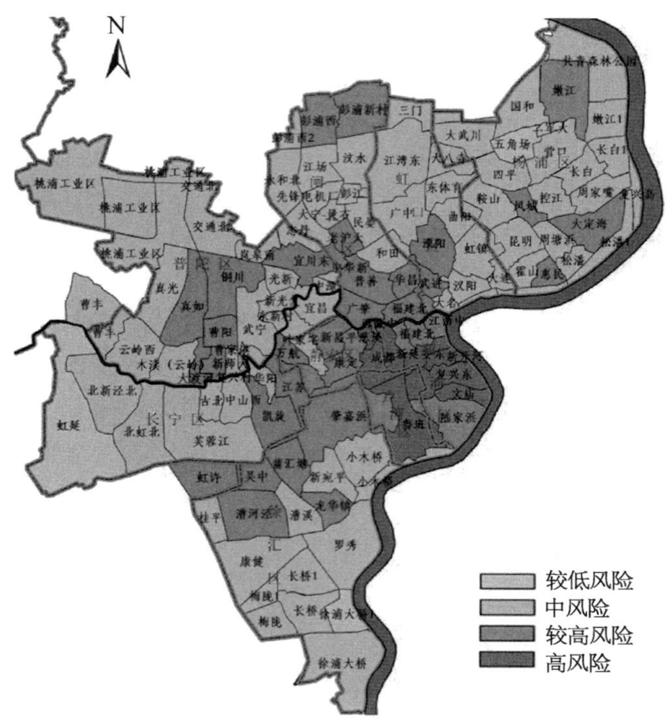

图 4-9　上海市中心城区内涝风险图

1）源头减排

源头减排设施是城镇内涝防治系统的重要组成部分，可以控制雨水径流的总量并削减峰值流量，延缓其进入排水管渠的时间，起到缓解城镇内涝压力的作用。按照其主要功能，源头减排设施可分为渗透、转输和调蓄三大类。

2）排水管渠

排水管渠设施主要包括管渠系统和管渠调蓄设施。管渠系统包括分流制雨水管渠、合流制排水管渠、泵站以及雨水口、检查井等附属设施。为防治城镇内涝、削减峰值流量，宜设置在线或离线式调蓄设施，将雨水径流的峰值流量暂时储存在调蓄设施中，待流量下降后，再从调蓄设施中将水排出，起到削减峰值流量的作用。

3）排涝除险

排涝除险设施主要用于解决超出源头减排设施和排水管渠设施能力的雨水控制问题，主要包括城镇水体、调蓄设施和行泄通道等。

4）应急管理

为更好发挥城镇内涝防治系统工程的效能，应建立城镇内涝预警系统，确定预警分级标准和预警等级。针对不同预警等级，结合现状特点，建立不同等级、不同区域、不同部门的应急系统。对内涝预警系统和应急系统进行实际效果评价分析，建立评价体系，以便对预警系统和应急系统做出合理调整。提高公众掌握解读预警信息、实施应急措施和突发状态下自救等的能力。

4.2.2.4 区域除涝系统风险评估

1. 技术路线

图 4-10 为区域除涝能力调查评估技术路线。区域除涝风险评估要以水利普查资料为基础，注重调查研究，全面分析、总结经验；注重市区联手，形成全力、科学评估；采用调查分析与模型计算相结合、主要因素分析与综合评估相结合的方法，确定各区域的除涝能力和风险等级，并针对薄弱区域、环节，提出相应对策措施和建议①。

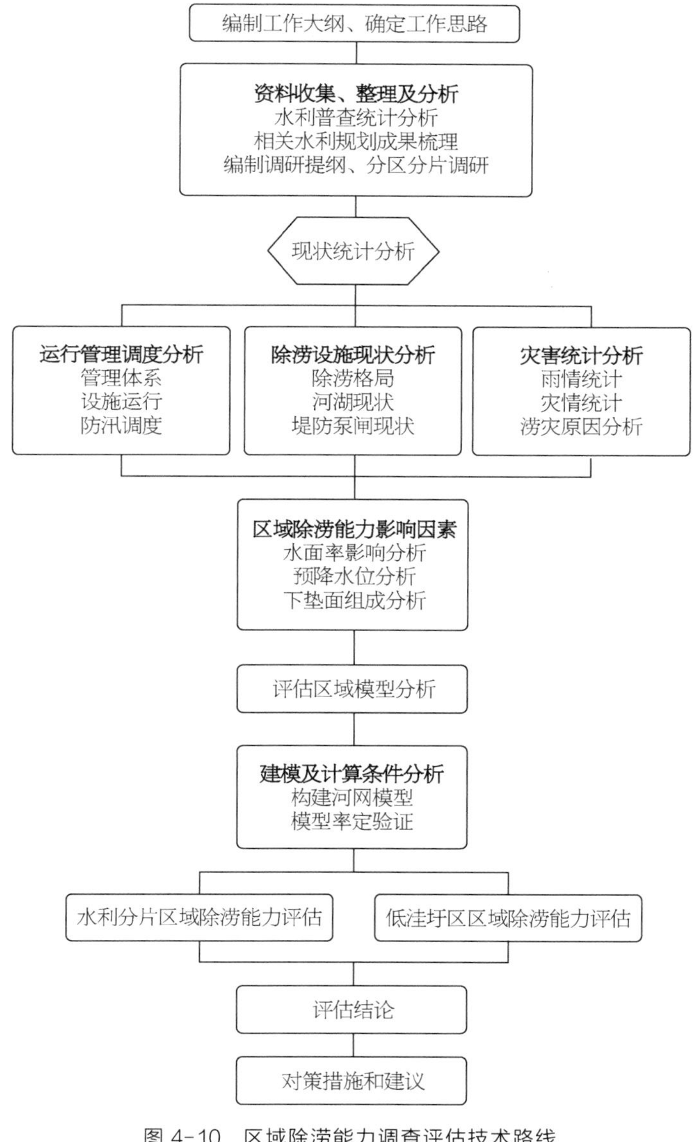

图 4-10 区域除涝能力调查评估技术路线

① 上海市水务规划设计研究院，区域现状除涝能力评估报告，2013。

2. 区域除涝能力与风险等级

全市各水利片除涝能力如图 4-11 和表 4-13 所示。

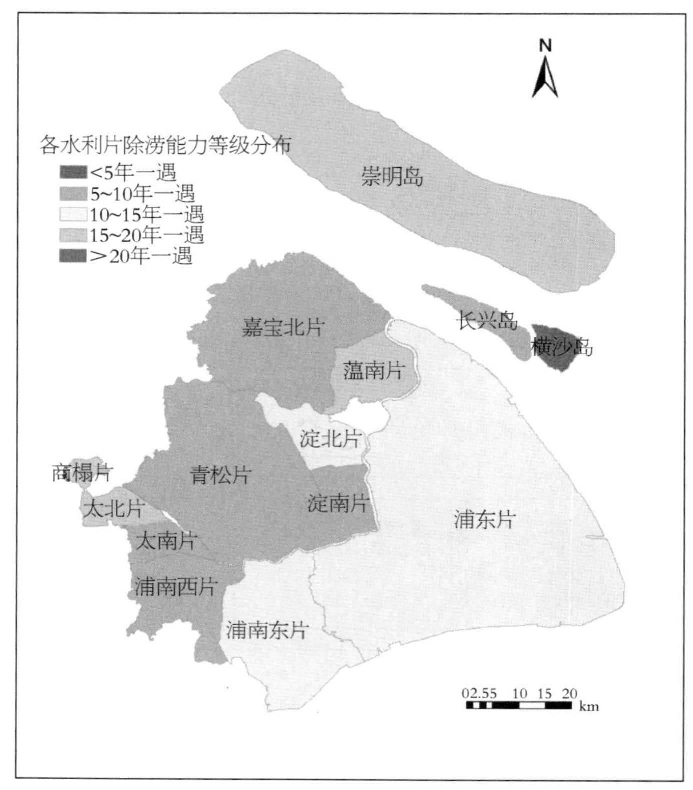

图 4-11 水利片除涝能力综合评估与风险

表 4-13 各水利片除涝能力评估结果与风险等级（2012 年）

水利片	除涝能力	风险等级	水利片	除涝能力	风险等级
嘉宝北片	5～10 年一遇	2	浦南西片	5～10 年一遇	2
蕰南片	15～20 年一遇	4	太南片	5～10 年一遇	2
淀北片	10～15 年一遇	3	太北片	15～20 年一遇	4
淀南片	5～10 年一遇	2	商榻片	15～20 年一遇	4
浦东片	10～15 年一遇	3	崇明岛片	15～20 年一遇	4
青松片	5～10 年一遇	2	长兴岛片	5～10 年一遇	2
浦南东片	10～15 年一遇	3	横沙岛片	<5 年一遇	1

3. 评估结论

1）上海市区域除涝能力约 10 年一遇，不足 10 年一遇的区域风险较大上海市属平原感潮河网地区，地势低平，易受风暴潮影响，暴雨期间外河水位很高(高潮位和上游高水位综合作用的结果)的情况下，涝水难以及时排出，上海市除涝的策略是“以蓄为主、蓄以待排”，保障“蓄得住、排得出、不受涝”。

区域除涝能力取决于河网及泵闸的蓄、排水能力，在相同除涝能力的前提下，是否形成涝灾，还与降雨时空分布及不同下垫面的产流有关。调蓄能力与河道水面率、河道常水位、预降水位(时间)、最高控制水位等因素有关，外排能力与口门布局和规模、河道输水能力、泵站排水动力、调度方案、供电保障、外潮位变化等因素有关。

近 30 年来，全市各区气象站的多年平均最大 24 h 点雨量约 105 mm，多年平均最大 1 h 点雨量约 46 mm，24 h 降雨 50～100 mm 是常见暴雨。河道水面积调蓄作用和暴雨前充分预降对提高区域的除涝能力至关重要，而泵闸工程也是配合河道实现预降、削峰的重要手段。

中心城区的除涝能力较强，排水条件好、水面率高的崇明岛、浦东片、太北片、商榻片除涝能力也较高，地势低洼的青松片、太南片、浦南西片除涝能力要弱些，其他水利片由于水面率低、排水条件差及工程建设不足等原因除涝能力较弱。从最高水位分布分析，现状预降条件下 61% 面积达到 10 年一遇以上，全市总体除涝能力 10～15 年一遇。

2）水面分布不均，低水面率区域河网蓄排能力不足

《上海市河道管理条例》颁布实施以来，虽然加强了河道、水面填堵河道的审批管理，建立了规划控制顺序，明确填堵河道水面补偿规定，制订了开挖拓宽河道工程完工验收制度，确定了先开后填原则、填堵河道水面报批手续等；但是，在具体执行过程中缺乏严格的监督、控制，在城市化进程中，随意填堵河道、不按规划补偿、先填后开、填后不开等现象不断出现，造成许多城市化地区水面率不断降低。

上海市河湖总水面积 619.20 km^2，水面率 9.77%，其中包括淀山湖、黄浦江等流域行洪通道，除了这些片外河湖，各水利片的平均水面率为 8.27%，与规划的 9.01%还有差距(表 4-14)。水面率空间分布差异较大，太北片最高(18.08%)，蕰南片最低(2.33%)，水面率低的水利片调蓄能力严重不足(图 4-12)。

表 4-14　　各水利片规划水面率与现状水面率对比　　单位：%

序号	水利片	水面率		
		现状	规划	达标率
1	嘉宝北片	7.26	8.9	81.57
2	蕰南片	2.33	3	77.67
3	淀北片	2.99	5	59.80
4	淀南片	4.19	8	52.38
5	浦东片	9.07	9.88	91.80
6	青松片	8.85	8.64	100.00

（续表）

序号	水利片	水面率		
		现状	规划	达标率
7	浦南东片	6.34	6.4	99.06
8	浦南西片	5.85	7.57	77.28
9	太南片	7.06	10.99	64.24
10	太北片	18.08	15.75	100.00
11	商榻片	14.63	16.59	88.19
12	崇明岛片	10.37	10.4	99.71
13	长兴岛片	6.64	10	66.40
14	横沙岛片	8.30	14	59.29
合　计		8.27	9.01	91.79

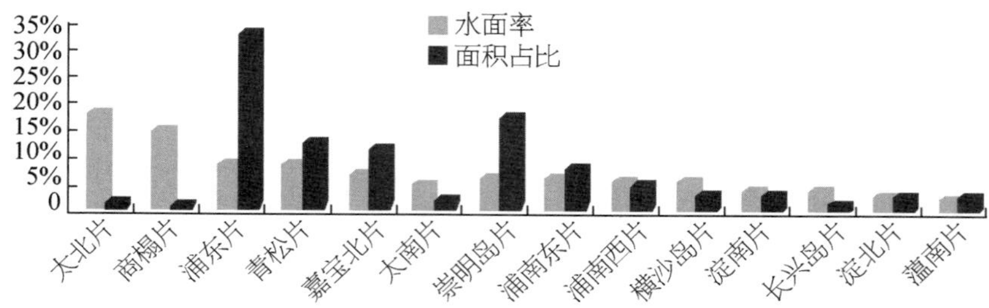

图 4-12　上海市各片区水面率

上海市 14 个水利分片中，除蕰南片外，或多或少建有圩区，这些圩区大部分集中在西部低洼地区。本次评估的 318 个圩区中，大部分圩区的水面率不足 6%（图 4-13），圩区水面积有待加强保护和控制，有些圩区泵站按规划“达标”了但圩区除涝能力没有达标；甚至有些水利片的圩区强排水能力远超过水利片外围强排水能力，圩区与水利片两级排涝不协调的矛盾日益突出。

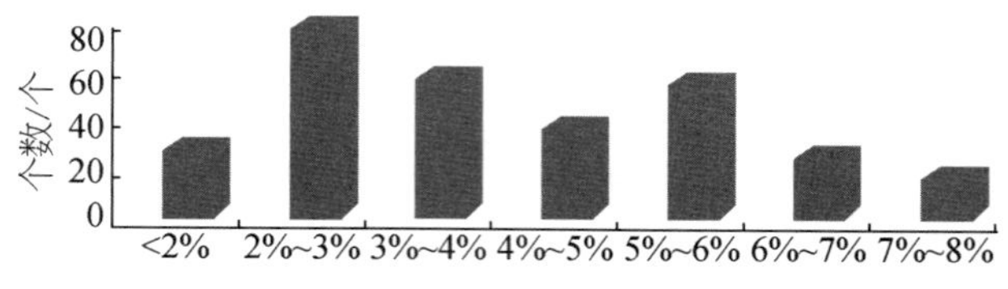

图 4-13　圩区水面率分段统计

3）外围控制已基本形成，规划外排口门尚待建设

水闸兼有防洪挡潮和区域排涝双重功能，水闸的乘潮排水能力很强，但遭遇高潮顶托就无法发挥作用。排涝泵站是克服高潮位期间排水困难的重要辅助设施。目前，水利片外围已建水

闸为规划的 79.78%(表 4-15),已建泵站为规划的 26.57%。

表 4-15　　各水利片外围水闸现状与规划对比(2012 年)

序号	水利片	外围水闸		
		现状/m	规划/m	达标率/%
1	嘉宝北片	338	428	78.97
2	蕰南片	90	90	100.00
3	淀北片	138	150	92.00
4	淀南片	123	125	98.40
5	浦东片	667	1 028	64.88
6	青松片	228	228	100.00
7	浦南东片	145	151	96.03
8	浦南西片	—	—	—
9	太南片	94	94	100.00
10	太北片	164	164	100.00
11	商榻片	—	—	—
12	崇明岛片	328	390	84.10
13	长兴岛片	56	114	49.12
14	横沙岛片	32	50	64.00
合　计		2 403	3 012	79.78

上海市堤防达标率 96.43%,水闸达标率 79.78%,基本形成了 14 个水利片分片治理格局,但规划的北横河、泐马河、航塘港、泰青港、战斗港、张涨港等排海口门有待加快建设。

4) 外围泵站建设相对滞后,低洼地区排涝能力不足

截至 2012 年上海市各水利控制片外围泵站的达标率为 26.57%(表 4-16),这是青松片、长兴岛、横沙岛等低洼地区除涝能力不高的重要原因。

低洼地排水困难,泵站的使用频率较高,非低洼地区按 20 年一遇标准配置的排涝泵站,使用频率低,且运行管理费用相当高,一旦断电也没有应急发电设备保持泵站正常运行。因此,一般区域除涝要"多留河、少配泵",规划建控制的水利片或圩区要加快泵站的实施。

表 4-16　　各水利片外围排涝泵站现状与规划对比(2012 年)

序号	水利片	外围泵站		
		现状/($m^3 \cdot s^{-1}$)	规划/($m^3 \cdot s^{-1}$)	达标率/%
1	嘉宝北片	30	180	16.67
2	蕰南片	180	225	80.00

（续表）

序号	水利片	外围泵站		
		现状/($m^3 \cdot s^{-1}$)	规划/($m^3 \cdot s^{-1}$)	达标率/%
3	淀北片	156.4	301.4	51.89
4	淀南片	28	198	14.14
5	浦东片	167	988	16.90
6	青松片	55	305	18.03
7	浦南东片	—	20	0.00
8	浦南西片	—	—	—
9	太南片	5	70	7.14
10	太北片	20	50	40.00
11	商榻片	—	—	—
12	崇明岛片	—	—	—
13	长兴岛片	0	84	0.00
14	横沙岛片	10	30	33.33
合计		651.4	2 451.4	26.57

建圩区是把局部区域的内涝问题转移到其他区域，促使原来不需要建圩的区域发生涝灾，被迫建圩。因此，建圩要慎重、要有规划，水利片内大部分地面高程高于最高控制水位的区域原则上不建圩，个别地势更低洼的区域可以根据经济社会发展需要规划建圩，以免圩区与水利片排水矛盾冲突。特别要制止农田强排和过小地块内建设“圩中圩”。

5）预降不到位，影响除涝能力发挥

水位预降对增加河网调蓄库容、提高除涝能力有较大作用，实际操作中预降水位受到岸坡稳定、通航条件、外潮位变化、预降时间、供水和水生态环境改善等各方面因素的制约。从“海葵”台风暴雨相关资料分析，各水利片合理的预降时间为 24 h，实际预降水位与规划预降水位空间分布差异较大，应加强防汛调度管理，加大雨前水位预降力度，进一步提升区域蓄排水能力（表 4-17）。

表 4-17　各水利片规划预降水位与实际预降水位对比（2012年）

水利片	规划预降水位/m	实际预降水位/m	水利片	规划预降水位/m	实际预降水位/m
嘉宝北片	2	2.5	青松片	1.8	2.65
蕰南片	2	2.2	太北片	2	2.5
淀北片	2	2.4	太南片	2	2.5
淀南片	2	2.4	崇明岛片	2.1	2.35
浦东片	2	2.35	长兴岛片	1.7	2
浦南东片	2	2.5	横沙岛片	1.7	2

研究发现,有些低洼区虽然水面率很高,但实际预降水位条件下除涝能力不高,时常受涝。主要原因是常水位控制较高,且水位预降不到位,使得有效调蓄库容骤减。因此,对低洼水利片和低洼圩区,首要任务是加强水利工程调控运行,提高水位预降能力,这不仅可以提高本区域除涝能力,还可以降低地下水位,减轻农作物的渍害,提高农作物产量和品质。

4. 评估建议

(1) 加大治理力度:完善骨干河网,充分发挥骨干河湖作用;疏拓河道、打通瓶颈,发挥中小河道的作用;加快水利片和圩区泵闸工程建设;加强设施设备改造,加固护坡护岸。

(2) 加强监督管理:抓好规划管理,确保规划落地;控制水面率,科学论证建圩;控制常水位,降低预降水位,提高河网有效调蓄;完善站网建设,准确预警预报,提高防汛减灾能力。

(3) 加快技术研究:研究编制上海市除涝规划;立项修订除涝标准、城市雨水排水标准;研究水面率及径流控制政策措施;研究解决市政雨水泵站暴雨停机问题;研究圩区调度与水利片调度联动方案;加快推进黄浦江河口建闸。

4.2.3 地下空间风险评估

4.2.3.1 地下空间防洪能力评估

1. 地下空间防洪能力评估的方法

城市地下空间挡排水设施防洪能力评估可按下列主要流程和方法开展,基本流程如图 4-14 所示。

1) 采用实地测量和资料调查方式收集基础数据

采用实测结合调查的方式收集基础资料,调查内容包括现状地下空间基本信息、出入口与周边地势关系、排水系统、自身结构防水能力、防汛设施、应急抢险预案等方面。客观、全面、系统地收集评估所需的基础资料,对面广量大的数据进行了汇总、归类,确保调查评估基础资料准确、完整。

2) 采用统计学方法分析关键因素

对地下空间防洪能力的关键影响因素进行全面普查,包括建设年代、结构形式、出入口的状况、排水管道的淤堵情况、结构自身防水状况、自身雨水清排能力、周边道路的积水情况、洪涝灾害预警预报、防洪应急抢险物质的储备等关键因素的数据信息进行汇总归类,并运用统计学等各类数学方法分析评估,做到全面评估,重点突出。

3) 典型与整体相结合,定量与定性相结合

随着城市化的发展,城市地下空间数量将会越来越多,如果对每个地下空间进行逐一详细评估,其工作量将异常庞大,实际操作困难,也易引起主次不明。考虑大多地下空间具有类似性,可选取一些典型、重要工程或重要部位进行定量计算分析评估,如:采用地下空间所处区域

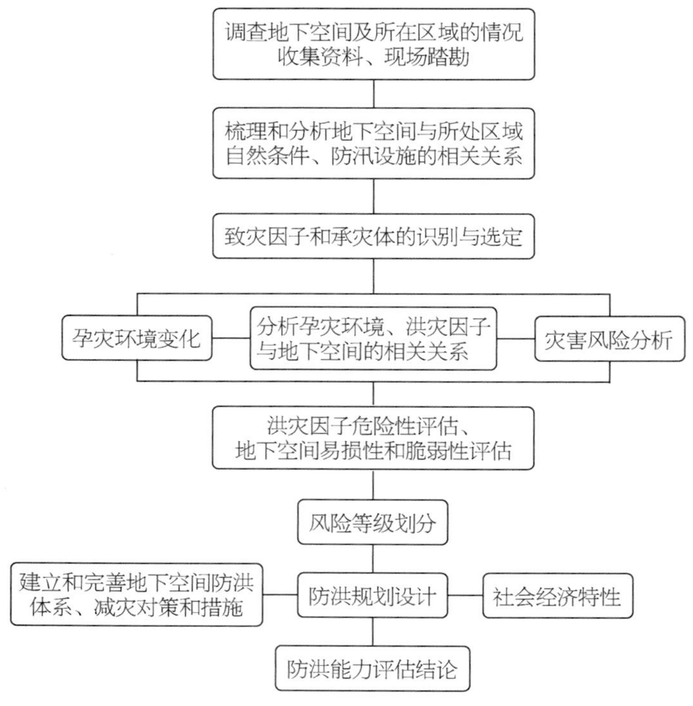

图 4-14　地下空间防洪能力评估基本流程

排水系统标准所对应的暴雨径流量对地块室外排水能力进行复核；采用 30 年一遇（重要区域可采用 50 年一遇）暴雨强度标准对出入口敞开部分汇集雨水进行排水能力复核，采用历史最大暴雨记录对出入口挡水能力进行复核；对防洪次要工程、次要部位以及难以采用定量方法的因素，可采用定性方式评估。在重点调查评估典型工程的基础上，可进一步对城市地下空间开展总体评估，一方面确保了评估的准确性，另一方面兼顾了评估的全面性。

4）建立地下空间防洪体系和措施

连通地下空间及室外地面的连通口都须达到安全设防高程，如果有条件，各连通口宜一次性设防到安全设防高程，受城市地势或地下已建空间限制，部分连通口难以一次性达到防洪所需挡水高程，可结合实际情况对连通口设置分级挡水措施。分级挡水体系中主要涉及两个挡水高程，一个是基本挡水高度，一个是安全防御高度。基本挡水高度应满足城市排水标准情况下暴雨强度的挡水要求，须兼顾防洪安全、管理风险和日常使用等因素进行综合确定。在遭遇历史最大暴雨强度时道路积水高程的基础上，考虑城市发展因素及一定的安全附加值确定地下空间出入口安全防御高度，安全防御高度可通过配备应急设备达到。

5）采取系统的分析方法

在分析评估地下空间自身防洪基本状况的基础上，还应调查工程所处位置的气象、周边排水系统、周边水系、地势、历史水灾害等环境条件，将地下空间与周边环境进行整体考虑、系统分析，确保现状地下空间防洪能力评估结论的科学性和合理性。

根据灾害学理论，承灾体的易损性和脆弱性是指系统易遭受或没有能力应付自然的变化过程与现象的不利影响程度。由于地下空间具有较强的隐蔽性，暴露在洪涝灾害中对地下空间可能造成危险的部分就是与地面相连的所有连通口，分析地下空间洪涝灾害易损性主要是分析各连通口遭遇洪涝时的脆弱性，可通过选取连通口的类型、连通口的挡水高度、连通口的截水效果等因子指标进行分析。

2. 挡水设施防洪能力的评估内容

地下空间挡水设施防洪能力评估的内容主要包括：挡水设施布置的合理性、防洪设施挡水能力的分析、自身本体防洪灾害预案制定的完善性和可实施性等。对于地下空间的自身防洪安全能否满足要求，经过评估分析后应明确评估结论。根据评估成果，对自身防洪安全提出相应的技术和管理措施，为政府主管审批部门的决策提供依据。

评估须分析地下空间各出入口的平面布置、高程与周边环境的关系、出入口的挡水高度、出入口坡道的驼峰及侧墙高度、通风和采光井的挡水高度、地下空间集水井的布置和有效容积等。地下空间自身防洪设施布置的合理性直接决定了地下空间自身防洪的能力，其布置应考虑与周边环境的关系。各出入口的位置应尽量布置在场地地势较高的部位，否则需有相应防洪措施，防止暴雨期间雨水倒灌。

根据长期地下空间建设经验，城市地下空间自身防洪安全遵循“以防为主，以排为辅，防排结合”的原则。其中“防”主要体现在地下空间自身防水挡水能力，是确保地下空间自身防汛安全最经济、最有效、最可靠的措施，是地下空间自身防汛安全的重中之重。

地下空间防洪挡水能力除考虑提高自身本体的因素，还应根据所处场地环境的具体情况进行评估。区域自然环境条件如地形、地质、水文、气象等因素，是造成地下空间防洪风险最主要的因素，地下空间所在区域的地势高低、历史暴雨强度和积水程度等直接关系到地下空间漫溢倒灌水的可能程度；地质条件则决定地下空间地质灾害发生的可能性；区域河道水文和防洪设施的情况则关系到堤防决堤极端情况下，地下空间的淹没程度，特别是城区范围受水面率降低、河水雍高、地面沉降、海平面上升、人类活动过度的影响，一些区域地面高程远低于洪水位，一旦洪水漫溢，地下空间所受影响首当其冲。以地铁为例，一方面需防止地面水的灌入；另一方面对于穿越河道的区间，须防止隧道损坏造成河水灌入对整条地铁的影响。

对于场地地势变化较大或整个场地处于区域地势低洼地带，须验算发生超标准暴雨强度时的场地积水情况，最终确定出入口的挡水高度，而不是笼统地套用规范数据。特别对位于临近江、河、海的地下空间，防洪能力的评估须考虑应对决堤后洪、潮水位影响的情况。

3. 排水设施防洪能力的评估内容

排水设施防洪能力的评估内容主要包括以下方面：

(1) 在暴雨期间，地块内雨水管的排水能力能否满足暴雨产生地面径流量的排放以及与周边区域排水管的匹配性；

(2) 地下空间集水井容量与排水泵排水能力的复核计算；

(3) 在突发情况下,地下空间防洪设施排水能力的复核计算;

(4) 地下空间排水设施的日常维修、养护评估;

(5) 应急排水设施的配备和应急预案可行性、合理性的评估。

国内外每年台风或暴雨期间,均有地下空间、下沉式通道进水或地势低洼地块严重积水的事件发生。因此,对于新建大型地下空间验证其地块暴雨期间的雨水清排能力、雨水管的排水能力是否满足清排要求,与周边区域市政管网、区域河网是否匹配等条件非常重要。地下空间所属地块内的汇水量按区域排水标准计算降雨汇水量。目前,城市排水标准多为 1 年一遇,局部重要区域采用 3 年一遇至 10 年一遇不等。地下空间露天积水部分按暴雨重现期 30 年一遇强度计算,下沉式广场采用 30 年一遇～50 年一遇重现期计算降雨汇水量。同时还须评估应对超大暴雨、堤防决堤、洪水漫溢等突发情况,造成地下空间进水,集水井的容积和排水泵能否满足相应所需的清排能力,为制定应急预案提供依据。

地下空间排水设施由于平时使用频率较低,集水井、水泵、排水管的匹配性难以保证,日常管理、养护容易疏忽,在遭遇洪涝灾害时,往往发生水泵无法正常使用、电机损坏等现象。因此,建立地下空间排水设施维修、养护等常规性的检查评估不容忽视。

在突发应急情况下,当大型地下空间现有的防洪设施进行排水由于受多种因素的限制无法满足要求时,为了最大限度地减轻灾害造成的影响,地下空间必须考虑自身的防洪预案,从管理措施角度将灾害减轻到最低,包括制定防洪安全应急预案、配备相应排水应急设备等。

4.2.3.2 人员安全风险评估

从孕灾环境和防洪措施的角度分析,地下空间洪涝灾害的风险性包括:①城市洪涝灾害的承灾特性;②地下空间周围地形地势、溃堤(或漫堤口)到地下空间入口之间的路径及距离;③地下空间所处区域的城市排水能力;④地下设施在防水、排水方面存在的先天缺陷;⑤地下空间楼梯口的位置、结构形式和入口处挡水构筑物的构造要素等防洪构造;⑥地下空间遮雨棚、截水沟、挡水板等防洪设施的设置及运行情况;⑦从风险信息收集到防洪决策实施过程中一系列风险管理措施的效率;等等。

就致灾因子,即洪水的危险性而言,地下空间发生洪涝的危险性主要体现在两个方面:①地下空间入口处水流的冲击作用,即水流流速、水深、流量等水流强度及其时空分布情况;②地下空间内部水流的淹没作用,即流速、水深、淹没范围的变化过程。由于阶梯和斜坡入口是地面洪水灌入地下空间的主要途径,直接决定了流入地下空间的水流流量、流速等致灾因子的强度,同时它又是人群疏散的必经之地,水流强度将直接影响疏散的成功率。因此,确定入口处水流强度及其变化规律,是风险评估中的一个至关重要的问题。

地下空间遭遇洪水后,内部人员可能遇到的具体危险情景和灾害损失可以描述如下:

(1) 地下空间的规模较大、局部灌水时,内部水位一般不会迅速上升,但若其布局靠近江河湖海或洼地,则可能会在短时间内被迅速淹没;地下空间的规模较小时,则水位上升迅速,内部人员疏散困难,风险性较大;对于多层地下空间而言,由于积水易灌难排,加之越在低层往地面疏散的路径越长，对于人员疏散越不利，因此其风险性更大。

(2) 入口处设置挡水板(门)能在一定程度上阻挡洪水灌入，但同时也会形成障碍，造成疏散人群(尤其是老年人、残障人士、儿童、孕妇等相对弱势群体)的拥挤行为和恐慌心理，延误疏散和救援行动，反而阻碍人群正常的疏散行动，使受灾情况恶化。

(3) 在地下空间内部，由于上升水位对门的压力作用，易造成人员受困被淹。

(4) 疏散过程中，由于洪水倒灌路径和疏散路径重叠，水流的减小地面摩擦作用、冲击滑移作用、倾覆作用、浮托作用、阻力作用等影响，会造成人体滑移、倾覆、漂浮失稳和行走受阻，并导致人员伤亡。

(5) 电器设备漏电，易造成人员触电伤亡事故。

总体而言，一个城市遭受洪涝灾害时，在地面建筑尚属安全的情况下，洪水暴雨会通过无良好防范设施的口部灌入地下空间形成积水，而地下空间又相对狭小密闭，难以依靠重力自流排水，灾后排水困难。地下空间相对封闭、视野狭窄、逃生通道少，不利于人员疏散和救援，人员伤亡风险远大于地面。

4.2.3.3 财产安全风险评估

一般而言，财产经济损失主要分为直接经济损失和间接经济损失两类。直接经济损失是指地下空间遭受洪水后，建(构)筑物、设施、设备等财产遭受破坏，其功能受损贬值导致的经济损失。间接经济损失包括运营损失、信誉损失和环境损失三类：运营损失是指由于各种事故产生后，事故处理、设备维修及重建等影响正常使用造成的损失；信誉损失是指灾害事故产生不良的社会影响，致使企业的形象和业务受到影响而造成的损失；环境损失是指灾害事故对自然环境及市民生活、健康等造成的危害。

5 风险预警与防控

5.1 预警措施

5.1.1 预警标准

按照可能造成的危害性、紧急程度和发展态势，上海市防汛防台灾害预警级别分为四级：Ⅰ级(特别严重)、Ⅱ级(严重)、Ⅲ级(较重)和Ⅳ级(一般)，依次用红色、橙色、黄色和蓝色表示。

预警信号的发布、调整和解除，可通过广播、电视(含移动电视)、报刊、短信、微信、微博、网站、警报器、显示屏、宣传车或组织人员逐户通知等方式进行，对老、弱、病、残、孕等特殊人群以及学校等特殊场所和警报盲区，应当采取针对性的公告方式。

5.1.2 应急响应

5.1.2.1 应急响应总体要求

应急响应总体要求包含如下九条：

(1) 按照洪涝、台风等灾害的严重程度和范围，将应急响应行动分为四级。

(2) 进入汛期，各级防汛指挥机构应当实行 24 h 值班制度，全程跟踪风情、雨情、水情、工情、灾情，并根据不同情况，启动相关应急程序。

(3) 气象部门作为成员单位的区防汛指挥部，可根据辖区气象、水文、海洋预警信息和汛情发展，发布本辖区的防汛防台预警信号，并启动相应等级的应急响应行动。有关区的应急响应等级与全市应急响应等级不一致时，按照"就高"原则执行。

(4) 市防汛指挥部负责重大防汛工程调度；其他防汛工程的调度由所属区防汛指挥部负责，必要时，由市防汛指挥部直接调度。市防汛指挥部各成员单位应当按照指挥部的统一部署和职责分工，开展工作并及时报告有关情况。

(5) 洪涝、台风等灾害发生后，由防汛指挥部负责组织实施防汛抢险、排涝减灾和抗灾救灾等方面的工作。

(6) 洪涝、台风等灾害发生后，由各区防汛指挥部向区政府和市防汛指挥部报告情况。对造成人员伤亡的突发事件，可越级上报，并同时报市防汛指挥部。任何单位和个人发现堤防、涵闸发生险情时，可立即向有关部门报告。

(7) 对跨区域发生的洪涝灾害或者突发事件将影响邻近行政区域的，在报告本区政府和市防汛指挥部的同时，应当及时向受影响地区的防汛指挥机构通报。

(8) 因洪涝、台风灾害而衍生的疾病流行、水陆交通事故等次生灾害，当地防汛指挥机构应当组织有关部门全力抢救和处置，采取有效措施切断灾害扩大的传播链，防止发生次生或衍生灾害，并及时向本区政府和市防汛指挥部报告。

(9) 市交通委、市公安局、市住房城乡建设管理委、申通集团要实现多渠道实时发布路况信息，强化灾害性天气的交通疏导。

5.1.2.2 应急响应分级与行动

1. Ⅳ级响应行动

市防汛办根据实时气象、水文、海洋预警信息和汛情发展，启动Ⅳ级应急响应行动，并向市防汛指挥部报告。

(1) 市防汛指挥部进入Ⅳ级应急响应状态。市防汛办负责人组织会商，加强对汛情的监测和防汛工作的指导。有关情况及时向市防汛指挥部报告，并通报市应急联动中心。

(2) 区防汛指挥部进入Ⅳ级应急响应状态。区防汛办负责人进入岗位，加强汛情监测，密切关注汛情变化，视情况组织开展防汛抢险和受灾救助工作。有关情况及时向市防汛指挥部报告，并通报区应急联动中心。

(3) 街镇(乡)防汛工作部门进入Ⅳ级应急响应状态。街镇(乡)防汛工作部门负责人进入岗位，认真执行上级防汛工作指令，加强辖区汛情收集等工作，及时上报有关情况。

(4) 市、区防汛指挥部成员单位根据相关预案和市、区防汛办的要求，协助实施各项防汛抢险应急处置工作。

2. Ⅲ级响应行动

市防汛办根据实时气象、水文、海洋预警信息和汛情发展，启动Ⅲ级应急响应行动，并向市防汛指挥部报告。

(1) 市防汛指挥部进入Ⅲ级应急响应状态。市防汛指挥部指挥组织会商，加强对汛情的监测和防汛工作的指导，提出专项工作要求。有关情况及时向市政府报告，并通报市应急联动中心。

(2) 区防汛指挥部进入Ⅲ级应急响应状态。区防汛指挥部领导进入指挥岗位，加强汛情监测，掌握汛情变化，做好人员撤离的准备，必要时组织撤离，组织开展防汛抢险和受灾救助工作。有关情况及时向市防汛指挥部报告，并通报区应急联动中心。

(3) 街镇(乡)防汛工作部门进入Ⅲ级应急响应状态。街镇(乡)防汛责任人(分管防汛工作领导)进入岗位，根据防汛预案和上级指令，做好辖区人员应急撤离的各项准备、具体实施、受灾救助等应急处置工作，有关情况及时上报。

(4) 市、区防汛指挥部成员单位根据相关预案和职责分工，检查落实各项防范措施，并根据市、区防汛指挥部的指令，协助实施防汛抢险和各项应急处置工作。

(5) 全市各级抢险队伍进入应急值班状态，防汛抢险物资储运单位做好随时调运的准备。

(6) 上海警备区、武警上海市总队、武警水电二总队做好参加防汛抢险准备。

(7) 各新闻媒体及时刊播有关预警信息,加强防汛防台知识宣传。

3. Ⅱ级响应行动

市防汛指挥部根据实时气象、水文、海洋预警信息和汛情发展,启动Ⅱ级应急响应行动,并向市政府报告。

(1) 市防汛指挥部进入Ⅱ级应急响应状态。市防汛指挥部副总指挥主持会商,作出相应工作安排,加强对汛情的监测和防汛工作的指导,并将情况上报市政府主要领导。必要时,召开紧急会议,作出防汛防台应急部署。

(2) 区防汛指挥部进入Ⅱ级应急响应状态。区防汛责任人(区政府分管领导,下同)和区防汛指挥部领导进入指挥岗位,加强汛情全时监测,严密掌握汛情变化,组织开展防汛抢险、人员撤离和受灾救助工作。有关情况及时向市防汛指挥部报告,并通报区应急联动中心。

(3) 街镇(乡)进入Ⅱ级应急响应状态。街镇(乡)主要负责人、防汛责任人进入岗位,密切掌握辖区汛情发展,坚决执行上级指令,并根据防汛预案,及时落实各项防汛抢险措施,做好人员应急撤离转移、受灾群众安置和后勤保障工作,有关情况及时上报。

(4) 市、区防汛指挥部成员单位按照相关预案和职责分工,由主管领导负责组织检查落实各项防范措施,并根据市、区防汛指挥部的指令,协助实施防汛抢险和各项应急处置工作。

(5) 全市各级抢险队伍进入应急处置状态,防汛抢险物资储运单位做好随时调运的准备。

(6) 上海警备区、武警上海市总队、武警水电二总队在指定地点集结待命。

(7) 公共广播、电视和公共场所大型显示屏管理单位等及时播发和随时插播有关预警信息和防汛防台提示,各电信运营商协助做好上述相关信息的短信发布工作。

4. Ⅰ级响应行动

市防汛指挥部根据实时气象、水文、海洋预警信息和汛情发展,启动Ⅰ级应急响应行动。

(1) 市防汛指挥部进入Ⅰ级应急响应状态。市防汛指挥部总指挥主持会商,作出防汛防台紧急部署,加强工作指导,必要时市政府主要领导发表电视广播讲话,动员全市军民全力抗灾抢险;按照《国家突发公共事件总体应急预案》和有关规定,向国务院及有关部门报告情况。

(2) 区防汛指挥部进入Ⅰ级应急响应状态。区主要领导和防汛责任人进入防汛防台抢险指挥岗位,迅速落实各项防汛防台抢险措施,及时化解可能出现的险情,全力保障人民生命财产安全。

(3) 街镇(乡)进入Ⅰ级应急响应状态。街镇(乡)主要负责人、防汛责任人进入岗位,全面落实各项防汛应急抢险措施,全力保障辖区群众特别是撤离转移人员、受灾群众的生命财产安全。

(4) 市、区防汛指挥部成员单位主要领导进入指挥岗位,组织指挥本系统、本行业全力投入防汛防台抢险工作,确保各项防范措施落实到位。

(5) 全市各级抢险队伍进入应急抢险状态,各应急物资保障单位为防汛防台工作提供全力保障。

(6) 上海警备区、武警上海市总队、武警水电二总队根据市防汛指挥部的指令，执行抢险救灾任务。

(7) 公共广播、电视和公共场所大型显示屏管理单位等及时播发和随时插播有关预警信息、安全提示，各电信运营商协助做好上述相关信息的短信发布工作。

5. 应急响应等级调整

市防汛办可依据有关预报、预警信息，并结合台风暴雨影响时段和范围、水位变化、受灾情况等因素，适时调整应急响应行动等级。

6. 紧急防汛期

当预报可能发生现有防汛设施不能抗御的自然灾害时，市防汛指挥部报请市政府同意，宣布进入紧急防汛期。

5.1.2.3 主要应急响应措施

1. Ⅳ级响应防御提示

(1) 各级防汛部门和有关抢险单位加强值班，密切监视汛情和灾情，落实应对措施。

(2) 公共广播、电视、公共场所大型显示屏发布有关预警信息和防汛防台提示，以及有关部门、专家要求和提示的其他应急措施。

(3) 提醒市民注意收听、收看有关媒体报道，及时掌握预警信息，妥善处置易受风雨影响的室外物品。

(4) 各防汛排水泵站加强值守，适时进行预排空；城镇排水单位量放水人员进岗到位，加强雨中路面巡视，及时抢排道路积水；移动泵车做好抢排准备。

(5) 市容环卫清扫人员立即上岗，加强路边进水口垃圾清捞，确保排水畅通。

(6) 低洼、易受淹地区做好排水防涝工作。

(7) 沿海、沿江、沿河单位及时关闭各类挡潮闸门。

(8) 高空、水上等户外作业人员采取有效防御措施，必要时加固或拆除户外装置。

(9) 电力和通信等部门、单位加强抢修力量的配备。

(10) 绿化市容部门加强巡查，对风口、路口及易倒伏的行道树进行修剪、绑扎、加固等。

(11) 路政部门检查加固高架、高速道路的各类指示标志，落实隧道、下立交等重点部位的防积水和紧急排水措施。

(12) 各专业抢险队伍进入应急准备状态，组织巡检，一旦受灾，在第一时间内完成抢排积水、道路清障、应急抢修等工作。

2. Ⅲ级响应防御提示

(1) 各区、各部门启动相关预案，做好防汛防台各项准备。

(2) 公共广播、电视、公共场所大型显示屏及时播发有关预警信息和防汛防台提示，Ⅲ级应急响应防御提示的其他相关事项,以及有关部门、专家要求和提示的其他应急措施。

(3) 提醒市民尽可能减少外出,户外活动注意安全避险。

(4) 预降内河水位,防汛排水泵站转入暴雨模式运行。

(5) 城镇排水单位量放水人员进岗到位,加强雨中路面巡视,及时抢排道路积水;移动泵车在各易积水点驻点值守,应急抢排。

(6) 市容环卫清扫人员提前进行道路排水口垃圾清捞作业,并做好降雨过程中进水口保洁工作。

(7) 消防部门加强备勤力量,做好紧急排水准备。

(8) 加固户外装置,拆除不安全装置;对高空、水上等户外作业采取专门的保护措施,必要时可暂停作业。

(9) 暂停一线海塘外作业施工,做好危棚简屋、工地临房、海塘外作业人员等相关人员的撤离准备。

(10) 绿化市容、住房城乡建设管理、交通等部门加强巡查,对风口、路口、新建绿地以及易倒伏的高大树木、广告(灯)牌、交通指示牌等进行修剪、绑扎、加固等。

(11) 水运、航空等单位及时向媒体通报和发布航班调整信息,妥善安置滞留旅客。

(12) 各专业抢险队伍进入应急值班状态,及时组织巡检,在第一时间内完成抢排积水、道路清障、应急抢修等工作。

3. Ⅱ级响应防御提示

(1) 各区、各部门、各单位按照市防汛指挥部的统一部署,抓紧检查落实各项防范措施。

(2) 公共广播、电视、公共场所大型显示屏滚动发布有关预警信息和防汛防台提示,Ⅱ级应急响应防御提示的其他相关事项,以及有关部门、专家要求和提示的其他应急措施。

(3) 提醒市民尽可能留在室内,关门、关窗、收物,防止高空坠物伤人,注意收听收看媒体发布的有关预警信息和防汛防台提示。一旦室内积水,立即切断电源,防止触电。

(4) 城镇排水单位量放水人员坚守岗位,移动泵车做好全力抢排准备。

(5) 市容环卫清扫人员提前上岗,确保路边进水口排水通畅。

(6) 消防官兵全部上岗待命。

(7) 建设工地按照市住房城乡建设管理部门的规定和要求暂停施工,并落实相关措施,尤其对塔吊、脚手架等建设设施进行加固或拆除。

(8) 一线海塘外各类作业人员和工地临房、危棚简屋内人员按预案撤离,转移至指定安全地带。

(9) 所有在航、在港(码头)、在锚地等的船舶按规定进入防(抗)台风状态。

(10) 绿化市容、住房城乡建设管理、交通等部门及时处置对市民人身和交通安全等具有较大危害的树木、广告(灯)牌、交通指示牌等。

(11) 水运、公路、铁路、航空等管理部门及时向媒体通报客运情况并发布客运信息,妥善安置滞留旅客。

(12) 卫生计生部门落实医疗救护力量和设备。

(13) 各专业抢险队伍进入应急处置状态，迅速组织巡检，在第一时间内完成抢排积水、道路清障、应急抢修等工作。

4. Ⅰ级响应防御提示

(1) 公共广播、电视、公共场所大型显示屏随时插播有关预警信息、防汛防台提示和紧急通知，或Ⅰ级应急响应防御提示的其他相关事项，以及有关部门、专家要求和提示的其他应急措施等。

(2) 市民根据防汛防台提示，进一步检查落实自我防范措施。

(3) 中小学校(含高中、中专、职校、技校)、幼托园所和有关单位根据预案规定，实施停课或其他安全措施。

(4) 除政府机关和直接关系国计民生的企事业单位外，其他单位可根据预案自行决定是否停产、停工、停业。

(5) 各专业抢险队伍进入应急作战状态，全力组织排险，在第一时间内完成抢排积水、道路清障、应急抢修等工作。

5.1.2.4 应急响应的组织工作

1. 信息报送、处理

汛情、工情、险情、灾情等防汛信息实行分级上报、归口处理、同级共享的管理体制。

险情、灾情发生后，各区防汛指挥部、职能部门和责任单位要按照相关预案和报告制度的规定，在组织抢险救援的同时，及时汇总相关信息并迅速报告。一旦发生重大险情、灾情，必须在接报后半小时内向市防汛指挥部值班室口头报告，在 1 h 内向市防汛指挥部值班室书面报告。

市防汛办、市应急联动中心、事发地所在区政府接报后，要在第一时间做好处置准备，并在 0.5 h 内以口头形式或 1 h 内以书面形式将较大防汛防台情况报告市政府总值班室；对特大和重大防汛防台或特殊情况，必须立即报告。

各区防汛指挥部、相关单位、部门要与毗邻区域加强协作，建立突发险情、灾情等信息通报、协调渠道。一旦出现突发险情或灾情影响范围超出本行政区域的态势，要根据应急处置工作的需要，及时与毗邻区域通报、联系和协调。

2. 指挥和调度

(1) 出现洪涝、台风等灾害后，事发地的防汛指挥机构应立即启动应急预案，并根据需要成立现场指挥部。采取紧急措施的同时，向上一级防汛指挥机构报告。根据现场情况，及时收集、掌握相关信息，判明事件的性质和危害程度，并及时上报事态的发展变化情况。

(2) 事发地的防汛指挥机构负责人应当迅速上岗到位，分析事件的性质，预测事态发展趋势和可能造成的危害程度，并按照规定的处置程序，组织指挥有关单位或部门根据职责分工，迅速采取处置措施，控制事态发展。

（3）发生重大洪涝、台风等灾害后，上一级防汛指挥机构应当派出工作组赶赴现场指导工作，必要时成立前线指挥部。

（4）需要市防汛指挥部组织处置的，由市防汛办统一指挥、协调有关单位和部门开展处置工作。主要包括：组织协调有关部门负责人、专家和应急队伍参与应急救援；制定并组织实施抢险救援方案，防止引发次生、衍生事件；协调有关单位和部门提供应急保障，调度各方应急资源；部署做好维护现场治安秩序和当地社会稳定工作；及时向市委、市政府报告应急处置工作进展情况；研究处理其他重大事项。

3. 人员转移和安置

对于一线海塘外作业施工人员和工地临房与危房简屋内人员及进港避风的船民等，各区防汛指挥部和建设、房管、渔政等相关主管部门要制定周密的人员转移方案，落实紧急避难场所，妥善安置，保证其基本生活。教育、公安、卫生计生、边防等部门要全力协助。为保护人身安全，在紧急情况下遇有拒绝转移的人员，经劝说无效时可保护性强制撤离。

4. 抢险与救灾

（1）出现洪涝、台风等灾害或防汛工程发生重大险情后，事发地所在区防汛指挥部应根据事件的性质，迅速对事件进行监控、追踪，并立即与相关部门联系。

（2）事发地所在区防汛指挥部应当按照预案，根据事件具体情况，立即提出紧急处置措施，供当地政府或上一级相关部门指挥决策。

（3）事发地所在区防汛指挥部应当迅速调集资源和力量，提供技术支持；组织当地有关部门和人员，迅速开展现场处置或救援工作。黄浦江、苏州河等市级河道堤防决口的堵复、水闸重大险情的抢护，应当按照事先制定的抢险预案进行，并由防汛专业抢险队等实施。

（4）处置洪涝、台风等灾害和工程重大险情时，应当按照职能分工，由市防汛指挥部统一指挥，各部门和单位各司其职、团结协作、快速反应、高效处置，最大限度地减少损失。

5. 安全防护和医疗救护

（1）各区政府和防汛指挥机构应高度重视应急人员的安全，调集和储备必要的防护器材、消毒药品、备用电源和抢救伤员必备的器械等，以备随时应用。

（2）抢险人员进入和撤出现场的时机，由防汛指挥机构视情况作出决定。抢险人员进入受灾现场前，应当采取防护措施，保证自身安全。当现场受到污染时，应当按照要求，为抢险人员配备防护设施，撤离时应当进行消毒和去污处理。

（3）出现洪涝、台风等灾害后，事发地防汛指挥机构应当及时做好群众的救援、转移和疏散工作。

（4）事发地所在区防汛指挥部应当按照当地政府和上级领导机构的指令，及时发布通告，防止人畜进入危险区域或饮用被污染的水源。

(5) 出现洪涝、台风等灾害后，事发地所在区政府和防汛指挥部应当组织卫生计生部门和医疗机构加强受影响地区的疾病监测，做好医学救援、医疗救治和疾病预防控制工作。

5.1.3 风险地图

5.1.3.1 国外城市洪水风险图编制情况

1. 美国

美国洪水风险图的编制与国家洪水保险制度的建立有密切的关系，其洪水风险图产品主要包括洪水淹没边界、洪泛区地图和洪水保险费率图(Flood Insurance Rate Map, FIRM)。洪水保险费率图是对社区进行洪水风险评价(Flood Risk Assessment)和洪水保险研究后的产物，由咨询公司分片负责。在洪水保险费率图上，100 年一遇洪水的淹没范围称为“特定洪水风险区”。100 年一遇洪水与 50 年一遇洪水淹没边界之间的区域称为“中度洪水风险区”。50 年一遇洪水淹没范围之外的区域，称为“最小洪水风险区”。目前，美国联邦应急管理署(Federal Emergency Management Agency, FEMA)统一印制的洪水保险费率图已覆盖全美国，可在 FEMA 的网站直接查询(图 5-1)，并仍不断根据环境与防洪工程条件的变化进行修改[9, 15-18]。

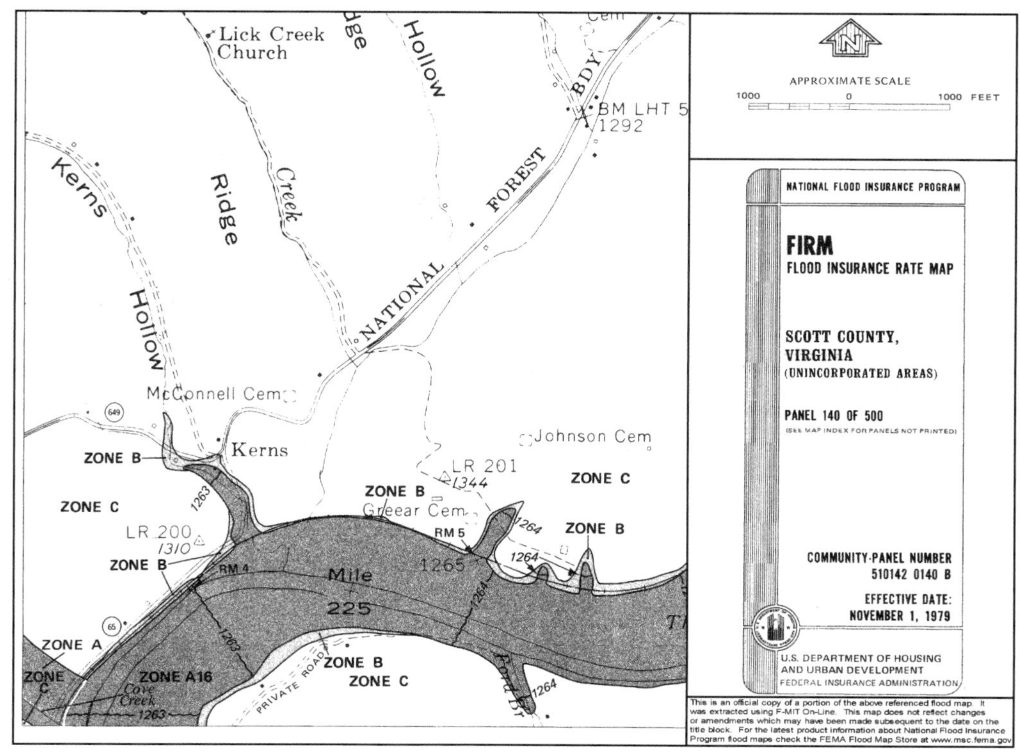

图 5-1 美国的洪水保险费率图实例

2. 日本

日本的洪水风险图(Flood Hazard Map)是指以简明格式表示的包括淹没信息和避难信息(如避难所位置、避难路线、避难路途中的危险场所等)的地图(图 5-2)[6, 19]。日本洪水风险图主要应用于两方面:一是用于公众了解潜在洪水风险及灾害相关的各种信息,当洪水警报发布时,居民能够利用洪水风险图正确避难,避免伤亡;二是在行政管理方面,为制定流域防洪规划和洪水应急预案、进行实时洪水调度以及指导防汛避难提供了科学决策依据的工具。

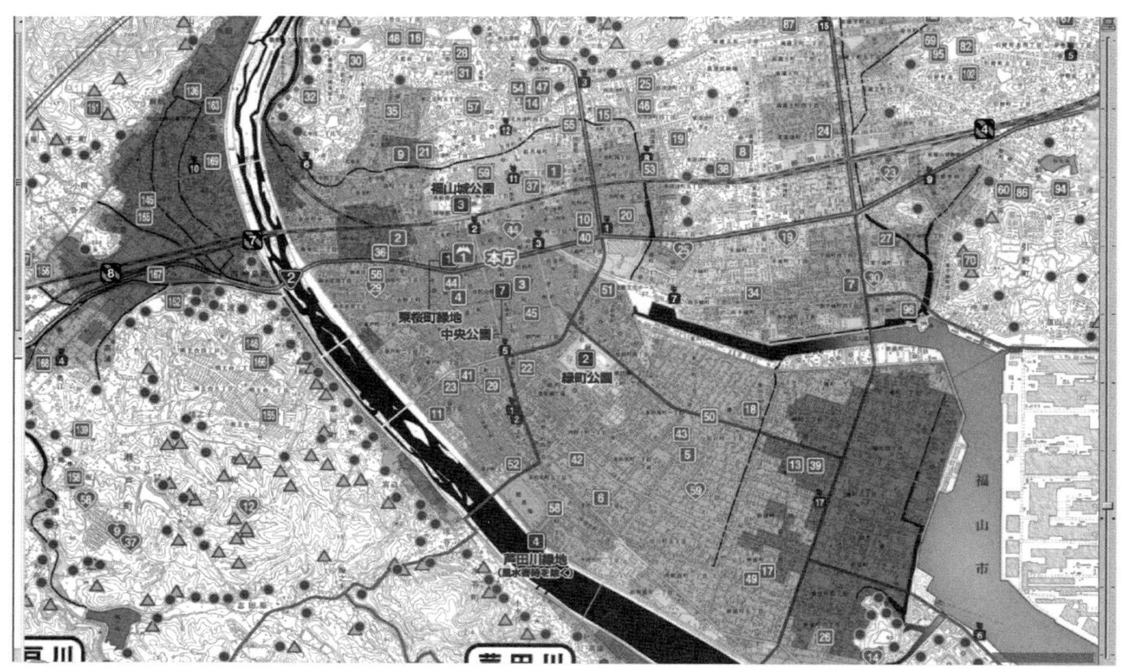

图 5-2　福山市洪水风险图

3. 欧洲

欧盟国家的河流大多流经多个国家,因此唯有建立多国家的协调机制进行共同管理。欧盟国家于 2007 年 10 月通过了洪水风险管理与评估的共同协议,其目的在于管理洪水,并通过洪水风险图的方式提高人们对风险的认识,减少洪水对生命、健康、环境、财产和经济活动的损失。按照协议,2013 年 12 月,各会员国已完成洪水风险图的编制,包括绘制洪水风险区内的人口、基础设施、环境要素等,将洪水发生的概率分为高、中、低三级予以公布[17,20]。

5.1.3.2　我国城市洪水风险图编制情况

1. 发展历程

我国洪水风险图编制的研究工作是从 20 世纪 90 年代开始的,2008 年以前主要为导则规范制定和各流域试点阶段。2008—2012 年为全国洪水风险图编制试点项目阶段，分一期和二期执行，通过试点形成了洪水风险图编制的技术标准和组织管理体系，为全国洪水风险图的全面编制与推广应用积累了经验、提供了示范。

2013—2015 年，为全国重点地区洪水风险图编制阶段，共完成了包含我国重点防洪保护区 227 处、主要洪泛区 26 处、重点和一般蓄滞洪区 78 处、部分重点和重要防洪城市 45 座、中小河流 198 条的洪水风险图的编制任务。2016 年至今，我国进入加强风险图成果的推广应用研究阶段，同时，各省市也在积极开展其所辖区域的风险图编制工作。

2. 相关技术标准

我国目前在开展城市洪水风险图编制时主要依据的技术标准包括《洪水风险图编制导则》(SL 483—2017)(以下简称《导则》)和《洪水风险图编制技术细则》(试行)(以下简称《细则》)。

针对城市洪水风险图编制，在《细则》中主要需要遵循如下特别规定：

(1) 在洪水量级选取时，无防洪排涝工程的编制区域，宜选取重现期为 5 年、10 年、20 年、50 年和 100 年一遇洪水(暴雨、风暴潮)。有防洪排涝工程的编制区域，宜选取现状、规划防洪标准和超规划防洪标准所对应的洪水量级，若超规划防洪标准所对应的洪水量级小于 100 年一遇，应逐次选取更高量级的洪水直至 100 年一遇洪水。城市除按以上规定选取城市内涝分析的暴雨量级外，还应按照《室外排水设计规范》(GB 50014—2006)的相关规定，针对城市雨水排水系统的设计雨型，选取现状、规划排水标准和超规划排水标准所对应的短历时暴雨量级，若超规划排水标准所对应的暴雨量级小于 10 年一遇，应选择更高量级的暴雨直至 10 年一遇暴雨。

(2) 城市内涝计算范围包括城市内涝编制区域、地下排水管网和排水河渠，当城市内涝编制区域内的来水含周边山丘区或坡面汇流时，计算范围还应包括相应的集水区域。

(3) 城市编制区域的基础底图的比例尺应不小于 1 ∶ 2 000，基础底图应满足时效性、现实性需求。

(4) 对于计算范围内的河渠、低于两侧地面的道路，应根据实际情况，在暴雨内涝分析模型中分别进行河流概化，反映其导流、输水特性和行洪、排涝能力。

(5) 城市内涝二维计算网格面积应不大于 0.01 km^2，城市干道的网格边长应不大于道路宽度，并沿道路走向布置。

(6) 对于暴雨内涝，应采用实测暴雨内涝资料进行率定和验证。模型验证的精度应满足 70%以上实测积水点的最大积水深与相应位置最大计算积水深之差不大于 20 cm，且实测与计算最大水深的相对误差(实测水深与计算水深之差/实测水深)不大于 20%。

(7) 城市暴雨内涝淹没水深图的水深等级宜取“0.15～0.3 m，0.3～0.5 m，0.5～1.0 m，1.0～2.0 m 和＞2.0 m”，淹没历时等级宜取“＜1.0 h，1.0～3.0 h，3.0～6.0 h，6.0～12.0 h 和＞12.0 h”。

3. 城市洪水风险图示例

我国城市防汛管理中常用的洪水风险地图包括洪水淹没范围图、洪水淹没水深图、洪水淹没历时图、洪水到达时间图等常规洪水风险图,以及洪水风险等级分布图、易涝点分布图等。图 5-3—图 5-5(彩图详见附图 D-9—附图 D-11)是以上海为例的几种典型城市洪水风险图[6-7]。

图 5-3 上海中心城区水利标准 10 年一遇暴雨组合“麦莎”实测潮位淹没水深图

图 5-4 上海中心城区水利标准 10 年一遇暴雨组合“麦莎”实测潮位淹没历时图

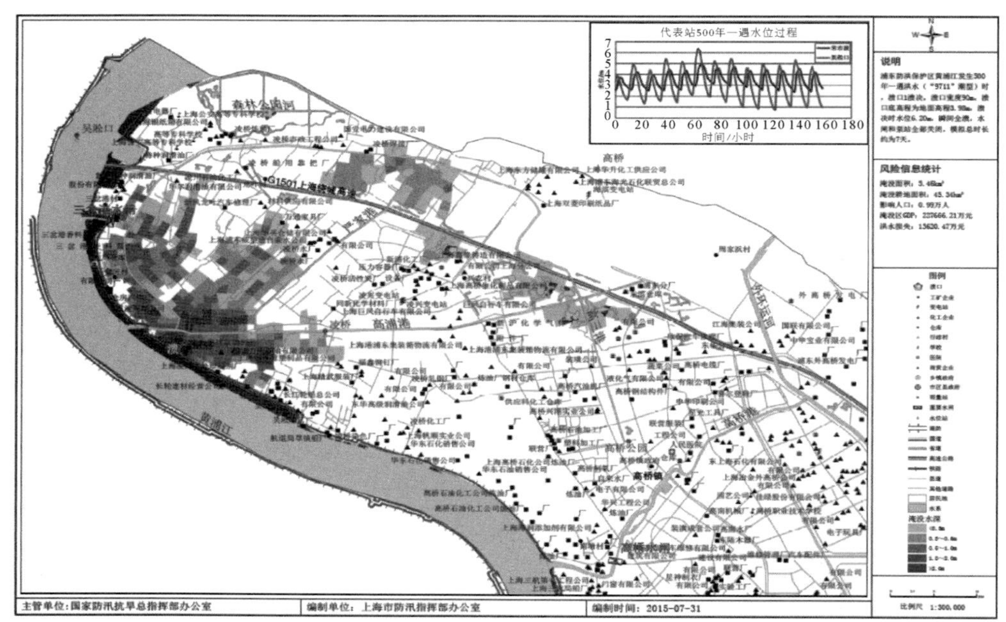

图 5-5 浦东新区北部区域黄浦江堤防溃决淹没水深图（洪水重现期 500 年一遇）

5.1.3.3 城市洪水风险图制作的一般流程

城市洪水风险图编制的过程一般为通过对城市基本情况的调查，识别研究区的主要洪水威胁，选择适宜的洪水风险分析方法，开展洪水分析模拟，在此基础上，开展洪水影响分析和避洪转移分析，并绘制洪水风险图。具体编制流程如图 5-6 所示。

(1) 确定计算范围。根据城市洪水风险图的编制范围，结合区域下垫面条件，划定洪水风险分析的计算范围。

(2) 基础资料的收集与现场调研。收集基础地理资料、水文资料、构筑物及工程调度资料、社会经济资料、历史洪水及洪水灾害资料等基础资料。对主要河流水系关键断面，重点堤防、水闸、泵站等防洪排涝工程，线状地物，历史洪涝灾害溃口、扒口，重点防汛地点等进行现场调研。

(3) 资料整理与评估。对收集的资料进行可靠性、一致性和代表性审查，并按照《导则》《细则》的要求对资料进行分析处理。

(4) 确定计算方案，编写技术大纲。分析城市洪水风险图编制范围的洪水来源、各洪水源对城市的影响，明确洪水分析需考虑的洪水源及其量级，以及各洪水源与量级的组合，设置洪水分析的溃口与溃决方式等，确定洪水风险分析方案，并编制技术大纲。

(5) 洪水分析，考虑编制区域内的主干河道和大型湖泊，堤防(包括防汛墙、海塘和圩堤等)、主干道路、铁路等线状工程与地物，剖分网格，设置网格、通道属性，设定模型的内、外边界条件，选取和设置模型参数，建立洪水分析模型，对模型进行率定、验证。根据确定的计算方案，开展洪水模拟，计算各方案洪水的淹没风险特征信息，包括可能淹没范围、淹没水深等，分析模拟结果。

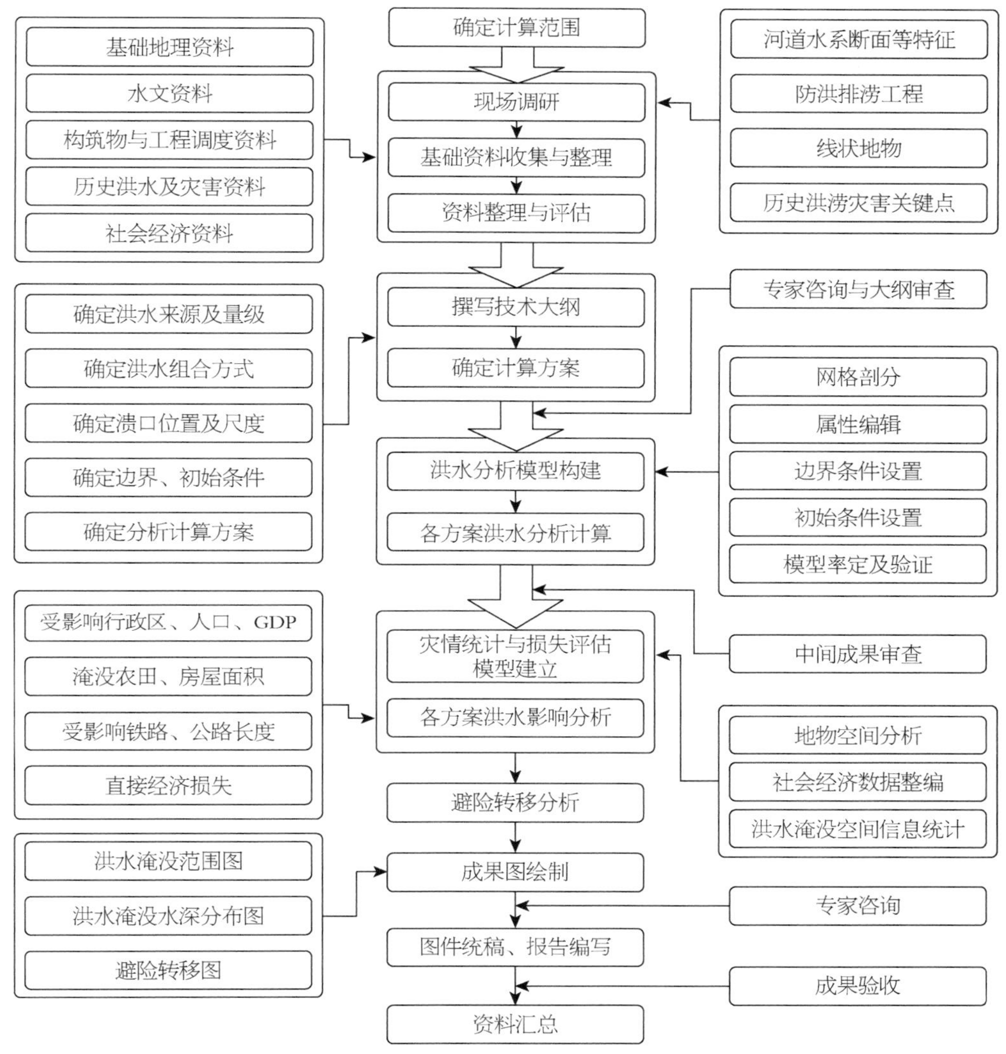

图 5-6 城市洪水风险图编制流程

(6) 洪水影响分析,以洪水分析计算结果为基础,建立灾情统计和损失评估模型,对所有分析方案开展洪水影响分析和损失评估。

(7) 避险转移分析,以洪水分析和洪水影响分析成果为基础,将不同量级洪水条件下各溃口的最大淹没水深分布范围叠加得到可能最大淹没范围包络图,综合人口分布、撤离道路、安置条件等进行避洪转移分析。

(8) 洪水风险图绘制,通过坐标转换、配准或拼接等,制作符合规范要求的基础信息专题图,根据洪水分析成果,生成洪水风险信息图层(包括淹没范围、淹没水深等),融合以上图层信息,按照规范要求,形成洪水风险图与避洪转移图。

(9) 编写洪水风险图编制报告,并对成果资料进行整理和汇总。

5.2 预警辅助平台

5.2.1 信息采集布局

5.2.1.1 信息采集

信息采集主要包括气象、水情、雨情、工情、灾情等实时监测信息，这些信息通过实时传输到防汛数据中心库，通过预警辅助平台展示，为各级防汛部门提供重要的实时水雨情信息系统，是防汛部门决策指挥的重要技术支撑。上海的防汛数据采集按采集方式，可分为实时与非实时两类。实时数据采集主要指由自动化采集手段采集的，具有较好的时效性。防汛数据由采集站点经智能感知网传输至行业单位或区县，再共享到数据支撑平台。非实时数据采集主要指由人工采集的数据。采集人员将手工采集的非实时数据录入相应业务系统，再共享到防汛数据支撑平台。数据传输是将采集到的信息，按约定的规则，将数据传输至数据支撑平台的过程[22]。

上海通过自建和共享，汇集了来自流域机构、江浙两省、气象、海洋、海事、城投、区县等不同单位和部门的数据信息，包括气象信息、水雨情信息、工情信息和灾情信息等，数据更新频率基本为每 5 min 1 次，基本实现了每个乡镇、水利控制片、重要地区、城市化高的地区都有测站的标准，为本市防汛部门提供第一手决策依据(图 5-7)。气象信息包括风速风向监测站信息和雷达云图、卫星云图信息，直观展示全市风速、风向、气压和气温等信息；水情信息包括黄浦江、杭州湾重要测站的潮位预报、太湖流域及上海各水位站监测信息，直观显示太湖流域、上海市及近海

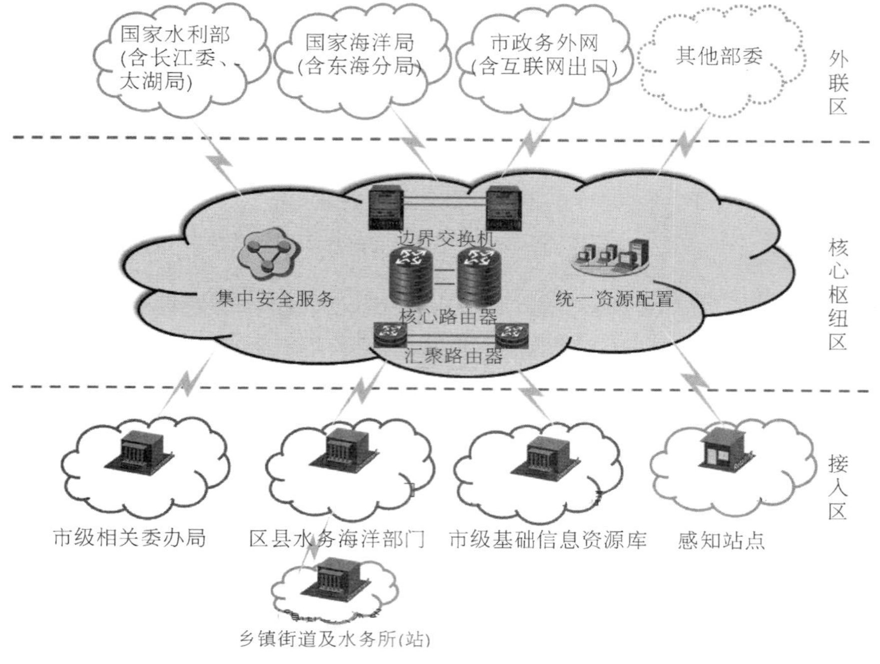

图 5-7 信息布局

的实时水位信息；雨情信息包括雨量站实时监测信息，能动态展示全市雨量分布情况。工情信息包括水闸和泵站等工况信息；灾情信息包括下立交积水监测信息和市民热线信息等，能够实时了解城市积水情况。

5.2.1.2 数据处理整合

数据整合主要对来自不同单位、不同来源、不同系统和模型产生的各类数据进行整合和标准化，提出规范的数据分类。同时，通过对云数据库群数据的分析，按照统一标准和统一管理体系，根据不同行业应用需求对数据进行分析、挖掘后，形成数据支撑面向防汛决策和相关行业应用的决策提供防汛数据支持。经过多年的防汛信息化建设，上海形成了一张网、一张图、一个数据中心、一个平台、一扇门户的格局，开发了各类防汛信息化应用，为协同、高效地服务防汛工作奠定了基础(图 5-8，彩图详见附图 D-12)。

5.2.2 汛情监测监控

汛情信息的实时监测监控是对防洪抗汛的有效手段，对于防汛部门科学制定防汛决策、合理调控调度至关重要。上海通过建设长江口、杭州湾和省市边界的水文监测站网，完善千里海塘、千里江堤、区域除涝、城镇排水“四条防线”的实时监测，全市重要水闸泵站的自动监测，以及重要圩区防汛设施的自动监测，不断完善对风、暴、潮、洪以及河道水位的感知监测，全面掌握汛情变化。

5.2.2.1 气象监测

上海市防汛数据中心通过与上海市气象局联网，接入了上海气象部门发送的与防汛相关的大量实时观测信息和预报信息、预警信息。发送的实时观测信息包括上海市境内气象站观测到的雨量、风向、风速、温度、气压、湿度等数据，多普勒超声波雷达云图，气象卫星云图，地面天气图，热带气旋和台风的相关信息；发送的预报信息包括气象报告天气分析报告、不定期发布的灾害性天气过程专题报告、天气预报等；预警信息包括台风、暴雨、大雾、高温、低温等，预警等级按灾害严重程度由低到高分为蓝色、黄色、橙色和红色四种。

5.2.2.2 水文监测

水文监测是水文水资源工作的基础，水文监测资料成果反映了自然水体的变化规律，是防汛、水工程规划设计以及水资源管理保护等的主要资料依据。上海市水情自动测报系统是为上海市各级防汛部门提供水雨情信息的重要实时信息系统，是上海市防汛决策指挥的重要技术支撑。目前，该系统已经成为市、区两级防汛部门汛期防汛工作的技术支撑，是上海抵御“台风、暴雨、高潮、洪水”侵袭，保障城市平稳正常运行的非工程体系的重要组成部分。

5.2.2.3 风暴潮监测

风暴潮是由强风或气压骤变等强烈的天气对海面作用导致水位急剧升降的现象。若风暴潮恰好赶上天文潮大潮阶段，则往往叠加产生异常高潮位，出现严重的风暴潮灾害。风暴潮一般可分为两类：一类是由热带气旋引起的台风风暴潮，主要发生在夏秋季节；另一类是由温带气

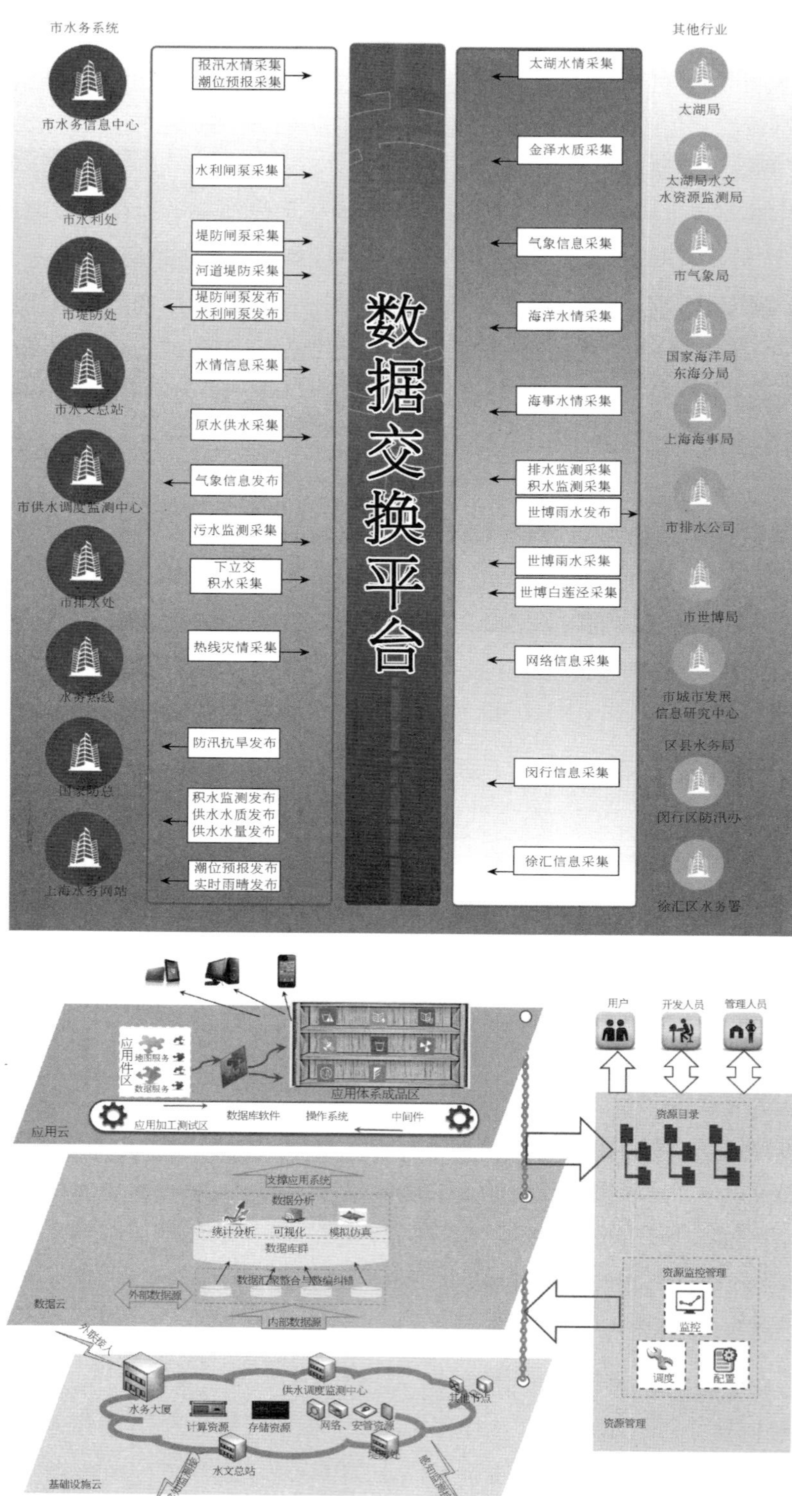

图 5-8　防汛信息数据整合示意图

旋引起的温带风暴潮，主要发生在秋冬季节。在我国，几乎一年四季均有风暴潮灾发生，平均每年出现 14 次 1 m 以上的风暴潮，并遍及整个中国沿海，其影响时间之长、地域之广、危害之重均为西北太平洋沿岸国家之首。上海地区主要以台风风暴潮危害为主。上海沿江沿海主要有来自水文、气象、海洋海事不同部门的包括水位、风速风向、气压等的监测信息，为上海风暴潮预报提供重要的数据支撑。

5.2.2.4 道路积水监测监控

实时监测道路低洼处、下穿式立交桥和隧道的积水水位，同时结合灾情巡查报送系统，将实时积水数据在市防汛指挥部 GIS 系统中发布、展示及共享。防汛指挥决策者可通过该系统获取各路段的实时积水水位，及时做出相应的排水除涝部署，同时可借助发布系统、广播、电视等媒体为社会公众提供出行指南，避免人员、车辆误入深水路段造成重大损失。

为及时掌握城市道路积水情况，最大限度地减轻灾害性强降雨给城市交通和人民生命财产安全造成的影响，市水务局、防汛办牵头组织开展下立交、道路积水及易积水小区监测系统的建设。自 2010 年开始建设下立交及道路积水监测系统至今，上海共建成了 400 多处下立交积水监测点。该系统在暴雨、台风等城市内涝灾害发生期间，为防汛决策指挥、道路积水风险预警和避险交通管制提供了最及时的数据支撑[1]。

5.2.3 预警预报

5.2.3.1 气象预报预警

根据上海市 2006 年发布的《关于贯彻中国气象局〈突发气象灾害预警信号发布试行办法〉实施意见》，上海市气象灾害预警信号分为台风、暴雨、高温、低温、大雾、雷雨大风、大风、沙尘暴、冰雹、雪灾和道路结冰预警信号十一类。预警信号总体上分为四级（Ⅳ、Ⅲ、Ⅱ、Ⅰ级），按照灾害的严重性和紧急程度，颜色依次为蓝色、黄色、橙色和红色，同时以中英文标识，分别代表一般、较重、严重和特别严重。预警信号由名称、图标和含义三部分构成。

上海市气象局负责预警信号发布的管理。市新闻宣传、通信管理等部门按照各自职责，协助做好预警信号的发布工作。上海中心气象台按照市气象局制定的程序，制作和统一发布本市预警信号，并根据天气变化情况及时予以更新、解除，同时通报相关部门和防灾减灾机构。区县气象台要在上海中心气象台的指导下，根据需要发布本地区预警信号。其他任何组织或者个人不得向社会公众发布预警信号或者其他气象灾害信息。上海市各类媒体要按照《上海市气象灾害预警信号及防御指引》中统一的信号名称和图标，在收到上海中心气象台直接提供的适时预警信号后，及时、完整、准确地播发。其中，广播、电视等媒体要在 15 min 内播发。预警信号的具体播发办法，由市新闻宣传部门会同市气象局制定。

在上海市气象部门发布的气象预警信号中，与防汛密切相关的主要为台风和暴雨预警，其信号和含义见表 5-1 和表 5-2。

表 5-1　　上海市气象预警信号——台风

预警信号	图　标	等级标准
蓝色	蓝 BLUE	24 h 内可能受热带气旋影响,平均风力可达 6 级以上,或阵风 7 级以上;或者已经受热带气旋影响,平均风力为 6～7 级,或阵风 7～8 级并可能持续
黄色	黄 YELLOW	24 h 内可能受热带气旋影响,平均风力可达 8 级以上,或阵风 9 级以上;或者已经受热带气旋影响,平均风力为 8～9 级,或阵风 9～10 级并可能持续。受热带气旋影响时,可能同时出现暴雨
橙色	橙 ORANGE	12 h 内可能受热带气旋影响,平均风力可达 10 级以上,或阵风 11 级以上;或者已经受热带气旋影响,平均风力为 10～11 级,或阵风 11～12 级并可能持续。受热带气旋影响时,可能同时出现暴雨
红色	红 RED	6 h 内可能或者已经受热带气旋影响,平均风力可达 12 级以上,或者已达 12 级以上并可能持续。受热带气旋影响时,可能同时出现暴雨

表 5-2　　上海市气象预警信号——暴雨

预警信号	图　标	等级标准
蓝色	蓝 BLUE	12 h 降雨量将达 50 mm 以上,或者已达 50 mm 以上且降雨可能持续
黄色	黄 YELLOW	6 h 降雨量将达 50 mm 以上,或者已达 50 mm 以上且降雨可能持续;或者 1 h 降雨量将达 20 mm 以上
橙色	橙 ORANGE	3 h 降雨量将达 50 mm 以上,或者已达 50 mm 以上且降雨可能持续;或者 1 h 降雨量将达 30 mm 以上
红色	红 RED	3 h 降雨量将达 100 mm 以上,或者已达 100 mm 以上且降雨可能持续;或者 1 h 降雨量将达 60 mm 以上

5.2.3.2 江河洪(潮)水预报预警

上海市防汛防台专项应急预案中针对江河洪(潮)水预警的规定如下:

(1) 当江河即将出现洪(潮)水时,各级水文部门应当做好水位预报,并及时向防汛指挥机构报告水位、流量的实测情况和未来趋势,为预警提供依据。

(2) 各级防汛指挥机构应当按照分级负责原则,确定洪(潮)水预警区域、级别和水位信息发布范围,按照权限向社会发布。

(3) 水文部门应当跟踪分析江河洪(潮)水的发展趋势,及时滚动预报最新水情,为抗灾救灾提供基本依据。

上海市黄浦江潮位预警由上海市防汛信息中心负责发布,预警信号一般通过电视、网络、报纸、户外显示屏、出版物等媒介向社会发布。其等级标准见表 5-3。

表 5-3　　上海市潮位预警信号

预警信号	图　标	等级标准
蓝色	蓝	黄浦江苏州河口站高潮位将达到或超过 4.55 m;吴淞站高潮位将达到超过 4.80 m;米市渡站高潮位达到或将超过 3.8 m
黄色	黄	黄浦江苏州河口站高潮位将达到或超过 4.91 m;吴淞站高潮位将达到或超过 5.26 m;米市渡站高潮位达到或将超过 4.04 m
橙色	橙	黄浦江苏州河口站高潮位将达到或超过 5.10 m;吴淞站高潮位将达到或超过 5.46 m;米市渡站高潮位达到或将超过 4.13 m
红色	红	黄浦江苏州河口站高潮位将达到或超过 5.29 m;吴淞站高潮位将达到或超过 5.64 m;米市渡站高潮位达到或将超过 4.25 m

5.2.3.3 台风暴潮预报预警

台风暴潮预报主要采用经验预报和数值预报相结合的方式,目前风暴潮数值预报模型较多,随着技术手段的不断发展,多路径集合预报受到应用部门的重视,是台风暴潮预报研究的趋势。

对于台风暴潮灾害预警,上海市防汛防台专项应急预案中针对台风暴潮灾害预警作了如下明确规定:

(1) 根据中央气象台发布的台风(或热带低压、热带风暴、强热带风暴)信息,上海中心气象台及各区(县)气象部门应当密切监视,做好未来趋势预报,将台风中心位置、强度、移动方向和速度等信息及时报告同级政府及防汛指挥部,并按照有关规定,适时发布预报预警信息。

(2) 上海海洋环境监测预报中心应当掌握海洋动态和潮位变化,按照有关规定,及时将风暴潮、巨浪预报预警信息报告市政府和市防汛指挥部,并发至有关区(县)防汛指挥部、重要涉海企业等。

(3) 可能遭遇台风袭击的地方,各级防汛指挥机构应当加强值班,跟踪台风动向,及时通知相关部门和人员做好防台风工作。

(4) 水务部门应当根据台风影响的范围,及时通知有关河道和湖泊堤防管理单位做好防范工作。各工程管理单位应当组织人员分析水情和台风带来的影响,加强工程检查,必要时实施预泄预排措施。

(5) 各职能部门应当加强对城镇危房、在建工程工地、仓库、道路附属设施、园林绿化、通信电缆、电力电线、户外广告牌等设施的检查,采取加固、拆除等措施,组织船只回港避风和沿海养殖人员撤离工作。

5.2.3.4 城市内涝预报预警

城市内涝预报预警是城镇内涝风险管理的重要手段之一。随着城市防汛减灾形势的严峻变化和安全保障要求的日益提高,传统的"内涝灾害控制"向"内涝风险管理"思路转变,提倡建立雨情、水情、灾情监测预警系统,结合暴雨内涝水力模型和实时模型平台,进行内涝灾害的在线模拟,发布内涝预警,并组织实施城镇内涝应急抢险救灾预案,将灾害影响降低到最低。

1. 城市内涝模型技术

排水系统水力模型是内涝预报预警的核心,根据排水区下垫面特性和管道、泵站等设施的基础信息,利用计算机技术求解基于圣维南方程的数学模型,可模拟不同条件下管网的运行状况和积水风险。

早期排水管网水力模型以一维水力模型为主,用于模拟管道中包括污水、渗入、径流在内的雨水和污水的流动,分析管段流速、深度和流量等水力要素值;更精确的城市内涝模拟常采用一维、二维耦合的水力模型,可模拟水流在地面的洪水演进,分析地面积水深度、流速、流向等水力要素值。

对于城市内涝模拟,须根据具体情况考虑管道与河道间的交互作用,酌情建立一体化排水模型,将管网、河道和相关排水设施或排涝设施同步进行模拟。

通过率定和验证,达到精度要求的模型可用于城市内涝预报预警。

2. 内涝实时模拟技术(Real Time or Live Model)

内涝实时模拟技术包括实时模拟预警技术和实时模拟平台技术。

实时模拟预警技术是目前内涝灾害应急处置的先进技术手段,应用于内涝灾害的快速预警。通常建立在一维、二维耦合水力模拟引擎基础上,通过连接气象预报、排水系统遥测数据等实时数据库,定期自动模拟水力运行状态并预报内涝灾害风险。雷达定量降雨预报、并行计算等技术为短时临近防汛预警预报创造了有利条件,现在可实现提前数十分钟或数小时预报可能发生的风险，并根据优化方案指导泵、闸等控制设施的调度。

实时模拟平台技术既有较为成熟的商业软件，也可采用定制开发集成方式，通过建立一个集成的数据处理平台，读取遥测的气象、水文等实时数据和气象预报数据，调用兼容的水力模型引擎进行自动计算，将预报结果通过自定义方式进行发布。

3. 城市内涝预报预警实践要求

实时防汛预警系统应能实现基于遥测数据和水力模型自动定期计算并发布预报结果的功能，由于排水系统响应时间相对较快，宜满足以下基本功能要求：

(1) 模型应能获取遥测系统最新实测降雨、水位、泵站运行等数据；模型须通过优化数据来源和备用数据等方式考虑数据缺失等异常情况的处理方式，避免出现错误预报。

(2) 模型应能获取雷达降雨预报系统最新预报降雨过程，预报降雨宜包含短临预报，预见期 6 h 以内，预报时间步长以 10 min 内为佳。

(3) 内涝预警模型应处于热启动状态，一旦出现暴雨预报或其他应急条件，即可自动进入预警模式。

(4) 内涝预警模型可对旱天和雨天采用不同的模拟频次，旱天可减少计算频次，在暴雨模拟预报时，须增加计算频次，根据模型计算花费时间并合理设置。

(5) 内涝预警模型应在率定好的离线模型基础上配置，不断测试模型精度并定期调整更新。

4. 上海市实时防汛预警模型试点系统案例介绍

1) 系统构成

上海市实时防汛预警模型试点系统的主要构成如图 5-9 所示，主要包括四个部分：遥测数据收集、雷达降雨预报、水力模型和预警发布。

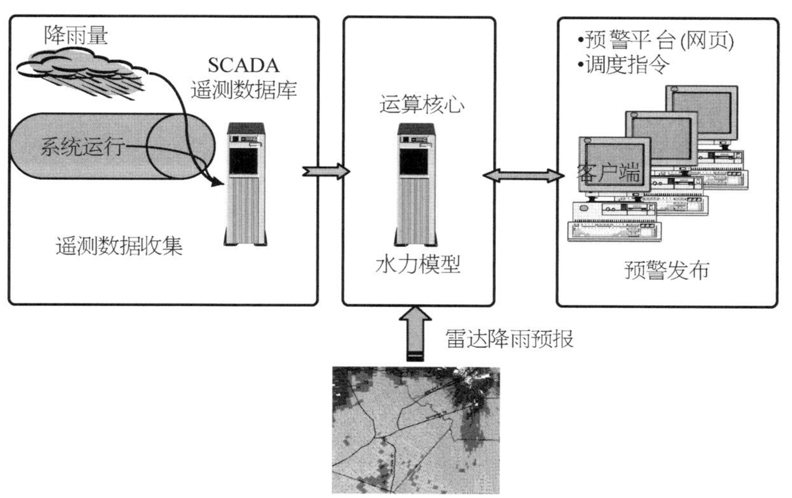

图 5-9　上海市实时防汛预警模型系统构成

遥测数据收集部分可以实现自动定期获取实测降雨量和排水设施运行监测等信息。雷达降雨预报接入上海市气象局精细化短临降雨预报产品。水力模型以监测数据和降雨预报为边界条件进行模拟计算,预测暴雨内涝风险、系统运行状态和泵站调度策略。预警发布主要通过开发的网页交互界面,实现预警信息的浏览、发布并提供应急调度建议。

2) 主要功能

(1) 运行浏览。提供基于数据采集与监视控制(Supervisory Control and Data Acquisition, SCADA)数据的三线图(排水公司常用泵站运行图,包含降雨量、水位、开泵数三条日变化曲线)、积水监测地图等图表,便于直观了解排水设施运行的基本情况。

(2) 预报预警。展示服务区域内预测将发生积水的位置、深度、时间和过程,泵站的前池水位变化、泵站排放量,积水监测点的水位过程变化。根据安全要求设定警报界限,超出界限触发警报,通过闪动、圆圈、图标颜色的改变或发送短信等方式显示预警信息。

(3) 辅助调度。根据预测积水点位置、积水深、退水时间,事先制定人员疏散、临时泵车等应急抢险预案;根据预报结果,指导泵站的启闭运行,根据方案比较,确定最优方案。

(4) 网络发布。以基于 Web 的用户交互界面展示预警结果,包含实时预警和情景分析两类结果。实时预警结合 SCADA 监测数据和模型在线模拟数据,采用地图形式动态显示地区泵站、易涝点、积水监测点的相关预报结果,如图 5-10 所示(彩图详见附图 D-13)。

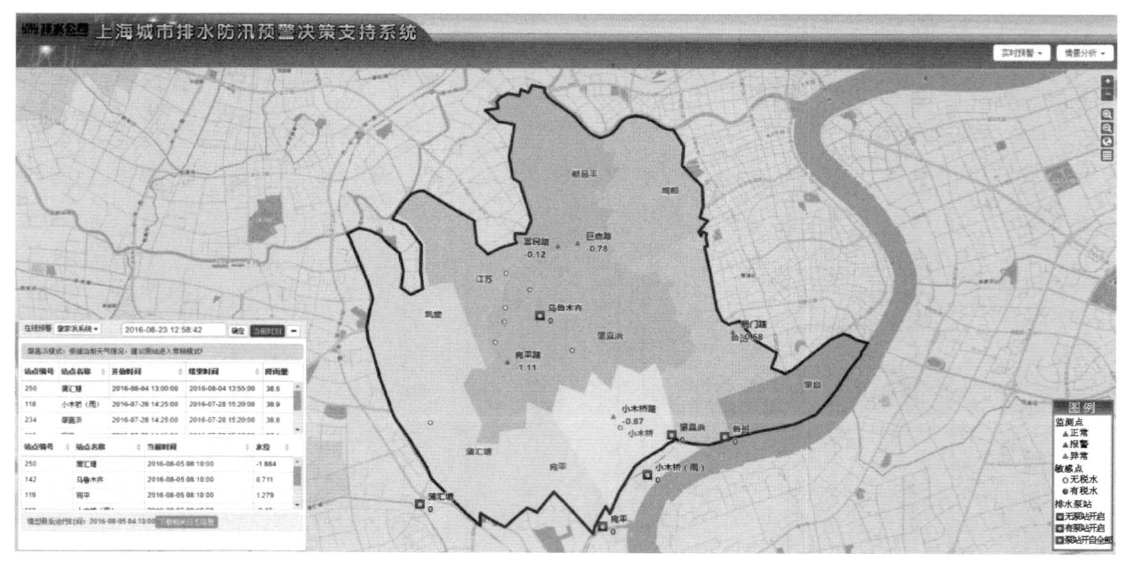

图 5-10　城区积水实时预警模型界面示例图

情景分析结合设计暴雨和历史暴雨模拟结果,为实时预警提供补充信息。展示 1 年一遇、3 年一遇、5 年一遇、50 年一遇、100 年一遇等不同暴雨强度,以及“麦莎”“海葵”等历史典型暴雨过程下,研究范围内的内涝模拟结果。同时也展示积水概率、内涝灾损分布、地铁内涝风险、道路积水风险、建筑内涝风险等致灾风险统计图表信息,如图 5-11 所示(彩图详见附图 D-14)。

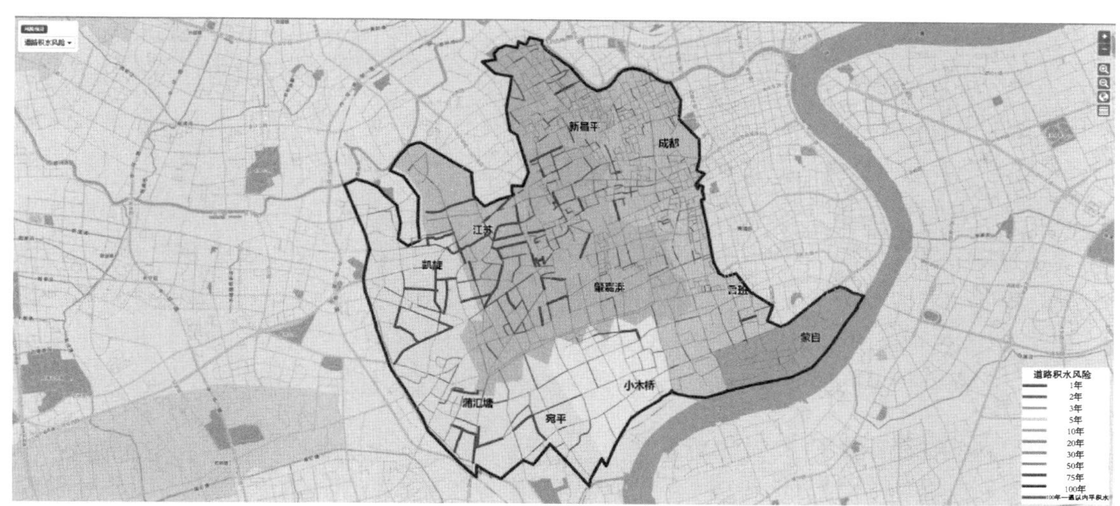

图 5-11 情景分析示例——道路积水风险

(5) 应用效果。为排水系统的运行管理和应急处置提供了在线决策支持。通过暴雨内涝的事先预报,支撑运行单位泵站调度、临时泵车等汛情应急抢险方案,统筹优化排水设施运行,实现标准内降雨不积水、超标准降雨退水快的运行目标,降低地区内涝风险。

5.2.4 智能指挥调度

上海防汛指挥信息系统集成了上海防汛应急排水调度指挥系统、上海市防汛物资管理信息系统、上海市防汛移动指挥平台等。

1. 上海防汛应急排水调度指挥系统

根据《上海市水务信息化"十三五"规划》有关"智慧防汛"和"智慧水网"建设要求,利用物联网、全球定位系统(Global Positioning System,GPS)/北斗卫星导航系统(BeiDou Navigation Satellite System, BDS)、地理信息系统(Geographic Information System,GIS)、移动巡查、音视频、无线网络等技术,2017 年上海市排水管理处建立了上海防汛应急排水调度指挥系统,形成市、区、队三级联动的移动泵车调度机制,实现排水现场音视频的及时报送,实现调度指令的实时下达,跟踪排水调度指令的处理过程和处置结果,保证防汛排水调度指挥领导人员、业务人员、移动泵车抢险人员、防汛抢险突击队等全面、实时、准确地掌握防汛排水的关键信息,合理、有效、科学地组织和调动抢险资源,提升移动泵车的运行效率,提高泵车管理调度的科学性。

该系统分为三大部分:指挥中心的 Web 版调度平台、抢险突击队现场的移动版 App 和排水泵车状态信息采集终端。指挥中心 Web 版调度平台主要实现应急调度的管理工作,包括车辆人员管理、预案执行与监管、车辆定位与跟踪、远程指挥调度、调度分析与决策、排水统计、效果评估和调度信息展示。抢险突击队现场的移动版 App 主要实现突击队的防汛防台预警信息发布,应急响应集结待命,并进行抢险任务的接单、处理、抢险路线导航、抢险预案调阅和任务执行情况的上报等工作。排水泵车信息采集终端主要实现泵车定位、视频监控和排水量信息的采集。

上海防汛应急排水调度指挥系统实现了移动泵车定位与排水现场音视频的及时报送，实现调度指令的实时下达，并可跟踪排水调度指令的处理过程和处置结果，提高了突击队调度管理的信息化水平。同时借助信息化手段，仔细研究分析了不同险情下使用的泵车类型，进一步规范了调度指挥流程，保证防汛排水调度指挥科学、合理、高效。在 2017 年"9・25"大暴雨影响期间，通过泵车智能调度系统(即上海防汛应急排水调度指挥系统)，突击队通过手机了解任务详情，并在规定时间内按照系统导航至抢险地点，并顺利完成抢险任务，抢险效率较过去有明显提升，期间有 12 支突击队约 60 余人次参与了紧急支援积水严重区域的抢险工作，共计发出抢险任务单 9 张，抢险时长约 120 h，完成 7 处险情的应急处置，排水量约 63 110 m^3。

2. 上海市防汛物资管理信息系统

目前上海市已基本建立市级(包括市重要物资储备领导小组储备的大宗防汛物资、市防汛专业物资)、区级、乡镇级三级防汛物资储备体系。上海市防汛物资实行"分级储备和分级管理相结合、自己储备和代为储备相结合、集中储备和分散储备相结合、统一调度和就近保障相结合"储备原则。市防汛专业物资储备总价在 3 300 万元左右(不包括 100 辆防汛移动泵车)，市财政每年落实 400 万元左右用于物资管理。为在防汛应急处置中保障物资快速、规范、有序地运送，建立了上海市防汛物资管理信息系统。

上海市防汛物资管理信息系统是参照国家防汛抗旱总指挥办公室《中央防汛抗旱物资储备管理办法》并结合上海城市防汛特点而构建的防汛物资管理顶层设计的信息系统，主要功能包括物资管理、仓库管理和应急调运。

物资管理功能包括物资的计划、采购、入库、出库、周期性报损、报废、汛前检查、汛后总结、物资管理费用申报等工作的全流程覆盖。

仓库管理功能包括仓库布点、仓库安防、仓库巡检等功能。

应急调运功能包括物资调动需求申请、指令下达、调运分析、路线选择和调运反馈评估等功能。

秉承科学防汛、智能防汛理念，上海市防汛物资管理信息系统必将在保障城市平稳运行和人民生命财产安全方面发挥更大作用。

3. 上海市防汛移动指挥平台

上海市防汛移动指挥平台主要由通信系统、业务系统、电源系统及装载平台组成，其总体架构如图 5-12 所示。

通信系统由远程通信系统和本地通信网构成。

远程通信是指挥车联通指挥中心的通道，采用 4G 路由器实现，考虑数据安全的问题，采用具备 VPN 功能的设备，采取数字加密技术对通道内信息进行加密。本地通信网是以车为中心可覆盖半径 2 km 的无线通信网络，采用多媒体集群调度一体化便携站构成，当突发事件发生时，多媒体调度一体化便携站在其覆盖范围内可实现手持终端的双向语音通信、集群对讲、高清

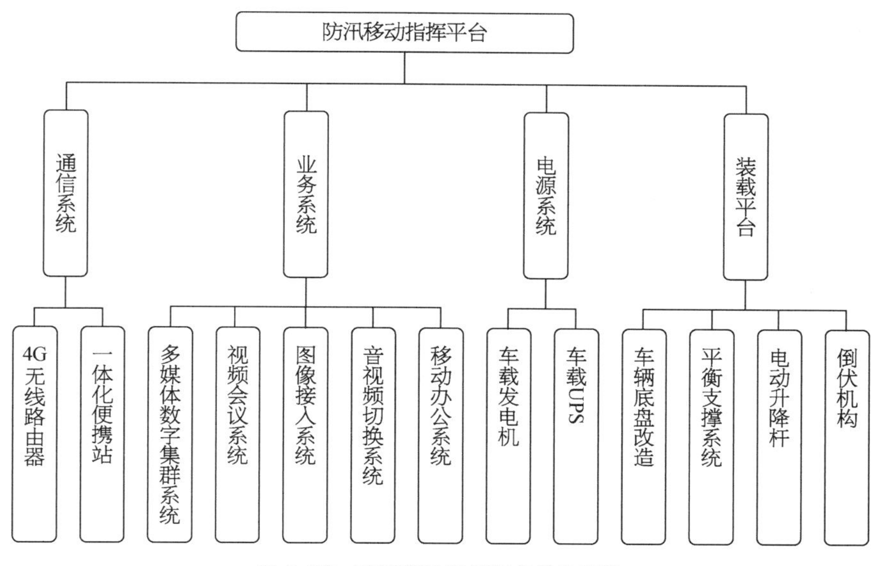

图 5-12 防汛移动指挥平台总体架构

图像采集等功能。通过远程通信可以迅速和远端指挥中心建立链路通信,满足语音、视频、数据的传输。

业务系统主要分为音响系统、视频会议系统、视频监控系统、指挥调度系统和移动办公系统。

(1) 音响系统:通过车内配置的功放、喇叭、话筒等设备实现车内的录放音。

(2) 视频会议系统:实现防汛指挥现场与后方指挥中心的视频会议。

(3) 视频监控系统:车顶摄像机和车内监控摄像机采集的图像进入硬盘录像机进行本地存储和显示,并可通过 4G 公网回传至后方指挥中心。

(4) 指挥调度系统:实现现场指挥调度功能,通过数字化单兵音视频传输终端将现场音视频画面实时,高清地传送到车载指挥调度中心,指挥中心快速地了解现场真实的视频直播,及时、高效地指挥调度。

(5) 移动办公系统:包括交换机、笔记本电脑、工控机等,主要实现各系统设备的互联互通,以及对各设备的性能监控,设备配置等功能。

电源系统由车载发电机和 UPS 组成,在具备市电的情况下,利用市电接口给防汛移动指挥车供电;在不具备市电的情况下,通过车载发电机和 UPS 保障了恶劣情况下防汛指挥平台的正常运行。

5.2.5 信息发布

防汛信息发布应当及时、准确、客观和全面。汛情及防汛动态等,由市防汛指挥部统一审核和发布;涉及灾害损失的,由市防汛指挥部会同市民政局审核和发布;重大、特大灾情需经市政府新闻办审核后发布。

5.2.5.1 信息发布方式

信息发布形式主要包括授权发布、统发新闻稿、组织报道、接受记者采访、举行新闻发布会等。

上海市防汛信息的发布平台由上海市防汛信息服务网、防汛短信集群传真发送平台、上海市水务公共信息平台和防汛移动应用(上海防汛水务海洋企业微信、上海防汛微信公众号)四个平台组成。

5.2.5.2 信息发布内容分类

1. 上海市防汛信息服务网

上海市防汛信息服务网向市区两级政府防汛部门、各有关业务单位的防汛工作人员提供全市防汛工作动态和水情、工情、灾情信息及气象水文预报,还提供知识咨询等多方面服务,保证和支持全市防汛防台、抗洪救灾工作顺利、有效地进行。

上海市防汛信息服务网已于2006年接入上海市政务外网。除可通过上海水务专网和上海市政务外网的网址进入,还可通过上海市水务局电子政务系统点击相关专栏链接进入。

网站主页面上的“综合汛情”“水情通报”“防汛准备工作”“防汛微博”“防汛专报”“热线灾报”等栏目,可以查询到上海市防汛指挥部发布的各项通告,如上海市防汛信息中心发布的水情通报,上海水务热线提供的灾情快报及其处理结果,市区(县)两级防汛部门和有关单位提供的防汛动态新闻,防汛部门的重大活动和交流交往,以及全国各地防汛部门的有关新闻报道等。其中最近的通告、通报、实时新闻和灾情快报可以直接在主页面上点击查询。

网站菜单栏上有“气象预报”栏目,其中包括子栏目“气象预报”“短时预报”“七天逐日预报”“一周预报”“一旬预报”“长期预报”“地面天气图”。点击菜单栏上的“风速风向”“台风路径”“卫星云图”“雷达云图”“实时雨量”“雨量日报”“实时水情”“水情日报”“水闸监测”“视频监控”等栏目,可以查询上海市防汛水情遥测系统、市区排水信息系统、郊区水闸泵站自动监测系统(一期)等提供的雨量、潮水位、内外河水位、风向风速等实时信息及其统计分析资料,上海防汛部门接收处理的卫星云图以及由上海气象部门提供的卫星云图和雷达云图,由上海中心气象台提供的天气和台风实时信息,由太湖局、海事局、海洋局等单位提供的上游和沿海水情实时信息等。其中吴淞、黄浦公园、米市渡、芦潮港四站实时水位、主要测站内河实时水位、上海防汛卫星云图以及由上海市气象局提供上海市防汛信息中心处理的当前台风路径信息等可以直接在主页面上查询。主页面一日四次实时更新上海中心气象台提供的气象报告。

上海市防汛信息中心还每天两次在网站主页面发布黄浦江干流米市渡、黄浦公园和吴淞三站以及杭州湾芦潮港站的高潮位预报,可与网上该站实时水位信息相对照。

当预报潮位超过一定高度时,网站发布不同级别的高潮位预警信号。

网站主页面上的“防汛动态”“应急预案”“防汛专报”“防汛手册”等栏目,可以查询国家和政府有关防汛的法律规章和政策措施,防汛部门发布的重要文件,全市各区(县)、各行业管理部门制定的防汛应急预案,以及防汛防台知识。上海市防汛信息服务网的运行维护由上海市防汛信息中心负责。

2. 防汛短信集群传真发送平台

防汛短信集群传真发送平台能够即时发布市防汛指挥部调度指令、紧急通知、会议通知、防汛预警信息、汛情信息及潮位预报信息等内容，解决了防汛工作应急管理任务重、突发性事件多、人员流动性大的问题，确保防汛期间指令畅通、快捷。短信传真发送平台支持信息定时定人集群发送、信息管理、定制信息、人员管理、工作组群管理。提供传真一件多址发布、接收信息反馈统计及管理、自动重发、人员管理、工作组群管理等功能。

短信传真发送平台可通过上海水务专网和上海市政务外网的网址进入，还可通过上海市水务局电子政务系统和上海市防汛信息服务网上的相关专栏链接进入。登录短信传真发送平台需要通过权限认证。

3. 上海市水务公共信息平台

上海市水务公共信息平台是一个强大的基于网络地理信息系统信息发布的平台。平台的设计针对防汛指挥、水资源管理、水生态环境整治、海洋管理、政务办公及相关专题应用的信息管理需求，体现数据共享和应用协同的理念，满足市、区两级信息系统建设的需要，通过海量数据网上快速显示，完善了基础数据平台，实现了与地理信息系统的配准复合。平台目前数据总量已超过 2 TB。

平台目前包括 100 多个地图图层，接入并整合了市水务局、市海洋局等十多个部门和单位以及长江流域、太湖流域、气象、海事、海洋等相关监测部门的实时监测数据。

监测监控信息主要包括气象、水情、雨情、工情、灾情等实时监测信息，数据更新频率为每 5 min 1次。气象信息汇集了全市 89 个风速风向监测站的信息和雷达云图、卫星云图，直观地展示全市风速、风向、气压和气温等信息；水情信息提供黄浦江重要测站(吴淞、黄浦公园、米市渡)的潮位预报、太湖流域及上海 268 个水位站的监测信息，直观地显示太湖流域、上海全市及近海的实时水位信息；雨情信息汇集了全市 642 个雨量站实时监测信息，能动态展示全市雨量分布情况；工情信息汇集了 134 个水闸和 300 余个泵站工况数据；灾情信息汇集了全市 578 个下立交积水监测信息和市民热线信息，能够实时了解城市积水情况。另外建立了自 1921 年以来比较详实的台风资料库，基于 WebGIS 实现了台风路径自动生成、动态告警、相关信息综合查询、7 级和 10 级风圈影响分析、相似路径智能查找等功能。

基础信息专栏提供多比例尺、多时相的基础数字地形图和遥感影像，包括 1：500、1：1 000 和 1：2 000 的电子地形图，多时相、多分辨率的遥感影像库包括中心城区 0.61 m 分辨率卫星遥感、全市 0.25 m 分辨率航空遥感，每年更新一次；提供区县、乡镇(街道)、行政村等行政区划信息，公路、铁路、桥梁等交通基础信息。

设施信息专栏提供全市的市管、区(县)管、乡(镇)管河道和湖泊信息，每 1～2 年校核更新一次；提供全市海塘护堤工程、海塘里程桩信息，每 5 年校核更新一次；提供黄浦江防汛墙、防汛墙里程桩、一线水闸、防汛闸门等信息，每年校核更新一次；提供市区排水系统、排水泵站、排水运营公司及范围、污水输送干支线、污水处理厂等信息，每年校核更新一次；提供水闸、排涝泵站、圩区、水利分片等信息，每年校核更新一次。

防汛应急管理专栏提供防汛“一网四库”即防汛工作联络网、防汛基础资料信息库、防汛专家资源库、预警预案管理库、抢险队伍物资库的信息，每年汛前更新，汛期内有变化即时更新。

水资源管理专栏提供原水和供水实时监测信息，更新频率为 5 min；提供水功能区划、取水口、排水户(污染源)等水资源管理信息，更新频率为 1 年；提供各类水资源统计报表、水资源评价数据和水资源预警信息。

网格化专栏引入了城市精细化管理的理念，形成定时、定量的堤防、海塘条段化巡查机制，把堤防、海塘的安全隐患控制在萌芽状态，提高了堤防、海塘的安全保障。

4. 防汛移动应用

“上海防汛水务海洋”企业微信号于 2015 年推出，仅面向全市防汛相关部门(单位)在职工作人员，以便获取防汛防台预警信号、水雨工灾情等信息。

“上海防汛水务海洋”主要包括防汛指挥、即时信息、申水快讯等栏目。防汛指挥栏目包括涵盖综合汛情、预报预警、云图信息、台风路径、风速风向、实时雨量、实时水位、水闸监测、积水监测、热线灾报、防汛知识等内容；即时信息栏目包括主动推送天气预报(每日 06:30 和 17:00 左右推送)、水情简报(汛期 10:00 和 15:00 左右)、防汛防台预警信号、新闻动态等内容；申水快讯栏目包括每日推送全市涉水重要新闻动态。

“上海防汛”微信公众号主要是让广大社会公众随时了解最新汛情动态和防汛相关知识，增强自我防护知识和避险自救能力。

同时，上海防汛的宣传方式还包括上海防汛政务微博、上海防汛今日头条号、上海防汛网易号。用户关注后可实时了解最新防汛动态。

5.3 防汛风险管理

5.3.1 指挥管理机构

完善的防汛组织机构，是做好防汛工作的重要保障。按照《中华人民共和国防洪法》《中华人民共和国防汛条例》的规定，有防汛任务的县级以上地方政府必须设立由防汛相关部门、当地驻军、人民武装负责人等组成的防汛指挥机构，领导指挥本地的防汛救灾工作。

按照国家法律、法规和《上海市防汛条例》的规定，上海市建立了市、区、街道(乡镇)三级防汛指挥机构，负责本行政区划内防汛工作的组织、协调、监督、指导等工作，并由各级防汛指挥部办公室负责处理日常工作；有防汛任务的部门和单位应成立防汛领导小组，负责本部门和单位防汛工作的组织、协调等日常工作。

1. 市防汛指挥部办公室

市防汛指挥部是市政府领导下的市级议事协调机构，负责全市防汛工作的组织、协调、监督、指导等工作。市防汛指挥部总指挥由市政府分管副市长担任,副总指挥分别由市政府分管副秘书长、上海警备区分管领导、市水务局局长、市住建委分管领导、市交通委分管领导、武警上海市总队分管领导等担任,市政府有关职能部门和相关单位分管领导为指挥部成员。市防汛指挥部办公室负责处理市防汛指挥部的日常工作,设在市水务局。

2. 区防汛指挥部办公室

各区政府按照市防汛指挥部的模式相应地设立区防汛指挥部,负责本地区防汛防台工作。区防汛指挥部办公室负责处理区防汛指挥部的日常工作。

3. 街道、乡镇防汛机构

街道办事处和乡镇人民政府设立防汛指挥机构或防汛工作部门,具体负责本行政区域的防汛防台工作。

5.3.2 防汛制度

1. 防汛工作责任制度

1) 行政首长负责制

行政首长负责制是全面落实防汛防台责任的关健,是所有防汛工作责任制的核心。各部门和单位的行政一把手是防汛防台的第一责任人,必须把防汛防台工作纳入党政的重要议事日程,主要负责人要亲自主持,全面领导和指挥防汛抢险工作,实施统一领导、统一指挥、统一协调。

行政首长负责制的主要内容包括以下几个部分:

(1) 贯彻实施国家有关防汛法律、法规和政策,组织制定本地区有关防汛预案(包括人员撤离方案),并督促各项措施的落实。

(2) 建立健全本地区防汛指挥机构及其办事机构。

(3) 按照本地区的防汛规划,加快防汛工程建设。

(4) 负责督促本地区各项防汛准备工作的落实。

(5) 贯彻执行上级防汛调度命令,做好防汛宣传和思想动员工作,组织防汛抢险,及时安全转移受灾人员和国家重要财产。

(6) 组织筹集防汛经费和物资。

(7) 组织开展灾后救助,恢复生产,修复水毁工程,保持社会稳定。

2) 分级责任制

根据防汛工程所处地区、工程等级和重要程度等,确定分级管理运用、指挥调度的权限责任,实行分级管理、分级调度、分级负责。

3) 分包责任制

为确保重点地区和主要防汛工程的度汛安全,各级政府行政负责人和防汛指挥部领导成员实行分片包干，将海塘、防汛墙、水闸、泵站的防守任务具体落实到人，责任到人，以利于防汛抢险工作的开展。

4）岗位责任制

工程管理单位的业务部门和管理人员，以及防汛工作的各个岗位都要制定岗位责任制，明确任务和要求，定岗定责，落实到人。对岗位责任制的范围、项目、安全程度、责任时间等，要作出明确规定。

5）技术责任制

在防汛抢险工作中，为充分发挥技术人员的专长，实现科学抢险、优化调度以及提高防汛指挥的准确性，凡是评价工程抗灾能力、确定预报数字、制定调度方案、采取的抢险措施等有关技术问题，均应由专业技术人员负责、建立技术责任制。重大的技术决策，要组织专家进行咨询、论证，以防失误。

2. 防汛应急响应制度

《上海市防汛防台应急响应规范》（以下简称《应急响应规范》），是上海市防汛指挥部办公室根据国家的有关要求和上海的防汛工作实际，为规范上海市的防汛防台应急处置工作而制定的有关制度，经市政府批准从 2006 年汛期开始试行，2018 年 5 月经修订，以沪汛部〔2018〕8 号文公布。

《应急响应规范》主要分为 5 个部分，即Ⅳ级应急响应（蓝色），Ⅲ级应急响应（黄色），Ⅱ级应急响应（橙色），Ⅰ级应急响应（红色）及其他说明。《应急响应规范》对各等级响应标准、响应行动、响应防御提示及对分区响应的工作做出了规定。

3. 灾情险情报告制度

1）报送原则

汛情、工情、险情、灾情等防汛信息实行分级上报，归口处理，同级共享，分为首报、续报和终报，原则上应以书面形式逐级上报，由各级防汛指挥部门或其办事机构负责人签发。紧急情况下，可以采用电话或其他方式报告。

2）报送时限

险情、灾情发生后，各区县防汛指挥部、职能部门和责任单位，要按照《上海市防汛突发险情灾情报告管理办法》的规定，在组织抢险救援的同时，及时汇总相关信息并迅速报告。一旦发生重大险情、灾情，必须在接报后半小时内向市防汛指挥部值班室口头报告，在一个半小时内向市防汛指挥部值班室书面报告。报市政府的重大险情、灾情信息，应同时或先行向市防汛指挥部值班室报告。特别重大或特殊情况，必须立即报告。

3）报送内容

应包括雨情、水情、风情、险情、灾情、防汛抢险工作以及面临的主要问题和要求解决的困难等。

首报是指突发险情、灾情发生后，在确认险情或灾情已经发生时，应在第一时间将所掌握的有关情况向上一级防汛指挥部门报告,有关防汛指挥部门应在第一时间内向市防汛指挥部办公室报告。

续报是指在突发险情、灾情发展过程中,有关防汛指挥部门根据险情、灾情发展及抢险救灾情况,对报告事件的补充报告。

终报是指险情排除、灾情稳定或结束,要求按"报告内容",详细说明险情发生的时间、地点、原因、现场指挥、抢险救灾人员、抢险物料、抢险措施及损失情况等,并要求附险情、灾情图片。

各级防汛办要与同级党委和政府的信息部门、水务、民政、市政、房地、绿化、市容、电力等单位加强信息交流,确保信息的准确和及时上报。

各区防汛指挥部、相关单位、部门要与毗邻区域加强协作,建立突发险情、灾情等信息通报、协调渠道,一旦出现突发险情、灾情影响范围超出本行政区域的态势,要根据应急处置工作的需要,及时通报、联系和协调。

4. 防汛信息发布制度

为确保防汛信息及时、准确、客观、全面地发布,市防汛指挥部建立了新闻发言人制度。防汛防台的重要情况,统一由市防汛指挥部新闻发言人对外发布,重大的防汛防台新闻,由新闻发言人组织新闻发布会,由市防汛指挥部或市防汛办领导发布。

本市的汛情及防汛动态等,由市防汛指挥部统一审核和发布;涉及灾情的,由市防汛指挥部会同市民政局审核和发布;重大、特大灾情经市政府新闻办审核后发布。

信息发布形式主要包括授权发布、散发新闻稿、组织报道、接受记者采访、举行新闻发布会等。

5. 防汛培训制度

防汛培训采取分级负责的原则,每年汛前由各级防汛指挥机构统一组织。培训应做到合理规范课程、考核严格、分类指导,保证培训质量。培训应结合实际,采取多种形式组织,对各级防汛领导和工作人员重点进行法律法规、预案编制、应急响应、指挥调度、险情报告、灾情统计等防汛业务技能培训,全面提高防汛应急处置能力。对各类防汛抢险专业队伍重点进行抢险技术技能培训,并开展抢险实战演练,真正做到思想、组织、技术、物资、责任"五落实"。

5.3.3 防汛预案

上海市突发事件应急预案体系由总体预案、专项预案、部门预案等组成。防汛预案是防御自然灾害的一个专项预案,是需要市政府批准的 7 大专项预案之一,在上海市预案体系中地位明显。防汛预案是指对台风、暴雨、高潮和洪水可能引起的灾害进行防汛抢险、减轻灾害的对策、措施和应急部署,包括防汛风险分析、组织体系与职责、预防与预警、预警响应、应急保障、后期处置等内容。

《防洪法》和《上海市防汛条例》对防汛预案有明确的表述,对各级防汛预案的编制主体、批准程序、修改要求、演练评估都作了明确的规定。

上海市防汛预案由市水务局根据市防汛专业规划、防汛工程设施防御能力和国家规定的防汛标准，组织有关部门编制，报市人民政府批准后实施；各区防汛预案由区水行政主管部门根据市防汛预案和区防汛专业规划的要求，组织有关部门编制，报区人民政府批准后实施，并报市水行政主管部门备案；市和区防汛预案确定的有防汛任务的部门和单位应当根据防汛任务的要求，结合各自的特点，编制本部门、本单位的防汛预案，并报其主管部门及同级水行政主管部门备案；其他部门和单位应当制定防汛的自保预案。

防汛预案的修改按原编制、批准、备案程序办理。

各级防汛指挥机构，有防汛任务的部门和单位应当按照防汛预案的规定，定期组织应急演练和评估。

5.3.4 防汛检查

1. 检查原则

防汛检查是在“安全第一，常备不懈，以防为主，全力抢险”的防汛工作方针指导下，对防汛工作的“思想落实、组织落实、措施落实”进行检查，目的是为了及时发现和消除防汛安全隐患，确保安全度汛期。防汛检查要严格按照“六不放过”(即没有检查过的地方不放过，检查中发现隐患和薄弱环节的不放过，造成隐患和薄弱环节原因没有弄清楚的不放过，整改措施不落实的不放过，责任人不明确的不放过，责任人没有受到处理的不放过)原则，有针对性、不间断地进行，督促各种防汛措施的落实，把隐患和事故消灭在萌芽状态。有防汛责任的单位都应建立防汛检查登记本，对每次的防汛检查都必须详细记录。

防汛检查有防汛责任单位自查、防汛专业单位检查、防汛管理部门抽查；也有汛前检查、汛中专项检查和隐患整改后复查。

2. 检查重点

1）对重点部位的防汛检查

一是一线堤防。上海市共有一线海塘和黄浦江等一线堤防逾 1 100 km，涉及全市 16 个区，历来是上海市防汛工作的重点。

二是城镇排水管网。排水管道、窨井、进水口是否畅通正常，直接影响防汛排水安全，排水管理养护部门加强暴雨时的量放水工作，同时如有多条路段被列为易积水点，应由排水部门专人负责巡视管理。

三是地下空间。截至 2017 年，上海共有地下生产、生活服务设施，地下公共基础设施和轨道交通及附属设施等地下工程的总建筑面积约 8 000 万 m^2，由各级民防部门和各业主单位负责日常管理。检查重点放在是否挡得住、排得出，进出口是否设置挡板或闸门，是否安装进水积水报警装置。

四是旧房简屋。上海市的旧式里弄住房和简屋有数百万平方米，一直是各级房管、物业部门重点监管的对象。

五是低洼地区。上海市西部的松江、金山、青浦三区是低洼地集中地区，主要靠 303 个圩区内的水闸、泵站排水。由于排涝标准相对较低，易受外洪和内涝影响，是上海市防洪除涝的重点地区。

六是高空构筑物、建设工地。截至 2017 年，上海有高层建筑 3 万多幢，其中超高层建筑 600 多幢(100 m 以上)；全市每年都有大量的建设工地，塔吊、脚手架、简易工棚和高空户外广告设施，是汛期防汛部门检查的重点。

2) 对重点部门的防汛检查

市防汛指挥部成员单位有 36 个，都是防汛的重点部门，特别是气象、水文、海洋、电力、通信、建管、绿化、房地、市容环卫、港口、海事等更与防汛工作密切相关，各部门要做好本部门和行业的业务保障与防汛安全工作。

3) 对重要地区的防汛检查

商业、金融、交通等地区，如外滩中央商务区、陆家嘴、南京路步行街、人民广场、铁路上海站、虹桥机场、浦东机场等都是防汛的重要地区，一旦出事社会影响很大，应重点开展防汛检查。

3. 检查时间

防汛检查实行汛期、非汛期并重，汛前、汛中、汛后并重，把防汛检查贯穿全年始终。

各级防汛管理部门应当在汛期来临之前对辖区内的各防汛业务单位的防汛准备工作进行检查，对重点部位、重点部门、重要地区进行防汛准备工作检查；根据预案在台风、暴雨、高潮、洪水来临前对容易受灾的地区或部位进行防汛突击检查；对检查中发现有隐患的要按照“六不放过”的要求跟踪督促检查。

5.3.5 预警发布

5.3.5.1 气象预报预警(2017 版防汛预案)

气象、水文、海洋部门应当加强对灾害性天气与海洋环境的监测、预报和预警，并将结果及时报送市(区)防汛指挥部。当预报即将发生严重洪涝灾害和台风暴潮灾害时，市(区)防汛指挥部应当提早预警，通知有关区域做好相关准备。当江河发生洪水和台风暴潮来临时，水文、气象和海洋部门应当加密测验时段，及时上报测验结果，雨情、水情应当在 1 h 内报市防汛指挥部，重要站点的水情应当在 30 min 内报市防汛指挥部，为防汛指挥机构指挥决策提供依据。

5.3.5.2 江河洪(潮)水预报预警

(1) 当江河即将出现洪(潮)水时，各级水文部门应做好水位预测预报工作，及时向防汛指挥机构报告水位、流量的实测情况和未来趋势，为预警提供依据。

(2) 各级防汛指挥机构应按照分级负责原则，确定洪(潮)水预警区域、级别和水位信息发布范围。黄浦江潮位预警信息由市防汛信息中心依照《黄浦江高潮位预警图形符号》，适时向社会发布。

(3) 水文部门应跟踪分析江河洪(潮)水的发展趋势,及时滚动预报最新水情,为抗灾救灾提供基本依据。

(4) 各级防汛机构应按照市防汛指挥部发布的防汛防台预警信号,及时检查落实各项防范措施。

5.3.5.3 台风暴潮预报预警(2017 版防汛预案)

(1) 根据中央气象台发布的台风(或热带低压、热带风暴、强热带风暴)信息,上海中心气象台及各区气象部门应当密切监视,做好未来趋势预报,将台风中心位置、强度、移动方向和速度等信息及时报告同级政府和防汛指挥部,并按照有关规定,适时发布预报预警信息。

(2) 上海海洋环境监测预报中心应当掌握海洋动态和潮位变化,按照有关规定,及时将风暴潮、巨浪预报预警信息报告市政府和市防汛指挥部,并发至有关区防汛指挥部、重要涉海企业等。

(3) 可能遭遇台风袭击的地方,各级防汛指挥机构应当加强值班,跟踪台风动向,及时通知相关部门和人员做好防台风工作。

(4) 水务部门应当根据台风影响的范围,及时通知有关河道和湖泊堤防管理单位做好防范工作。各工程管理单位应当组织人员分析水情和台风带来的影响,加强工程检查,必要时实施预泄预排措施。

(5) 各职能部门应当加强对城镇危房、在建工程工地、仓库、道路附属设施、园林绿化、通信电缆、电力电线、户外广告牌等设施的检查,采取加固、拆除等措施,组织船只回港避风和堤外作业人员撤离工作。

5.3.5.4 城市内涝预报预警(2017 版防汛预案)

当气象预报将出现较大降雨时,各级防汛指挥机构应当按照分级负责原则,确定雨涝灾害预警区域、级别,按照权限向社会发布,并做好排涝的有关准备工作。必要时,通知低洼地区居民和企事业单位工作人员及时转移。

5.4 抢险救灾与保险援助

5.4.1 抢险处置

不同的防汛工程抢险根据其工程特点和险情特点采用不同的处置方法。本书按海塘堤防、排涝泵闸、排水系统和地下空间等几大类分别进行阐述。

5.4.2 海塘堤防

1. 海塘堤防工程险情特点

海塘堤防工程受自然因素作用和人为活动影响,其工作状态和抗洪能力会不断发生变化,容易产生工程缺陷或出现其他问题,如不能及时发现和处理,一旦汛期出现高水位,往往会使工程结构或地基受到破坏,工程的防渗挡潮功能丧失,危害防汛安全。这就是通常说的险情,上海市的海塘堤防工程险情有下列显著特点：

(1) 可能造成的损失大。上海是一个特大型城市，人口密集、经济发达，一旦出现险情，其损失非常大。21 世纪以来，上海地下建筑急速增加，隧道、地铁陆续建成，一旦防汛出现险情对这些工程设施的影响更为严重，除了经济、财产损失之外，灾害带来的社会影响更是难以估量。

(2) 低潮位时也可能出现险情。高潮位时，若堤防失守，江河横溢，固然会造成重大的灾情。在上海地区，潮水位时涨时落，低潮位时，地下水位较高，若防汛墙墙后超载、墙前超挖，就有可能出现地基整体滑动的险情，近几年蕰藻浜、淀浦河等处就出现过这种情况。

(3) 险情征兆不明显。上海目前的堤防工程基本上都是钢筋混凝土结构，一般比较稳固和完整，部分地基被掏空时，整体结构不会立刻失事。但是，一旦工作状态发生显著变化，就可能突然出现险情，危及安全。而且，地基土体的流失一般都是被落潮时的反向渗流带入河道中，平时不容易被察觉。

(4) 抢险条件比较差。贯通的道路、宽敞的场地、充足的土源是防汛抢险顺利实施的有力保障。尽管近年来，尤其是经历了 2010 年上海世博会的建设，市区黄浦江两岸防汛通道有了比较明显的改善，尤其是黄浦江上游段两岸基本形成了贯通的防汛通道，但是目前在浦江两岸部分地区，临江还有不少建筑，给防汛抢险的交通和场地造成了较大的困难。另外，路面和场地的固化也大大减少了沿江可以提供的土源。

(5) 工程存有隐患。包括堤身和堤基隐患，如动物洞穴、腐殖质(腐烂埽体)、残留树根、沟壕洞穴等，在洪水期间高水位作用下，极易发生严重渗水、管涌等险情，甚至诱发漏洞。

2. 海塘堤防险情分类

根据险情的特征，一般将堤防常见险情划分为陷坑、漫溢、渗水、风浪、管涌、裂缝、漏洞、滑坡、坍塌共九类(常称为九大险情)，若加上地震险情引起的海塘险情可称为十大险情。另外，上海地区连接一线堤防的防汛闸门、潮闸门井等建筑物，由于其重要性与防汛墙(堤)相等，对于防汛闸门、潮闸门井出现的漏水、失控等险情也列入了抢险工程范围之内。

1) 陷坑(塌陷)

是指防汛墙墙后地面或土堤(堤顶、堤坡、戗台及坡脚附近)突然发生的局部下陷而形成的坑。

发生陷坑险情后，既破坏堤防的完整性，又可能缩短渗径，甚至伴随发生渗水、管涌、漏洞等险情。

2) 漫溢

防汛墙(土堤)局部沉降等导致堤顶标高低于设计高水位而引起的洪水漫顶现象称为漫溢，由此所造成的险情称为漫溢险情。

发生漫溢会造成堤防严重冲刷、坍塌，甚至导致决口。

3) 渗水

高水位期间，在临背河较大水位差渗压作用下，临河的水将向堤身和堤基内渗透。如果堤防基础土料选择不当，施工质量不好，则渗透到堤防内的水会更多，致使背河坡下部、墙后地面、堤脚附近或堤脚以外附近地面将出现湿润、松软、有水渗出的现象，称为渗水。

渗水在堤身内的水面线（水面与横截面的交线）称为浸润线，对应浸润线的出水点称为出逸点，如图 5-13 所示。

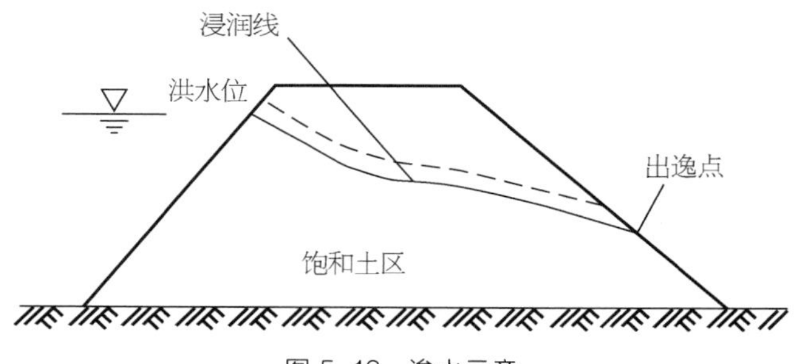

图 5-13　渗水示意

4）风浪

汛期高水位时，临河水深增加、水面加宽，若风力大、风向垂直或近乎垂直吹向堤坝，将在风的吹动作用下形成冲击力强、吹向堤坝的波浪（习惯称为风浪），堤坝临水坡在风浪一涌一退地连续冲击下将遭受冲刷或淘刷破坏，如使堤坡形成陡坎或发生坍塌等险情，也可能因风浪壅高水位和顺坡爬高而导致漫溢险情的发生。防止堤坡遭受风浪冲击破坏或对已遭受风浪冲击破坏的堤坡及时进行抢护称为防风浪抢险。

5）管涌

汛期高水位期间，在临背河较大水位差渗压作用下，在防汛墙墙后地面及背河堤脚附近或堤脚以外附近的坑塘、洼地、稻田等处可能出现翻沙鼓水现象，一种是土体（多为沙性土、沙砾石）中的细颗粒通过粗颗粒之间的孔隙逐渐被渗流挟带冲出，类似于冒出“小泉眼”水中带沙粒，出水口处形成沙环，称为管涌，如图 5-14 所示。另一种是发生在黏性土或颗粒均匀的无黏性土体中，渗流出口局部土体表面被顶破、隆起或击穿（某范围内的土颗粒同时起动被渗水带走），出口局部形成洞穴、坑洼，称为流土。管涌和流土统称为翻沙鼓水。

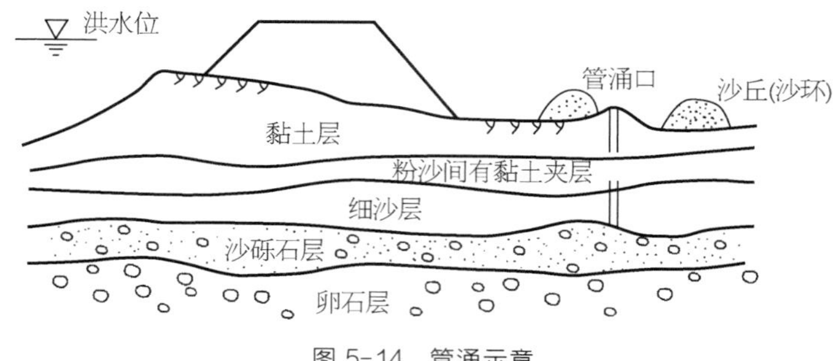

图 5-14　管涌示意

6）裂缝

裂缝是一种隐患或险情，除滑坡、坍塌前发生裂缝外，因土石接合部不密实、黏土干缩、不均匀沉陷、两工段接头不好、松散土层等因素都可能导致堤防发生裂缝。按其出现部位分为表面裂缝和内部裂缝；按其走向分为纵向裂缝（平行于大堤轴线）、横向裂缝（垂直于堤轴线）、龟纹裂缝（方向不规则，纵横交错）；按其成因分为不均匀沉降裂缝、滑坡裂缝、干缩裂缝、冰冻裂缝、震动裂缝；等等。其中，横向裂缝和滑坡裂缝的危害性较大，贯穿性横向裂缝最危险，干缩裂缝多发生在表层且多呈龟纹裂缝。

7）漏洞

在长时间高水位作用下，在堤坝背河坡或坡脚附近出现横贯堤身或堤基的流水孔洞，称为漏洞，即漏洞是贯穿堤身或堤基的流水通道，如图 5-15 所示。因堤身内有隐患（如动物洞穴、腐烂树根、解冻土块等）、修堤质量差或土石接合部不密实、堤基内有老口门或古河道等，都可能在高水位长时间偎堤时形成漏洞。

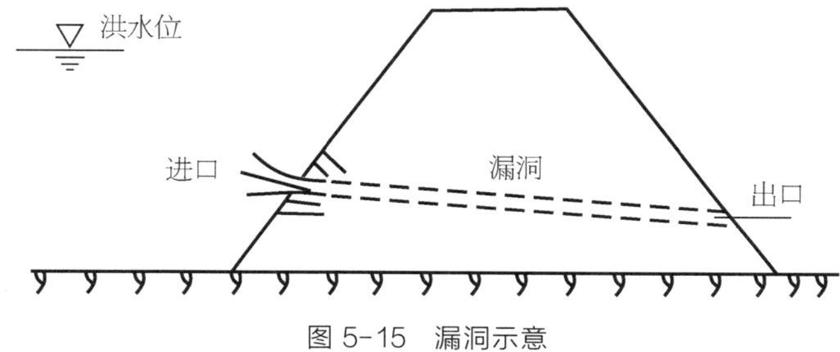

图 5-15　漏洞示意

8）滑坡

堤坡或堤坡连同堤基部分土体失稳滑落，同时出现趾部隆起外移现象，称为滑坡（也称为脱坡）。滑坡开始是在堤顶或堤坡上出现裂缝，随着裂缝的发展部分土体沿曲面（滑裂面）向下滑落，即形成滑坡。滑坡后，裂缝两侧土体有明显错动，滑动体下部有隆起现象，如图 5-16 所示。

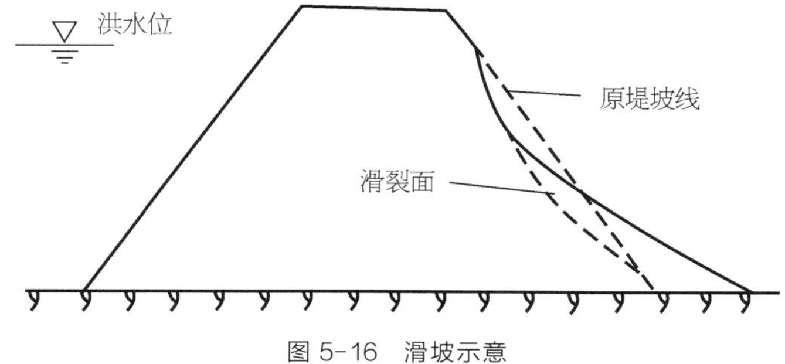

图 5-16　滑坡示意

边坡过陡、长时间高水位浸泡和渗水作用下、防渗排水效果不好、堤基内有淤泥层或液化土层、坡脚附近有坑塘、堤坝质量差、高水位骤降等都可能导致滑坡。

9）坍塌

坍塌是堤坝临水面土体崩落的险情，如图 5-17 所示。堤身受到水流冲刷（如大溜顶冲、顺堤行洪）、风浪冲撞淘刷、堤岸抗冲能力差、水位骤降等，都可使临河堤坡土体因坡度变陡、上部失稳而形成坍塌。

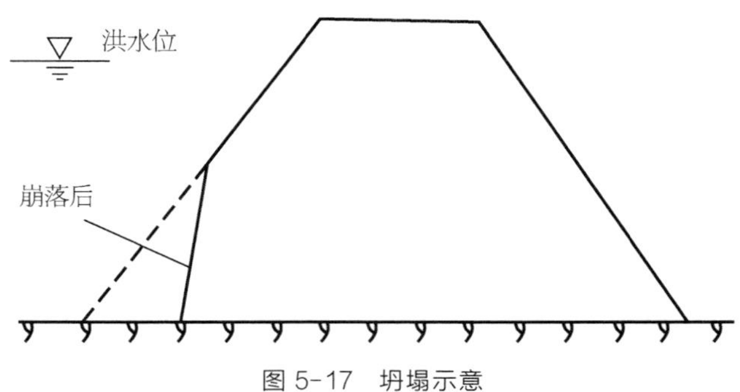

图 5-17　坍塌示意

坍塌分为崩塌和滑脱两种类型。岸壁陡立，土体多呈条状或阶梯式陆续倒塌入水，称为崩塌；滑脱是一部分土体向水内滑动。

10）防汛闸门、闸门井相关险情

堤防上常见的防汛闸门形式有人字门、横拉门、平开门、翻板门等。潮闸门井一般为“双口”形式。防汛闸门及潮闸门井的损坏除了设计不当、施工质量差或管理不善等方面的原因外，最主要的是使用过程中不规范操作所造成。

常见的险情有防汛闸门无法关闭或关闭不严及潮水倒灌，造成周边地区积水危害。

3. 海塘堤防险情抢险处置

1）渗水、管涌、流土、漏洞等抢险

渗水、管涌、流土、漏洞等险情均属于渗透破坏，须遵循前截渗、后导渗的抢险原则，以减小渗压和出逸流速，目的是滤土排水，保持土体骨架稳定。

（1）渗水抢险：加强观测，渗水量变化或出现浑水时要及时抢险，按管涌、流土的抢险措施。

（2）管涌、流土抢险：采用上游用黏土堵，下游用反滤排，或在涌水口处修筑月堤，充水减少上下游水头，降低水压力比降。

（3）漏洞抢险：查明进水口，根据进水口大小和土质软硬情况，采用盖板或软草捆、棉被、帆布或土工布等先堵塞洞口，再上压袋装土。未查明进水口或进水口较多且分散时，可在临河一定范围内抛土袋堵漏。背水侧还需同时做反滤围井。水落后修筑前戗。

（4）裂缝抢险：顺堤裂缝，如果缝短浅，可用土灌填，并覆盖防雨布，防止雨水流入，深大裂缝的抢险按滑坡抢险；当横向裂缝尚未贯穿流水时，修筑前戗堵闭并灌填夯实裂缝；已发生流水时，可按漏洞抢险方法。

2）滑坡抢险

（1）临河滑坡：滑体尚未坍落时，滑体上部应削坡减重，滑体下部抛砂、石、土袋等重物阻滑；已坍落时，坡脚抛石或抛土袋镇脚，临水坡削成缓坡，背水坡加固或抢修月堤。

（2）背河滑坡：滑体尚未坍落时，修筑滤水后戗等，以防滑体坍落；已坍落时，用柴土还坡、镇压、反滤，维护堤防抗洪能力。

3）跌窝抢险

无渗漏跌窝时，可将窝内松土清除，分层填土夯实。渗漏跌窝、临河跌窝、背河有集中渗流或背河有跌窝，且窝内渗水严重时，按渗漏抢险处理。

4）堤岸崩塌抢险

对于风浪崩岸，用挂柳、排枕减浪，或用土袋、桩柴护坡等防浪。对于水流冲刷崩岸，可抛石块（或土袋）、柳石枕、石笼等护脚以保护堤岸土体。

5）漫溢抢险

抢修土子埝或袋装土子埝，迎水面采用彩条布防护以防止风浪淘刷及防渗。

6）穿堤建筑物险情抢险

建筑物与堤体接触面渗水，同渗透破坏抢险。建筑物滑动：对于平面滑动，在建筑顶部加压重；对于圆弧滑动或混合滑动，应在建筑物下端地基隆起部位压重阻滑。如已发生滑动，则应在临河面强堵。

5.4.3 排涝泵闸

1. 泵闸工程险情特点

上海地区泵闸工程多数建于软土地基上，由于地基条件差和水头低且变幅大两大主因，极易发生险情，危及工程防洪安全。特别是洪水发生频率较低，隐患不易发现，汛期突来大水，令人猝不及防。

2. 泵闸险情分类

泵闸工程一般险情包括泵闸地基渗漏、泵闸与土堤结合部渗漏水、主体结构开裂、工作闸门无法正常运行、清污机设备损坏、水泵停机等。

3. 泵闸险情抢险处置

1）泵闸地基渗漏破坏抢险

泵闸地基渗漏破坏的抢护原则是：上游截渗、下游导渗和蓄水平压，尽量减小上下游水位差。一是在闸涵上游渗漏部位（有小漩流或其他渗水迹象的）铺土工膜或苫布，上抛土袋压盖，渗漏不明显的用船在渗漏区抛黏土形成铺盖防渗；二是在下游冒水冒沙区域填筑反滤围井或分层压填反滤盖重；三是在闸涵下游筑围埝蓄水平压。

2）泵闸与土堤结合部渗水、漏水抢险

与堤坝发生渗漏时的处理方法类似，最好先在临水面查明进水的缝隙或洞口，堵截水的来源；其次是在背水面采取反滤措施，或在安全允许、条件可能的情况下紧急挖填翻修，堵塞漏水通道。若漏水不甚严重，进水口又不易找到时，可在缝隙处用黏土拌石灰（石灰占 1/5～1/3）合成稠泥浆灌注。为便于凝固，不被渗水冲走，可在稠泥浆内加水玻璃或氯化钙 3%～5%等速凝剂拌和；也可用粗质水泥土浆（水泥占 1/10）灌注。用灌浆机灌注时，浆液可稠一些，但灌浆压力不宜过大（不超过 1.5 个大气压）；用重力自压灌浆时，浆液要稀一些，以免灌不到底。

3）泵闸结构裂缝处理

泵闸的基础、墩、墙、板、柱等发生裂缝或伸缩缝破裂导致漏水时，一般可用麻绳浸沥青、桐油泥（桐油、石灰粉、细麻绳）、柏油（或沥青）拌砂堵塞；如裂缝较宽时，可用上述办法当中加入小木楔或木板条；小洞细缝可用棉絮、细布条等蘸沥青（或水泥浆）填塞；条件允许时亦可用快速水泥砂浆（1∶3～1∶2）或加水玻璃、氯化钙等速凝剂堵塞。如裂隙复杂、漏水严重，用简单办法堵塞困难时，可在临水面用桩柳（苇）夹土或土袋月堤（月牙式围埝）防护。

4）闸门无法正常启闭应急处置

泵闸的工作闸门因受压变形、闸门放歪、闸前有杂物淤塞或闸槽及启门轨道上有砖石杂物阻卡，导致闸门提不起来时，首先要查明原因，有针对性地采取如下措施：①清除闸门槽、启门轨道、闸门底部和两侧的淤塞杂物；②为启闭机、钢丝绳擦洗上油；③钢丝绳启闭的闸门，可先让启闭机倒转，把钢丝绳放松，再开机，这样启门时先空载卷钢丝绳，再带负荷（闸门），容易把闸门提起（因为启动能量是正常运转能量的4～6倍）；④闸门因电压过低启动困难时，可用备用电源（柴油发电机等）提门；⑤机械提门困难时，可用手摇提门；⑥手摇也提不动时，可用水下电视或请潜水员到闸前探明原因，再有针对性地采取措施。

5）清污机无法正常运行应急处置

泵站清污机最常见的故障是大量污物积聚使齿耙卡死，电机过载后断电保护，自动停机报警。此时，应采取措施，使电动机能点动反转。首先将功能开关置于手动位置，之后可进行电动反转，齿耙运行0.5 m左右后再点动正传，使齿耙提升污物顺利通过死点，此为一个回合。若一个回合不能排出故障，可正反转多个回合，直至故障排除。特殊情况下，正反转多次仍不能排除故障，就应将格栅井中污水抽尽，清除齿耙与栅条间的污物，此后，机械可正常运行。

6）水泵运行异常应急处置

水泵运行期间常见异常情况有无法启动、水泵发热、流量不足、吸不上水、剧烈震动、配套动力电动机过热等。各种情况应急处置如下：

（1）无法启动

首先应检查电源供电情况：接头连接是否牢靠；开关接触是否紧密；保险丝是否熔断；三相供电的是否缺相等。如有断路、接触不良、保险丝熔断、缺相，应查明原因并及时进行修复。其次检查是否是水泵自身的机械故障，常见的原因有：填料太紧或叶轮与泵体之间被杂物卡住而堵塞；泵轴、轴承、减漏环锈住；泵轴严重弯曲等。自身机械故障排除方法：放松填料，疏通引水槽；拆开泵体清除杂物、除锈；拆下泵轴校正或更换新的泵轴。

（2）水泵发热

水泵发热的主要原因有：轴承损坏；滚动轴承或托架盖间隙过小；泵轴弯曲或两轴不同心；胶带太紧；缺油或油质不好；叶轮上的平衡孔堵塞，叶轮失去平衡，增大了向一边的推力。

水泵发热的主要排除方法：更换轴承；拆除后盖，在托架与轴承座之间加装垫片；调查泵轴或调整两轴的同心度；适当调松胶带紧度；加注干净的黄油，黄油占轴承内空隙的60%左右；清除平衡孔内的堵塞物。

(3) 流量不足

流量不足的主要原因有：动力转速不配套或皮带打滑，使转速偏低；轴流泵叶片安装角太小；扬程不足，管路太长或管路有直角弯；吸程偏高；底阀、管路及叶轮局部堵塞或叶轮缺损；出水管漏水严重。

流量不足的主要排除方法：恢复额定转速，清除皮带油垢，调整好皮带紧度；调好叶片角，降低水泵安装位置，缩短管路或改变管路的弯曲度；密封水泵漏气处，压紧填料；清除堵塞物，更换叶轮；更换减漏环，堵塞漏水处。

(4) 吸不上水

吸不上水的原因有：泵体内有空气或进水管积气；底阀关闭不严灌引水不满、消防泵填料严重漏气，闸阀或拍门关闭不严。

吸不上水的排除方法：先把水压上来，再将泵体注满水，然后开机。同时检查逆止阀是否严密，管路、接头有无漏气现象，如发现漏气，拆卸后在接头处涂上润滑油或调和漆，并拧紧螺丝。检查水泵轴的油封环，如磨损严重应更换新件。管路漏水或漏气。可能安装时螺帽拧得不紧。若渗漏不严重，可在漏气或漏水的地方涂抹水泥，或涂用沥青油拌和的水泥浆。临时性的修理可涂些湿泥或软肥皂。若在接头处漏水，则可用扳手拧紧螺帽，如漏水严重则必须重新拆装，更换有裂纹的管子；降低扬程，将水泵的管口压入水下 0.5 m。

(5) 剧烈震动

剧烈震动的主要原因有：电动转子不平衡；联轴器结合不良；轴承磨损弯曲；转动部分的零件松动、破裂；管路支架不牢等。

剧烈震动的排除方法：可分别采取调整、修理、加固、校直、更换等办法处理。上述情况是造成水泵故障的常见原因，并不是全部原因，实践中处理故障时，根据实际情况分析，应遵循先外后里的原则，切莫盲目操作。

(6) 配套动力电动机过热

配套动力电动机过热有以下几方面原因：

一是电源方面的原因：电压偏高或偏低，在特定负载下，若电压变动范围应在额定值的 −5%～+10%之外时会造成电动机过热；电源三相电压不对称，电源三相电电压相间不平衡度超过 5%，会引绕组过热；缺相运行，经验表明：农用电动机被烧毁 85%以上是由于缺相运行造成的，应对电动机安装缺相保护装置。

二是水泵方面的原因：选用动力不配套，小马拉大车，电动机长时间过载运行，使电动机温度过高；启动过于频繁、定额为短时或断续工作制的电动机连续工作。应限制启动次数，正确选用热保护，按电动机上标定的额定电压、功率使用。

三是电动机本身的原因：接法错误，将△形误接成 Y 形，使电动机的温度迅速升高；定子绕组有相间短路、匝间短路或局部接地，轻时电动机局部过热，严重时绝缘烧坏；鼠笼转子断条或存在缺陷,电动机运行 1～2 h,铁芯温度迅速上升;通风系统发生故障,应检查风扇是否损坏,旋转方向是否正确,通风孔道是否堵塞;轴承磨损、转子偏心扫膛使定转子铁芯相擦发出金属撞击声,铁芯温度迅速上升,严重时电动机冒烟,甚至线圈烧毁。

四是工作环境方面的原因:电动机绕组受潮或灰尘、油污等附着在绕组上,导致绝缘性降低。应测量电动机的绝缘电阻并进行清扫、干燥处理;环境温度过高,当环境温度超过 35 ℃时,进风温度高,会使电动机的温度过高,应设法改善其工作环境,如搭棚遮阳等。

因电方面的原因发生故障时,应请获得专业资格证书的电工维修,一知半解的人不可盲目维修,防止发生人身伤害事故。

5.4.4 排水系统

在汛期,排水系统可能出现的险情有道路积水、排水管网反压喷涌、雨水管、井及屋面雨漏管堵塞、泵站闸门坠落、泵站格栅和排水泵机发生故障等,针对这些险情,对应的抢险措施如下。

1. 道路积水抢险

首先检查积水处的雨、污水井及排水管,确保排水畅通;当降雨量较大且持续时间较长、造成的积水范围及深度不断加大时,可打开雨、污水井盖增大排水量,不过打开井盖后,须设置安全警示标识并安排专人看管;当上述措施不能使积水消退且积水继续增长的,应使用排水泵将积水强制排出。

2. 排水管网反压喷涌抢险

在涌水点码放堵水沙袋,减缓涌水速度,控制涌水区域;对反压喷涌点周边的雨水井、污水井的水位进行检查,对水位高于排水管口的,应使用排水泵强制排水,使水位降至排水管口以下。

3. 雨水管、井及屋面雨漏管堵塞抢险

首先立即清除堵塞物,然后组织专业人员并采用机械设备在堵塞处值守,保证及时清掏堵塞物。被清除的堵塞物应放置在不易被水再次冲走或再次发生堵塞的地方。

4. 泵站闸门坠落抢险

一般泵站的进出水闸门会设置 2 扇或 2 扇以上,当某一扇闸门坠落时,会导致泵站减量运行,应急处置方式是确保其余闸门正常开启运行,待汛期过后,检修坠落的闸门,回笼水闸门坠落,不影响日常输送,故待汛期过后,检修即可。

5. 泵站格栅险情抢险

当泵站某一格栅坍塌时,垃圾会涌入泵站,进而影响泵站运行,此时应关闭该仓进水闸门,确保其余闸门正常开启运行;格栅除污机断电、损坏会影响垃圾的清捞,导致泵站减量运行或停止运行,此时应人工清捞垃圾,并及时报修。

6. 排水泵机因故障停运抢险

(1) 泵不出水:及时清理叶轮流道并重新换接电机电源线。

(2) 扬程不足:增加泵进口处的液位高度或降低泵安装位置或更换被磨损的叶轮。

(3) 电机超载运行:检查矫正泵轴、用阀门控制使泵运行参数在容许的范围内,或拆开泵体排除摩擦。

(4) 泵运行时振动:通常是由于泵轴与电机轴对中偏差、泵轴弯曲变形、泵运行发生汽蚀及转动部件产生摩擦等引起,如果以上问题都有不存在,还应检查地脚、泵壳螺栓有无松动,检查泵的管道是否存在明显的应力,如果应力过大,就应该在进口或出口处加以支撑,以减少或消除应力,必要时应拆卸并重新安装。

(5) 漏电:将拆下的水泵电机放在烘房中,或用白炽灯泡烘干;同时检查泵封端面是否存在磨损,若存在磨损,将机械密封换新,再将泵装好即可。

(6) 漏油:观察加油孔油室是否进水,若进水则更换密封盒;若水泵电缆处有油化现象,属于电机内漏油,换合格新品即可,并测量电机的绝缘程度,若绝缘不好应及时处理,同时将电机内的油换新。

5.4.5 地下空间

相比地面而言,地下空间在防洪防汛方面处于“先天弱势”。一些地下车库、商场等地下空间仍是城市防汛薄弱环节之一。2005 年 8 月,一场暴雨使上海市地下空间遭受到严峻考验,由于预警措施、排水力量不够,发生因雨水倒灌、排水泵运能有限不能及时排水等情况,造成地下车库严重积水,有的甚至一度将车辆完全淹没,车辆遭遇“没顶之灾”。由于地下空间潜在因暴雨积水而淹没的危险,将给人们的生命带来威胁,还会造成巨大的经济损失,所以被列入市防汛薄弱环节。为了最大限度地减少灾害损失,增强全民的防灾救灾意识、普及应急抢险专业知识,已成为重中之重。

1. 预报预警

1) 实时监测地下空间附近局部地区的雨量、河流水位等水灾信息

实时监测地下空间附近局部地区的雨量、河流水位等水灾信息,及时向地下空间的管理者和使用者等相关人员传递预报警报信息。主要措施如下:

(1) 有线电视播报。通过有线电视提供当地关于水灾、防灾对策和避难措施的详细情报。

(2) 广播警报。对于大中型地下空间,利用地下空间内部广播和警报可有效传达地下空间洪水紧急事态。对于人数众多而又不特定的地下空间,应考虑到外国人语言上的障碍等问题。同时,应考虑到在混乱嘈杂的地下空间内部,仅仅通过广播可能无法引起人群的注意,而仅仅鸣警报人群又可能不明白究竟发生了什么事情,因此两者结合使用会起到更好的效果。对于个人住宅、防灾部门、民防自治团体和公共设施场所等通过无线电接收机接收信息的场所,可通过小区广播紧急播报降雨量等各种警报。因为在地下空间可能接收不到无线信号,需要注意无线电接收机的安装场所。

(3) 电话通知。气象局利用电话进行日常天气预报外,灾时提供预报、警报等信息。考虑

到暴风雨时听不到广播声的情况,民防自治团体的电话服务显得必要。

(4) 网络公布。城市防洪综合信息系统和政府的官方主页上以各种形式公布综合性水灾信息(雨量、河流水位等),在易涝水地区,安装河流水位仪、雨量计、警报喇叭和监控摄像头等设备加强信息的收集和公布。气象局根据预测雨量发布暴雨、河流水位信息和洪水警报,警报的雨量基准可根据城市以往的气象资料设定。

(5) 邮件服务。将气象预报(雨量、河流水位等)、警报发送至手机及个人电脑,需要注意的是,地下结构中的钢筋网及周围的土或岩石对电磁波有一定的屏蔽作用,妨碍使用无线通信。如果有线通信系统和无线通信用的天线在灾害初期即遭破坏,地下空间内部人员可能接收不到信号,将影响到内部防灾中心的指挥和通信工作。因此有必要采取相应的措施加强地下空间的通信能力和抗灾害损坏能力。

(6) 光电公告牌提示。在地铁站等城市公共场所安装光电公告牌。平时以播放防灾常识、气象信息为主,灾时播放避难引导等防灾信息。例如,自动售货机附带有光电公告牌,将在地下空间浸水受害时发挥作用。

(7) 城市水灾信息服务。是利用传真提供雨量、河流水位等水灾信息,主要针对地铁、地下街、地下停车场等大型地下空间的管理者,也适用于中小型大楼的管理者和普通居民,但传达的信息应该针对用户的具体情况而定(图 5-18)。

2) 实时监测地下空间内部洪水的浸水信息

(1) 浸水传感器(适用于大中型地下空间)。安装浸水传感器实时监测地面水深,一旦达到临界值立即自动启动或人工安装防水板挡水并通报防灾中心。浸水传感器安装的地方除了一般的阶梯出入口外,也可以包括换气口等其他所有浸水口,这样就能监测到局部浸水的情况,从而获得整个地下空间的浸水状况,起到很好的监测作用。

(2) 监控摄像设备。主要用于监视以防止犯罪,但也可以作为监测降雨和浸水状况的辅助设备。安装于地下空间出入口等有浸水危险性的地方,通过监测中心确认降雨、浸水状况和避难状况。

(3) 临近建筑设施联合收集浸水信息。复杂(大型、多层)地下空间各单位密切合作,动用自身及邻近建筑物的设施联合收集信息。

2. 应急抢险预案

1) 暴雨

暴雨来临前,首先确保下沉式广场、建筑外车道的横截沟畅通,及时清除滤网中的垃圾,打开广场防汛专用排水口的封盖,当排水速度跟不上时,可暂时取出滤网。为防止出入口进水,可根据情况插入防水挡板和沙袋。当出现暴雨时,由于排水管道或横截沟堵塞,引起排水不畅,造成积水时,迅速组织力量对排水系统进行排查,去除管道或排水沟的堵塞物,保证畅通。当短时集中降雨超过现有排水能力,引起下沉式广场或坡道入口外道路积水,并将可能漫溢进入地下空间时,应立即调用移动防汛潜水泵排水,在入口处采用防汛挡板、沙袋等筑堤挡水。当潜水泵

(a)“灾害应急自动售货机”提供灾害信息

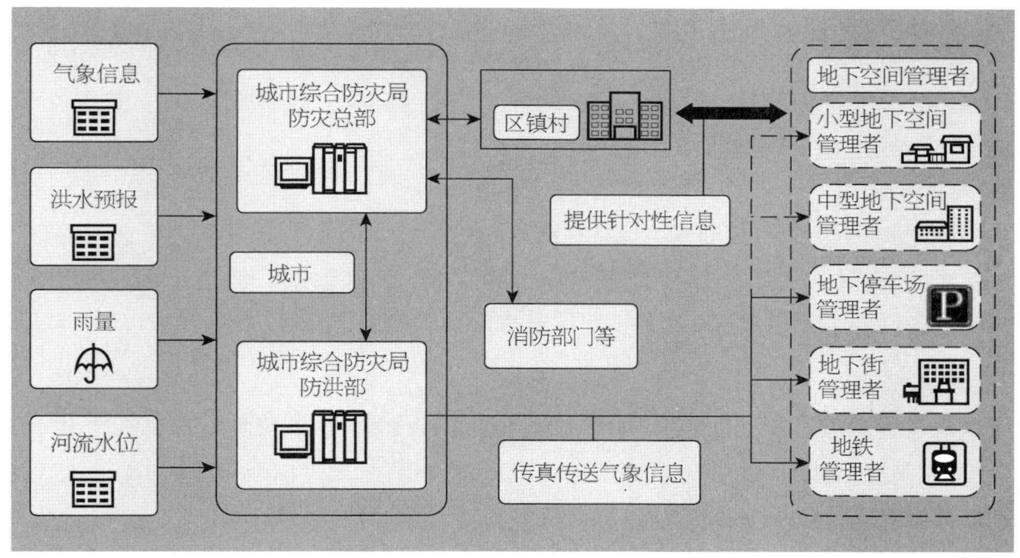

(b)城市降雨信息服务流程

图 5-18 洪水灾害信息实时传递

排水管不够长时,可直接驳接消火栓水带。

2)设备故障

如移动排水泵供电发生故障,在排水泵不能正常启动的情况下,应立即起用柴油机水泵。使用柴油机水泵时将柴油机水泵的吸水口放入横截沟内,出水口驳接消防水龙带直接将水排到地面。进、出车道使用柴油机水泵时将柴油机水泵的吸水口放入泵房水池,出水口驳接消防水龙带直接将水排水地面。当部分排水设备发生故障,导致积水无法及时排除,应立即启动应急排水设备,并组织技术人员对发生故障的排水设备进行维修。当供电发生故障,排水设备瘫痪,导致积水无法排除,应立即启动应急供电设备,保证排水设备的正常运行,并组织技术人员对发生故障的供电设备进行维修。

3）排水困难

当马路逐步积水时，根据积水水位，设计三个阶段的抢险、处置方案。

第一阶段：水位开始淹没马路人行道时，相对应的下沉式广场、车库出入口均有倒灌的危险。此时应根据地势首先在下沉式广场入口处用防汛袋和沙包筑堤挡水，然后对车库出入口处用沙包筑堤挡水。此时应阻止顾客进入商场和车辆进入车库。

第二阶段：水位继续上涨，已开始对工程的防水和排水造成压力。垂直电梯入口处，柴油发电站风井有向内倒灌的危险。此时应在垂直电梯入口处筑堤，关闭柴油发电站风井的防护密闭门，也要对第一阶段筑的堤进行加固、加高。为提高效率，可就近取土装袋筑堤。同时，通过应急广播，引导顾客和营业员向地面疏散，组织人员将贵重物品和重要资料撤离地下。向上级主管部门和防汛部门告急、求助以取得增援。

第三阶段：当水位继续升高，对建（构）筑物构成严重威胁。这时应对构筑在广场草坪上的进风井、排风井的百叶风口周围采取挡水措施，对第一、第二阶段所筑的防水堤进一步加固、加高。如在市政排水完全瘫痪，依靠现有排水设备已无法缓解灾情的情况下，应立即通知所有人员撤离地下，切断所有可能遭水浸设备的供电电源。

4）人员混乱

当工程进水引起人员惊慌而发生拥挤踩踏或治安混乱情况时，管理人员应稳定人员情绪，按照应急撤离路线组织有序疏散，必要情况下，向民警等相关部门寻求帮助。当工程结构出现渗漏现象时，应立即采取防渗堵漏或截水的工程措施，加强人员巡查、监测，以便及时发现并排除隐患。

3. 应急疏散

洪水进入后，其水位上升速度较快，除通过安装监控设备及时收集地下水灾信息，并及时通知民众外，应制定几套可靠的抢险预案措施来应对突发事件，规范疏散指示牌，及时疏散民众。应急疏散措施主要包括两方面的内容。

1）建立地下空间避难防灾体制

（1）大型地下空间

一是应制定避难保障计划。城市地下空间防洪计划中，涉及浸水区域内的大型地下空间的所有者和管理者必须制订避难保障计划，采取必要的措施以确保地下空间人员在发生洪水时迅速、顺利、安全地逃离避难。建议避难保障计划包含如下相关事项：

① 关于洪水期间防灾体制的相关事项；

② 关于洪水期间避难引导的相关事项；

③ 关于洪水期间避难保障设施的准备的相关事项；

④ 关于实施防灾教育和演练的相关事项；

⑤ 其他相关事项。

二是应建立城市综合防灾管理合作体制，包含内容如下：

① 建立完善洪灾、地震、火灾等城市综合防灾管理体制；

② 设立防汛管理者和地下空间管理者联络合作委员会；

③ 建立防汛减灾演练体制；

④ 对地铁、地下街等相互连通一体化的地下空间，建立各管理组织间的协调合作体制。

三是应确保逃生路线和避难场所。地下通道、地铁等大型下空间，必须明确指示逃生路线和避难场所，以便进行正确安全的避难引导。建议制定逃生路线和避难场所注意以下几点：

① 逃生路线引导装置的安装和指导作用需要充分考虑并照顾老弱病残等弱势群体；

② 避难场所应选备在没有浸水危险的地面或地面建筑两层以上；

③ 日常检查排除障碍，确保逃生路线的安全性；

④ 日常检查排除障碍，确保逃生路线的安全性；

⑤ 各地下空间出入口的避难引导设施协调运作，避免引起混乱；

⑥ 准备老年人和残疾人等弱势群体的避难场所；

⑦ 充分了解当地政府指定的避难场所；

⑧ 准备逃生路线导向图，散发宣传手册等。

(2) 中小型地下空间

中小规模大楼和个人住宅等，由于其地下室易在短时间内浸水而造成重大 的事故，在所有者采取必要的工程措施和非工程措施的同时，指导大楼管理者和居民日常生活习惯，进行防汛演练，并教授水灾发生时应采取的急防洪避难措施也很重要。对策建议如下：

① 了解水灾发生时的易浸水区域，不宜将地下室作为卧室，不宜靠近易浸水的地方；

② 积极号召个人、工作单位、民防自治团体等参加防汛演练，利用网站主页和宣传册等传达防汛演练的相关信息；

③ 不在排水沟附近乱扔垃圾废物以免堵塞淤滞，平时经常清扫疏通，暴雨时，不排放洗澡水、洗涤水等生活用水以减轻排水沟渠的排水压力；

④ 发生洪水时，地下室所有者应传达雨量、水位等水灾信息，发出预报、警报并劝导地下人员采取避难行动；

⑤ 发生洪水时，向居民们发放沙袋和防水板等防灾减灾物资。

图 5-19 即为武汉长江隧道的紧急疏散方式。

2) 导向板、指示灯、信息板和宣传手册

(1) 逃生路线导向板(适用于大中型地下空间)

有多个出入口的地下街、地铁和大规模商业大楼等人员众多的地下空间，设置安全逃生路线导向板和标识很有必要。考虑到有外国人的情况，导向板和标志应同时配置多种语言和简明易懂的图形标识以方便外国人获取相关信息。

地下空间洪水逃生导向板和标志中表示的浸水危险区或逃生方向与地震、火灾的有所不同时，应明确标示出来以免产生混乱。导向板和标志中应包含地面进水口危险区、主要逃生路线和辅助逃生路线等防灾避难信息(图 5-20)。

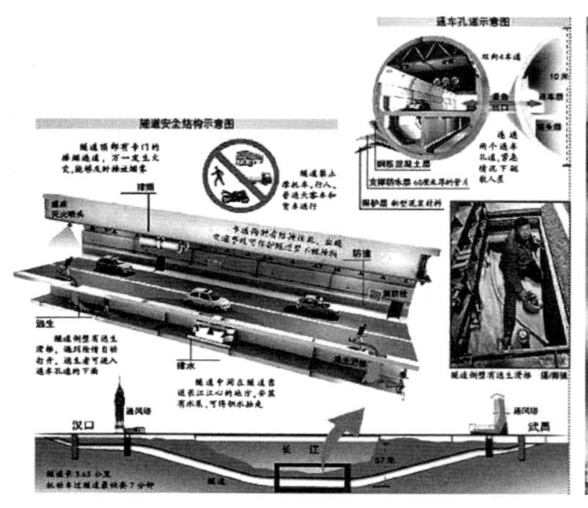

(a) 隧道安全结构示意图

(b) 逃生隧道

图 5-19　武汉长江隧道紧急疏散方式

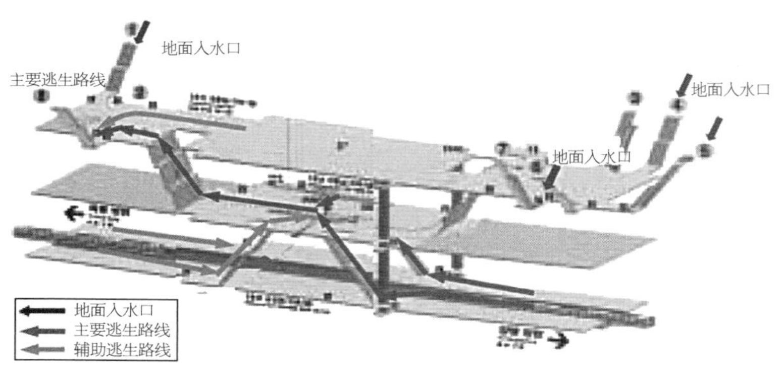

图 5-20　某地铁站逃生路线图

(2) 逃生路线指示灯(适用于大中型地下空间)

逃生引导设备的类型有埋设在地面的指示灯和断电时能显示逃生路线的蓄电式指示灯等(图 5-21)。目前国内研究出了一种全新的安全疏导标志,采用铝锶氧化物制成,不怕高密度的踩踏磨轧,不需任何专门的电能,自然光(室内灯光)照射 5 min 后,无论任何情况断电,都能自动发光 10 h 以上,引导人们迅速找到安全出口。其原理为制成标志的物质见光后,进入高能状态,在黑暗中,电子就失去了能量,释放出绿色的光,光亮最多能持续 20 h,基本能满足地下空间人员撤离和逃生的需求。

当地下空间浸水时的逃生路线与地震、火灾时的不同时,必须只显示洪水逃生路线以免引起混乱。

(3) 关于地下空间浸水危险性的信息牌等

在地下街等大型地下空间的出入口等处设置浸水信息牌显示地下空间浸水状况,浸水信息牌配备浸水传感器(电容式和超声波式等)和紧急按钮以传达文字信息,对指导听觉障碍者等的

(a) 平时状态

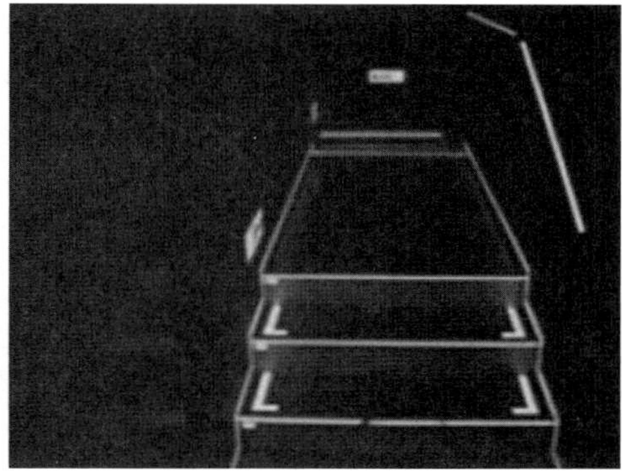

(b) 逃生时的状态

图 5-21 蓄电式高亮度引导标志

避难行动比较适当有效。并在地下空间出入口附近设置标有“实际浸水深”和“设计浸水深”的标志牌,提高地下空间管理者和使用者的防范意识。

4. 防洪抢险演练

无论是个人住宅的(半)地下室还是人数众多又不特定的地下街、地铁站等大型地下空间,参加防洪抢险演练,事先体验并掌握防浸水应急对策和避难措施对所有地下空间的防灾减灾均有重要而实际的意义。

地下空间防洪演练应该协调消防、地铁工作人员、居民三个主要群体共同参与、亲身体验。演练包含以下几方面的内容和目的:收集和传达水灾信息,熟习浸水防止、延迟对策中的防水工法,检查防灾设备和仪器等,使其可以亲身感受和了解洪水状态下的逃生路线及个人的职责作用,并能对防灾体制里还需要改善的地方进行检查和修正。

5.4.6 保险援助

城市内涝保险作为有效的风险防范和转化工具,是非常重要的防涝非工程措施。推行内涝保险能让政府在运用工程措施防涝的同时,充分利用非工程措施来完善上海防汛安全保障体系的建设。城市内涝保险能够充分发挥保险的经济补偿作用,减少政府对内涝灾害的救济压力,有利于加速恢复正常的生活生产,确保民生基础工程的落实到位,维护社会和谐。此外内涝保险还可以作为一种杠杆起到经济调控的作用,有利于限制在内涝易发区域的不合理开发利用等。

健全的内涝风险防范与保障机制是上海这个超大型都市防汛安全保障体系的重要一环。多年来,上海市委、市政府对城市内涝风险处置予以高度关注。2011 年上海市政府提出“探索建立灾后政府救助与商业保险补偿相结合的政策机制”。2012 年,上海市水务局紧跟市政府要求提出“进一步加强应急处置工作,完善灾后救助制度,探索引入防洪保险”的实施计划,并在市政府财政大力支持下,积极推动“防汛设施(防汛墙)综合保险”,取得较好效益。

政府鼓励、扶持企事业单位和个人参加防汛保险；各有关单位应当为专业应急救援人员购买人身意外伤害保险；黄浦江、苏州河沿线各专用岸线使用单位应当积极参加防汛墙综合保险，增强风险防范意识，提升防汛墙安全管理效能。

受灾后救助工作依据国务院《自然灾害救助条例》和《财政部、民政部关于印发〈自然灾害生活救助资金管理暂行办法〉的通知》执行。

5.4.7 社会动员

防汛是社会公益性事业，任何单位和个人都有保护防汛工程设施和参与防汛的责任。

各级防汛指挥机构应当根据洪涝、台风等灾害的发展，做好动员工作，组织社会力量投入防汛工作。

各级防汛指挥机构的组成部门在严重洪涝、台风等灾害期间，应当按照分工，特事特办、急事急办，解决防汛的实际问题。同时，充分调动本系统的力量，全力支持防汛抗灾和灾后重建工作。各级政府应当加强对防汛工作的统一领导，组织有关部门和单位，动员全社会的力量，做好防汛工作。在防汛的关键时刻，各级防汛行政首长应当靠前指挥，组织广大干部群众奋力抗灾减灾。

本篇参考文献

[1] 上海市防汛指挥部办公室.上海市防汛工作手册[M].上海：复旦大学出版社，2018.

[2] 汪松年.上海地区防汛形势和对策[J].城市道桥与防洪，2000(2)：24-27.

[3] 卢永金.上海市防御台风战略对策探讨[J].城市道桥与防洪，2007(4)：29-33.

[4] 刘新成，卢永金，崔冬.上海海塘防汛墙防汛能力评估及对策研究[J].中国防汛抗旱，2015，25(6)：48-52.

[5]《1999年太湖流域洪水》编委会.1999年太湖流域特大洪水[M].北京：中国水利水电出版社，2001.

[6] 程江.上海中心城区土地利用/土地覆被变化的环境水文效应研究[D].上海：华东师范大学，2007.

[7] 沈洁.上海浦东新区城市化进程对水系结构、连通性及其调蓄能力的影响研究[D].上海：华东师范大学，2015.

[8] 程江，杨凯，赵军，等.上海中心城区河流水系百年变化及影响因素分析[J].地理科学，2007，27(1)：85-91.

[9] 张欧阳，熊文，丁洪亮.长江流域水系连通特征及其影响因素分析[J].人民长江，2010，41(1)：1-5.

[10] 李娜，袁雯.上海洪涝灾害发生特征、致灾因子及影响机制研究[J].自然灾害学报，2011(1)：37-45.

[11] 古润竹.高强度开发背景下上海河道填堵特征及对河网水系结构的影响[D].上海：华东师范大学，2018.

[12] 吕宸，吕建强，赵广义，等.城市排水管道堵塞及疏通技术探讨[J].科技创新导报，2013(24)：18-19.

[13] 苑文军.排水管道堵塞产生的原因及防范措施[J].中国资源综合利用，2012，30(3)：46-47.

[14] 刘曙光，陈峰，钟桂辉.城市地下空间防洪与安全[M].同济大学出版社，2014.

[15] 李娜，向立云，程晓陶.国外洪水风险图制作比较及对我国洪水风险图制作的建议[J].水利发展研究，2005，5(6)：29-33.

[16] 马建明，许静，朱云枫，等.国外洪水风险图编制综述[J].中国水利，2005(17)：34-36.

[17] 高照良，冯兴平，丛怀军.城市化对洪水的影响研究：以深圳市对深圳河设计洪水的影响为例[J].中国农学通报，2005，21(8)：380.

[18] 王梦江,章震宇.上海防汛工作面临的挑战及对策思考[J].中国防汛抗旱,2017,27(6):24-29.

[19] 王义成.日本综合防洪减灾对策及洪水风险图制作[J].中国水利,2005(17):32-35.

[20] 史芳斌.英国的洪水风险管理[J].水利水电快报,2006,27(24):1-10.

[21] 中国水利水电科学研究院.洪水风险图编制导则:SL483—2017[S].北京:中国水利水电出版社,2017.

[22] 上海市防汛信息中心(上海市水务信息中心、上海市海洋信息中心).水务海洋信息化技术架构顶层设计[M].上海:上海科学技术出版社.2015.

第3篇

供水安全风险管理

供水服务的基础是充足、易获取、合适的资源,以满足城市不同区域的用水需求。保持城市供水供给之间的平衡面临多种威胁,一旦供水供给平衡被打破,会对居民、各实体甚至供水主体带来巨大影响,且增加额外支出。城市供水供给平衡被打破是供水服务者必须应对的主要风险之一。目前,对于这一问题,国际上还没有行之有效的均衡解决方法。

本篇中,城市供水供给平衡的解决方案重点关注两个方面:方法层面和操作层面。方法层面,建立设定明确的差异,即对在失败和正常情形下的用于规划、操作和解决意外事故时的指标和相应规定进行明确分离。操作层面,就不同参与者之间的相互影响和费用分配问题,进行分阶段和分步骤设置。然而,无论方法层面还是操作层面,都将供水安全风险作为分析问题和解决问题的关键因素,供水安全风险识别与评估和供水安全风险预警与防控是对城市供水安全进行高效管理以及对社会和环境承担义务的主要支柱。无论从政府层面、企业层面还是研究机构来看,过程控制和风险管理取代末端控制必将是城市供水系统安全管理的发展趋势和最终模式,因此研究全面的、系统的、完善的新型城市供水系统风险评估和风险预警与防控安全管理体系是该领域的研究和发展趋势。

6　风险识别与评估

针对上海市供水问题的典型特征和供水安全管理的共性问题，以建立城市供水系统风险评估与安全管理体系为研究目标，开展城市供水系统风险评估。需要解决的关键技术问题主要是如何将国内外风险管理引入我国城市供水行业，构建我国城市供水系统风险评估体系，并推广应用。

在积极借鉴国际权威风险管理框架和标准的基础上，多方面总结我国供水企业风险管理和内部控制建设的实践经验，构建城市供水系统风险评估体系。从供水企业的管理层面来讲，以城市供水系统(原水系统—制水系统—输配水系统—二次供水系统)为研究对象，以日常运行管理和企业应急预案为研究范围，采取条块结合、点线交融的科学方法划分基本单元，围绕水量、水质、水压和安全(人)生产等目标体系，分别对原水系统、制水系统、输配水系统、二次供水系统四个子系统(以下简称四个子系统)进行风险评估，进而通过风险整合构建城市供水系统风险评估与安全管理体系[1-3]。

本章集成水源、规划、工程、应急、环境、政策等多方面因素对上海市供水系统进行风险识别与评价，构建城市供水安全风险综合评价与管理体系[4-5]。技术实施路线如图 6-1 所示。

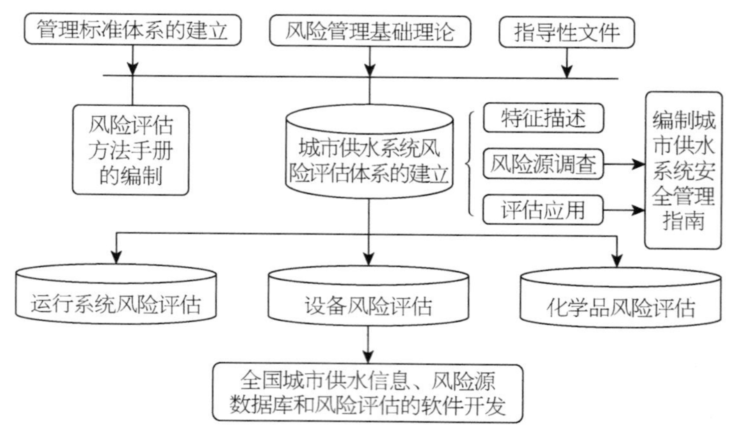

图 6-1　供水系统风险评估技术路线[4]

在《风险管理原则与实施指南》(GB/T 24353—2009)的指导下，结合《风险管理术语》(GB/T 23694—2009)、《风险管理原则和指导方针》(ISO 31000—2009)、《风险评估技术》(ISO 31010—2009)、《水安全计划手册》等标准与规范，建立了城市供水系统风险评估体系。图 6-2 为风险管理的原则、框架和过程。

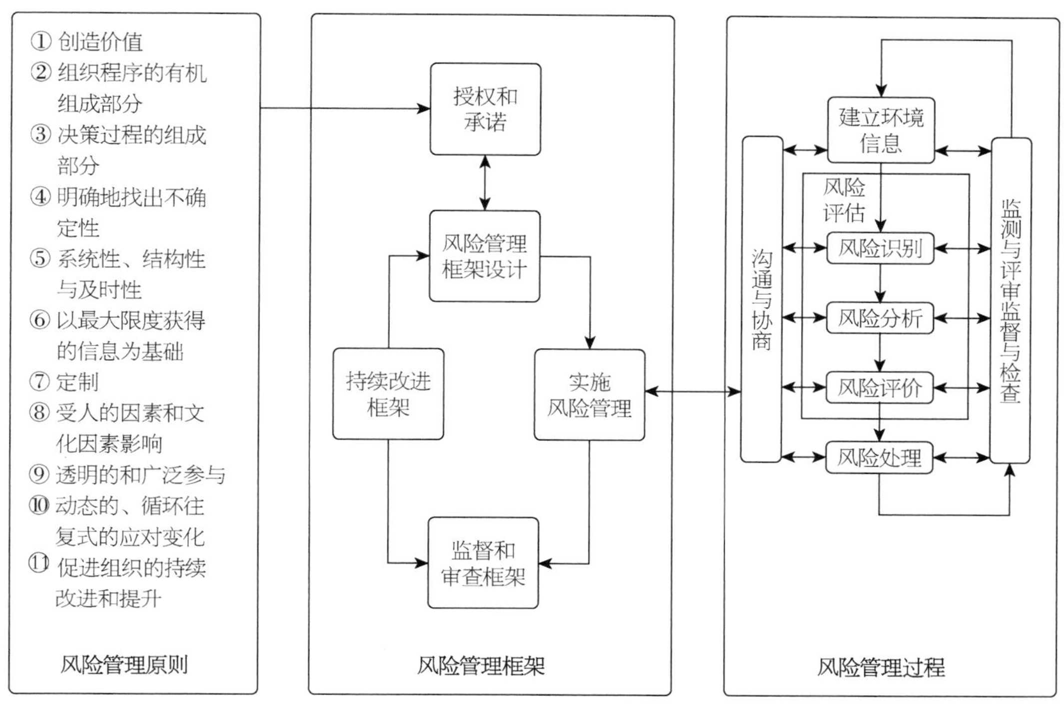

图 6-2　风险管理的原则、框架和过程[4]

城市供水系统风险识别与评估包括对四个子系统的风险识别和风险分析评价两个过程[6]。

1. 评估目的

本部分以供水系统为研究主体，以四个子系统的物质风险性、设备风险性和环境风险性作为研究对象，对其主要的风险事故进行评估，并提出和引用了相关的防范措施及应急计划方案[7]。

(1) 确保生产安全。确保供水系统四个子系统的生产安全，要求整个供水系统实现生产不威胁、不影响周边的环境以及人员安全，做到生产的安全性。

(2) 确保安全生产。保障供水系统四个子系统安全稳定地供水，即保障整个供水系统安全地生产。

2. 评估依据

1) 法律法规

(1)《中华人民共和国环境保护法》(1989 年 12 月 26 日)

(2)《中华人民共和国水污染防治法》(1996 年 5 月)

(3)《中华人民共和国固体废物污染环境防治法》(2005 年 4 月 1 日)

(4)《中化人民共和国气象法》

(5)《中华人民共和国安全生产法》(中华人民共和国主席令第70号)

(6)《中华人民共和国消防法》[国家主席令第4号(1998)]

(7)《中华人民共和国职业病防治法》[国家主席令第690号(2002)]

(8)《中华人民共和国突发事件应对法》(主席令第六十九号)

(9)《特种设备安全监察条例》[国务院令第373号(2003)]

(10)《危险化学品安全管理条例》(国务院令第344号)

(11)《危险化学品经营许可证管理办法》(原国家经贸委令第36号)

(12)《仓库防火安全管理规则》(公安部令第6号)

(13)《关于〈危险化学品经营许可证管理办法〉的实施意见》(国家安全生产监督管理局安监管管二字〔2002〕103号)

(14)《危险化学品生产企业安全评估导则》(国家安全生产监督管理局安监管危化字〔2004〕127号)

(15)《危险化学品事故应急救援预案编制导则》(单位版)(国家安全生产监督管理局安监管危化字〔2004〕43号)

(16)《爆炸危险场所安全规定》(原劳动部劳部发〔1995〕56号)

2) 技术规范

(1)《突发公共卫生事件应急条例》(中华人民共和国国务院令第376号)

(2)《国家突发环境事件应急预案》

(3)《消毒技术规范—臭氧(2005年版)》(中华人民共和国卫生部)

(4)《城市供水管网漏损控制及评定标准》(CJJ 92—2016)

(5)《城市供水水质标准》(CJ/T 206—2005)

(6)《工业企业设计卫生标准》(GBZ 1—2010)

(7)《环境空气质量标准》(GB 3095—2012)

(8)《地表水环境质量标准》(GB 3838—2002)

(9)《室内空气中臭氧卫生标准》(GB/T 18202—2000)

(10)《安全标志及其使用导则》(GB 2894—2008)

(11)《工业管道的基本识别色、识别符号和安全标识》(GB 7231—2003)

(12)《工作场所有害因素置业接触限值》(GBZ 2—2002)

(13)《一般工业固体废物贮存、处置场污染控制标准》(GB 18599—2001)

(14)《污水综合排放标准》(GB 8978—1996)

(15)《生活饮用水标准检验方法》(GB/T 5750—2006)

(16)《生产过程安全卫生要求总则》(GB 12801—2008)

(17)《危险化学品重大危险源辨识》(GB 18218—2009)

(18)《次氯酸钠》(GB 19106—2013)

(19)《次氯酸钠溶液包装要求》(GB 19107—2003)
(20)《易燃易爆性商品储藏养护技术条件》(GB 17914—2013)
(21)《腐蚀性商品储藏养护技术条件》(GB 17915—2013)
(22)《毒害性商品储藏养护技术条件》(GB 17916—2013)
(23)《上海市危险化学品安全管理办法》(2006 年 2 月 16 日上海市人民政府令第 56 号)
(24)《上海市防汛条例》(上海市第十二届人民代表大会常务委员会第六次会议)
(25)《上海市雷电防护管理办法》
(26) 建设部《城市供水水质管理规定》(第 156 号令)
(27)《强制检定的工作计量器具实施检定的有关规定》
(28)《危险物与有害物标示及通知规则》
(29)《生产设备安全卫生设计总则》(GB 5083—1999)
(30)《生活饮用水集中式供水单位卫生规范》
(31)《压力容器安全技术监察规程》(质技监局锅发〔1999〕154 号)
(32)《压力管道安全管理与监察规定》(劳部发〔1996〕140 号)
(33)《建筑物防雷设计规范》(GB 50057—2010)
(34)《建设项目环境风险评估技术导则》(HJ/T 169—2004)
(35)《安全预评估导则》(AQ 8002—2007)
(36)《安全验收评价导则》(AQ 8003—2007)
(37)《环境影响评估技术导则 总纲》(HJ/T 2. 1—1993)
(38)《环境影响评估技术导则 大气环境》(HJ/T 2. 2—2008)
(39)《环境影响评估技术导则 地面水生态环境》(HJ/T 2. 3—1993)
(40)《环境影响评价技术导则 人体健康》(意见征求稿)
(41)《生产经营单位安全生产事故应急预案编制导则》(AQ/T 9002—2006)
(42)《用电安全导则》(GB/T 13869—2017)
(43)《室外给水设计规范》(GB 50013—2006)
(44)《二次供水设施卫生规范》(GB 17051—1997)
(45)《城镇供水厂运行、维护及安全技术规程》(CJJ 58—2009)
(46)《安全评估通则》(AQ 8001—2007)
(47)《常用化学危险品贮存通则》(GB 15603—1995)
(48)《深度冷冻法生产氧气及相关气体安全技术规程》(GB 16912—2008)
(49)《建筑设计防火规范(2018 版)》(GB 50016—2014)
(50)《建设部关于印发〈城市供水系统重大事故应急预案〉的通知》
(51)《气瓶安全监察规程》(质技监局锅发〔2000〕250 号)

6.1 风险识别

城市供水系统风险识别是指发现、确认和描述城市供水系统中四个子系统风险的过程，识别风险源、影响范围、事件及其原因和潜在的后果。风险识别的目的是基于那些可能促进、妨碍、降低或延迟城市供水安全目标实现的事件生成一个全面的风险列表。

城市供水系统的风险调查研究按照四个子系统进行分类调查。2014 年供水系统风险调查(表 6-1)结果表明：上海市供水系统总风险源可划分为 6 大类、28 个小类，分别面对各种类别的风险源，6 大类包括自然因素、生产物料、设备设施、生产工艺、运行管理和人员活动[8]。由表 6-1 可以发现，输配水系统的风险源数最多，其次是制水系统风险源数，原水系统风险源数和二次供水系统风险源数相对前两者较少，但差别不大。

表 6-1　　上海市供水系统风险源数调查（2014 年）[8]

风险源	数量/个	风险源	数量/个
原水系统	40	输配水系统	50
制水系统	47	二次供水系统	36

6.1.1 风险调查研究

6.1.1.1 原水系统风险调查研究

1. 原水系统风险调查研究范围

根据水源地上游水系连通情况、水体流速、风向风速等，以及对污染物扩散规律的研究[9-10]，分析确定城市供水水源地上游可能对水源地水质安全造成影响的水系范围，作为风险调查研究范围，开展突发水污染事件的调查研究，为风险分析评价和预警防控奠定基础[11]。通常可在水源地上游 10～20 km 范围内开展全面调查，然后针对重点风险点做详细调查。

2. 原水系统风险调查内容和方法[12]

1）船舶污染风险调查研究[13]

调查内容包括：城市供水水源地上游水系航道等级，过境船舶的类型、数量、载货类型等，分析货运组成比例；不同来源船舶资料，不同载货类型船舶可能发生的污染情况，重点调查分析石油、化工、化肥、农药等具有较大污染风险特征的货运量；根据过境船舶类型、数量，分析估算舱底含油废水和船舶工作人员生活污水量等；上游影响范围内历史上曾发生过的船舶污染事件的具体原因、主要污染物类型及污染物量、采取的防控措施及影响范围、影响时间等。

调查方法包括：查阅文献与研究报告、现场调研与复核分析等。现场调研主要结合收集的不同来源的数据，分析调查范围内主要航道的船舶货运现状，可选择主要航道的交叉口，连续观测过往船舶,人工记录船舶类型、数量、载货类型、过境时间等信息。

2) 工业企业废污水排放风险调查研究

调查内容包括:城市供水水源地上游水系沿岸地区工业企业分布情况、企业类型、工业废水排放量,以及工业废水的污染物类型、排放量、处理方法(委托污水处理厂处理或自建污水处理厂处理)等内容;上游影响范围内历史上曾发生过的工业企业废污水排放引起的突发水污染事件的具体原因、主要污染物类型及污染物量或浓度、采取的防控措施及影响范围、影响时间等。

调查方法包括:查阅文献与研究报告;针对重点存疑企业做现场调查与复核,重点分析工业企业污染源数据的异常值;或直接先从大范围上对水源地上游 10～20 km 范围内工业企业废污水排放点源风险逐一排查。采用地理信息平台系统软件,制作污染源信息库;同时筛选污染物排放量大的工业企业作为重点复核对象,通过环保部门座谈、工业企业调研、工业企业周边居民走访等形式,有针对性地复核存在异常值、污染物排放量大的工业企业等。

3) 污水处理厂污染风险调查研究

调查内容包括:城市供水水源地上游水系沿岸地区污水处理厂分布情况、污水处理能力、污水处理流程、处理污水类型、污水排放量及主要污染物含量等内容;上游影响范围内历史上曾发生过的污水处理厂排放引起的突发水污染事件的具体原因、主要污染物类型及污染物量或浓度、采取的防控措施及影响范围、影响时间等。

调查方法包括:查阅文献与研究报告、现场调查与复核分析等,重点分析污水处理厂污染源数据的异常值,包括不同来源数据的差异极大(数量级差异)、污染物排放不符合排放标准(《城镇污水处理厂污染物排放标准》),同时筛选不同类型的污水处理厂开展现场调研。

4) 咸潮入侵风险调查研究

调查内容包括:长江系统(陈行水库)、青草沙系统(青草沙水库)和东风西沙系统(东风西沙水库)咸潮入侵情况。

调查方法包括:以第一取水泵站人工检测的氯化物浓度为标准。对于一个咸潮周期,取连续 2 h(每小时 1 次,连续 3 次)大于或等于 250 mg/L 作为咸潮入侵开始的依据;取连续 2 h(每小时 1 次,连续 3 次)小于 250 mg/L,且连续检测 12 h(即一个潮周期)内无连续 2 h 大于或等于 250 mg/L 作为咸潮结束的依据。

5) 藻类爆发风险调查研究[14]

调查内容包括:为防藻控藻制定藻类专项检测任务,确保水库藻类大规模增殖前至大规模增殖期间的检测到位、预警及时。

调查方法包括:原水预警以输水区的水质监测指标为依据,每周对水库监测点进行人工或船只巡视,观察藻类生长情况。当发生藻类大规模繁殖、藻类种类明显更迭、其他常规指标出现异常时,适当提高叶绿素 a、藻细胞总数、优势藻类、2-甲基异莰醇、土臭素等相关指标的检测频率,当原水进入预警状态时,周检项目调整到每日一次。

6.1.1.2 制水系统风险调查研究

1. 制水系统风险调查研究范围

制水系统风险调查范围包括生产过程所涉及的物质风险调查、生产设施风险调查和外部环境风险调查。物质风险调查范围包括主要原材料及辅助材料、燃料、中间产品、最终产品以及生产过程排放的“三废”污染物等。生产设施风险调查范围包括主要生产装置、贮运系统、公用工程系统、工程环保设施及辅助生产设施等。外部环境风险调查范围包括灾害性气象、原水水质、停电及人为破坏等[15-16]。

2. 制水系统风险调查内容和方法

调查内容包括:自然因素风险、生产工艺风险、制水设施与设备风险、变配电风险、化学危险品风险、自动控制风险、计量与监测风险、调度风险、安全防护与消防风险、突发事件风险、人员管理风险等。

调查方法包括:资料收集、风险源客观识别、重大风险源识别、风险源主观识别。

1) 资料收集

(1) 评估项目工程资料,包括可行性研究、工程设计资料、项目安全评价资料、项目环境评价资料、安全管理体制及事故应急预案资料。

(2) 环境资料,包括利用环境影响报告书中有关厂址周边环境和区域环境资料,重点收集人口分布及气象资料。

(3) 事故资料,包括国内同行业事故统计分析及典型事故案例资料。

2) 风险源客观识别

按《建设项目环境风险评价技术导则》(HJ-T 169—2004)中所列出的有毒有害、易燃易爆物质进行危险性识别。

结合《室外给水设计规范》(GB 50013—2006)与评估项目工程资料,对其设计规范性进行评价。结合《突发气象灾害预警信号》及项目环境资料,确定项目所面临的可能自然环境风险。

3) 重大风险源识别

按《重大危险源辩识》(GB 18218—2000),确定重大危险源。

若为重大风险源,则采用一级评估,即对风险事故进行定量预测,说明事故影响范围和程度,提出防范及应急措施;若不为重大风险源,则采用二级评估,即对风险事故的影响进行简要分析说明,提出防范及应急措施。

4) 风险源主观识别

结合事故资料及专家经验,做出综合评估,确定主要风险评估的物质。

6.1.1.3 输配水系统风险调查研究

1. 输配水系统风险调查研究范围

供水管网风险调查研究范围包括管材材料、施工质量原因、阀门操作不当、城市地面的不均匀沉降原因、天气变化、管网口径、管道内衬、管网设施、管网布置、管网冲洗、出厂水水质、水质检测指标、管道压差、局部人为流水不畅及管网水流速等[17-18]。

2. 输配水系统风险调查内容和方法

调查内容包括：采取有效的办法，评估输水管道的运行风险和水质安全风险，及时更新或通过保护措施延长输水管道的安全使用年限，使之在被更新前能安全、稳定地运行，以减少爆管，减轻投资压力，可靠供水。

调查方法包括：由于管道埋于地下，要获得各种数据的难度相当大，所以使得管道风险模型的研究及应用都十分困难。对于这个问题的研究手段主要有两种：理论模型和基于统计数据的统计学模型。理论模型是以管段的物理属性（机械强度、管壁粗糙度等）为研究对象，利用实验和数学手段来找出管段的性能与周围环境、水力负荷、水质指标之间的理论公式。统计学模型是通过对管段的运行数据进行统计分析，找出管段性能随时间变化的规律。利用统计学理论建立起来的统计学模型，形式上更加简单多样，所需数据的获得也相对容易，因此在管道维护及更新决策方面起着十分重要的作用[19]。

6.1.1.4 二次供水系统风险调查研究

1. 二次供水系统风险调查研究范围

二次供水水质安全一直以来是群众诉求集中、社会反响强烈的重点问题。影响居民二次供水水质风险的调查研究集中在二次供水方式和管材两方面[20]。

2. 二次供水系统风险调查内容和方法

二次供水系统风险调查内容有以下三部分：

(1) 不同二次供水方式对水质影响。

(2) 二次供水管材对水质的影响，如研究不锈钢管、钢塑复合管、PE 管等不同管材对二次供水水质的影响。

(3) 消防生活水池合用对二次供水水质的影响。

二次供水系统风险调查方法有以下三种：

(1) 根据上海市二次供水类型、数量、分布情况，结合管网水质监测点布局现状，选取不同供水方式的二次供水设施开展水质现状调查，主要包括地下水池联合水泵供水、地下水池高位水箱联合供水、变频供水、管网无负压供水等，重点考察不同供水方式对二次供水水质的影响。根据调查结果，分析二次供水水质的季节性、周期性变化规律[21]，并结合管网水质历史数据和文献资料，初步摸清上海市二次供水存在的关键性水质问题。

(2) 研究不锈钢管、钢塑复合管、PE 管等不同管材对二次供水水质的影响；采用平行试验的方法，评价因管材腐蚀、老化引起的二次供水水质变化，提出并优化二次供水管材的选择方法。

(3) 针对上海市典型建筑消防生活水池合用的现状，评价消防生活水池合用对二次供水水质的影响程度，摸清二次供水地下水池或屋顶水箱因贮存消防用水造成的水力停留时间变化规律，研究其对二次供水水质中化学指标消毒副产物和细菌学指标等的影响，提出消防生活水池合用二次供水方式的设计优化方法。

6.1.2 风险事件种类

6.1.2.1 原水系统风险事件种类

原水系统突发性水污染风险事件没有明确的定义，相对常规性污染事件提出，是指由于自然或人为原因，短时间内大量污染物迅速进入水体，导致水质恶化、水资源和水生态环境功能破坏，影响正常社会活动，需要采取紧急措施予以应对的事故。原水系统是制水系统的起始端，原水系统风险事件的典型特征是后果严重、影响范围广。

突发性水污染事件发生时先兆不明、危害传播快、处理复杂，短时间内会导致水体污染、停水停产等问题。突发性水污染事件根据污染来源可以分为以下几类：工业废水污染、综合污水污染、油类污染、化学品污染、重金属污染、水体富营养化、藻类爆发、咸潮入侵、突发锑污染等[22-24]。

1. 固定风险、移动风险和流域风险

突发性水污染风险事件分类以其风险源所在位置可分为固定风险、移动风险及流域风险三类。

1）固定风险

固定风险是指发生位置基本固定的风险源，常见的有工业污染源、废水处理厂、危险有毒化学品仓库、废弃物填埋厂和装卸码头等。该类风险源发生突发事故性排放时，泄漏、排放地点一般固定，事件起初的污染影响范围也只限于局部水域，由点及面，逐渐扩散，以化学性污染为主。

2）移动风险

移动风险包括水体中的航运船舶以及沿岸公路上行驶的货运车辆。船舶引起的突发性水污染事件主要表现为燃油溢出、化学品货物泄漏等，货运车辆造成的突发性水污染事件则主要是指运载化学品货物的车辆倾翻入水。与固定源的风险事件相比，移动风险源具有诸多不确定性特征，这些不确定性包括风险事件发生位置不确定性、风险事故发生形式不确定性以及事故危害大小不确定性。

（1）事故位置不确定性。货运车辆在行驶、停靠、装卸等过程中，船舶在航行、停泊、码头装卸等过程中，都存在突发性溢油泄漏的可能，发生位置可能是航道中任何允许航行的区域或者集散码头附近。事发位置的不确定性影响事件本身的后果大小和事发形势，也会对风险事件应急处置产生不同程度的影响[25]。

（2）事故发生形式不确定性。船舶最常见的事故有碰撞、触礁或爆炸等，由此造成的风险事件形式存在差异。大体上可分为两种情景：一是货物瞬时性大量倾倒、泄漏，一般由剧烈的船体碰撞、爆炸或火灾等事故引发；二是货舱破损性连续泄漏，由一般强度的船体碰撞造成。

（3）事故危害大小不确定性。水源地附近的开放水域发生的船舶污染事件，由于泄漏物质的危害性大小不同、与水源地的距离不同，发生污染事件时的风向风速、水流流向不同，都会造成不同等级的危害。此外,不同船舶类型(危险品船、散货船),导致不同船舶所泄漏出来的物品对环境危害大小难以确定,导致了应急响应的滞后性。

3) 流域风险

潮汛、水灾引起的大面积非点源污染为流域风险,该类风险源发生突发性污染时,同样具有发生突然、瞬间污染强度大等特点,但与其他两类风险不同的是,潮汛、水灾是整个流域的自然、水文现象,受人类活动的干扰不是很强,发生前可能会有一定的预兆,甚至有周期性预测的可能。该类突发性污染事件可能会造成大规模、整个流域的污染,但由于其发生频次十分有限,且可以进行一定的预测,真正的破坏性影响力往往不如其他两类。此外,流域风险突发性污染具有一定的地域性,相比固定风险和移动风险,不太具有普遍性。

2. 藻类爆发和咸潮入侵

1) 藻类爆发

藻类爆发时最明显的现象是藻类大规模增殖、藻类种类明显更迭,许多常规水质指标出现异常。

2) 咸潮入侵

咸潮入侵爆发是指连续 2 h(每小时 1 次,连续 3 次)取水泵站(取水闸)人工检测的氯化物浓度大于或等于 250 mg/L。

6.1.2.2 制水系统风险事件种类

制水系统中存在的物质风险、设备风险和环境风险影响整个系统的安全生产和生产安全。制水系统风险事件种类可分为生产安全风险源、安全生产风险源及重大风险源[26-27]。

1. 生产安全风险

生产安全风险源中,危险化学品的风险性最大,包括液氨和臭氧毒性、液氧的低温和次氯酸钠、氢氧化钠的腐蚀性,硫酸铝和硫酸铵的腐蚀性和毒性小。生产废弃物(如排泥水、干泥)主要污染物为可溶性铝盐,对环境和人体有慢性毒性。

2. 安全生产风险

安全生产风险源中,净水设备与装置存在 29 项风险源,主要集中在净水工程的加药间、臭氧制备车间与配电间。原水水质风险主要为亚硝酸盐、氨氮的激增。自然灾害风险包括暴雨、台风、强雷电。人为活动主要涉及供电安全和人为破坏。

3. 其他风险

1) 排泥水污染风险

制水系统排泥水中污染物的主要成分为固体悬浮物和有机物,固体悬浮物的主要成分是 SiO_2, Al_2O_3, Fe_2O_3,约占 90%,另有 10%的有机物和其他物质。其中可溶性铝盐为最主要的污染因子,其危害包括对植物的毒害、水生生物的毒性和人体的毒性。

有机物和其他污染物的浓度基本上与原水中的浓度相似,增加的污染物主要是聚丙烯酰胺

(PAM)及其单体。国内尚无 PAM 使用控制标准,它符合日本颁发的限用污泥处理使用 PAM 浓度的暂定标准,控制排水中 PAM 单体浓度不大于 0.01 mg/L。

2) 干泥污染风险

制水系统产生的干泥主要为脱水污泥。脱水污泥产量取决于原水的浊度、出厂水水质控制要求、加药量和污泥脱水效率。

6.1.2.3 输配水系统风险事件种类

输配水系统风险事件种类可分为水力安全风险(漏损、应急调度)和水质安全风险(消毒剂浓度控制、水源污染事故、人为污染等)[28]。

1. 水力安全风险

水力安全风险事件主要为机泵设备故障,影响正常运行和重要供水管线的突发事件,如爆管、漏水等,导致输水量不足。

2. 水质安全风险

输配水管网水质安全风险主要为管网水浊度、管网末梢水余氯、管网水感官性状指标、管网水菌落总数、管网水总大肠杆菌等[29-30]。

6.1.2.4 二次供水系统风险事件种类

二次供水系统最大的风险是二次污染突出,严重影响城镇供水安全。二次供水方式、二次供水管材、消防生活水池合用与二次供水水质安全息息相关[31]。

1. 二次供水方式

不同的二次供水方式对水质的影响主要体现在浊度和余氯两个方面[32]。

2. 二次供水管材

二次供水管材引起的水质风险体现在不同二次供水管材和管材腐蚀与老化造成的供水水质安全风险[33]。

1) 不同二次管材供水水质风险

当前二次供水中使用最多的主要有三种管材:不锈钢管、钢塑复合管和铜管等。

不锈钢管安全可靠、卫生环保、经济适用,管道的薄壁化以及新型可靠、简单方便的连接方法,使其具有更多不可替代的优势。不锈钢水管不会对水质造成二次污染,对于已达到国家直饮水标准的出厂自来水来说不会有水质的变化,水质安全风险较低。此外,不锈钢水管材料强度高过所有水管材料,管道受外力影响造成漏水的可能性大幅度降低,不锈钢管材可回收利用,且耐腐蚀性能优,长期使用不会结垢,输送能耗低,成本低。

钢塑复合管可分为衬塑钢管和涂塑钢管两类。钢塑复合管良好的耐腐蚀性能,结合在钢塑复合管内壁的聚乙烯、聚丙烯、聚氯乙烯等材料是一种卫生安全、性能稳定的塑料材料,不含有毒物质。该材料结合在钢管内壁后,不生锈、不结垢,管壁光滑,且不易老化。同时,与之相配套的可锻铸铁管件内表面采用一次注塑成型工艺,衬上塑料保护层,管件与衬里钢管连接后,保证了管端不受腐蚀，解决了镀锌管作为自来水管时产生的白浊和红锈问题。钢塑复合管的坯管是焊接钢管，具有优越的机械性能，承压高，耐冲击，安装后不易变形。钢塑复合管水质安全风险在于管材本身涂层容易在运输过程及连接过程中因磕碰而露出原来的钢管材质或连接处腐蚀等，引起漏水。

铜管卫生健康，其管壁光滑，流动阻力小，通水能力强，有利于节约管材和减低能耗，铜管可以再生，符合环保的要求。在二次供水管材中，铜管是综合性价比最优的管材之一，首先铜管性能稳定，不易腐蚀，寿命长，弯曲性能优良，过流能力强。其次，铜管中的微量铜离子有利身体健康，并有抑制水中细菌的功能，可有效防止管道中的二次污染。此外，由于任何物质包括光线均不能穿透铜质管材，铜管不会滋生藻类。但是目前铜管在二次供水管材中的应用还不是很普遍，主要原因是造价高、施工周期长、难度大。研究表明，铜管内水的流速、流量、水压、温度、循环泵的运转周期、散发的溶解气体、管路形状等因素都可以引起铜管腐蚀发生，铜管腐蚀导致饮用水中铜含量超标。

综合比较可以发现，不锈钢管是当前在二次供水中比较适用的管材。但在二次供水管材选择中，需要综合考虑多方面因素，避免盲目选材带来水质安全隐患。

2）管材腐蚀与老化供水水质风险

腐蚀结垢对水质的污染：金属管道、配件、水箱和水塔等输配水设施本身含有杂质，金属与杂质之间存在着不同的电极电位，在水的作用下会形成无数微腐蚀原电池，由于化学和电化学作用会对管道内壁造成较严重腐蚀，产生大量铁、锰、铅、锌等金属锈蚀物。

微生物腐蚀对水质的污染：微生物的生长繁殖对水质的危害，除了直接造成细菌学质量的下降，同时也是金属腐蚀结垢产生的诱导原因，并且还会造成浑浊度、色度、有机物污染、亚硝酸盐等理化指标的浓度变化。微生物造成的二次污染主要环节在城市管网末梢，尤其是居住区管网和水箱等处。

防腐衬里对水质的污染：目前我国城市供水水池采用钢筋混凝土管或铸铁管，铸铁管道一般采取水泥砂浆衬里或沥青涂料外防腐。居住区和住宅供水管多为沥青防腐处理的铸铁管和冷镀锌钢管。金属水箱通常使用沥青防腐或者采用镀锌钢板，也有少量采用防锈漆。使用水泥材料的管子有混凝土管、石棉水泥管、水泥衬里管。上述防腐措施尽管对防止金属腐蚀起到了良好的作用，但相应也带来了渗出物对水质的二次污染问题。

3. 消防生活水池合用

选择上海市区内 15 个消防生活水池合用的二次供水建筑，监测其二次供水水质指标，发现二次供水余氯经水池后下降了大约 30%，余氯指标均有未达标的情况发生；经常检出细菌总数，没有检出总大肠菌群。

二次供水经长时间放置后，水样中细菌总数不断增加，在正常的余氯水平条件下大于 0.05 mg/L，细菌总数增加缓慢；一旦低于正常的余氯水平 0.05 mg/L，细菌总数增加较快，以 0.05 mg/L 余氯含量作为余氯的标准限值较为合理。

6.1.3 风险影响因子[6]

供水安全风险影响因子很多，可通过相关的事故树将制水系统涉及的原水系统、制水系统、输配水系统和二次供水系统相关的风险影响因子有机组合起来[34]。

6.1.3.1 原水系统风险影响因子

原水系统水源地安全构成主要包括水质安全、水量安全、生态安全和工程安全四个方面。针对四方面的安全要求，降雨和原水水质都是饮用水水源地供水安全比较重要的风险影响因子。

1. 降雨

降雨是饮用水水源地水量安全和工程安全的主要影响因子。为保证水源地有足够的蓄水量，以及大于供水量的来水量，在水源地规划设计阶段，必须进行所在水系的水量水质对水源地取水保障程度的分析研究，确保取水保证率可以达到一定程度。超过水源地设计防洪标准的洪水可能对水源地工程安全产生一定影响，上游地区的点、面源污染也可能随着降雨径流进入河道中，对水源地的水质安全产生影响。鉴于汛期防洪安全的重要性，通常水库调度等工作首要任务是防洪安全，加之流域降雨和径流影响，水量调度频繁，也可能使水源地水质情况变化较大，对水质安全造成一定程度的影响。

2. 原水水质

原水水质是饮用水水源地水质安全的主要影响因子。《地表水生态环境质量标准》中“集中式生活饮用水地表水源地特定项目标准限值”，对集中式生活饮用水地表水源地水质有明确要求。除水质类别外，同时还应考虑取水口的水质浓度、污染物进入水体的风险，以及富营养化指标等。若水源地保护范围内或上游水系发生突发水污染事件，原水水质也容易受到影响，从而影响水源地供水安全。

3. 其他

除降雨和原水水质风险外，原水系统面临的其他主要风险是取水系统的水质污染和取水系统水量水压不足，造成这两大风险的主要影响因子以事故树的形式表述，如图 6-3 和图 6-4 所示。

6.1.3.2 制水系统风险影响因子

制水系统面临的主要风险是水质、水量水压及设备故障，造成这三大风险的主要影响因子以事故树的形式表述，如图 6-5—图 6-7 所示。

6.1.3.3 输配水系统风险影响因子

输配水管线是输配水系统中最关键的因素之一，输配水管线风险影响因子包括管径、管长、壁厚、管线位置、管龄、覆土厚度、保护层、管材、管线表面渗透性、温度、荷载、历史数据、环境腐蚀性、土体不稳定性、地下水、附属结构、安装工艺等。每个风险影响因子对输配水管线风险的影响见表 6-2。

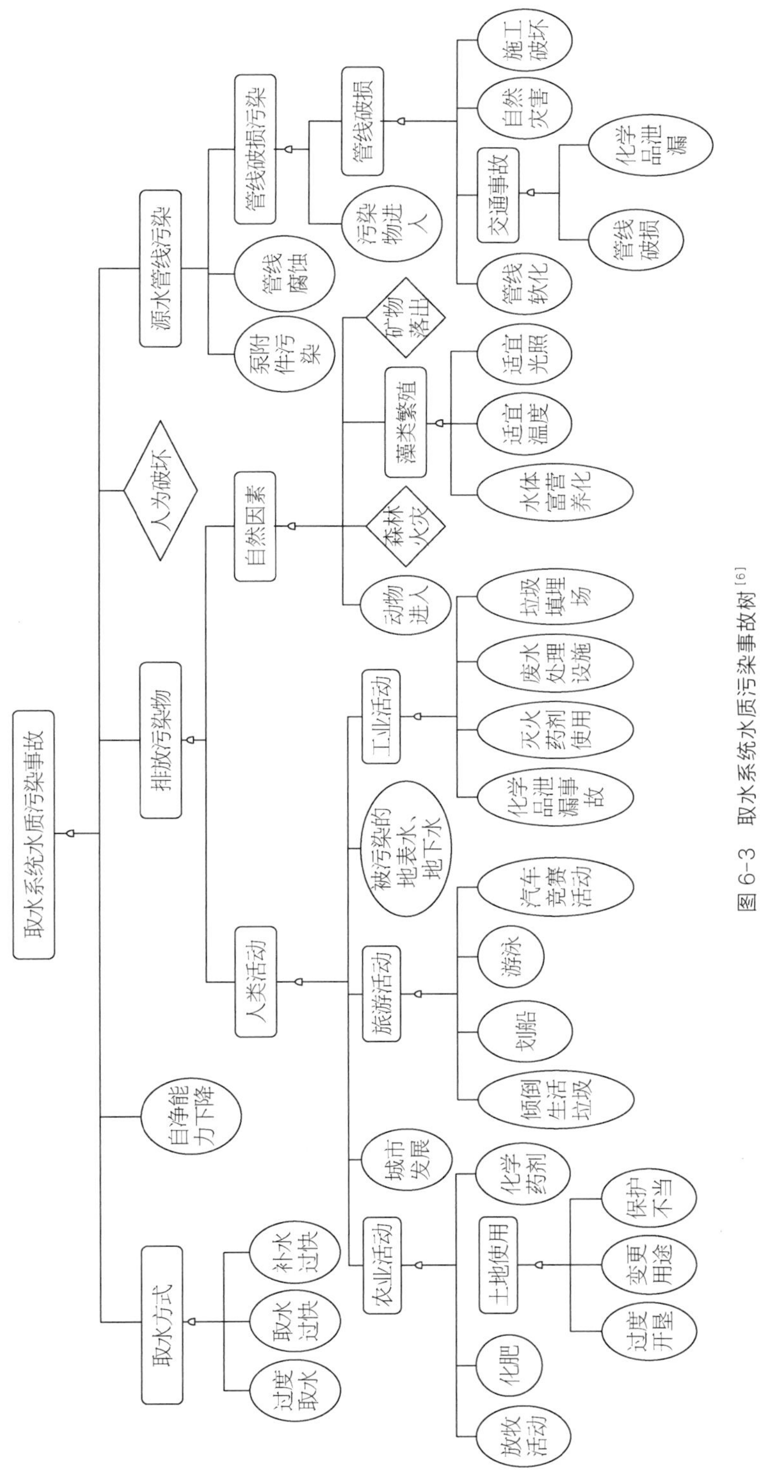

图 6-3 取水系统水质污染事故树[6]

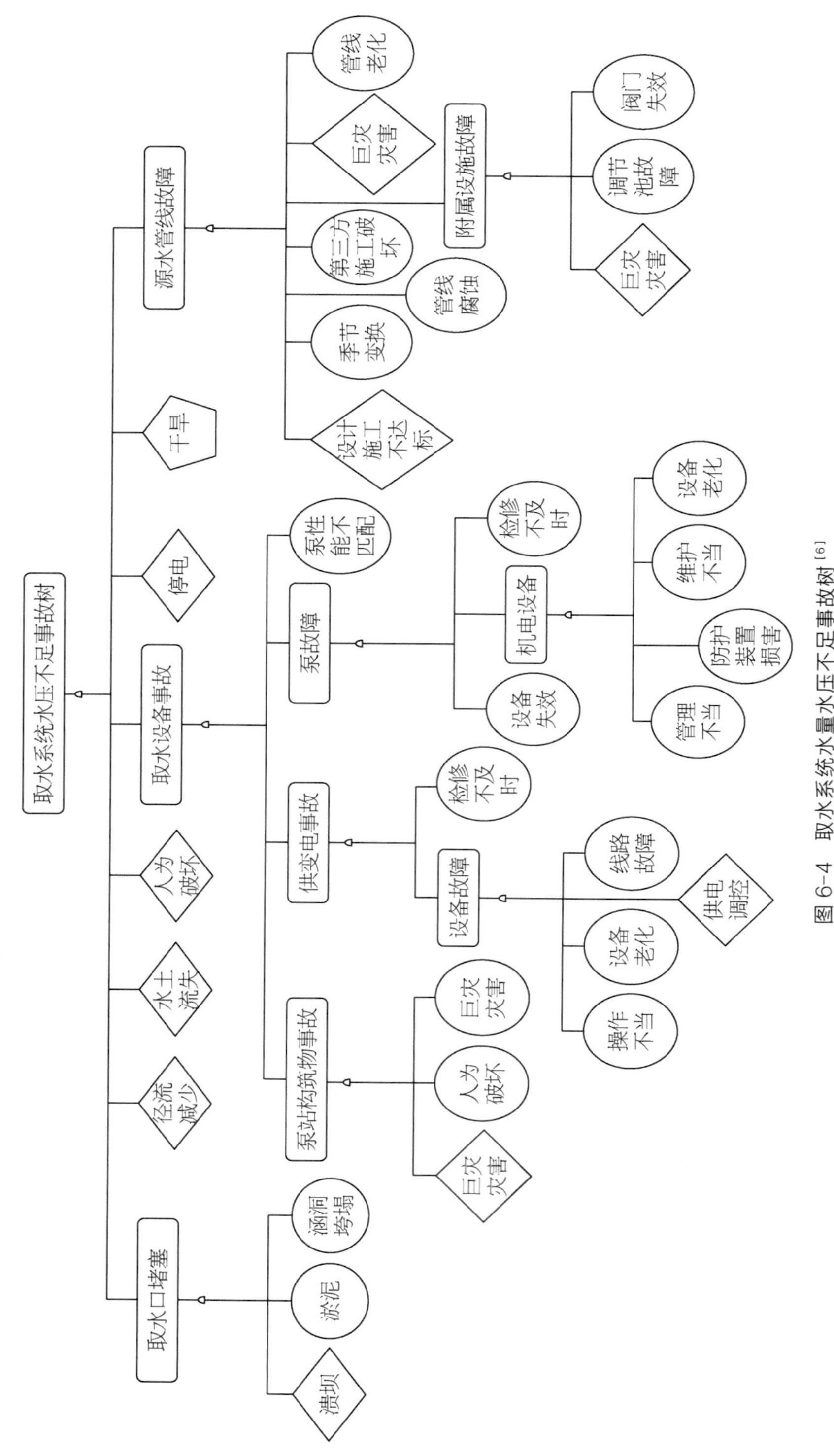

图 6-4 取水系统水量水压不足事故树[6]

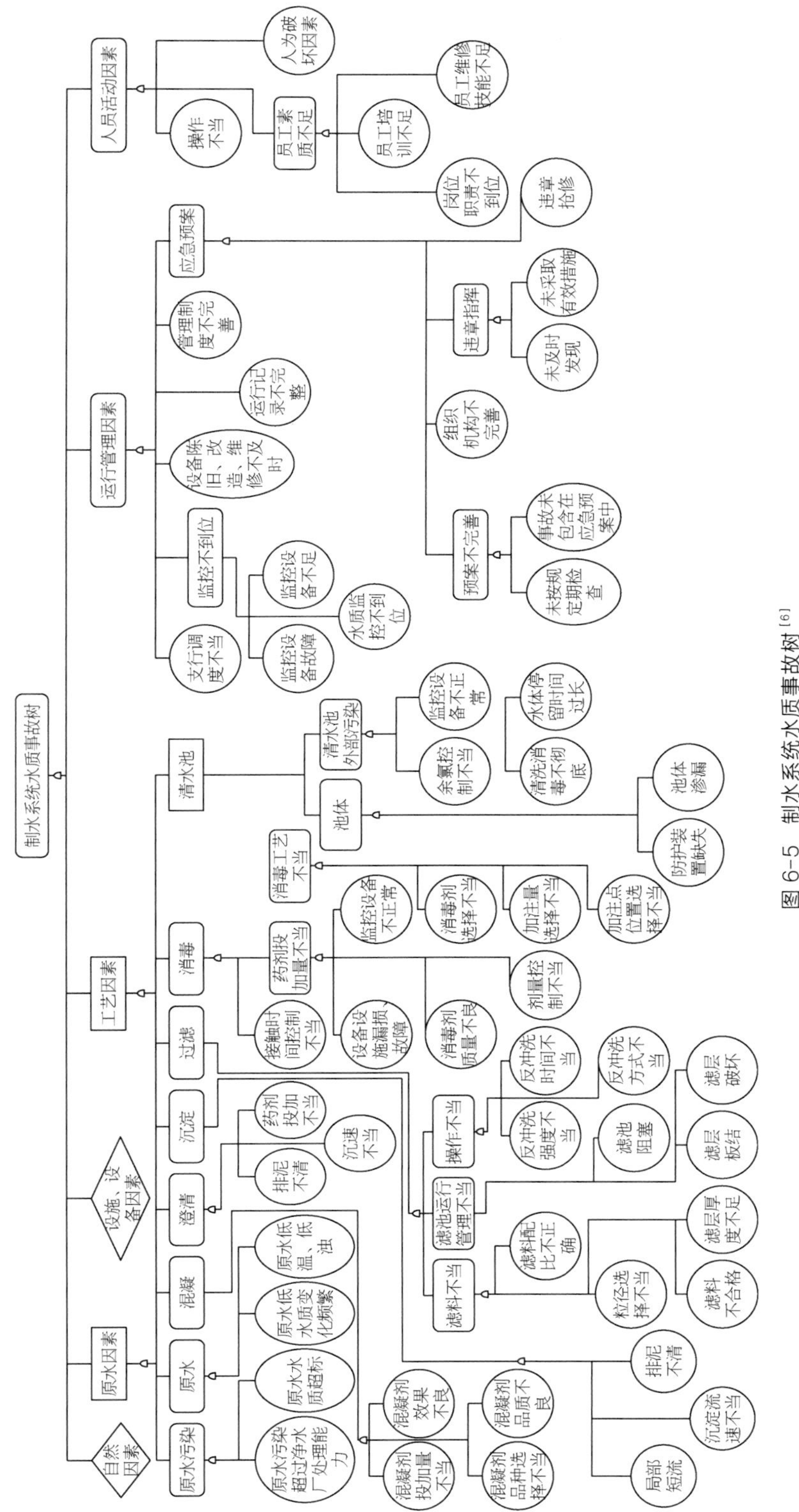

图 6-5 制水系统水质事故树[6]

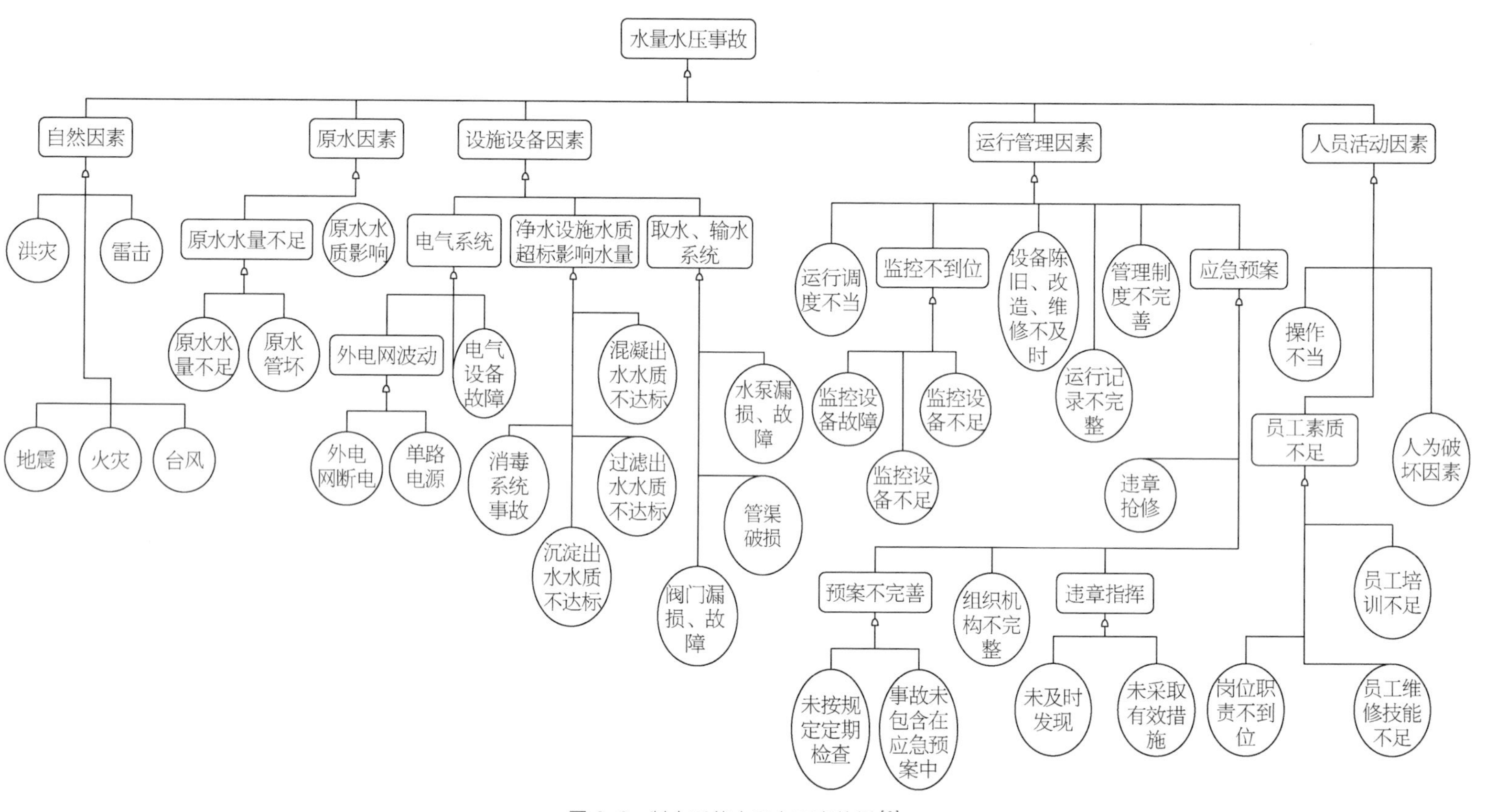

图 6-6 制水系统水量水压事故树[6]

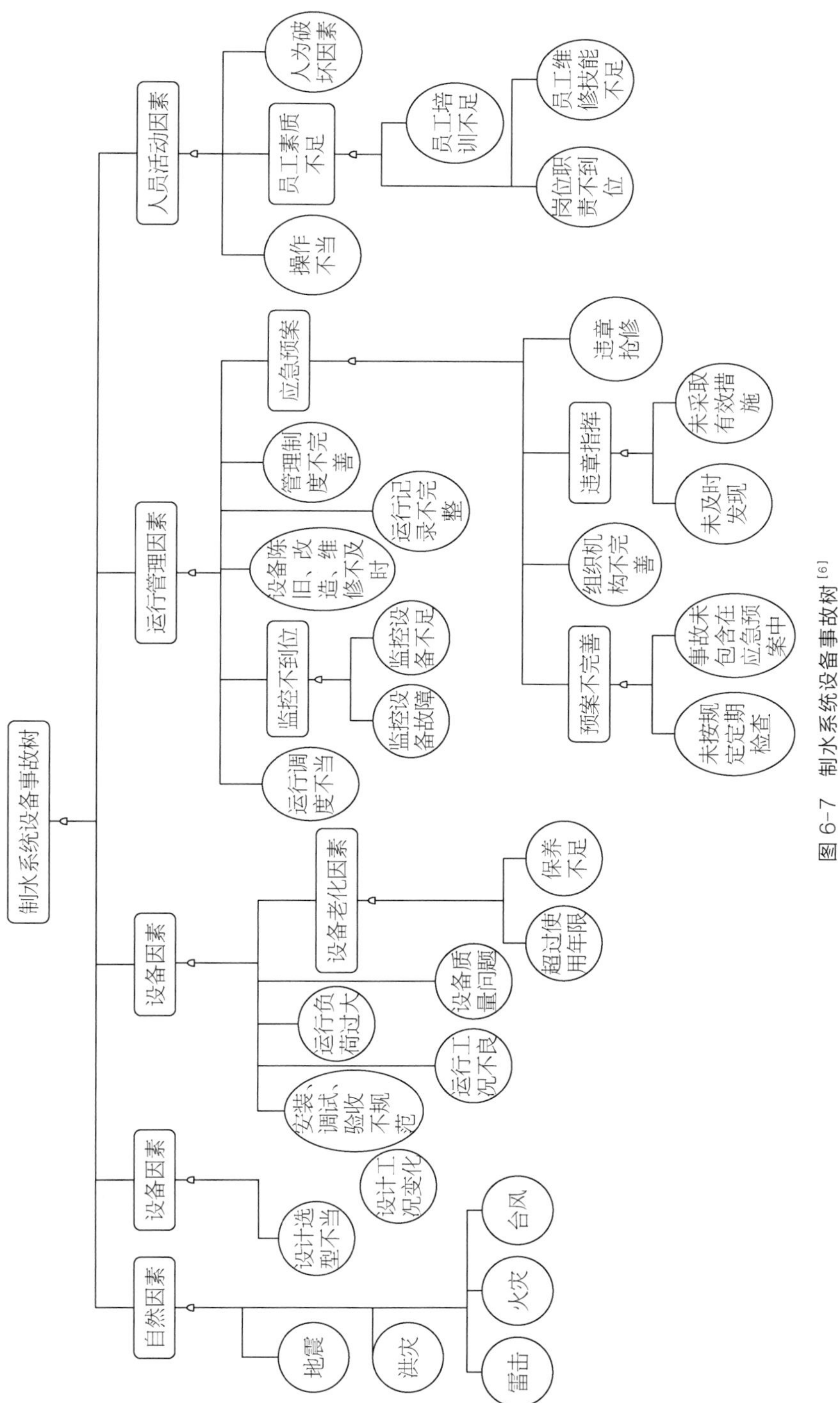

图 6-7 制水系统设备事故树[6]

表 6-2　　输配水管线风险影响因子对管网风险的影响

风险影响因子	对管网风险的影响
管径	小直径的管线较大直径管线有更大的破坏频率
管长	长的管线更倾向于破坏
壁厚	初始壁厚作为预测管线腐蚀的因素,残余壁厚可以估计管线的剩余寿命
管线位置	高速路下铺设的管线具有更高的破坏率,污染区铺设的管线对水质有影响
管龄	管龄用于预测管线的剩余寿命,管龄代表着管线的生产安装年代,当时的生产工艺、行业标准、运营需求等与现在可能不相同
覆土厚度	深埋的管线破坏的可能性更小
保护层	保护层可以保护或减轻管线所受腐蚀的影响
管材	材料特性作为预测管线腐蚀的因素考虑;材料的退化会影响管线的摩擦系数
管线表面渗透性	具有渗透性的管线表面会导致土壤中的盐进入管壁
温度(管内)	当管线中的水变得较冷时,水密度较大的区域,管线更倾向于破裂
温度(管外)	霜冻和冻融循环可引起管体温度应力;高温会加速腐蚀速率
荷载	荷载是导致应力破坏的最重要原因:土壤荷载,交通荷载、水锤作用等
历史数据	足够的历史数据直接预测管线的剩余寿命
检测数据	检测数据作为风险优先级评价的最主要指标
环境腐蚀性	环境腐蚀性作为预测管线腐蚀的因素
土体不稳定性	黏土中的管线,每年的爆管数量几乎是粉土中的两倍
地下水	地下水的季节性变化会增加土体的不稳定性;管线的劣化与地下水有关
垫层	不合适的垫层会导致管线的早期破坏
水泵数量	制水系统越多,管线越容易劣化
阀门数量	阀门数量越多,管线越容易劣化
接头	接头安装的不正确或不准确会导致泄漏等问题; 柔性接头和刚性接头对管线安装环境适应性
安装工艺	节点安装工艺不良导致管线的早期破坏

除输配水管线外,输配水系统的面临的主要风险是管网水质污染,造成这一风险的主要影响因子以事故树的形式表述,如图 6-8 所示。

6.1.3.4　二次供水系统风险影响因子

二次供水系统的面临的主要风险是水质、用水困难、突发严重漏水事故,造成这一风险的主要影响因子以事故树的形式表述[35],如图 6-9—图 6-11 所示。

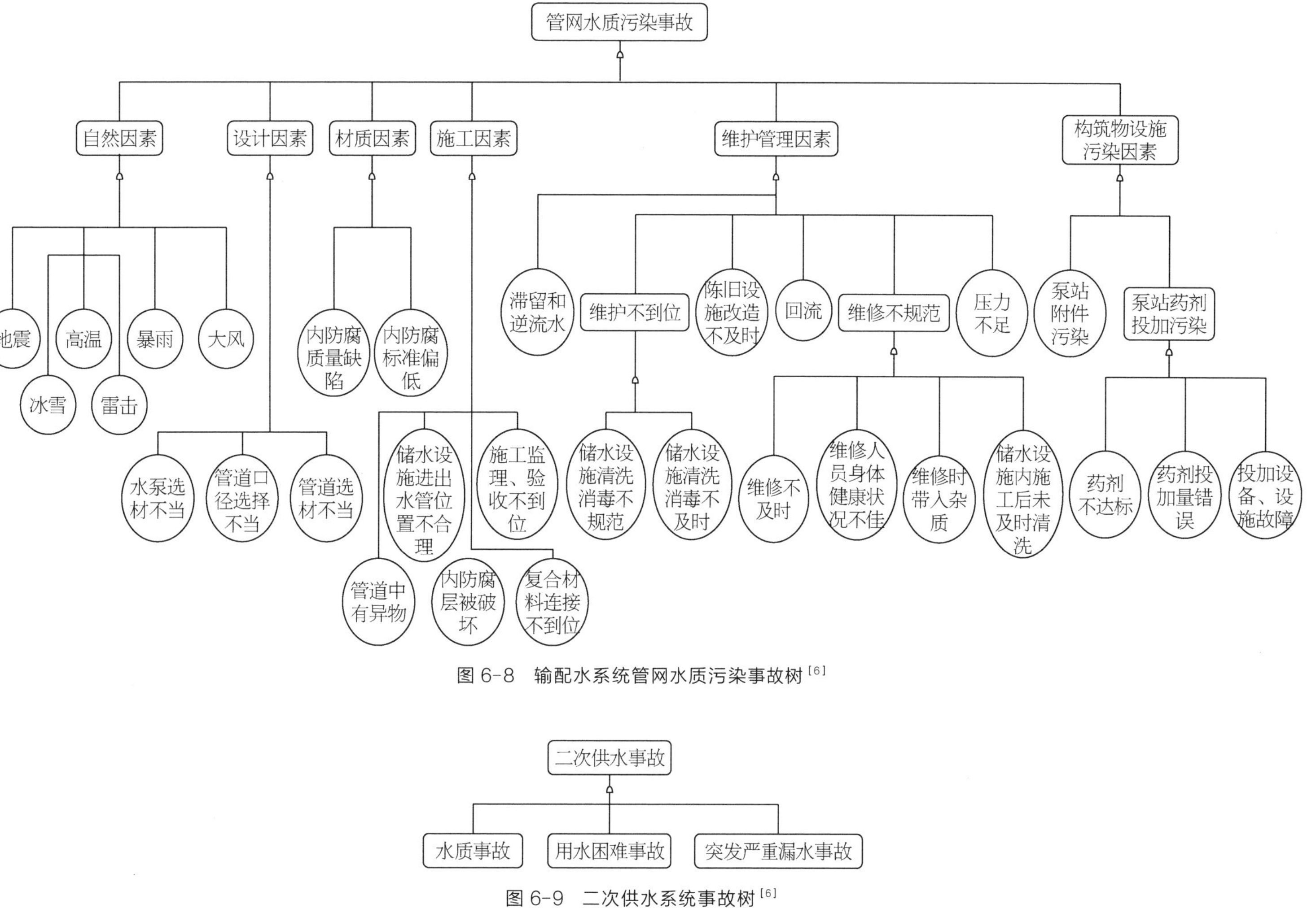

图 6-8　输配水系统管网水质污染事故树[6]

图 6-9　二次供水系统事故树[6]

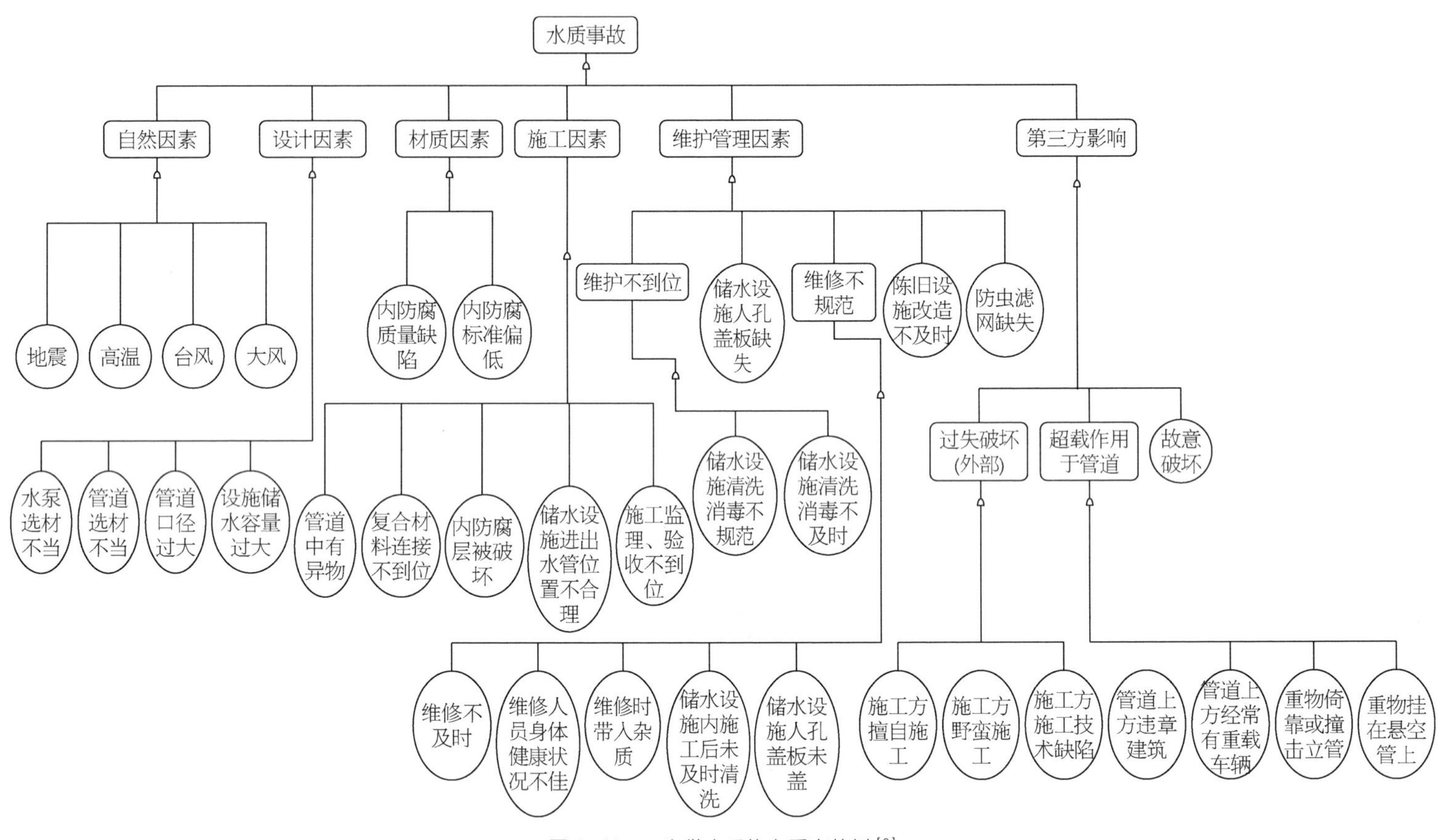

图 6-10 二次供水系统水质事故树[6]

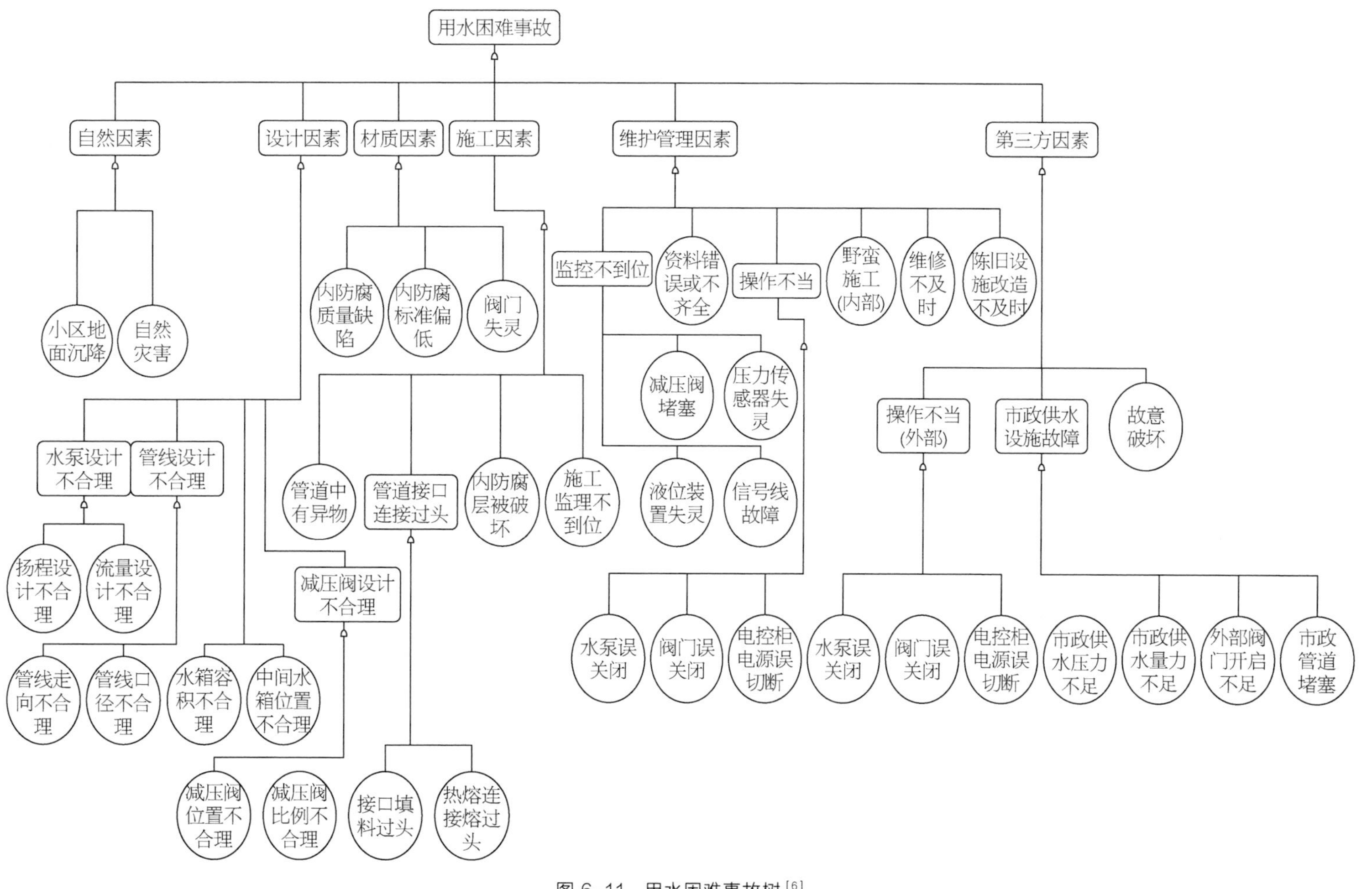

图 6-11 用水困难事故树[6]

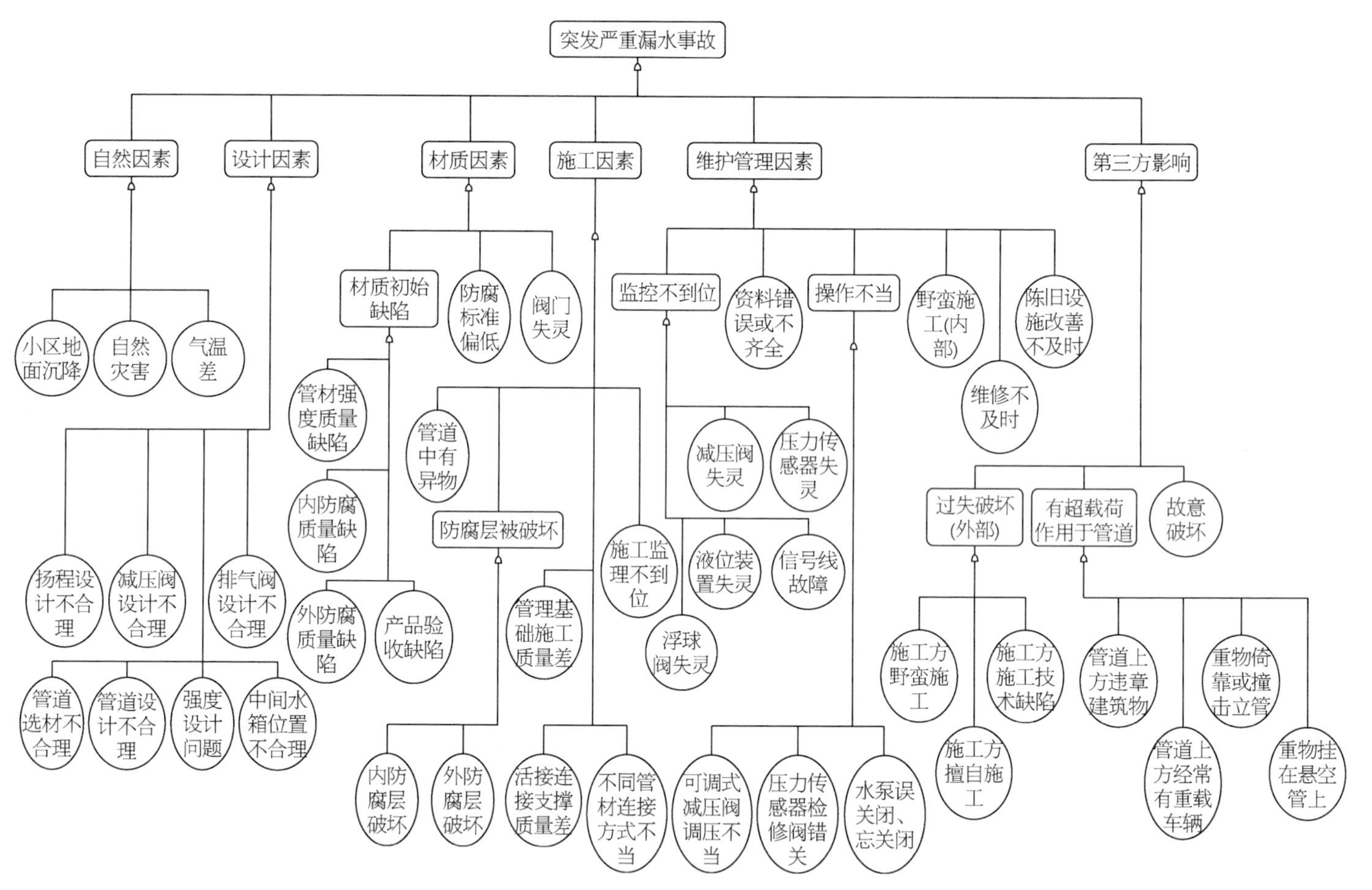

图 6-12　二次供水系统突发严重漏水事故树[6]

6.1.4 人为因素排查[6]

通过对供水系统四个子系统中风险影响因子的识别，可以发现，供水安全风险管理过程中人为因素的排查是个非常复杂的工程，涉及供水系统四个子系统的所有方面。可通过设计安全检查表，对供水安全风险中的人为因素进行有效排查。

6.1.4.1 原水系统人为因素排查

原水系统人为因素排查范围如表 6-3 所示，由表 6-3 中可以看出，原水系统人为因素排查范围划分为水源地管理与保护，原水管线，取水设施与设备，变配电，自动控制，计量与监测，调度，安全防护、消防及安保，突发事件与应急预案，人员与管理共 10 项排查项目。每一项排查项目由多条排查内容组成，如水源地管理与保护人为因素排查项目中，排查内容包括：供水水源水质是否符合现行的《地表水生态环境质量标准》(GB 3838)或《地下水生态环境质量标准》(GB/T 14848)要求；如果水源水质有超标项目时，是否保证处理后达到国家《生活饮用水卫生标准》(GB 5749)的要求；是否建立了水源水预警机制等。原水系统人为因素详细排查表见附表 C-1。

表 6-3　原水系统人为因素排查[6]

序号	排查项目及部分内容		排查结果	备注
1	水源地管理与保护	以地下水为水源时，是否有确切的水文地质资料		
		以地表水为水源时，是否定期疏浚取水河道、水库等		
		是否建立了水源水预警机制		
2	原水管线	是否根据现行《城镇供水厂运行、维护及安全技术规程》(CJJ 58)，结合本企业原水条件，制定了原水管网的运行和维护规程		
		承担原水管线设计、施工、监理的单位是够具有相应的资质		
		原水管线的设计、施工、管理、维护是否遵守相应的标准、规程及规范		
3	取水设施与设备	取水设施的状况有无影响运行的缺陷		
		取水设施是否配有备用设备		
		机泵的运行是否有泵组开停、泵组运行参数、运行中所发生的事件和当班人员的姓名等记录		
4	变配电	是否制定了变配电系统事故预案		
		根据现行《用电安全导则》(GB/T 13869)的要求，供水企业是否已经制定了变配电系统的用电安全规程和岗位责任制度		
		变配电系统的技术资料是否齐全		
5	自动控制	在取水设施中是否建立了以计算机技术为基础的监控体系		
		是否已经建立了管网模型和配置了应用调度软件		
		变配电系统的运行情况是否已纳入由监控系统管理，变配电系统的运行情况可以在中心控制室的监控计算机上反映；所有的运行报表、事故报警额和记录、指令的发出等是否都可以在监控计算机上完成		

（续表）

序号	排查项目及部分内容		排查结果	备注
6	计量与监测	供水水源与备用水源是否进行监测，或根据需要建立在线监测和传输系统		
		是否建立了在线仪表定期的维护、保养和维修机制		
		从事水量计量工作人员是否具备相应的资格并持证上岗		
7	调度	是否根据供水规模的范围、水源状况、水厂与管网中的加压调蓄设施分布情况设立了相应原水调度机构，并制定相应的取水调度职责		
		是否制定了调度机构负责人和调度员的资格条件		
		调度室在日程实时调度时，是否通过掌控水源、水厂供水量和水压，结合管网条件精细调度，能经济合理地满足供水范围内服务水压的要求		
8	安全防护、消防、安保	是否建立了整个取水设施的安全保障措施		
		需进入检修的取水设施是否有人身安全和安全防护措施并进行定期培训		
		取水设施中机电设备的转动部分是否有防护装置		
9	突发事件与应急预案	是否按国务院《国家突发环境事件应急预案》《建设部关于印发〈城市供水系统重大事故应急预案〉的通知》、建设部《城市供水水质管理规定》（第156号令）等有关要求，制定了发生突发事件，如自然灾害、水源污染、电网断电、重大生产运行等事故及人为破坏等事件时的制水系统应急预案（以下简称“应急预案”），并进行定期演练和评估		
		在“应急预案”中是否明确突发事件时企业内部的指挥和领导机构与工作分工		
		是否将可能遇到的突发事件按照有关规定进行分级，并设立了相应的预警等级		
10	人员与管理	是否制定了操作手册或相关的管理制度，明确了各岗位的职责、权限和责任；是否有员工培训计划		
		是否对从事电工作业的专业人员进行安全技术培训，并经过电业部门考核合格后取得安全用电操作证		
		是否经过相关培训与安全教育并持证上岗		

6.1.4.2　制水系统人为因素排查

制水系统人为因素排查范围如表6-4所示，可以看出，制水系统人为因素排查划分为制水工艺，制水设施与设备，变配电，化学品，自动控制，计量与监测，调度，安全防护、消防和安保，突发事件与应急预案，人员与管理共10项排查项目。每一项排查项目由多条排查内容组成，如制水工艺人为因素排查项目中，排查内容包括：生物预处理设施运行时是否按现行《城镇供水厂运行、维护及安全技术规程》（CJJ 58）规定，除按正常规定要求检测原水和出厂水水质外，同时每天应检测原水水温、溶解氧、亚硝酸盐氮（包括氨氮）；各单元工艺的主要运行参数是否进行定期测定，如滤池的滤层高度、滤速、含泥率、反冲强度、运行周期等。制水系统人为因素详细排查表见附表C-2。

表 6-4　　制水系统人为因素排查[6]

序号	排查项目及部分内容		排查结果	备注
1	制水工艺	是否建立对净水工艺各工序的巡回检查制度,并明确对各工序的检查要求		
		以氯、高锰酸钾、二氧化氯或臭氧为氧化剂的预处理,其加注量、投加点是否由试验结果确定?氧化剂和水体接触时间是否足够		
2	制水设施与设备	水厂的运行和维护是否遵守现行《城镇供水厂运行、维护及安全技术规程》(CJJ 58)规定的要求		
		水厂产生的污泥是否有处理设施		
3	变配电	电气设备(包括取水泵组、鼓风机组、空压机组等)是否为双路电源供电,并且每路的容量不少于全容量的70%		
		根据现行《用电安全导则》(GB/T 13869)的要求,供水企业是否已经制定了变配电系统的用电安全规程和岗位责任制度		
4	化学品	化学危险品仓库防盗、防泄漏、防爆设施是否齐备、完好		
		租赁的氧气气源系统(包括液氧和现场制氧)的操作运行是否由氧气供应商远程监控		
5	自动控制	在水厂中是否建立了以计算机技术为基础的监控系统		
		变配电系统的运行情况是否已纳入监控系统管理,变配电系统的运行情况可以在中心控制室的监控计算机上反映;所有的运行报表、事故报警和记录、指令的发出等是否都可以在监控计算机上完成		
6	计量与监测	是否根据需要配备了便携式水质检测仪、流动检测车和便携式毒性监测仪		
		是否根据运行需要对各单元净水工艺进行专项水质检验,定时检测并做好记录		
7	调度	调度室在日常实时调度时,是否通过掌控水源、水厂供水量和水压,结合管网条件精细调度,并能经济合理地满足供水范围内服务水压的要求		
		是否积累了调度运行中发生的主要资料和信息		
8	安全防护、消防、安保	是否建立了整个水厂的安全保障措施		
		雨雪封恶劣天气时,需要户外作业的是否有相应的安全及管理措施		
9	突发事件与应急预案	在"应急预案"中是否明确突发事件时企业内部的指挥和领导机构与工作分工		
		是否对制水系统在日常生产和发生突发事件时可能存在的薄弱环节、安全风险及发生概率等进行了评估,并有相应措施		
10	人员与管理	是否保持了厂内管网系统的图纸、档案资料的完整,并不断更新、及时反映现状		
		是否对从事电工作业的专业人员进行安全技术培训,并经过电业部门考核合格后取得安全用电操作证		

6.1.4.3　输配水系统人为因素排查

输配水系统人为因素排查范围如表 6-5 所示,可以看出,输配水系统人为因素排查划分为输配水管网,泵站,变配电,自动控制,计量与监测,调度,安全防护、消防和安保,突发事件与应急预案，人员与管理共 9 项排查项目。每一项排查项目由多条排查内容组成，如输配水管网人为因素排查项目中，排查内容包括：输配水管道及用户用水户支管的设计、施工、管理维护，是否遵守相应的规范、标准及规程；输配水管道所选的管材、阀门等设备及内外防腐措施（包括必要的阴极防护措施）是否符合相关的国家标准；输配水管道的高点及长距离管道的相关位置是否均按设计要求设有相应规格的空气阀门或真空破坏阀，且这些设备的节点有防冻及防止对管道二次污染的措施等。输配水系统人为因素详细排查表见附表 C-3。

表 6-5　　输配水系统人为因素排查[6]

序号	排查项目及部分内容		排查结果	备注
1	输配水管网	主要输水管或出厂干管管段检修时，供水区能否保证有大于或等于 70% 的供水量		
		输配水管道是否已建立并执行了定期巡线制度和相关考核制度？管网故障自报率多少		
2	泵站	在近两年来生产运行高峰期间，泵站中是否有备用机组		
		机泵的运行是否有泵组开停、泵组运行参数、运行中所发生的事件和当班人员的姓名等记录		
3	变配电	取水设施中的机电设备是否按照机电设备维修规程定期执行		
		变配电系统的技术资料是否齐全		
4	自动控制	在输配水系统中是否建立了以计算机技术为基础的监控系统		
		在取水系统中是否建立了以计算机技术为基础的监控系统		
5	计量与监测	水质检验的方法是否按《生活饮用水标准检验防范》(GB/T 5750)执行		
		化验室是否每年至少参加一次由国际、国内或地区有关机构组织的实验室比对或能力验证活动		
6	调度	调度室在日常实时调度时，是否通过掌控水源、水厂供水量和水压，结合管网条件精细调度，并能经济合理地满足供水范围内服务水压的要求		
		调度室针对管网压力不正常的变化，是否建立了爆管等事故的相应处理程序		
7	安全防护、消防、安保	需下井作业是否有相应的安全及管理措施		
		配水管道上的消火栓形式、规格及安装位置是否按国家有关规定和消防部门的要求确定		
8	突发事件与应急预案	在“应急预案”中是否明确突发事件时企业内部的指挥和领导机构与工作分工		
		是否制定了机泵运行的应急预案；在电源供应都中断的情况下，是否有防止水锤的技术措施		
9	人员与管理	承担输配水管网设计、施工、监理的单位及个人是否具有相应的资质		
		是否保持了输配水管网系统的图纸、档案资料完整，并不断更新，及时反映现状建立了 GIS 管理系统		

6.1.4.4 二次供水系统人为因素排查

二次供水系统人为因素排查范围如表6-6所示，可以看出，二次供水系统人为因素排查划分为二次供水设施，变配电，计量与监测，安全防护、消防和安保，突发事件与应急预案，人员与管理共6项排查项目。每一项排查项目由多条排查内容组成，如二次供水设施人为因素排查项目中，排查内容包括：从事二次供水设施的设计、生产、加工、施工、使用和管理的单位，是否遵照《二次供水设施卫生规范》(GB 17051)的规定执行；二次供水管道所选用的管材、阀门等设备及内外防腐措施(包括必要的阴极防护措施)是否符合相关的国家标准；水箱和水池的技术要求是否遵守《室外给水设计规范》(GB 50013)；当清水池、水箱的贮水量停留时间过长时易使余氯消失，是否采取适当降低水位、减小容量的措施等。二次供水系统人为因素详细排查表见附表C-4。

表6-6 二次供水系统人为因素排查[6]

序号	排查项目及部分内容		排查结果	备注
1	二次供水设施	从事二次供水设施设计、生产、加工、施工、使用和管理的单位，是否遵照《二次供水设施卫生规范》(GB 17051)的规定执行		
		水池和水箱的技术要求是否遵守《室外给水设计规范》(GB 50013)		
2	变配电	是否有对机电设备运行巡回检查的制度(包括变配电设备)		
		是否制定了变配电系统内的电气维修规程		
3	计量与监测	水质检验的方法是否按《生活饮用水标准检验防范》(GB/T 5750)执行		
		化验室在安全方面是否严格执行实验室资质认定中的有关安全规定		
4	安全防护、消防和安保	是否为员工提供必要的劳动保护装备，并且定期进行指导培训		
		是否有劳动保护装置的替换和维护规定，并且定期检车设备的可用性		
5	突发事件与应急预案	在“应急预案”中是否明确突发事件时企业内部的指挥和领导机构与工作分工		
		是否对二次供水系统在日常生产和发生突发事件时可能存在的薄弱环节、安全风险及发生概率等进行了评估，并有相应措施		
6	人员与管理	是否保证二次供水系统的图纸、档案资料的完整，并不断更新、及时反映现状		
		是否能保证安全监督人员在二次供水系统中起到监督和管理的作用		

6.2 风险评估

6.2.1 指标体系

城市供水系统包括原水、制水、供水管网、二次供水等多个环节，涉及技术、经济、社会等各个方面。城市供水系统的总体风险评价有生产能力、供需比、水厂所在城市分布情况、集控调度模式和应急体系等指标。一个城市的生产能力侧面反映了该城市供水系统的服务面积、服务人口以及水源的充足性，同时生产能力的大小与风险事故的影响程度直接相关，生产能力越大，发生的灾害和事故的影响越大,风险等级随之越高。城市供水能力和城市最高日需水量之比,是衡量城市供水能力是否满足社会需要的一个重要指标,供需比过低,可能影响供水安全;过高则增加投资和成本。按照水厂分布情况,城市供水系统可以分为单点供水和多点供水,多点供水模式抗风险能力高于单点供水。集控模式分为中央集控调度和分散调度,对从水源到用水的制水系统全面监测、控制和管理,能够反映系统的抗风险能力。应急体系的建设反映系统的抗风险能力,是否建立了应对自然灾害、水源污染、电网断电、生产运行事故和人为破坏等突发事件的安全管理与应急体系。

6.2.1.1 原水系统风险评估指标

出厂水水质与水源地水质的关系更加密切和直接,水源地水质达标是城市供水水质达标的前提,也是城市供水安全的基础。原水水质安全与否,水量充沛与否直接影响到出厂水的水质合格率及可供水量[36]。其主要指标反映了水源环节的安全[37]。与原水安全相关的综合性指标较多,主要有原水类型、原水水质合格率、事故次数等[38]。

1. 原水类型

原水类型有地下水、江河水、湖泊水和水库水。水源类型不同,取水设施、水质情况、处理工艺也不同。城市供水系统有无备用水源地能够反映供水系统的抗风险能力,具体分类为单一水源地和多水源地。对一个城市来说,单一水源供水类型和多水源供水类型在应对突发原水污染的能力方面是不同的,因此可以将原水类型作为城市供水系统的典型特征,用于划分城市供水系统的类型,不同类型的原水遭受污染的可能性和程度不同,整个原水子系统潜在的风险也不同。

2. 输水管线

原水子系统输水管线有一根还是多根,分为单一输水管线还是多输水管线,能够反映供水系统的抗风险能力。

3. 原水水质

供水水源水质是否符合地表水生态环境质量标准或地下水质量标准,要求水源地水质不同,进水工艺也不同,会造成不同程度的风险。地表水生态环境分为五类功能区。水源水质安全评价指标包括三类:综合指标、污染指标、毒害性指标[37]。

综合指标:主要反映水源水质常规指标的情况,用于指导水厂净水工艺的优化运行和药剂投加,指标包括水温、pH、浊度、溶解氧、氨氮、电导率、铁、锰等。

污染指标:主要反映水源水体污染的情况,主要包括耗氧量、总有机碳、油类、UV254、苯酚等。

毒害性指标:主要反映受污染水体的毒害性情况,主要采用生物预警技术,利用受试生物对受污水体的行为学反应,间接体现污染物的有毒有害性质。

此外,根据水源地的不同还有藻类浓度、咸潮次数和持续时间等评价指标。水源地水质安全在线监测指标选择，需要综合考虑水源的潜在风险源、水源特征污染物、水厂净化工艺的处理能力、出厂水水质要求、技术经济条件等多种因素，在现有的条件下，最大限度地保障水源地水质安全。

4. 取水方式

取水类型分为就地取水和集中供水。原水取水方式是就地供应还是长距离供应，取水方式不同，系统的潜在风险源不同。

6.2.1.2 制水系统风险评估指标

制水系统出厂水需满足城市用水对水量、水质、水压的要求。其主要指标为出厂水的水质、水压和供水量，反映了制水环节的安全性[36,39]。

1. 出厂水量

出厂水量很大程度上取决于水厂的设计规模，不同水厂之间可比性较差，不同城市之间的可比性更差。

2. 出厂水压力

出厂水压跟水厂设计规模、外部管网实际情况密切相关，不同水厂之间没有可比性。供水企业根据能满足实际用水需求而制定，不同时段的压力合格标准都不一样。

3. 水质合格率

出厂水的水质合格情况能够总体反映一个水厂的制水工艺、供水设施条件、运行状况等，也可以作为供水系统的风险评价指标。供水企业内部主要采用国标达标率和内控指标达标率作为考核指标。内控指标的要求严于国标，风险评价过程中可以把两个指标结合起来考虑。

4. 水厂工艺

水厂的工艺情况直接影响出水水质，也间接反映原水的水质情况，同时还会影响水厂的成本。常规处理工艺和深度处理工艺差别很大。无论是常规还是深度处理工艺，多种不同的工艺，采用的应急方案、普通抵抗风险的能力也不同，这也是供水系统的一个特性。

5. 在线监测

从原水到出厂水的不同工序需要配置必要的水质、液位、水头损失、压力等监测仪表。配备相关仪表可大大降低制水系统发生风险的概率，能够侧面反映系统的抗风险能力。在线监测系统有水质、水量、水压在线监测指标。

6. 净水厂设备设施故障率

设施故障包括：有机泵、阀门、管线等机械设备故障；设备设施老化腐锈的事故造成水质污染、水压不足等问题；在线监测仪表造成的水质数据滞后、失准等问题；断电、停电等情况。

6.2.1.3 输配水系统风险评估指标

输配水管网的水量和水质能满足城市用水对水量、水质的要求。其主要指标为配水管网水的水质、水压及可供水量，反映了配水环节的安全性。

1. 管网水质综合合格率

主要反映管网水质是否出现二次污染。出厂水需要经过复杂的配水管网系统才能输送到用户。管网中的水若在管网中滞留时间过长，就会在管网内发生物理、化学和生物反应，导致水质变化，造成二次污染。

2. 管网水压合格率

由于出厂水压标准一般留有余量，合格率并不是必须要100%，才能满足供水安全的最低要求。中国大部分城市的公共供水企业对该指标要求在95%以上，即把出厂水压合格率95%作为安全风险的可接受水平。

3. 管网漏损率

由于供水管网规模、服务压力、贸易结算方式对供水单位的漏损率具有重要的影响，因此按照各供水单位漏损评定标准应在漏损率基准值的基础上，按照供水单位的居民超标到户水量、单位供水量管长、年平均出厂水压力及最大动土深度作相应调整。《城镇供水管网漏损控制及评定标准》(CJJ 92—2016)将供水管网基本漏损分为两级，分别为10%和12%。

4. 城市管网爆管次数及程度[40]

管道爆管是城市供水的一大隐患，不断发生的爆管特别是特大型爆管对社会危害广、经济损失较大。如何采取有效的办法，评估这些管道的运行风险，及时更新或通过保护措施延长这些管道的安全使用年限，使之在被更新前能安全、稳定地运行，对减少爆管、减轻投资压力和可靠供水都有现实的积极意义。

6.2.1.4 二次供水系统风险评估指标

二次供水系统是指将城市供水经储存、加压后再供用户的供水形式。二次供水设施主要为弥补城市供水管线压力不足而设立。供水系统安全主要涉及两个方面：水质是否合格、水量和水压是否满足需求。

1. 二次供水水质合格率

主要反映该类设施的水质是否出现二次污染。二次供水水箱余氯是否合格，居民小区水箱和地下水池细菌学指标的细菌总数及大肠杆菌总数是否有超标风险。二次供水水质指标应满足生活饮用水卫生标准，以及二次供水设施卫生标准。二次供水设施属于配水管网末端，就技术层面而言，“二次供水合格率”比“管网水质综合合格率”更能体现用水安全。

2. 二次供水储水设施水力停留时间

二次供水过程中随着停留时间的增加，水中的余氯不断地减少，且二次供水中菌落总数与余氯存在一定的相关关系。因此，二次供水储水设施中的水力停留时间是评价二次供水系统风险的重要指标。

3. 水箱清洗消毒频率

二次供水设施管理单位应按照生活饮用水卫生规范要求，对二次供水设施中的储水设备进行清洗消毒、消毒，一般至少每半年一次，并根据实际情况，在高温、台风、施工等因素导致二次供水水质不合格时，增加水箱的清洗消毒次数。

6.2.2 安全标准

城市供水系统安全管理工作，依据国家行业标准因地制宜地建立水源地、水厂、供水管网、二次供水等一系列安全标准，保证城市居民生活以及城市建设等各方面的安全供水。根据中国水协2009年颁布的《城镇供水企业安全技术管理体系评估指南》对供水企业安全技术管理工作进行评估，涵盖水源、净水工艺和设施、泵房和管网、二次供水设施、监测仪表等。

6.2.2.1 原水系统安全标准

城镇供水厂选用地表水或地下水作为供水水源时，其水质应分别符合国家现行的《地表水生态环境质量标准》(GB 3838—2002)、《地下水质量标准》(GB/T 14848—2017)、《生活饮用水水源水质标准》(CJ 3020—1993)和《城市供水水质标准》(CJ/T 206—2005)等标准的要求。

选用地下水作为供水水源时，水质应符合《地下水质量标准》(GB/T 14848—1993)中Ⅲ类的要求。选用地表水作为供水水源时，水质应符合《地表水生态环境质量标准》(GB 3838—2002)的要求，集中式生活饮用水地表水源地一级保护区水质满足地表水生态环境质量标准(GB 3838—2002)中Ⅱ类水体水质标准要求，集中式生活饮用水地表水源地二级保护区水质满足《地表水生态环境质量标准》(GB 3838—2002)中Ⅲ类水体水质标准要求。当水源水质不符合要求时，不宜作为供水水源。若限于条件需加以利用时，水厂必须增加相应的处理工艺，并加强对相关指标的监测。集中式生活饮用水地表水源地水质超标项目经自来水净化处理后，必须达到《生活饮用水卫生标准》(GB 5749—2006)的要求。

6.2.2.2 制水系统安全标准

制水系统安全管理按照《城镇供水厂运行、维护及安全技术规程》(CJJ 58—2009)标准要求，加强城镇供水厂水质管理、工艺管理、设备和设施管理，建立标准化的运营机制，确保安全、稳定、优质、低耗供水。供水厂应制定符合自己制水生产工艺特点的工艺规程、操作规程和安全规程，作为组织水厂制水生产的依据，保证供水水质符合现行国家标准《生活饮用水卫生标准》(GB 5749—2006)，保证连续地向城市供水管网供水，符合当地政府制定的相关标准和规定。上海市制水系统出厂水应满足上海市地方标准《生活饮用水水质标准》(DB 31/T 1091—2018)。自来水厂还应服从城市规划对供水压力的要求，保证管网末梢压力。根据制水生产工艺要求，投入运行的设施与设备应符合工艺系统运行整体上安全、优质、高效、低耗的要求。

6.2.2.3 输配水系统安全标准

输配水系统应满足《城镇供水管网运行、维护及安全技术规程》(CJJ 207—2013)、《城镇供水管网漏损控制及评定标准》(CJJ 92—2016)、《生活饮用水输配水设备及防护材料的安全性评价标准》(GB/T 17219—1998)等标准要求。上海市市政管网水应满足上海市地方标准《生活饮用水水质标准》(DB31/T 1091—2018)。

输配水安全既包括输配水设备及材料的安全,也包括运行安全,应符合现行国家标准《城镇供水管网运行、维护及安全技术规程》(CJJ 207—2013)和《生活饮用水输配水设备及防护材料的安全性评价标准》(GB/T 17219)的要求。供水单位应采用先进的科学手段,提高供水管网技术资料、管网运行、维护和管理科学技术水平,对管网并网运行、运行调度、管网水质、管道、阀门和附属设施的日常维护与更新改造等制定相关管理制度。供城市供水管网最不利点的最低供水压力值,应根据当地实际情况,通过技术经济分析论证后确定。城镇地形变化较大时,最低供水压力值可划区域核定。

6.2.2.4 二次供水安全标准

二次供水水质应满足《生活饮用水卫生质量标准》(GB 5749—2006)、《二次供水工程技术规范》(CJJ 140—2010)、《二次供水设施卫生规范》(GB 17051—1997)。上海市二水供水水质、在线监测、监测布点等应满足上海市地方标准《生活饮用水水质标准》(DB31/T 1091—2018)。二次供水设施的设计、生产、加工、施工、使用和管理应满足标准要求。

6.2.3 预警标准

鉴于城市供水水源地上游水系发生突发水污染事件对下游水源地水质安全的影响,城市水源地所在省市防汛抗旱指挥机构(或水行政主管部门),应及时上报各自域内发生的突发水污染事件,并针对水污染事件成因、特点及时发布预警信息;城市水源地所在流域机构应在及时判断当前及未来2～3 d内气象条件、水量水质信息、工程信息及水源地和水污染信息的情况下,组织突发水污染事件发生的省市积极采取应对措施,尽量减小突发水污染事件对下游水源地的影响,同时根据对突发水污染事件未来发展趋势的预判,及时向下游水源地城市发布预警信息,提醒其做好应急准备。为了保障水源地整治行动顺利进行,水质在线自动监测站遍布全国实时监控水质变化。为能满足各职能部门健全水质安全预警体系,需要有一种涵盖范围广、快速直观的综合性指标来衡量水质状况。

预警标准可根据相关标准规范规定的突发水污染事件的污染物浓度标准,或根据突发水污染事件可能造成的危害程度、紧急程度和发展趋势,启动不同等级的应急响应机制,采取不同级别的预警措施。以下为突发水污染事件分级标准的举例,各地供水部门应根据实际情况进行预警分级。

1. 水源地保护预警分级

2018年3月23日,生态环境部公告第1号发布了《集中式地表水饮用水水源地突发环境事件应急预案编制指南(试行)》,该指南分3个章节(总则、预案编制过程、预案的主要内容)阐述了预案的主要内容及具体要求,为提高预案的针对性、实用性和可操作性提供技术支撑。

水源地预警分级应根据原水系统具体特点包括水库类型、库容、周围环境日供水量、是否有咸潮入侵等因素，因地制宜。以上海原水系统为例，对水源地事故进行分级，根据咸潮入侵时间、污染类型对不同水库的取水口造成的影响分为四级。

1）Ⅰ级（特别重大）水源地水质灾害事故

有下列情形之一的，为Ⅰ级水源地水质灾害事故。

（1）水源地遭受咸潮入侵：①青草沙水库咸潮入侵时间大于 68 d；②长江陈行水库咸潮入侵时间大于 12 d。

（2）水源地水质突发污染：①青草沙水源地取水口受到化学品、生物、放射性等污染物严重污染，持续时间大于 22 d；②长江陈行水源地取水口受到化学品、生物、放射性等污染物严重污染，持续时间大于 6 d；③黄浦江上游水源地受到化学品、生物、放射性等污染，严重威胁取水口水质，造成水源地原水供应中断。

2）Ⅱ级（重大）水源地水质灾害事故

有下列情形之一的，为Ⅱ级水源地水质灾害事故。

（1）水源地遭受咸潮入侵：①青草沙水库咸潮入侵时间大于 30 d；②长江陈行水库咸潮入侵时间大于 10 d。

（2）水源地水质突发污染：①青草沙水源地取水口受到化学品、生物、放射性等污染物严重污染，持续时间大于 17 d；②长江陈行水源地取水口受到化学品、生物、放射性等污染物严重污染，持续时间大于 4 d；③黄浦江上游水源地受到化学品、放射性、生物等污染，影响取水口水质，但通过采取应急处置措施尚能保障原水供应。

3）Ⅲ级（较大）水源地水质灾害事故

有下列情形之一的，为Ⅲ级水源地水质灾害事故。

（1）水源地遭受咸潮入侵：①青草沙水库咸潮入侵时间大于 16 d；②长江陈行水库咸潮入侵时间大于 8 d。

（2）水源地水质突发污染：①青草沙水源地取水口受到化学品、生物、放射性等污染物严重污染，持续时间大于 12 d；②长江陈行水源地取水口受到化学品、生物、放射性等污染物严重污染，持续时间大于 3 d；③黄浦江上游水源地一级、二级保护区受到化学品、石油类、生物污染，影响取水口水质，但尚未造成水源地原水供应中断。

4）Ⅳ级（一般）水源地水质灾害事故

有下列情形之一的，为Ⅳ级水源地水质灾害事故。

（1）水源地遭受咸潮入侵：①青草沙水库咸潮入侵时间大于 12 d；②长江陈行水库咸潮入侵时间大于 6 d。

（2）水源地水质突发污染：①青草沙水源地取水口受到化学品、生物、放射性等污染，持续时间大于 7 d；②长江陈行水源地取水口受到化学品、生物、放射性等污染，持续时间大于 2 d；③黄浦江上游水源地准保护区内水域受到化学品、石油类、生物污染，但尚未影响取水口水质。

2. 突发性水污染事件

将突发水污染事件分为特别重大水污染事件(Ⅰ级)、重大水污染事件(Ⅱ级)和较大水污染事件(Ⅲ级),分级标准如下:

1) 特别重大水污染事件(Ⅰ级)

因水源地保护区范围内突发性水污染事件,可能造成自来水厂供水中断。

2) 重大水污染事件(Ⅱ级)

因水源地保护区范围内突发性水污染事件,可能造成自来水厂供水减少。

3) 较大水污染事件(Ⅲ级)

因水源地保护区范围内突发性水污染事件,尚未造成自来水厂供水减少。

3. 制水系统水质事件分级

制水系统常见水质突发事故包括上游引水水源或就地取水水源污染造成的突发事故和制水过程中控制失误或设备故障造成的水质事故。将事故分类为重大水质事故和一般水质事故。重大水质事故是可能发生用水身体健康或配水系统已经发生大面积水质事故;一般水质事故是指可能产生感官影响的水质事故或已经发生还未直接影响用户,以及配水系统发生的局部浑水事故。上海市制水系统事故分级如下。

1) 重大水质事故

进水原水水质:当生物预警装置(生态鱼缸)的预警生物反应异常时,立即进行氰化物、砷等有毒有害项目检测,分析水质结果。由于原水油污染、化学污染等突发事件,可能导致出厂水恶化至不能使用。

出厂水水质:浊度大于 3.0 NTU,并持续 1 h 以上;总氯小于 0.05 mg/L,且持续 4 h 以上;菌落总数每小时检测一次,连续 3 次大于 100 CFU/mL;总大肠菌群每小时检测一次,连续 3 次有检出;对于出厂前加氨的水厂,氨氮浓度连续 4 h 以上大于 1.0 mg/L;供水区域发生大面积介水传染病,发病率在 1.0‰以上。

2) 一般水质事故

进水原水水质:氨氮连续 2 h 内超出正常范围,或者突变达到 100%;高锰酸盐指数超过 6.0 mg/L;氯化物连续 2 h 超过 250 mg/L。

出厂水水质:浊度连续 1 h 大于 1.0 NTU;总氯小于 0.5 mg/L 或者大于 3.0 mg/L,且持续 1 h,或者无氯持续 15 min 以上。

泵站水库出水水质:浊度连续 2 h 大于 1.0 NTU;总氯小于 0.3 mg/L 或者大于2.5 mg/L,且持续 1 h。

4. 爆管事件预警分级

按照爆管性质、严重程度、可控性和影响范围等因素,根据爆管级漏水影响程度划分,分为三级:Ⅰ级(重大事故),Ⅱ级(较大事故),Ⅲ级(一般事故)。

1）重大爆管事件（Ⅰ级）

口径大于 DN500 的爆管事故。

2）较大爆管事件（Ⅱ级）

口径大于 DN300、小于等于 DN500 的爆管事故。

3）一般爆管事故（Ⅲ级）

口径小于等于 DN300 的爆管事故。

发生在重要路段的爆管事故，响应等级在原基础上上升一级，Ⅰ级为最高级别响应。如遇重大活动区域内发生爆管事故，则响应等级升至最高等级。爆管事故口径根据受损管段的最大口径而定。

6.2.4 风险评估

6.2.4.1 原水系统风险评估

原水系统风险常见风险类型有化学品泄漏、石油泄漏、藻类爆发等风险。常见的固定风险源有工业污染源、废水处理厂、危险有毒化学品仓库、废弃物填埋厂、装卸码头等，移动风险源包括水体中的航运船舶以及沿岸公路上行驶的货运车辆。

1. 化学品风险评估

1）化学品危害扩散形式

以黄浦江饮用水源为例，黄浦江水源地作为开放式、流动性、多功能的水域，承担着繁忙的航运职能，移动的风险源对水源地和取水口的水质构成了严重的威胁[41]。调查分析显示，企业事故性泄漏排放产生的工业污染源和船舶事故性溢油或化学品泄漏是最主要的风险源；而船舶的移动型风险源不仅影响程度严重，而且在发生位置、时间、泄漏物质、泄漏量等上具有诸多不确定性，这给供水厂在技术与管理上应对此类风险源带来重大挑战[42]。针对化学品泄漏主要是有毒有害化学品的泄漏，有物理扩散、化学反应和生化过程等几种作用形式。

（1）物理扩散。液体化学品随水流、潮汐、风向等因素影响，进行平流扩散和湍流扩散，在河流沿线扩散，甚至会进入河流沿岸土壤以及水体底泥中，污染物质扩散至水厂取水口或者水源构筑物取水口处，直接影响取水水质。

（2）化学迁移。化学反应过程，包括水解、光解、氧化等反应过程。化学反应主要取决于化学品本身的化学特性，一定程度上还受到水温、气压等条件的影响。此类危害最大，对水生态环境包括水质、水生生物、河道河床等造成巨大影响。

（3）生物化学作用。溢漏化学品可能参与的生物过程主要包括生物降解和生物积累，这些过程同样受到众多因素的影响，如生物可降解性、吸附过程、微生物种类及数量、水的温度和 pH 值、水体中其他化学物质的种类及浓度等。

2）不同类型化学品的扩散危害评估

泄漏后的化学品进入水体环境中的分布形式主要有四种：挥发进入大气、浮于水体表面、溶解于水体中和沉于水体底部。根据其挥发性、溶解性和密度，可以分为挥发型、溶解型、漂浮型、下沉型。某一种化学品可能具有其中不止一种特性。化学品溢漏后的某一阶段内以某一运动形式为主，且辅以多种形式在环境中输移和扩散[43-44]。

（1）挥发型化学品，蒸汽挥发扩散的时空分布受到温度和风速、风向影响，挥发性强，而沸点低，一旦发生泄漏事故，化学品将暴露于周围环境温度和压力之下，必将急剧蒸发，迅速地挥发扩散在大气中，造成环境污染风险。

（2）漂浮型液体化学品，随风、流运动，其行为与油类相似，可以借鉴油类扩散计算的研究成果。

（3）溶解型液体化学品主要表现污染性，其时空分布由水域流场决定，计算确定泄漏化学品在一定时间和一定范围的溶度分布，以及随时间的变化趋势是应急决策者确定保护区域、采取应急行动方案的重要前提[45-46]。

（4）下沉型液体化学品表现对河流底泥的污染，沉降型化学品在分裂、积聚、下沉和漂移的最终地点可由水体的流速、沉降的速度和水深粗略估算出。

实际环境中，受到环境因素如温度、气候、风等的影响，表现出多种扩散模式的结合。选取合适的扩散模型，计算各自的扩散范围，为进行供水系统风险评价和应急决策提供依据。不同的物质用不同的回收方法进行。

2. 油类污染风险评估

长江沿岸石油、化工行业以及油品销售市场规模日益扩大，因航运事件造成的突发性石油泄漏污染情势严峻。事故溢油进入水体后，在风、浪、流、温度、湿度及光照等环境因素及自身特性的影响下，石油溢油进入水体受多种水体物理、化学以及生化作用，历经漂移、扩散、蒸发、分散、乳化、溶解、光氧化、生物降解以及多种联合作用过程。从水源地保护的应急角度来看，在溢油事故发生后，短时间内以扩展、漂移、乳化、蒸发为溢油的主要行为动态[47-49]。

1）扩散及漂移过程

在溢油发生的最初时间段，主要发生扩散作用，溢油进入水体发生扩散形成油膜，漂移是油膜在水流作用、风力作用、油水界面切应力等驱动下，整体移动油膜厚度随着扩散过程逐渐减少。阻断溢油污染的扩散和漂移过程，是最大限度降低溢油污染对水源地危险的前导过程。

2）乳化过程

在溢油进入水体的几个小时以后发生乳化作用，乳化过程复杂。随着油膜的不断扩散，油膜面积逐渐增大，厚度不断减小，在风切应力、湍流、波浪等作用下，油膜被分散，此时乳化开始发生。探索溢油乳化的机制，对溢油风险的评价、对溢油归宿的预测、制定有效的溢油应急计划、决定和优化清除操作的决策都有重要意义。

3）蒸发

在溢油初期阶段，溢油蒸发速率远远大于溶解速率，对于溢油的相对短期行为，溢油的蒸发大大影响了溢油的残留量，研究溢油蒸发过程是预报溢油残留量最基本和最重要的部分。研究蒸发过程有助于溢油残留量的预报、应急决策的制定和环境损害风险的评估等。

3. 藻类风险源评估

目前，上海已经形成“两江并举，多源互补”的供水格局，金泽水库的正式通水运行，也标志着上海四大水源地正式形成。上海四大水源地均为水库型水源地。影响水库型水源地的一个重要因素是藻类问题。原水系统藻类爆发带来的危害主要有藻类分泌嗅味物质等，造成水体异味，降低水质，对后续水厂制水造成污染，而常规给水处理工艺对高藻水的净化能力较差，生产成本成倍增加，供水水质却难以保障[50]。常见藻类评价方法有以下几种[50-51]。

1) 藻类浓度法

根据水体中藻类的存量评价原水水质状况，藻类存量的常用检测指标有镜检技术、叶绿素a、生物量等。在原水系统运行中，叶绿素浓度结合嗅味物质浓度，当两者浓度超过一定限值，投加粉炭或者次氯酸钠。

2) 指示生物法

通过水体中藻类进行鉴定后，系统调查分类，根据水体中指示藻类的有无评价水体水质状况。水体藻类优势种群随着水体营养状态、季节、地理位置等因素变化。例如，夏季水源湖库中蓝藻和绿藻为优势种群，甲藻、硅藻等藻类数量少，水质变差，冬季绿藻和蓝藻数量下降，硅藻和黄藻数量增加，水质好转。

3) 藻类生物指数法

根据藻类的种类特征和数量组成的情况，进行分级评定水体水质状况。

6.2.4.2 制水系统风险评估

水厂运行是连续的动态过程，制水系统的制水环节、制水设备以及相关化学品显著多于供水系统其他环节，涉及风险评价包括运行风险评价、设备设施风险评价以及化学品风险评价。

1. 运行风险评估[39]

1) 操作管理

运行管理主要包括是否在规定时间内对设备进行维护维修；人员能否按规章标准进行仪器设备操作，即可能存在一些违规操作、机器设备未及时更新等运行管理问题。超负荷运行，超出水厂处理能力，导致出厂水水质不达标。消毒方式控制不合理，消毒副产物浓度高。断电、停电等情况，会造成机泵停运、消毒失败等生产事故。

2) 水厂工艺

水厂的工艺情况直接影响出水水质，也间接反映原水的水质情况，同时还会影响水厂的成本。常规处理工艺和深度处理工艺差别很大。水处理生产工艺质量无法满足现在的水处理标准要求，需进行提标改造。净水工艺的控制风险，包括反冲洗强度、时间的不当造成的水质处理不良，活性炭运行不佳造成的生物泄漏等。

3）管理制度

管理制度问题主要集中在设施设备管理制度不完善、巡检制度不完备、人员管理不到位、存在无证上岗现象、缺乏应急预案与应急演练等情况。

2. 设备设施风险评估

1）设备种类

制水系统设备主要包括机械设备、电器设备、仪表及计算机自动化监控设备。机械设备包括加药设备、净水设备、污泥脱水设备和输配设备等，电器设备包括高压配电电柜、低压配电电柜、变压器、控制柜、电缆、电机和避雷装置等，仪表及计算机自动化监控设备包括生产控制仪表、生产检测仪表和自动控制设备。

2）设备风险

净水厂设备设施故障包括：机泵、阀门、管线等机械设备故障；设备设施老化腐锈事故会造成水质污染、水压不足等问题；在线监测仪表会造成水质数据滞后、失准等问题。把生产过程中严重或可能影响水质、水量、出厂水考核指标等所发生的各类风险，达到上百件，主要集中在净水类、配电类、重要设备、仪表、PLC 系统等。表 6-7 为部分水厂设备风险。

表 6-7　　水厂设备风险

序号	发生环节	事件名称
1	原水进水	原水管道破裂、取水泵故障等
2	混凝	药剂管破裂、药剂泵故障、加注泵故障等
3	沉淀	排泥行车故障、沉淀池沉降等
4	过滤	进水阀故障、清水阀故障、排水阀故障、仪表故障、管道渗漏等
5	消毒	加氯、加氨水射器老化、加氯、加氨管道老化等
6	出水	出厂水管道破裂、机泵故障等
7	配电	直流屏故障、进线电源故障、配电室屋顶漏水、电源系统故障等
8	平面管线	压力水管破裂等
9	供气系统	压缩空气系统故障等
10	控制系统	PLC 故障等

3）水厂设备风险评估

风险等级评估范围包括风险辨识得出的所有风险源。根据风险事故发生的概率及后果程度，将风险事故划分不同等级，进行综合评估。风险等级评估的方法主要由专家结合前期得到的风险事故的风险率和风险程度结果，对不同风险事故进行打分，并划分等级。这一方法不仅做到主观经验和客观分析预测相结合，评估结果也清晰明了。

(1) 采用作业条件危险性评估法

作业条件危险性评估法是一种评估人员在具有危险性环境中作业时危险性的半定量评估

方法。危险性分值 D 值为事故发生可能性、人员接触频率、后果严重性的乘积，根据 D 值进行危险性评估。

（2）等效系数安全评估法

通过工况条件参数、历年事故统计概率参数、危险参数、时间参数、预防措施参数、补救措施参数6个参数相乘而得故障的可能性、严重性及补救措施数值，并最终计算风险 K 值用于评估风险等级。

3. 化学品风险评估

制水系统化学品是风险易发和多发环节，化学品运输、存储、使用和废弃物处理等环节中均存在风险，而且随着在不同工艺、投加和存储方式改变会发生变化。水处理生产工艺环节出现的一般问题有水处理过程中加药选择、配比不当造成的水质处理不良或水质污染。加药处理过程中氯是很常用的饮用水消毒剂，它主要能控制饮用水中传染病的传播，但会产生一些致癌消毒的副产物。使用了不合格混凝剂或消毒剂，可能造成出厂水重金属等指标超标，水质不达标。

自来水厂中常见有毒有害化学品有次氯酸钠、氢氧化钠、液氧等物质，一旦发生泄漏，将会对生产安全、周围环境等产生严重影响。化学品泄漏分析可以采用以下方法：①液体泄漏速度；②气体泄漏速率；③有毒气体在大气中扩散速率；④沸腾液体扩展蒸气爆炸模型。除了模型评价法外，化学品风险评价还可以采用历史归纳法。

6.2.4.3 输配水系统风险评估

输配水系统风险原因众多，主要评估管网管道存在的风险以及管网水质风险。

1. 管道风险评估[52]

通过以下几个方面对于管道风险进行分析和评估。

1）管龄

管龄是管道运行状态的重要参考因素，供水管道的结构性质随着使用会发生变化。管道在安装初期阶段、运行稳定状态和老化阶段，管道破损率表现出先下降后上升的趋势。

2）管材

不同的管道材质具有不同的特性，常见供水管材有镀锌钢管、灰口铸铁管、球墨铸铁管、塑料管、钢筋混凝土管等，灰口铸铁管所占的比例最大；球墨铸铁管由于其良好的性能，在新建管网和管网改扩建中得到了大力推广。

3）管径

通常情况下，管径越大，越不易发生问题，管径越小，管道破损百分数越大。相对于小口径管道，大口径管道破损的概率小。从风险管理的角度看，由于大口径管道受众人口多，一旦大口径管道发生漏损或爆管事件，会给供水安全带来巨大影响，造成更为严重的经济损失和社会影响。

4）管网设计与施工

城市供水系统中输配水管网设计跟管网的风险状况有很密切的关系。管网分布设计是树状管网还是环状管网对整个供水系统有很大的影响。在施工方面,未按设计规定的技术标准进行施工操作,如施工材料的选择和技术处理也未按施工规范和设计要求实施,也会引发管道漏损或者腐蚀风险。

5) 运行维护

(1) 管网运行压力是管道运行中的重要参数,过高或者过低都会给管道带来不良影响。压力过高,会使得管道运行过程中承受过大的力,可能造成局部压力过高,导致突发性爆管等事故;而压力过小,流速过低,加大腐蚀,可能引起水质污染和管道承压能力下降,影响管道正常的供水工作。

(2) 维护情况,运行维护是否及时,是否有专业的养护队伍,能否对管网进行及时维护和定期检查,都是评估城市供水管网风险的重要方面。

6) 管道防腐

由于管道埋设方式以及管道材质的原因,管道老化、腐蚀的情况严重时,造成供水管道漏损,水量水压水质都将受到威胁。与管道内部介质(水及其水中杂质)腐蚀性的强弱及管道内的防腐措施有关的是内腐蚀;由管道埋地土壤环境造成的是外腐蚀。对于埋地管道而言,土壤是管道腐蚀、老化主要因素。

7) 自然因素

由于土质差异和基础设施情况的不同,整条管道会产生不均匀沉降,从而引起管道受力不均匀,发生破损等问题。另外,破坏性强地震、强暴雨等情况可能会造成供水管网破坏的情形。

2. 管网水质风险评估[53-54]

管网水质有重金属、消毒副产物,水质稳定、结垢、管道涂层与衬里渗出物,消毒剂浓度维持,管道沉积物堆积,浊度、浑浊度、色度、嗅味等指标。其中由于管道腐蚀造成的污染是输配水系统受到二次污染的主要原因,同时管道腐蚀还可能造成管道漏损以及突发性的爆管事件。

为了对水质的腐蚀性和结垢性进行控制,必须要有一个能评价水质化学稳定性的指标体系,以便对水质化学稳定性进行鉴别,从而采取相应的稳定性控制措施。以下主要介绍几种管网水质稳定性评价指标:①Langelier 饱和指数;②Ryznar 稳定指数;③碳酸钙沉淀势 CCPP;④侵蚀指数 AI;⑤拉森比率 LR。为了全面、客观地评价水质化学稳定性问题,需采用多种指数来建立水质化学稳定性的综合评价体系。

6.2.4.4 二次供水系统风险评估

二次供水系统安全主要涉及两个方面:水质是否合格;水量和水压是否满足需求。二次供水系统的风险评估应从这两个方面出发。

1. 二次供水水质风险评估[55]

1) 设计方面

二次供水设施中普遍存在水箱设计不合理,消防和生活用水合用时,会导致水箱内水力停留时间过长和二次供水余氯含量较低等问题。二次供水消毒副产物的生成与很多水质因素有关,包括余氯含量、有机物含量、接触时间等,城市管网直供,停留时间相对较短,消毒副产物的生成较少。

2) 系统运行

影响二次供水安全的运行风险影响因素包括二次供水系统运行维修时误操作、二次供述设施设管理不完善、未安装倒流防止器等。在春夏秋冬四个季节,同样条件下,夏季消毒副产物 N-二甲基亚硝胺(NDMA)生成量高于其他三个季节所采的水样,且随季节变化逐渐减小,冬季时最低。

3) 二次供水方式

不同的二次供水方式对水质指标浊度和余氯的影响。直接供水最佳,地下水池单独供水次之,地下水池结合水箱供水较差。直接供水余氯基本不受影响,地下水池供水余氯有所降低,因为对余氯浓度的影响较小,细菌总数增加比较缓慢;地下水池和水箱联用的二次供水方式余氯降低较多,有细菌总数超标的风险。

4) 二次供水管材

PPR 管材能较好地控制二次供水过程中细菌总数的增加,可以较好地防范二次供水的微生物风险。在四项水质指标中,管道材料 PPR 略好于其他建筑的铁质和 PE 管材。

2. 二次供水水量水压风险评估

二次供水水量水压降低事故主要风险源有严寒、停水、自然灾害、电压持续波动等,存在于二次供水设备设施的设计施工和运行维护。

(1) 设计阶段选址应考虑地震和洪水等,提高设施设计和建设标准,在最初设计时避开可能发生的自然灾害。二次供水设备设施和材料选型,应考虑极端天气,采取保温措施。

(2) 运维阶段检修不及时、没有专业的维护队伍、管线设备老化、无备用机泵等都可能引发二次供水水压或者水量不足,影响居民正常用水。

(3) 二次供水设备设施的保温设计和保温措施是二次供水安全的重要影响因素,在二次供水的事故原因中,保温措施不到位引发的事故占比很大,在南方地区发生的概率高于北方。

7 风险预警与防控

7.1 风险预警

供水系统风险预警要求能及时快速获得供水系统的各种信息。因此,必须建立科学高效的监测监控技术和管理体系。在监测监控的基础上,职能部门应能对供水系统中的规律性变化实现预测预报,以利于科学预防各种水质风险并科学维护供水系统正常运行;必须建立科学合理的应急预案,当供水系统运行中遇到各种突发事故时,应能根据预案做出快速反应及有效处置。

7.1.1 监测监控

城市供水监测监控系统一般由取水系统、水处理系统、配水系统和二次供水设施四部分组成(图 7-1)。

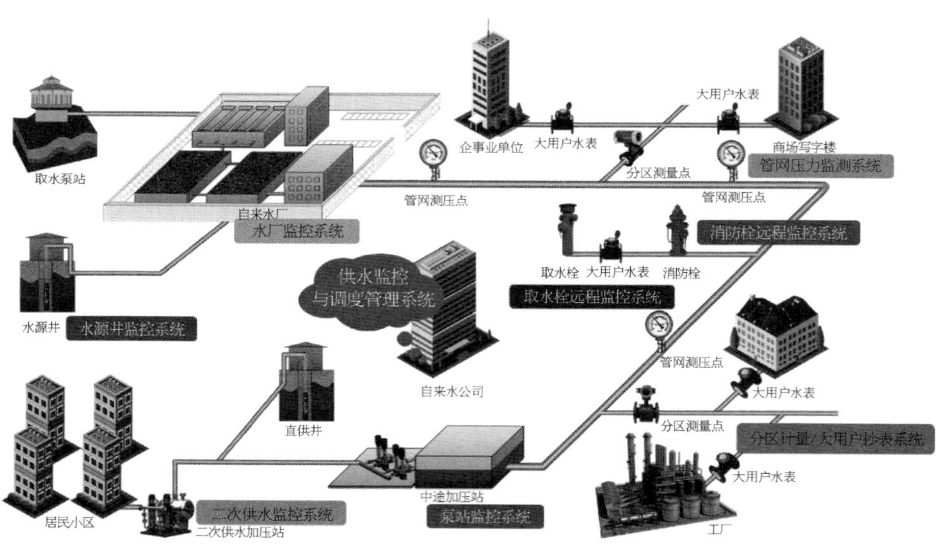

图 7-1 城市供水监测监控系统

城市供水系统从水源到用户龙头,点多面广,众多环节之一受到损坏就可能不同程度地影响水量、水压或水质。因此,必须做好供水水压、水量、水质监管,对供水压力、流量、水质变化趋势及时进行分析,及时发现安全隐患。在正常生产情况下和发生突发事故时,如何及时发现并保障供水安全是供水行业面临的重要问题。

7.1.1.1 监测监控体系

1. 水质监测体系

在城市供水水质监测体系方面，住房和城乡建设部已建成了国家和地方两级的城市供水水质监测网，国家网由建设部城市供水水质监测中心（国家水质中心）和 36 个重点城市的供水水质监测站组成，基本实现了水质监测信息的汇总管理。

上海目前对水质实行职能部门、供水企业两级管理（全国仅有少数城市如济南、深圳与上海是同一管理体系，大多数城市水质是由供水企业管理）。

1）职能部门的水质监测体系

职能部门可以根据自身条件开展在线监测与预警、移动监测及实验室监测，并实施三级联动监测体系，如图 7-2 所示。

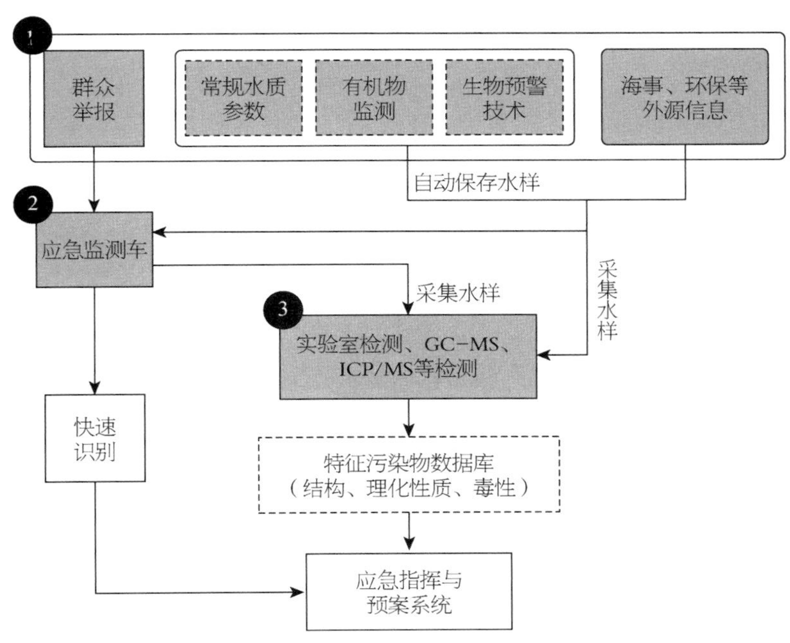

图 7-2 水质监测三级联动体系

2）供水企业的水质检测体系

供水企业可建立班组、水厂化验室和中心化验室三级检测体系对供水水质进行检测。供水企业应设置适当数量的水质在线监测仪表，对水源水、过程水、出厂水、管网水实施检测，在线监测数据应及时传递到供水企业和职能部门的信息化平台进行监控和处理。

2. 供水调度监测体系

供水调度，是指在取水、制水、输配水过程中为实现供需平衡和保障供水安全所采用的信息采集、实时监控、日常运行、应急处置等相关工作[56]。

市级供水行政主管部门，负责本市供水行业的监督考核工作，以及供水调度的日常管理；郊区供水行政管理部门按照职责分工，负责本区范围内供水企业的供水调度的监督管理工作，业务上受市水务部门指导；供水企业负责实施本供水区域内供水调度工作，实行 24 h 不间断监控。

7.1.1.2 监测点布置

1. 水质监测点的布置

从技术和经济的角度考虑，水质监测点应结合所在地区供水系统复杂程度，选择具有代表性的点、滞留区及薄弱区域进行水质监测，监测点布置应满足下列原则要求：

(1) 综合考虑不同生产水源的自来水。

(2) 滞留区域、低流速区域、低压区域、高耗漏区、管网末梢的区域。

(3) 树状管网必须设置在主干管和末梢，环状管网必须设置在二级环线或环状管网远端中间段。

(4) 区域的监测点数量按面积均匀布置或服务人口比例原则。

(5) 以市政管网为主，在主干管、关键节点，兼顾小区管网和末梢。

(6) 便于设置、施工及管理的位置。

上海市饮用水水质标准中规定：水质采样点的设置应有代表性，出厂水、管网水、管网末梢水及二次供水均应设置水质采样点；一般按每 2 万供水人口设置一个管网采样点，每 10 万供水人口设置一个管网在线监测点，供水人口在 20 万以下、100 万以上时，可酌量增减；原则上每个小区设置一个二次供水采样点，规模小于 2 000 人口的小区，可适当合并[57]。

2. 压力监测点的布置

供水管网压力监测点的布置要以全面反映管网的实时运行状态为原则，并充分考虑城市供水的中长期发展需要[58-59]。管网压力监测点布置的一般原则包括以下几点：

(1) 压力监测点应根据管网供水服务面积设置，大体均匀布置于整个管网。

(2) 供水分界线处应布置压力监测点。

(3) 管网末梢等控制点处应布置压力监测点。

(4) 用水大户、重要部门和单位处应设置压力监测点。

(5) 水厂出厂干管、增压泵站前后等对管网调度工况变化反应敏感的位置应布置压力监测点。

(6) 压力监测点应尽量设置在供水干管上以及大口径干管交叉点处。

(7) 压力监测点的布置密度应满足国家规范的要求，并与城市供水管网的密度及服务人口的密度相匹配。

截至 2017 年 9 月，上海市主城区及周边供水区、郊区供水区共有 541 个压力监测点，其中主城区及周边供水区共 295 个压力监测点，郊区供水区共 246 个压力监测点，大体均匀分布于各供水区。全市行政辖区陆域面积为 6 833 km^2，平均约 12.63 km^2 分布 1 个压力监测点。如图 7-3 所示为上海市现状压力监测点的分布现状(彩图详见附图 D-15)。

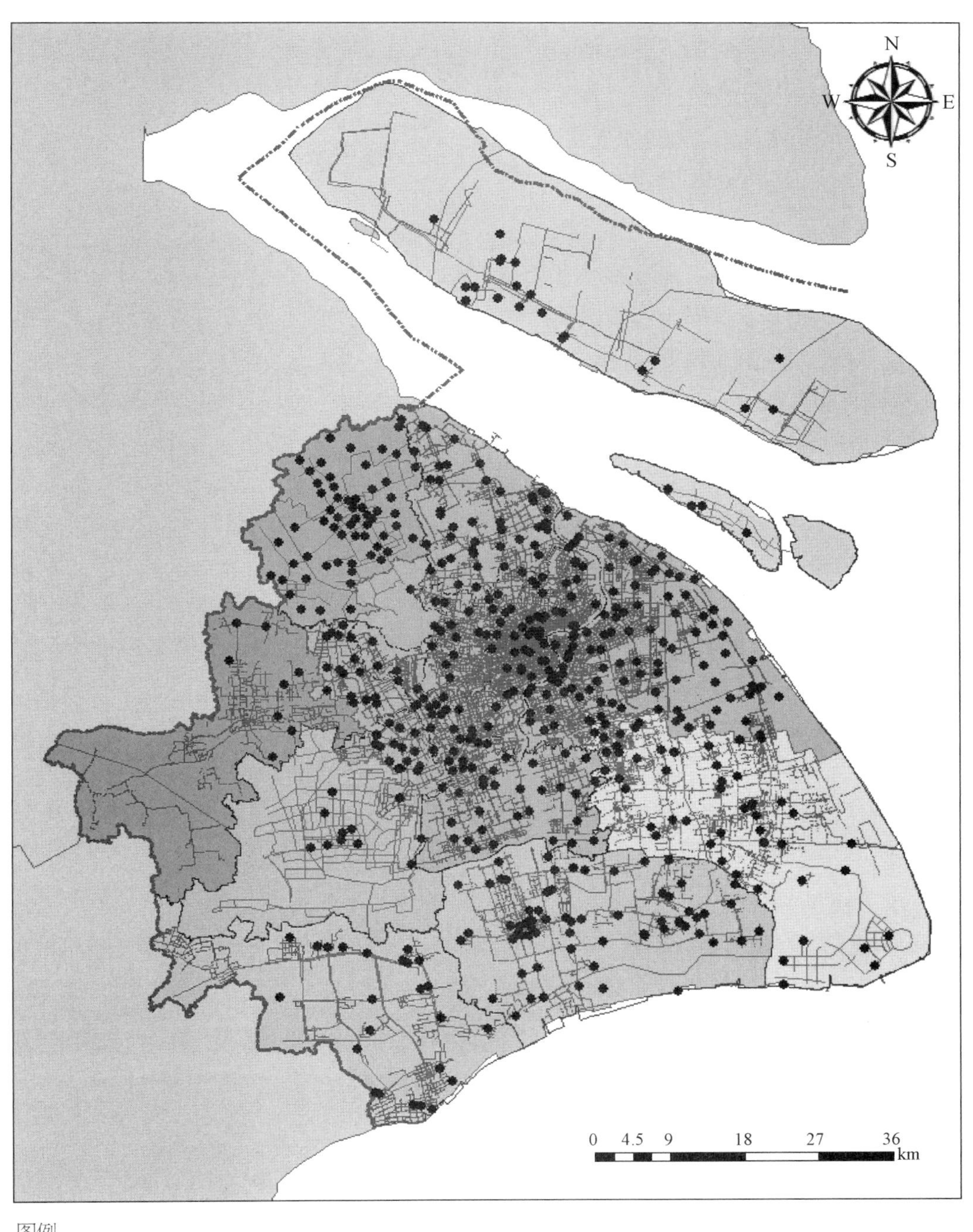

图 7-3 上海市供水管网在线压力监测点的分布现状

7.1.1.3 监测内容

为确保城市供水水质安全，供水行业应当开展的监测主要有以下三项：

(1) 原水各水源地水质、流量，原水进厂压力、流量、水质监测。

(2) 各水厂、泵站压力、流量、水质监测。

(3) 供水管网压力、流量、水质监测。

1. 水质监测

目前，城市水源污染较为普遍，供水工艺技术和水质检测能力参差不齐，出厂水和管网水易存在超标现象，饮用水水质安全形势十分严峻[60-62]。水质检测部门要充分发挥自身职能和作用，提供强有力的水质监测预警和应急技术。

1) 实验室监测指标

实验室检测项目要远远多于在线监测项目。

按照《地表水生态环境质量标准》(GB 3838—2002)，地表水检测项目总共 109 项，包括水温、pH 值、溶解氧等 24 项基本项目、5 项补充项目和 80 项特定项目，一般每日检测常规 9 项基本项目，每月检测 29 项基本项目 1 次，每年检测补充项目 1 次。

根据《生活饮用水卫生标准》(GB 5749—2006)，出厂水和管网水的检测项目总共 106 项，包括感官性状和一般理化指标、毒理学指标、微生物指标、放射性指标等，一般每日检测出厂 9 项、管网 7 项，每月检测出厂 42 项 1 次，每半年检测出厂 106 项 1 次。

2) 水质在线监测指标

在线监测可以反映出水质实时变化的状况，能在第一时间发现水质的恶化状况，以便及时有效地处理突发的事故。在线监测的基本项目包括浊度、温度、电导率(EC)、pH 值、溶解氧(DO)5 个常规指标，称为常规五参数。其他在线监测项目则根据水质特征和污染状况选定。

2. 压力流量监测

水压和流量不仅是衡量城市供水管网运行状况的重要指标，同时也是直接反映城市供水服务质量的标志参量。

7.1.1.4 监测技术

供水监测技术主要包括在线监测技术、快速移动监测技术和实验室固定监测技术。

1. 在线监测技术

在线监测是水质动态管理的重要手段。实时监测能及时掌握水质变化，为提高水质和保障安全提供科学依据。

日本东京水道局水质中心为确保供水水质安全，在供水区域内设置 45 个水质监测设施，可自动监测 7 项数据(水温、浊度、色度、pH 值、余氯、电导率、水压)，并实时将数据传到水质中心，跟踪管网水质变化，评估管网的水质，利用管网水质模型借由计算机统计分析，全面掌握供水区域的实时情况。

国内方面,管网水质在线的水质参数一般都是余氯和浊度,部分供水行业还有 pH 值、氨氮及电导率等其他参数。

2. 实验室固定监测技术

由于水质在线监测仪器昂贵,安装要求高且监测指标有限,目前在线水质监测的应用还比较有限。为了弥补数量的不足,还需定期采样利用实验室固定监测技术监测供水系统中的水质变化。

3. 快速移动监测技术

快速移动监测技术可以为供水事件的应急指挥、水质事故的应急检测、爆管与漏水的现场抢修以及断水区域的应急送水等各种突发事件提供服务。

快速移动监测除配备常规水质分析仪器外,还可配备先进的用于检测有机物的色谱/质谱联机等大中型水质检测仪器,现场检测浊度、余氯、氰化物以及挥发性有机物、半挥发性有机物等水质参数,可基本满足供水水源和饮用水突发污染等事件的水质应急检测任务。

7.1.1.5 上海黄浦江上游水源地移动风险监测体系

黄浦江水源地的移动风险源主要是船舶运输的危险化学品和油品,水质特征为有机物、氨氮高。综合考虑上述潜在风险源和水质特征,以及现有的技术经济条件,黄浦江水源水质监测预警重点考虑的对象为重大的移动突发水质污染事故和水质突发异常,包括危险化学品污染、有毒有害品泄漏污染、油泄漏污染,以及常规水质的大幅度变化等。

1. 水质污染与风险识别方式

由于黄浦江的主要风险源为移动船舶,因此在构建水质监测预警系统时须充分考虑到移动船舶对水源水质的潜在高风险,即进入水源保护区内和取水口附近运输危险化学品与油品的移动船舶带来的风险。根据对上海环保、海事及港监部门的调研结果,黄浦江上来往的移动船舶均安装 GPS 位置信息跟踪,因此通过与相关部门的沟通协调,将移动船舶的已有外源信息纳入水质监测预警系统中,可以有效识别移动风险源的潜在风险。

为最大程度识别水源的风险和突发水质污染,采用三种方式对水质污染和风险进行识别,即在线监测识别、环保海事等外源信息,以及群众热线方式,如图 7-4 所示。

(1) 在线监测识别:根据水质安全在线监测预警指标的筛选结果,选择适合的设备仪器并进行安装调试,构建集采水单元、配水单元、预处理单元、在线仪表等的水质监测系统,实时获取原水的水质信息,经评估分析后判断水质是否异常及受到污染。

(2) 环保海事等外源信息:通过与环保、海事和港监部门沟通协商,将黄浦江上网络船舶的 GPS 信息接入系统中,在系统中显示并提醒进入水源保护区及取水口周围的移动船舶实时位置,以及运输物品信息;在发生危险品及油品泄漏时,快速定位事故位置和泄漏物质,通过相应的计算或模型模拟,为评估事故的影响范围、对取水口的影响时间等提供重要的参考。

(3) 群众热线:辅助设置便民的电话或网络专线,通过适当方式的宣传和公示,方便群众在发现突发污染事故及水质异常时进行举报(尤其是发生在监测仪器所不能够覆盖的范围之外

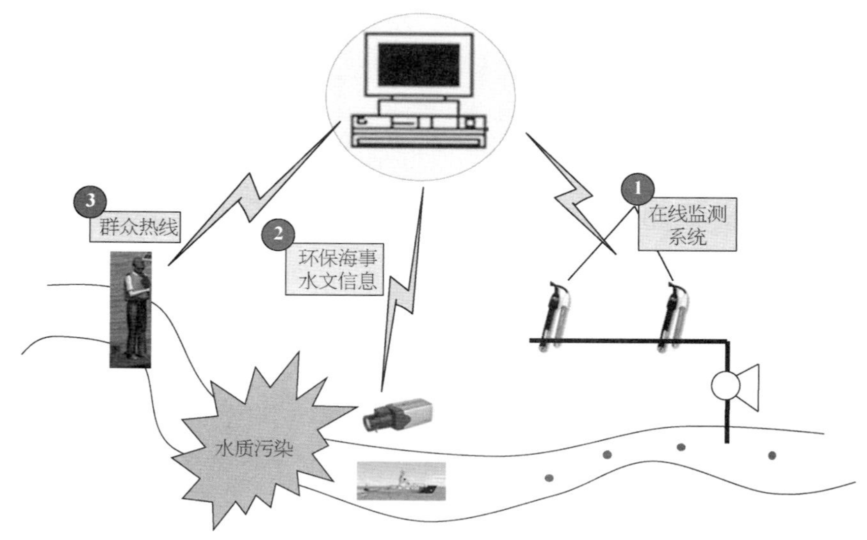

图 7-4　水质污染与风险识别方式

时)。群众热线方式接警后,安排相关人员进行核实,以排除误报和错报。

2. 水质突发污染监测识别系统

水质突发污染监测识别系统包括在线监测识别、环保海事等外源信息,以及群众热线单元。

黄浦江水源地地处开放式、流动性、多功能的水域,且受潮汐的影响,水流往复运动复杂。在水质监测站点的选择上,应选择能代表取水口水体水质的断面,或者对取水口水质有较大影响的断面。目前,黄浦江干流上有三个监测站属于黄浦江上游保护区范围,这三个监测断面从上游至下游依次是淀峰、松浦大桥和临江。其中淀峰和松浦大桥属于水源保护区范围,松浦大桥断面属于一级水源保护区范围,临江属于准水源保护区范围,如图 7-5 所示(彩图详见附图 D-16)。

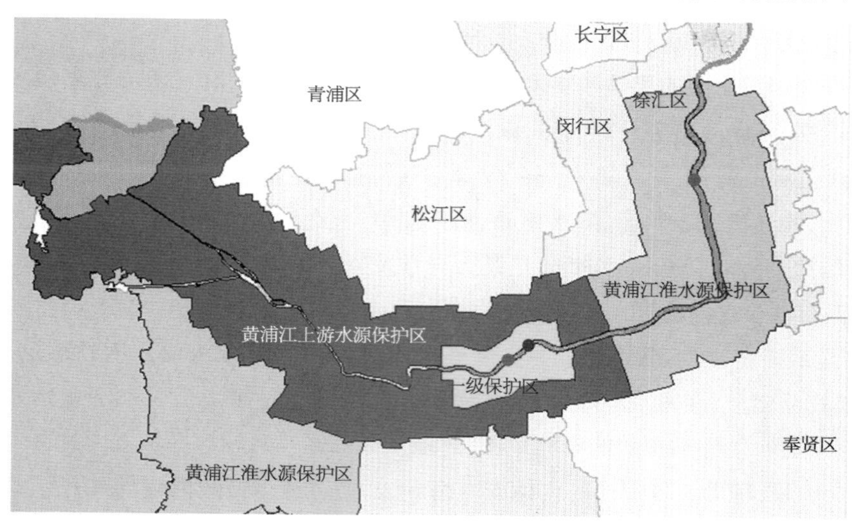

图 7-5　黄浦江干流现有水质监测点位置示意图

由于黄浦江水源采取集中式取水，即由松浦原水厂直接江心取水，经泵注入调压池，然后经长约 45 km 的输水管渠，输送到沿途各水厂，到达最近的长桥水厂约 4 h，到达最远的杨树浦水厂约 14 h，如图 7-6 所示。长距离输水管渠为水源地突发水质污染事故的应急提供宝贵的应急响应时间。

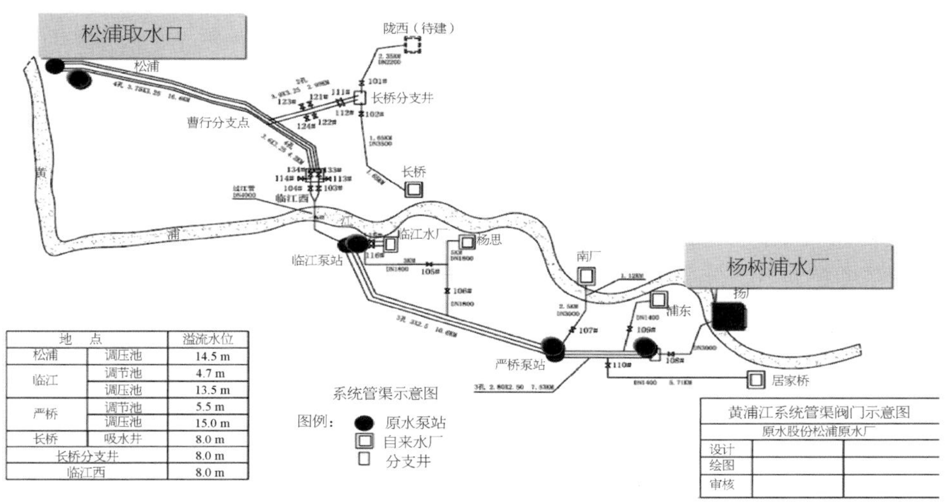

图 7-6　黄浦江水源长距离输水管渠

在监测点的选择上需综合考虑监测点监测预警对突发污染识别发现的有效性、及时性，以及现场的电力、房屋等硬件条件，并且需要投入一定的人力、财力，在水源地上游、取水口、下游建设监测站点的对比如表 7-1 所示。

表 7-1　　监测站点的对比

影响因素	取水口上游 （淀峰和松浦大桥）	取水口 （松浦原水厂）	取水口下游 （闵行西界及临江）
硬件条件	有监测站点，需要租赁或新建房屋，电力系统需改造，工程量较大	松浦原水厂有稳定的电力和房屋等硬件条件，工程量小	需要新建房屋和电力，工程量大
监控及时性	上游污染时，能够提前对取水口进行预防，但提前的时间受气象、水文条件影响	相对在上下游监测，时间上有所滞后，但长距离输送管道输送到最近的水厂约 4 h	下游污染时，能够提前对取水口进行预防，但提前的时间受气象、水文条件影响
监测有效性	受现场条件限制，部分大型仪器无法安装，监测范围有限	具体现场条件，监测指标覆盖范围广	受现场条件限制，部分大型仪器无法安装，监测范围有限
数据采集	需采用无线通信方式，信号稳定性和安全性差；或铺设长距离有线通信，但费用较大	可以利用松浦原水厂现有的线路进行通信	需采用无线通信方式，信号稳定性和安全性差；或铺设长距离有线通信，但费用较大
经济因素	除监测设备外，增加硬件建设、数据通信等费用，费用大	费用较小	除监测设备外，增加硬件建设、数据通信等费用，费用大
人员/维护	需要专门人员定期进行维护	可以利用松浦原水厂已有的试验和设备维护管理人员	需要专门人员定期进行维护

因此,松浦原水厂内具有电力、房屋等硬件条件,可以安装大型仪器,且已建成光缆通信,有固定的实验室人员和值班人员,是监测站点的最佳选择;而取水口上、下游位,由于现场条件、数据采集通信等条件的限制,建设监测站点的工程量较大,费用较高。另外,相对于上、下游监测点,松浦原水厂虽然在识别非取水口水质污染(取水口上、下游)时具有一定的延时,但由于水源取水后采用长距离管渠的输送方式,为应急处置提供了一定的响应时间。因此,研究选取在取水泵站内构建水质监测站点,对水源水质进行实时监测预警,同时在原水公司调度中心,将黄浦江几个水文站的数据接入。

7.1.2 预测预报

对于城市供水安全而言,预测预报系统主要涉及的范围应包括水源地水质污染的预测预报和供水管网风险的预测预报。

7.1.2.1 水源地水质污染的预测预报

水源地水质污染按污染源排放时间分类,有持续性污染、间断周期性污染和偶发性污染。上述三种污染类型都可通过水质监测来预测水质或发现污染。持续性、间断性和偶发性污染均可使用实时在线监测系统以提早发现问题,通过人工采样的实验室检测可证实预测或确认污染。对于持续性污染和间断性污染,由于污染物性质明显,污染具有长期性,应将在线监测和实验室检测结合,建立水质预测模型,预测持续性污染对水质的趋势性影响和发生间断性污染的时间等。对于偶发性污染,由于污染源排放时间较短,人工采样可能错过污染,重点应依靠在线监测系统以提早发现污染并进行预警。两种预警方式都需要取样在实验室进行二级检测,以证实污染。

行政主管部门应建立健全水源地水质污染事故信息报告系统,在对供水水源地风险调查的基础上,识别特征污染源加强对特征污染源的监测监控,作为预测预报的信息收集,同时还可通过污染事发上游环保部门、“110”“12345”“962740”热线等途径收集水源地水质污染事件信息。

1. 咸潮入侵的预测预报

沿海地区水源地易受到咸潮入侵,行政主管部门可牵头建立咸潮预警体系。上海长江口咸潮入侵程度和长江干径流流量、潮汐、风应力、河口形态及水下地形等因素息息相关,一般发生在冬春枯水季节 11 月至次年 4 月。每逢枯水期,上海市长江口宝钢水库、陈行水库、青草沙水库及东风西沙水库在一定时间内都会受到盐水入侵的威胁和影响,每次咸潮的入侵历时一般随潮周期而变化,一般持续 5～7 d。通过连续监测关键点的氯化物含量,根据行业标准判断咸潮入侵是否开始,并根据水源地关键点流量和氯化物含量对预警进行分级。

2. 藻类水华的预测预报

富营养化严重的水源地易发生藻类水华,行政主管部门可牵头建立藻类预警体系。可根据水源地库型特点,布设在线水文、水质监测网络,构建水源地管理的数字化平台,实现水源地水文、水质信息的在线实时展示。研发水源地水动力及生态动力学模型与水文、水质在线实时数据的数据接口，建立各类模型的业务化运行流程，实现水源地水质及藻类信息的实时预报预警。

3. 水源地水质突发污染的预测预报

水质突发污染不同于特征污染源，它具有难判断、难发现、突发性等特性。除了加大对风险评价中大风险项目的监测外，还应积极收集水质突发污染事件的信息。

根据水源地水质突发污染可能造成的危害程度、紧急程度和影响范围，可将水源地水质突发污染预警级别分为四级，并使用不同颜色加以区别：Ⅰ级(特别重大)使用红色，Ⅱ级(重大)使用橙色，Ⅲ级(较大)使用黄色，Ⅳ级(一般)使用蓝色。相关部门应针对不同的预警等级对外进行信息公开和应急处理。

4. 水源地移动风险源的预测预报

针对水源地水域及上游水域中存在的移动风险源，行政主管部门应联合海事部门掌握船舶动态及静态信息，建立移动风险源的预测预报体系。可通过建立警戒识别区，识别船舶行为及掌握船舶类型构成对是否发生突发污染事件进行判定并实施预警预报。

7.1.2.2 供水管网风险的预测预报

城市供水管网担负着城市输水的重要任务，是城市工业生产、商业发展、居民生活的重要保障线[8]。在自然力、城建施工或其他人为因素的作用下，供水管道可能发生爆管和地下泄漏。一旦发生管道泄漏，必将造成大量的水量损失，致使工业生产、居民生活等受到影响；同时还危及生命和财物安全，产生负面的社会影响。

城市市政管网的结构安全状态评估离不开监测检测系统的信息反馈。目前，我国各大城市重点推进管网系统的最优化、自动化和智能化调度，应运而生的数据采集与监视控制(Supervisory Control and Data Acquisition, SCADA)系统已广泛应用于城市供水管网系统，其结合了计算机技术、通信技术、控制技术、传感技术的强大功能，为市政管网系统科学管理带来了科学有效的管理工具。

由于风险评估的数据基础来自检测技术与监测平台，现有的检测技术不能有效反馈管线结构状态，有待开发适用于恶劣环境、复杂条件的管线检测设备；现有的监测平台多是对管内的压力、流量、品质等功能性参数进行监测，有待集成管线敷设环境等对其结构状态进行长期监测。同时，利用获取的检测监测数据，以数据驱动为原则融合管网系统各类信息，综合构建市政管线结构安全风险评估体系。

7.1.3 应急预案

为及时有效地处置城市各类供水应急突发事件，提高城市应对供水应急突发事件能力，最大限度地减少突发事件对供水服务造成的影响，保障供水安全有序，应建立城市供水应急调度处置预案。本预案所称的突发事件，是指原水、公共供水在生产运行环节中发生的突发停役、管线漏水爆管、水污染等事件，以及因其他影响正常供水服务的事件[56]。

由于不同地方供水水源的特异性，我们以上海市供水应急调度预案为例说明供水应急预案的建立过程。

7.1.3.1 编制依据及体系组成

应急预案编制依据主要包括《中华人民共和国水法》《中华人民共和国水污染防治法》《上海市供水管理条例》和《上海市供水调度管理细则》。

应急预案体系主要包括：水务行业突发事件处置预案《上海市处置水务行业突发事件应急预案》；供水行业突发事件总体预案《上海市供水行业突发事件应急处置预案》；供水行业突发事件专项预案，包括《上海市饮用水源地水质灾害事故应急预案》《上海市供水应急调度预案》《上海市应急供水深井备用预案》《上海市供水管线受损事件应急处置预案》。

7.1.3.2 应急预案组织机构和职责

1. 应急领导小组

上海市水务局是市政府主管本市水务工作的职能部门，也是本市应急管理工作机构之一，作为本市处置市水务行业突发事件的责任主体，承担本市水务行业突发事件的常态管理工作。在市水务局的领导下，设上海市供水行业突发事件应急处置领导小组(以下简称“应急领导小组”)。

应急领导小组的组成如下。

组长：市水务局分管局长。

成员单位：市水务局安监处、市水务局水资源管理处、市供水管理处、市供水调度监测中心、市海洋环境监测预报中心、市排水管理处、市水利管理处。

应急领导小组的职责：作为供水行业突发事件应急处置工作机构，承担应急部署的相关工作，并在突发供水事件发生时启动“预案”，协调、布置各成员单位开展事故处置工作。

职能部门和成员单位的职责：按照《上海市处置水务行业突发事件应急预案》应急处置规程规定的职能部门和成员单位的职责执行。

2. 应急工作小组

在市水务局的领导下，设上海市供水行业突发事件应急处置工作小组(以下简称“应急工作小组”)。

应急工作小组的组成如下。

组长：市供水管理处处长；市供水调度监测中心主任。

成员单位：各区水务局、城投水务集团、各区供水企业。

应急工作小组的职责：作为供水行业突发事件应急处置工作机构，承担应急部署的具体工作，并在突发供水事件发生时启动“预案”，协调、布置各成员单位开展事故处置工作，按照“谁主管，谁负责”的原则，各小组成员承担相关工作。

职能部门和成员单位的职责：按照《上海市处置水务行业突发事件应急预案》应急处置规程规定的职能部门和成员单位的职责执行。

3. 专家小组

市水务局设立市供水行业突发事件应急专家小组(以下简称“专家小组”)。专家小组由城市供水设施的设计、施工和运营等方面的专家组成。

专家小组的职责:参加应急领导小组统一组织的活动及专题研究;应急响应时,按照指挥小组的要求研究分析事故信息和有关情况,为应急决策提供咨询和建议;参与事故调查,对事故处理提出咨询意见;受应急领导小组的指派,给予技术支持。

7.1.3.3 供水突发事件分级

根据《上海市处置水务行业突发事件应急预案》和《上海市供水行业突发事件应急处置预案》,供水行业应急突发事件划分为四级:特别重大(Ⅰ级)、重大(Ⅱ级)、较大(Ⅲ级)和一般(Ⅳ级)。

对未达到Ⅳ级划分标准的供水行业突发事件,按一般报备处理。各区水务局和城投水务集团可结合本区域或行业实际,对一般水务突发事件的标准进行补充和调整,修改后的标准报市水务局备案。

根据《上海市突发公共事件总体应急预案》,一次死亡 3 人以上列为报告和应急处置的重大事项。对涉外、敏感、可能恶化的事件,应加强情况报告并提高响应等级。

7.1.3.4 应急响应

1. 信息报告

1) 报告程序

一旦发生供水应急突发事件,涉事供水企业应在事件发生的第一时间向市水务部门、区域行业主管部门电话报告事件情况,在处理过程中随时报告重大情况。有关单位接到报告后,立即指令相关部门派员前往现场初步判定事故等级,同时报应急工作小组,应急工作小组接报后报应急领导小组。

2) 报告时限

各预警单位监测到事件发生或事件发生地责任单位接到报告,立即报告区水务局或上级主管部门,区水务局或企业上级主管部门接到报告后必须在半小时内以口头形式、在一小时内以书面形式上报应急工作小组,在处理过程中的重大情况随时报告,应急工作小组接报后即时报应急领导小组。

3) 报告内容

突发供水事件报告分首次报告、进程报告和结案报告,重特大事件有变化随时报告。首次报告应报告事件发生时间、地点、类别、危害程度、影响范围、伤亡人数、直接经济损失的初步估计。进程报告随事件处置进展口头报告。事故处置完毕要做出结案报告。

2. 先期处置

突发事件发生所在地涉事供水企业接到报告或发现情况后,应立即启动本单位应急调度预案,迅速采取有效调度措施,组织先期处置,防止事态扩大,及时向主管部门及市水务局报告。

并服从应急领导小组和工作小组指挥，了解掌握事件情况，协调组织专业抢险救灾和调查处理等事宜，并及时报告事态趋势及状况。

3．分级响应

1）响应等级

本市供水应急突发事件响应分为四级：Ⅳ级、Ⅲ级、Ⅱ级、Ⅰ级，分别对应一般、较大、重大和特别重大供水应急突发事件。当供水应急突发事件发生在重要地段、重大节假日、重大活动和重要会议期间，以及涉外、敏感、可能恶化的事件，应当适当提高应急响应等级。

2）Ⅰ级、Ⅱ级和Ⅲ级应急响应

市水务局接到特别重大（Ⅰ级）、重大（Ⅱ级）或较大（Ⅲ级）突发供水事件情况报告后，进入应急响应状态，立即成立应急领导小组和应急工作小组。

突发事件发生地涉事供水企业，先行启动相应企业应急调度预案，开展区域应急调度。并及时应急工作小组汇报控制、处置突发事件的过程，及时判断事件发展趋势。

如应急处置过程中事态发展为特别重大（Ⅰ级）、重大（Ⅱ级）时，应急领导小组应及时向市水务局领导报告，经批准立即转为启动《上海市供水行业突发事件应急处置预案》。

各区水务局接到特别重大（Ⅰ级）、重大（Ⅱ级）或较大（Ⅲ级）突发供水事件情况报告后，在报告市水务局的同时应立即赶赴现场，在当地政府统一领导下，市供水行业应急工作小组会同区水务局，组织实施本行政区域供水行业突发事件的应急处置工作。

3）Ⅳ级应急响应

供水行业各单位在发生一般突发供水事件时，或接到一般突发供水事件信息时立即进入Ⅳ级应急响应，涉事供水企业立即组织人员并赶赴现场判断事件性质、类别，及时启动本企业应急调度预案，组织实施企业应急调度，并及时向市供水行业应急工作小组报告。一旦需要支援，应立即报告市供水行业应急工作小组实施全市供水应急联动调度增援。

4．应急处置

供水应急突发事件发生后，涉事相关单位应当在判定事件性质、特点、危害程度和影响范围的基础上，立即组织有关应急力量实施即时处置，采取应急供水调度措施，防止影响范围扩大。供水行政主管部门根据实际情况，发挥全市一张网作用，启用相应区域连通管，全力保障服务供应。市水务局将根据事件等级实施统一指挥，协调相关单位和涉事区域地方政府管理部门，开展联动处置。

5．应急结束

在供水恢复正常服务供应后，供水行业突发事件应急结束。

特别重大、重大和较大突发供水事件由应急工作小组报应急领导小组，由应急领导小组宣布应急结束，报市水务局备案。

7.1.3.5 后期处置

1．善后工作

突发事件发生后，各级有关职能部门要迅速采取措施，减小事故对城市供水的影响，尽快恢复受影响供水设施,恢复正常的服务供应,协调相关部门及时做好现场清理、设施修复等善后工作。

2. 调查和总结

应急工作小组、涉事供水企业对事故后果及影响范围作出评估报告,对事件发生的原因、性质、影响范围、受损程度、责任及经验教训进行调查核实与评估。

7.1.3.6 保障措施

1. 组织保障

本市供水行业突发事件应急处置是一项系统工程,市供水管理处、市供水调度监测中心、区水务局、城投水务集团、供水行业各基层单位(企业),应组建突发事件应急处置机构,明确应急处置专职干部(或联络员)和通信录,构成应急处置组织体系。

2. 全市供水调度一网保障

上海市供水调度监测中心将会同原水、公共供水企业尽一切可能保障全市自来水的服务供应,充分发挥上海市调度监测中心全市一张网调度,最大限度地减少对社会造成的影响。

3. 全市供水应急调度管理保障

原水供应设施及管渠突发事故、供水管网突发管损事故、供水设施突发事故、夏季高峰用水、长江咸潮、水质污染等引起的供水服务供应紧张时所须采取的调度措施,均属于应急调度范畴。

发生应急突发事件时,由市供水调度监测中心负责制定应急调度方案和馈水方案,组织协调各供水企业进行应急调度,市供水调度监测中心下达应急调度指令,各供水企业必须无条件执行,不得以任何理由拒绝或者拖延。

在突发应急状态下,如事态紧急时,市供水调度监测中心可直接发布调度指令至各供水企业水厂、泵站指挥机泵运行,也可直接发布大阀门操作指令至管线管理部门,对重要阀门进行紧急操作。待事件处置结束后由市供水调度监测中心将紧急指令发布情况向相关供水企业调度室通报记录。

4. 通信保障

供水行业调度管理部门、各供水企业调度部门应保证调度人员 24 h 值班,确保调度电话随时畅通;相关管理人员手机 24 h 处于开机状态。

同时各供水企业调度部门均应配置 800 M 群系统对讲机,作为电话联络的备用手段,要保持 800 M 系统处于热备状态,随时可以启用呼叫,并定期对 800 M 系统进行应急呼叫演练。

通过调度电话系统、800 M 群系统,组成全市供水系统一张统一的信息网络,确保外界关于应急问题信息的收集、传递。

5. 队伍保障

供水行业管理部门和各供水企业要进一步优化专业供水调度应急处置队伍建设,及开展供水调度应急突发事件演练。

6. 装备物资保障

进一步加强供水调度应急处置装备和物资保障,完善实时信息平台与数据库。

7. 经费保障

按照市政府有关处置应急情况的财政保障规定执行,并根据现行事权、财权划分原则,分级负担。

7.1.3.7 监督管理

1. 培训

应急抢险知识纳入市各供水行业职工岗位培训的重要内容之一,宣传预防、避险、自救、互救、减灾知识,提高行业职工抢险救灾的能力。

2. 演习

供水行业主管部门定期开展综合突发事件应急调度演习,各供水企业应积极开展专项突发事件应急调度演习,提高行业应对突发事件处置水平。

3. 监督检查

市供水管理处加强应急队伍、物资、装备储存保养工作的监督检查。供水行业突发事件应急处置工作实行行政领导责任追究制,对突发事件应急处置失职、渎职的有关领导按有关规定进行处罚。

7.2 风险防控

7.2.1 技术对策

7.2.1.1 水源地风险防控技术对策

由于各城市水源结构不同,污染源特征不同,水源地风源防控对策差别显著。我们以上海市为例,说明水源地风险防控技术对策。

随着黄浦江金泽水源地原水工程的建成通水,上海市饮用水水源地格局发生重大战略调整,上海已基本建成"两江并举,多源互补,集中取水,水库供水,一网调度"的供水体系,极大提高了应对突发水污染事件的处置能力。为进一步提高上海供水行业应对黄浦江上游金泽水源地环境风险的能力,要建立"从源头到龙头"多级屏障的饮用水安全保障体系,在多水源调度、水厂深度处理、生产优化运行等方面形成重大突破。

1. 进一步完善"两江并举,多源联动"的水源地格局

目前,上海市"两江并举、多源供水、水库调蓄、集中保护"的水源地供应格局正不断完善,长江水源与黄浦江水源供应比例已经从"十一五"末的 3 : 7 逐步调整为 7 : 3,青草沙与长江陈行原水系统实现部分互为联动,水源地应对突发污染的保障能力得到加强。今后要进一步研究和

实现长江青草沙原水系统和黄浦江上游金泽原水系统互为联动、相互备用，进一步提高黄浦江上游金泽水源地防范环境风险的能力。开展青草沙、陈行、黄浦江上游金泽三大水源地联合应急调度模式研究，举行原水应急联动模拟演练，提高应对突发事件的实际操作能力。

2. 加强饮用水水源监测和管理

要加强黄浦江金泽水源地水质监测和预警预报，密切关注取水头部和水库藻类变化趋势，做好应对水污染等突发事件准备，确保水质安全。要确保黄浦江上游金泽水源地每月开展 1 次 29 项指标监测，每年开展 2 次 109 项全指标监测，确保供水安全。要开展青草沙、陈行、东风西沙、黄浦江上游金泽等四大水源地的水质监测信息整合，以实时在线监测、突发事件现场检测和实验室日常检测为基础，建立全市供水水质业务信息化平台，提升水质监管能力。

3. 动态完善金泽水库生态调控措施

金泽水库已经投产运行，在实际运行中应结合近期实际取水、供水规模以及地形、气候、地质等情况，提出不同时期不同库区的具体生态调控措施，包括水生态环境系统维护管理、库区曝气系统等水质改善和维持辅助措施、库区地形流态优化、生物调控措施等，充分发挥金泽水库生态净化效果。

4. 编制处置饮用水水源地突发事件应急预案

为有效加强饮用水水源地保护，进一步指导和规范饮用水水源地突发事件的应急处置，供水行业要根据《中华人民共和国水污染防治法》和《上海市饮用水水源保护条例》等相关法律、法规，以及《城市供水系统重大事故应急预案》和《上海市突发公共事件总体应急预案》等有关规定，编制处置饮用水水源地突发事件的应急预案，提高应急处置能力，保障城市安全运行。

5. 建立跨部门应急联动机制

积极协调安监、海事、港监、环保等部门，构建多部门应急联动机制，提高水源地安全预警和应急响应能力。

7.2.1.2 水厂风险防控技术对策

1. 水厂危险化学品风险防控技术对策

主要针对危险化学品贮存、使用中的安全隐患提出相应的控制对策。包括如下几个方面：储存许可；安全制度和安全培训；安全标志牌和图示；设置相应的防火、防爆、防毒、防静电、监测、报警等安全设施、设备和装置；建立重大危险源监控系统；定期对生产装置、储存设施委托具有相应资质的安全评价机构进行安全评价；委托具有相应资质的检测机构，每三年对易燃易爆场所的防爆设施、设备进行一次检测；包装物和容器的管理；危险化学品储存管理；特殊场所作业管理。

2. 水厂工艺运行风险防控技术对策

对制水生产工艺中的主要工序必须进行工序参数检测和动态控制，并应符合下列规定。

(1) 净水各工序的水质检测。根据工序质量检测点的需要，可对浊度、余氯、氨氮、pH 值、碱度等主要水质项目，配置在线连续测定仪，并根据检测结果进行工序质量控制。

(2) 在线连续测定制水生产工艺中各工序的水位、压力等主要运行参数。根据检测结果进行工序质量控制，对检测仪表应定期进行校准，以保证检测数据的准确。

(3) 进厂原水和出厂水流量必须计量。流量计检测率达 95%以上。制水工艺过程应根据需要配置流量计。流量计应按其等级要求，定期进行校准。

(4) 净水药剂必须计量投加。制水工艺系统优先选择计量泵便于进行自动控制，根据计量泵或计量装置的特性定期进行校准，以保证水处理效果。

(5) 按工序对制水生产过程的电量消耗分别进行计量。对制水过程的进、送水泵组应按单机组分别配置电量表，并应依据当地计量部门量值传递的要求，定期对其进行检测，以保证计量的准确。

(6) 制定和实施点检制度，控制主要技术参数。必须对制水生产中的主要设施、设备的运行情况及其运行中的动态技术参数，制定和实施点检制度，且控制主要技术参数。净水厂的生产排水及其处理系统应与相应的制水生产能力相匹配，并能满足制水生产工艺的要求。制水系统及其构筑物一般不得超设计负荷运行。特殊情况超负荷量应视池型和系统运行要求确定，超负荷运行时，应以保证出水水质符合控制标准的下限值为最大负荷量。

3. 水厂外部环境风险防控技术对策

主要包括原水水质突变、自然灾害和人为活动，自然灾害包括洪水风险、暴雨风险、台风风险以及强雷电风险；人为活动类包括供电风险和人为破坏。

对于原水水质突变风险，首先需要加强对原水水质的检测力度，第一时间发现水质的变化；其次是发挥城市多水源调度应急预案。

对于洪水、暴雨、台风等自然灾害，应当安排专人值班，负责防汛、防台风工作；应当加强汛期安全检查，发现安全隐患的，及时整改或者采取其他补救措施；及时补充和配齐抗风抢险的物资；对进厂电源电线再次进行巡查，以提高电源供电的安全性；在会发生极大危害供水安全、设备安全的生产现场接好临时用电，以备不时之需；排水、排洪机泵准备妥当，随时可投入工作；在较容易积水且会极大危害供水安全、设备安全的生产现场安放了临时排水泵。

各水厂提前完成各池组的清洗工作，以防台风来临时，增加排水管的负担，出现排污不畅的情况。再次全面进行疏通清阻，确保厂区排水系统的通畅。对地下出水管道和电缆线沟槽进行封堵，防止雨水渗入生产场地。对各种设备、设施立刻进行巡查加固；对厂区树木进行全面防护加固。

做好应对因泄洪而导致的原水水质变化的方案。加强演习，提高员工的思想认识和现场应对能力。

7.2.1.3 供水管网风险防控技术对策

1. 供水管网风险评估

城市供水管网系统是一个拓扑结构复杂、规模庞大、用水变化随机性强，运行控制为多目标的网络系统。依据供水管网风险评估模型与方法，在 ArcGIS 系统中定量获取管网风险影响参数基础上，考虑管网随时间性能的退化和大数据信息收集，例如实时交通流量数据、供水管网压力数据、天气预报数据、人口动态分布数据等，集成于后台模型进行数据挖掘和关联性分析与风险建模，从而动态识别供水管网 24 h 的风险并提出即时预警与未来长期预测预报，为供水管网的风险防控赢得时间、精确定位空间，并基于全局最优和(或)局部最优理论提出防控优化对策与措施。

2. 供水管网运维实时监测

(1) 布设压力监测点。压力检测点的布设越密集，对供水管网的压力值获取越精确，从而从已知压力点推断未知压力时准确性越高。因此，在供水管网压力检测点布设中，还应考虑压力分布突变、异常地区的布设，兼顾均匀性。

(2) 道路下供水管网的精准定位与道路车流量的荷载监控。由于供水管网只是位于道路下横断面的某一部位，为了精准评估道路荷载随时间对供水管网的作用，应精准定位供水管网在道路下的空间位置，以获取与之对应的道路上的交通荷载，从而更加精确地评估供水管网受道路循环荷载作用的风险。

(3) 建立地下管网 GIS 标准化信息库，通过日常运维巡检与工程建设，补充 GIS 信息库。建立地下供水管网信息库标准化数据库，并在日常运维巡检和工程建设中，按此要求逐步更新、补充供水管网 GIS 信息库，从而使得风险评估更加精确、风险预警与防控更加有效。

(4) 制定与风险评估等级相对应的风险应急、处置与对策措施。根据管网风险评估一级—五级的等级，对不同分级下的管网进行对应的处置措施，并形成技术规定和技术标准，以规范、推广研究结果，提高全社会应对供水管网风险的水平。

3. 供水管网破损检测

供水管网破损检测是在管网风险评估和运维实时监测基础上，对高风险管段破损情况采取的精准检测技术。主要目的是精准定位破损点，并定量化破损状态，为管网风险防控对策提供基础信息[64-67]。

管线破损的检测可分为内检测与外检测两大类，其中外检测又可以分为接触式检测与非接触式检测两种。内检测是指检测设备于管线内部进行检测，收集管线的有关声音、几何形状、电磁特性等信息。具体设备包括视觉检测、漏磁法、远场涡流、智能球、Sahara 系统、超声方法等。接触式外检测设备往往需要对管线进行开挖，使设备得以接触到管线，包括基于声信号处理方法等；非接触式方法往往通过声波、超声波、电磁波等对管线进行检测，包括地质雷达法、声呐法、热成像法等。基于各类检测方式的不同原理，表 7-2 对各类检测方法进行总结。

目前，应用比较多、较为先进的无损内检测技术是智能球与 Sahara 系统。二者都是 Pure 公司开发的产品，用于管径较大(400 mm 以上)管线的管线内声学检测设备。两种检测方式都是借助于管线中水流动产生的推力进行运动，两种设备对流速的要求相同，最小流速 0.15 m/s，通常需要 0.6～1.2 m/s 的流速，如对于管径 500 mm 的管线，最小流量为 29.5 L/s，正常流量需求为118～236 L/s。Sahara 系统的工作原理如图 7-7 所示。

表 7-2　　检测方法总结

检测方法	种类	检测指标	反映问题
CCTV	内检测	视频信息	管内破损、变形
激光断面仪	内检测	视频信息	管内破损、变形
漏磁法检测	内检测	磁能量	管壁破损、变形
远场涡流检测	内检测	涡流信号	管壁破损、变形
超声方法	内检测	超声波	管壁破损、变形
智能球系统	内检测	音频信息	泄漏
Sahara 检漏仪	内检测	音频信息	泄漏
负压波法	接触式外检测	压力、流速	泄漏
声信号处理法	接触式外检测	音频信息	泄漏
热成像法	非接触式外检测	红外线	区域含水量变化
地质雷达法	非接触式外检测	电磁波	区域空洞及区域含水量变化
声呐法	非接触式外检测	声波	地下流场

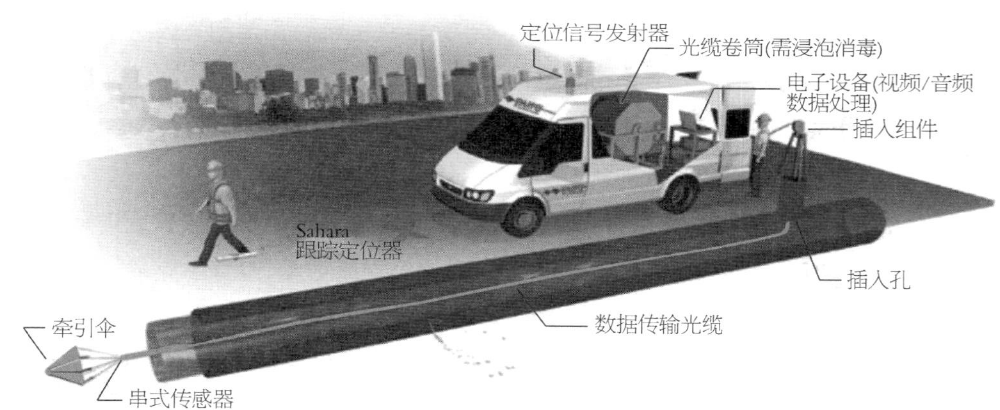

图 7-7　Sahara 工作原理

4. 供水管网资产管理对策与措施

资产管理是将先进的、可持续的管理技术系统地整合进管理理念或者思考方式。专注于资产的长期生命周期及其可持续的性能,而不是短期、日常的各个方面。供水管网资产管理的对策措施围绕着 5 个问题展开:①资产现在状况如何? ②需要供水部门提供什么服务? ③哪些资产对可持续发展至关重要? ④最好的维护和投资策略是什么? ⑤最优长期资金来源如何? 主要包括 10 个步骤:①资产登记;②状态分析;③剩余服务寿命;④周期成本分析;⑤服务目标;⑥风险分析;⑦优化维护费用;⑧优化资本花销;⑨决定资金来源;⑩资产管理方案。

7.2.1.4 二次供水风险防控技术对策

1. 选用食品级管材及储水设施

二次供水管网大多在居民区内，具有供水管径比较小、数量多，小区地下管线复杂，施工空间小，地质条件差等特性，因此，在优化选择二次供水管材时应在如下几个方面提出要求：①管材物理性能好，保证安全供水；②管材安全环保，易于运输和维护；③使用寿命长；④水力条件优越，水头损失小；⑤在保证使用功能的前提下，尽可能降低投资。

在选择二次供水设施管网的管材时，要根据具体工程的情况，通过对运行工况、环境、施工条件、经济条件等诸多因素进行比较分析，才能最终合理地确定选用何种管材。

2. 加强二次供水设施改造

目前，上海市中心城区 2 亿 m^2 二次供水设施基本完成改造，郊区 4 358 万 m^2 二次供水设施亟待改造。2017 年 5 月，上海市水务局等 5 个部门联合发布《关于推进本市郊区居民住宅二次供水设施改造和理顺管理体制实施意见的通知》，明确在 2016 年试点推进的基础上，全面启动郊区的二次供水设施改造，并于 2018 年基本完成改造任务，逐步实现供水企业管水到表。通过改造和加强管理，使居民住宅水质与出厂水水质基本保持同一水平。

3. 加强二次供水设施的运行维护管理

改善居民的用水生态环境，提高居民用水水质，要从多个方面着手努力：

(1) 要不断优化水源的处理，对于水的加工、净化、深度处理是否到位，更要注重消毒剂余量的适量，避免居民在饮用时感受到过重的余氯味。

(2) 要把影响水质的问题分析透彻。管道锈蚀、水发黄、有杂质的现象，很大程度是管道老化造成的，这些在老旧小区尤其突出，这导致了合格的出厂水由于管道原因到达居民这里时水质却达标。

(3) 减少二次供水给市民带来的影响，要从根本上解决问题。水箱的定期清洗消毒工作是必须要严格执行的，尤其在夏天，由于天气炎热，非常容易滋生细菌。水箱定期清洗消毒可以有效地缓解水箱二次供水污染的问题。这不仅需要小区物业的认真负责、严格执行，还需要政府部门的严加监管，使居民能够喝上放心优质的水[68]。

二次供水设施管理单位应当至少每半年对二次供水设施中的储水设施清洗、消毒一次。经检测发现二次供水水质不合格，或者高温、台风等因素导致二次供水水质不符合卫生标准和规范要求的，二次供水设施管理单位应当立即对二次供水储水设施进行清洗、消毒。卫生计生部门应当制定二次供水水质检测计划，并按照计划定期对二次供水水质状况进行抽检。每次清洗消毒后，从事清洗、消毒的单位应现场检测二次供水的浑浊度、消毒剂余量，并采样送具有计量认证资质的检验机构，由检验机构根据《生活饮用水卫生标准》(GB 5749—2006)的要求检测水质色度、浑浊度、pH 值、菌落总数、总大肠菌群、消毒剂余量。

今后不仅需要消毒单位送样检查，可能还需要有关部门加强监督管理。建议可以由各个区的自来水公司以及供水管理所建立相关的实验室,对二次供水水质进行一系列的检测。自动监测系统与人工监测相结合,对二次供水水质进行动态管理,可以有效提高供水水质稳定性。同时,收集在线监测点水质数据,对其进行分析,结合管网平差所得的水流方向和水力停留时间,建立管网在线监测点水质模型。

4. 加强二次供水预防性卫生监督

随着广大市民对于用水水质安全的关注度越来越高,市政府对于居民用水水质的重视程度也是日益加深。近几年不仅开展了大量的调查研究,同时也相继出台了相关的政策法规,《上海市生活饮用水卫生监督管理办法》已于 2014 年 5 月 1 日起正式施行。由上海市质量技术监督局发布的《生活饮用水卫生管理规范》(DB31/T 804—2014)自 2014 年 8 月 1 日起实施。这些法规规范的实施,为二次供水水质的保障提供了强有力支持。

根据《上海市生活饮用水卫生监督管理办法》中的相关规定,二次供水设施管理单位应当按照法律、法规、规章以及国家和上海市有关卫生标准和规范的要求,履行二次供水设施日常维护管理职责,保证二次供水水质符合国家和上海市生活饮用水卫生标准和规范的要求。二次供水设施管理单位应当按照本市生活饮用水卫生规范的要求,每季度对二次供水水质检测一次,并将检测结果向业主公示。业主发现二次供水水质疑似受到污染的,可以向业主委员会报告;必要时,由业主委员会要求二次供水设施管理单位进行水质检测。

7.2.2 抢险救灾与保险

随着城市的发展与扩张,用水需求不断扩大。伴随着供水量的增长,供水管网规模不断扩大,增大了管网维护难度,且居民对供水保障的要求也不断升高。因此,选用合适的管网抢险救灾技术,缩短事故断水时间,保持管网的完好与畅通是管网维护的要点。

7.2.2.1 以快速抢险哈夫节为主的抢险技术

抢险哈夫节为第三代抢险技术。哈夫节也称快速抢险节或抱箍,结构简单,分铸铁或钢质材质,口径为 DN 100～DN 1 800,有管身与接口两种型号,两片抱箍结合处的橡胶密封圈主要起密封作用。使用时只需将哈夫节包裹管道破损部位,然后对准两侧螺孔,穿上螺栓,拧上螺母,直到橡胶密封圈逐渐紧密结合不产生漏水即可。

哈夫节的应用使供水服务水平有了质的改变,不但提高了抢修速度,而且大大提高了抢修质量,取得了良好的经济效益和社会效益。快速哈夫节具有以下优点。

1. 抢修速度快

各工艺的流程如下:

工艺一(膨胀水泥)流程:土方开挖→清理管壁→尺寸校对→上钢夹板→电焊→打磨丝→拌水泥→水泥封口→保养(8～10 h)→通水。

工艺二(快干水泥)流程:土方开挖→清理管壁→尺寸校对→上钢夹板→电焊→打磨丝→拌

水泥→水泥封口→保养(1～2 h)→通水。

工艺三(快速哈夫节)流程:土方开挖→清理管壁→尺寸校对→紧螺母→通水。

与膨胀水泥和快干水泥工艺相比,快速哈夫节减少了5道工序,无须保养等待,即可开阀恢复供水。

2. 工序操作简便

由于哈夫节的密封作用主要依靠橡胶圈,省去了电焊、打磨丝、封口等繁琐的环节,大大简化了抢修工序,同时降低了对操作工人的技术要求。

3. 管道维修质量提高

管道接口实现了从刚性到柔性的转变,大大提高了管道维修的质量,延长了运行时间。根据抢修记录,在未采用哈夫节工艺前,苏州市区干将路、东环路、竹辉路等十多条交通道口的地下管道几乎每年都会发生漏水故障,有的管道接口甚至每一年左右就要重新开挖抢修一次,导致重复开挖、重复维修,既不经济又造成不良社会影响。2006年起,苏州市自来水公司改用哈夫节工艺对这些地段的管道接口进行了处理,由于哈夫节系橡胶圈密封止水结构,管与管接口形成柔性连接方式,可以较好地消除路基不均匀沉降形成的局部集中应力与管道接口温度变化引起的热胀冷缩横向拉伸力,同时接口的橡胶圈能吸附车辆经过管顶时从路面传来的震动,较好地保护了接口不被破坏。因此,到目前为止苏州市区20多个经常出现管道接口漏水问题的交通道口,在采用哈夫节抢修后再未发生过重复漏水的现象,管道漏水问题基本得到解决。

7.2.2.2 非开挖修复新技术

旧城区老化管道和原有供水管道锈蚀、漏损严重,部分地段管道缺乏开挖条件。此时,在更新严重影响安全运行和管网水质的旧管道的同时,就需要研究开发老年化管道非开挖原位修复技术及设备。针对不同管径、不同管材、不同老化程度管道的修复工艺进行适应性研究,其中采用PE内衬、不锈钢内衬等对管道结构性和半结构性缺陷进行修复,采用环氧树脂喷涂等对管道非结构性缺陷进行修复。此项技术的优势如下:①针对老、旧管道设施的改造,能同时满足结构更新和水质保障的需求;②最大限度地避免了拆迁麻烦和对环境的破坏,减少了工程的额外投资;③局部开挖工作坑,减少了掘路量及对公共交通环境的影响;④采用液压设备,噪声低,符合环保要求,减少了扰民因素,社会效益明显提高;⑤施工速度快、工期短,有效降低了工程成本;⑥工程安全可靠,提高了服务性能,有益于设施的后期养护。

7.2.2.3 财产保险

财产保险是指投保人根据合同约定,向保险人交付保险费,保险人按保险合同的约定对所承保的财产及其有关利益因自然灾害或意外事故造成的损失承担赔偿责任的保险。财产保险,包括农业保险、责任保险、保证保险、信用保险等以财产或利益为保险标的的各种保险。

以上海城投水务(集团)有限公司为例[69],其向中国太平洋财产保险股份有限公司上海分公司投保包括但不限于上海城投水务(集团)有限公司所有、管理、租赁等的财产,包含水厂、管所、泵站及其他单位的地址，还包括所有管网沿线以及被保险人的其他财产所在的区域等。2015 年 1 月 23 日起我国大部分地区遭受霸王级的寒潮侵袭，上海的气温在短时间内急剧下降至零下 8 ℃，且持续时间长。在降温及后续回暖的过程中，被保险人的管网、水表、水箱、制水分公司的设备等发生大面积冻裂或爆管，造成巨大损失。后经过保险公估，对道路开挖、管线明漏、暗漏修复、水表更换、水厂部件维修等，初步统计赔付 3 000 多万元，这在一定程度上弥补了突发自然灾害对供水系统资产造成的损失，为管网维护赢得了资金支持，充分发挥了财产保险这一手段的重要作用。

7.2.3 社会动员

供水行业属于公众产品企业，直接涉及民生，与人民生活紧密相关，政府对企业要求严格，社会关注度高，因此供水企业应始终坚持以提供优良的水质、充足的水压、足够的水量、完美的服务为宗旨，全力满足市民日益增长的市场用水需求。因不可预见气候等风险因素的影响，供水企业可能遭遇强降雨、高温、大风、泥石流、过境洪峰、原水污染、超高浊度等因素对生产过程的冲击，给供水企业安全、稳定、连续供水带来极大挑战。为确保将自然灾害影响降至最低、损失最少，为企业保供水、供好水打下坚实基础，供水企业应做好应对防洪防汛和防自然灾害工作，集中行动，统一开展以风险防范体系建设为主要内容的隐患大排查，做到早研究、早安排、早发现、早掌握、早布置、早落实、早整治。

1. *加强社会用水教育*

（1）推行城市供水管网漏损改造。科学制定和实施供水管网改造技术方案，完善供水管网检漏制度，加强公共供水系统运行的监督管理。

（2）推动重点高耗水服务业节水。推进餐饮、宾馆、娱乐等行业实施节水技术改造，在安全合理的前提下，积极采用中水和循环用水技术、设备。各地应当根据实际情况确定特种用水范围，执行特种用水价格。

（3）实施建筑节水。大力推广绿色建筑，民用建筑集中热水系统要采取水循环措施，限期改造不符合无效热水流出时间标准要求的热水系统。鼓励居民住宅使用建筑中水，将洗衣、洗浴和生活杂用等污染较轻的灰水收集并经适当处理后，循序用于冲厕。新建公共建筑必须采用节水器具，在新建小区中鼓励居民优先选用节水器具。

（4）开展园林绿化节水。城市园林绿化要选用节水耐旱型树木、花草，采用喷灌、微灌等节水灌溉方式，加强公园绿地雨水、再生水等非常规水源利用设施建设，严格控制灌溉和景观用水。

（5）全面建设节水型城市。强化规划引领，在城市总体规划、控制性详细规划中落实城市节水要求，以水定产、以水定城。实施城镇节水综合改造，全面推进污水再生利用和雨水资源化利用。

（6）广泛开展节水宣传。充分利用各类媒体，结合“世界水日”“中国水周”“全国城市节约用水宣传周”开展深度采访、典型报道等节水宣传，提高民众节水忧患意识。加大微博、微信、手机报等新媒体节水新闻报道力度。开展主题宣传和节水护水志愿服务活动。

(7) 加强节水教育培训。在学校开展节水和'洁水'教育。组织开展水情教育员、节水辅导员培训和节水课堂、主题班会、学校节水行动等中小学节水教育社会实践活动。推进节水教育社会实践基地建设工作。举办节水培训班,加强对节水管理队伍的培训。

(8) 倡导节水行为。组织节水型居民小区评选,组织居民小区、家庭定期开展参与性、体验性的群众创建活动。通过政策引导和资金扶持,组织高效节水型生活用水产品走进社区,鼓励百姓购买使用节水产品。开展节水义务志愿者服务,推广普及节水科普知识和产品。制作和宣传生活节水指南手册,鼓励家庭实现一水多用。

2. 完善预案组织实施演练

根据往年灾害情况,结合汛期气候分析和预测,出现极端异常气候对供水安全的影响主要包括四个方面,即"水源水污染及高浊度的影响、受洪峰过境带来的高水位影响、受强降雨带来的地质灾害影响、受强雷击天气的影响"。面对这四大风险,企业应审慎判断、统筹协调、制定措施、专项治理、集中发力、持续用劲、抓好预防。一是不断完善工艺设施,从取水头部、趸船栓套、淘井清理、管道迁改、危岩堡坎加固、机组提能升级等方面自练内功;二是多方联系上下游海事、应急办、航道、水上大队、环保、电力等相关单位,建立应急联动机制,加强协调调度,共同应对自然灾害气候,共建供水安全保障体系;三是不断完善抢维修机制,新增开挖机具、勘探设备,加强灾害预警机制建立和应急预案修订工作,增加抢维修及时性,缩短抢维修时间;四是持续深入广泛开展隐患大排查和大巡视,及时发现潜在危险隐患;五是进一步落实责任,加强应急值守和信息报送,及时启动应急响应;六是加大与上游水司的联系和衔接,建立水源突发异常信息通报制度,做到共同防御,借力推动联动联防体系建设;七是加强与市气象局的联系和对接,通过市气象局短信平台接收气象信息,及时了解雨情、风情、雷电等险情,借力推进科学预防能力建设;八是每年按期签订水文情报预报服务协议,及时掌握水位信息,并在第一时间获得洪峰预报信息;九是与市应急办建立灾害性气象预警联动机制。

在汛期及高温来临前,企业生产、管网、水质等各部室及各单位应对涉及的漏氯应急预案、火灾应急预案(环境)、停电应急预案、电气事故应急预案、水质污染应急预案、防洪防汛应急预案、食品中毒应急预案、车辆灭火应急预案、爆管应急预案九类应急预案进行演练,通过演练、评价、总结、修订,以及完善应急救援队伍,加强应急救援人员技能培训学习,提升企业及各单位应急处置水平,提高员工应急救援能力。

3. 关键信息跨部门实时共享,突发事件多部门高效联动

建立全市市政管网联动协作机制。在全市指导加紧收集城市管网基础数据,建立并完善市级统一的城市管网信息库系统,尤其是燃气、供水、排水等相邻地下管线信息急须在全市范围尽快启动相关工作。重要路口公安等监控视频信息跨行业共享,一旦接警通报或突发事件发生,可调用周边视频监控信息对现场进行快速确认。同时,相关管理单位应形成联合派员协作制,全程参加现场处置,联合对现场危害和风险进行辨识和评估,做到准确研判,杜绝盲目处置,防止次生灾害如爆炸等事故,提高应急响应和现场处置能力。

企业相关部门和各二级单位应根据极端异常灾害性气候影响实际，全面收集水位变化信息、原水浊度信息、降雨量信息、上游水电站进出库流量信息、供水量信息、设备运行信息、管道运行状态等信息，以及各单位在汛期和高峰供水时期发生的设备故障、突发事件和隐患，人员应急处置技能，并做好统计、记录、汇总、分析和总结工作。

充分发挥社会治理(居委会、居民志愿者)和社会第三方(社会组织、专业机构)作用，增加政府协作与居民自治的良性互动。如因突发事件造成居民区大面积、长时间停水等，可协助处置部门做好送水到户、信息沟通等居民维稳工作，指挥群众不盲目围观，避免次生灾害造成更多人员伤害，同时提高应急响应能力。

7.3 信息化平台

7.3.1 建设的基础

随着城市发展以及信息化技术的突破，供水管理的思路不断创新，自动化和信息化技术在供水企业生产、经营、服务和管理中的应用也越来越深入和广泛，为我国供水管理部门及企业信息化的进一步发展打下了良好的基础。目前，我国大多数供水企业的信息化建设正在从自动化、数字化阶段向智慧化阶段迈进，其建设的基础也在逐步发生着转变[70-73]。

1. 智慧管理的需求

供水风险始终伴随着城市供水规模的增大而不断增加，为了能及时掌握供水全过程的生产运行状况，当前供水管理部门及企业迫切需要通过信息化技术来感知、控制、分析、评估及处置供水生产和运行管理中碰到的各种问题和风险。随着全球云计算、物联网、移动互联网、大数据、人工智能等新一轮信息技术迅速发展和深入应用，供水信息化发展也正酝酿着重大变革和新的突破，由简单的遥测感知发展到了矢量图形化应用、模型预测分析等专业化、数字化为主要特征的计算机新技术，并在此过程中结合智慧城市的需求逐步向智能化、智慧化方向发展。因此当前信息化平台的建设将不仅仅是建设系统的“眼睛”和“耳朵”，而是逐步实现向“大脑”的转型，为供水的科学管理提供足够的技术支撑及辅助决策，实现预测预警及风险防控功能。

2. 数据的共享与挖掘

目前上海各供水企业已完成了供水调度监控系统及专业化信息系统的建设。在此过程中积累了大量的供水基础数据，能够实现对供水突发事件的报警。同时相关政府管理部门也都已认识到供水管理中所面临风险的严峻形势，相继建成了一批风险预警网。尤其是在水源地的管理中，如:水文管理单位在水源地上游各重要断面建立了水文测站，定期加强对上游来水的水质检测;环保部门近年来也在不断加强污染源排放的监管，海事部门已完成了对水源地通航河流上所有危险品船舶信息的集成管理工作。这些关联数据资源通过挖掘将形成大数据链，在对风险防控及风险源的识别上将发挥重要的作用，实现风险预警识别及前置。上海城市供水所需的共享数据如表 7-3 所示。

表 7-3 上海城市供水所需的共享数据

序号	共享数据	作　　用
1	城市道路视频数据	用于供水突发事件的预警与应急处置
2	气象数据	用于供水调度生产指导、用于水量预测分析
3	环保数据	水源地及上游来水水质预警预报
4	水文数据	水源地及上游来水水质预警预报、用于长江咸潮的预测预报
5	船舶数据	水源地危化品船舶及突发船舶事件的预警与分析

3. 数字化应用的提升

传统的供水管理主要是通过在线感知加人工经验来判断风险的预判与识别。随着监测数据量的增多,光靠调度员人工监测变得越来越不可靠,只有通过工业大数据分析和人工智能辅助决策方法才能将纷繁复杂的关联信息串接起来,以图形化宏观的形式展现出来,才能在数字的“海洋”中找出“岛屿”。近年来,上海供水企业及行业管理部门除了不断完善在线监控系统外,已先后建立了行业基础数据库、供水管网地理信息系统、管网水力模型及潮动力模型等专业化信息系统,实现了部分辅助决策与支撑功能的应用,大大地提高了管理效率。这些专业化的应用同时也是智慧信息化平台的重要核心组成部分,可以通过这些核心技术与大数据的结合,由智慧系统自动评估风险等级,提供风险的解决方案,使得管理部门可以更为有效地消除风险隐患。

7.3.2 建设目标与原则

7.3.2.1 建设目标

随着现代信息化技术的快速发展,各供水企业及相关政府管理部门也在不断完善自身的监测网络,拓展监测广度与深度。在此基础上,各单位及部门可统筹资源和信息,利用现代通信与计算机技术实现跨部门协作,通过信息联网、数据共享实现对供水风险的综合预警监测。

信息化平台的总体目标是整合数据及技术资源,通过大数据应用,构建风险防控的信息平台,加快风险预测预警前置,为供水安全、多部门联动提供信息保障。

7.3.2.2 建设原则

建设的指导思想是:针对供水管理实际情况,发挥大数据优势,以供水风险预警与防控需求为导向,以保障供水安全为核心,围绕供水监测及管理的各个环节,统筹规划、集约建设,建设能满足供水管理及突发事件应急预警应用、整合共享资源、实现业务协同、智能辅助决策的信息化平台,全面提升供水监控能力,为饮用水提供科学安全有效的保障提供技术支撑。要求做到以下四项原则。

(1) 统筹规划、统一设计、规范标准。风险预警的建设要从资源集约的角度在各层面间统筹规划,充分依托信息化已有建设成果,避免各类资源的重复建设和浪费。在信息化建设规范和行业规范体系的总体框架内,对供水风险预警总体架构进行统一设计,并加快推进标准规范的建设。系统建设应严格执行国家、行业、地方标准或规范,以确保系统内在不同部门及企业之间应用,实现业务流程对接和信息共享。

(2) 分期实施、分层建设、分级管理。风险预警的建设要坚持长远目标与近期目标相结合,根据管理现状与应用需求,分期分阶段实施,各阶段突出重点应用。系统建设覆盖风险源监管的各个环节,并实现跨部门的数据信息的对接和共享,各级管理单位要在总体设计基础上,按照各自的职责分工分层建设,并总体协调推进。系统应用采用分级管理,由不同的单位或部门按照责任分工,负责信息的更新及系统的运行维护。

(3) 上下衔接、行业联动、业务协同。信息化平台包括行业管理部门及供水企业两级应用,行业管理部门要完成与行业内及行业外的信息衔接,并根据信息来源,实现事件的判断及预警,并完成信息的发布,使各级单位和部门都能及时掌握风险源的信息,作出协同处置。

(4) 资源整合、信息汇聚、共享应用。平台建设要加强各种资源的统筹整合,包括项目资源、信息资源、基础设施资源、管理资源等。在统一数据标准的基础上,全面推进信息化平台的建设,保障各类采集、管理信息的汇聚整合。在统一制定系统建设标准与规范的基础上,全面推进平台应用功能的建设,保障应用集成共享。

7.3.3 建设的技术路线

平台的建设主要依托现代信息化技术,通过对在线监测信息及多部门共享信息的集成,拓展供水动态监控的范围与内容,完善供水监测预警网络,形成多元立体预警体系。同时,整合目前已有的计算机遥测技术、地理信息技术、模型预测分析技术,实现对供水运行管理中突发事件的快速预警、风险源的识别、污染扩散的预警评估以及管网管损评估等辅助分析评估功能。以水源地风险防控为例,整合移动风险源信息、水文环保信息、取水口在线信息等后,借助生物、油污等预警技术能实时监测各个断面的水质异常,通过潮动力模型则可快速分析风险扩散的影响,实现大数据的综合预警应用,如图 7-8 所示。

7.3.4 平台的总体框架

根据平台建设的可行性及技术路线,从建设内容上平台需包含预警监测信息的共享、支撑系统、预警功能模块及信息发布。其中预警监测信息的共享由各供水企业及政府行业管理部门按管理职能提供,通过共享网络将预警监测数据传送至信息化平台,同时还需要与快速检测(水质应急检测车检测)及实验室检测相结合,为最终的状况确定和风险评估提供支撑。支撑系统和支撑功能主要通过整合现有信息化系统功能或通过与现有应用系统交互,结合现有供水管网

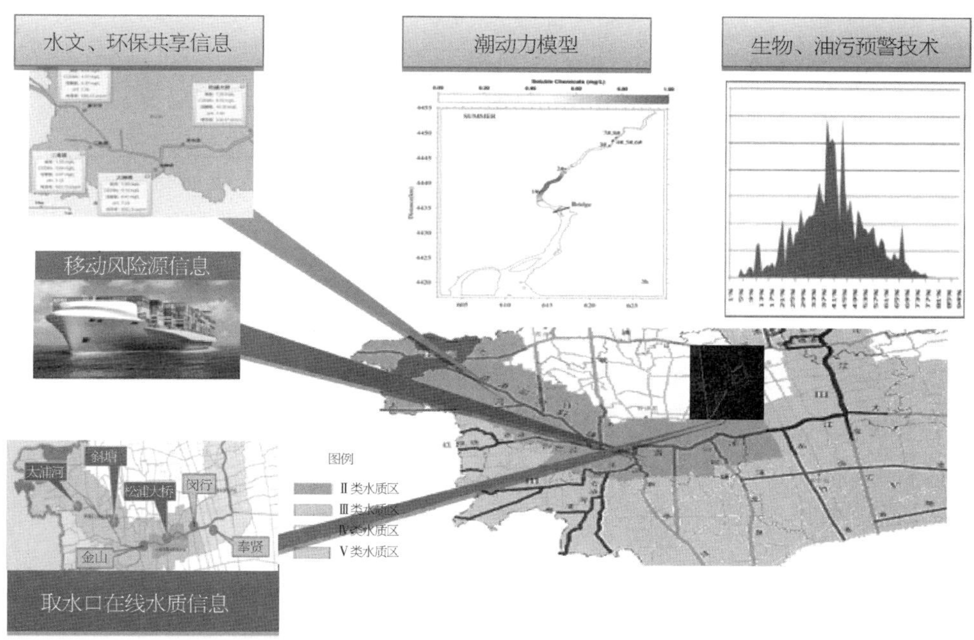

图 7-8 水源地风险防控技术应用

体系,对预警信息进行分析,对风险源进行识别,对水质状况及突发事件进行评估,形成预警等级,通过 GIS 系统、管网模型系统、潮动力模型系统、SCADA 系统及相关政府部门共享数据的综合应用,从而预测风险的趋势与影响范围,生成最为恰当的应急预案,将受到的影响降低到最小,保障供水安全。系统拓扑结构如图 7-9 所示。

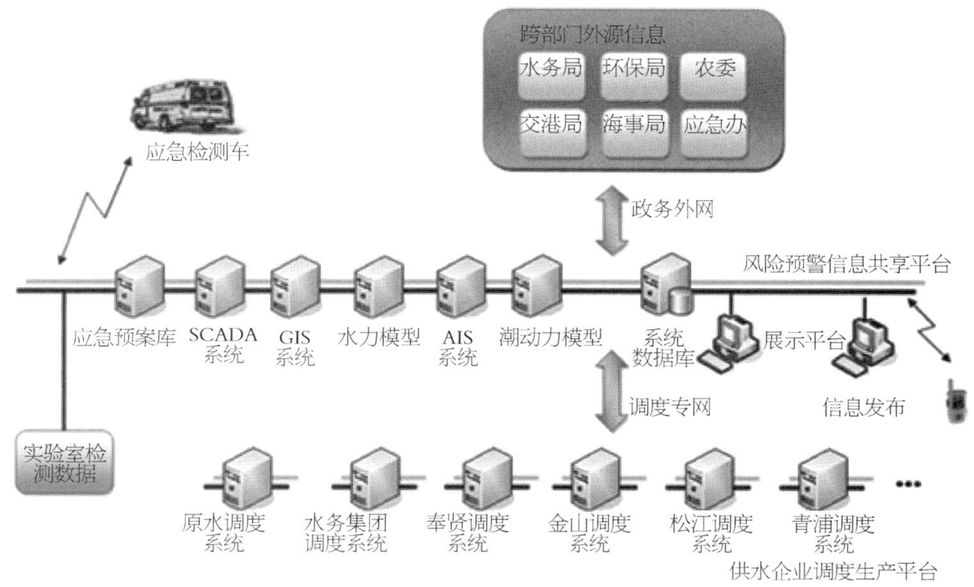

图 7-9 系统拓扑结构

结合风险预警的总体要求，信息化平台将面向供水行业部门、各供水企业、水务局及其他政府部门等。系统总体架构包括了接入层、数据层、数据质量处理、支撑层、应用层、用户层以及相应的标准规范和安全保障体系等几大层面的内容。总体架构如图7-10所示。

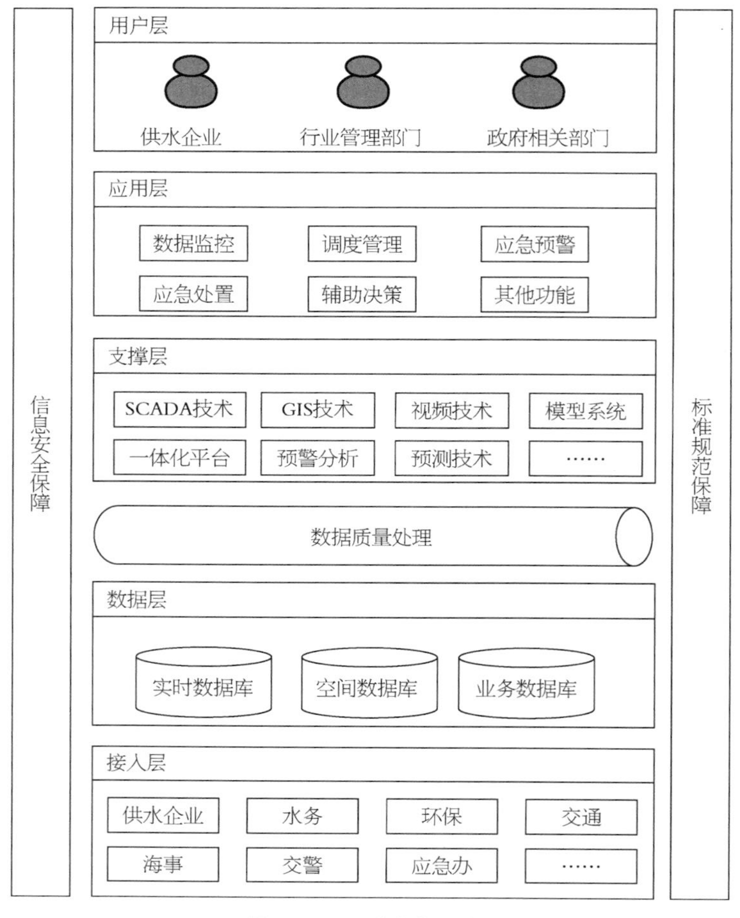

图7-10　平台构架示意

接入层：接入层数据分为内源数据和外源数据，通过网络共享技术实现数据的接入。其中内源数据为供水监测数据，来自供水企业生产经营过程中设备、生产、人员、安全信息的自动化采集，主要通过智能生产设备、智能仪器、智能仪表、智能传感器、智能摄像头、手持设备、智能水表等采集外部物理世界的数据然后进行传输，通过行业生产网实现对关键内容的感知。外源数据为跨部门系统的数据，通过政务网络实现应用交互，减少数据获取建设与管理成本，提高数据的复用率，为平台大数据应用提供保障。

数据层：是整个平台的数据仓储核心，包括基础地理数据、监测点基础数据、调度管理数据、船舶监测数据、实时监测数据及其他相关数据。通过数据的接入，整合分类入库，形成实时数据库、空间数据库和业务数据库，实现接入层数据到平台的转换，有效地屏蔽底层设备及网络的复杂性和多样性，统一数据的接口、标准和模型。同时数据层也是各种应用和服务统一部署数据基础，通过面向服务的架构(Service-Oriented Architecture, SOA)以及应用程序的调用接口(Application Programming Interface, API)进行统一管理，为上层的各种应用提供支撑，是智慧信息化平台建设的基础部分。其中实时数据库存储高频次的在线数据，空间数据库以存储矢量的地理信息及供水管网等信息为主，业务数据库以存储静态的供水基础及业务管理类信息为主。

数据质量处理：该部分主要为平台应用提供高可靠性的数据管理，考虑信息化平台的数据来源为跨平台、跨部门的数据，因此在数据的接入过程中容易出现数据标准不统一、不规范以及数据质量参差不齐等问题,同时原始数据也会由于传感器电信号或其他原因的干扰发生数据跳变、数据缺失等情况,影响后续应用的分析结果和预警预测精度。通过数据质量处理对既有数据进行数据清洗,实时监控数据质量变化,包括数据的重复性、合法性、完整性、关联性、一致性等,并根据治理规则,实现识别、度量、监控和预警等一系列管理活动,消除数据失真或异常,提升数据质量。

支撑层:通过计算机辅助关键技术实现对综合信息的分析,及时做出风险的预警预测,为管理部门的最终决策做出可靠的依据。

应用层:作为平台的功能应用,涵盖了水源地、原水、供水、输水、配水等整个环节的信息应用,以模块化设计,通过人机交互的方式提供面向对象的服务模式,实现"生产数字化、管理协同化、决策科学化、服务主动化"的功能应用,支撑在供水生产和服务等活动过程中的风险预警预测及所需功能,打造"智能供水"。

用户层:整个平台的使用对象,通过平台的数据处理与应用最终将相关风险评估及预警预测等功能反馈给供水企业、行业管理部门及相关政府部门,形成闭环管理模式。

安全保障:由于风险预警的数据来源于跨部门的信息,因此在信息安全体系架构下,还应考虑网络安全及数据安全问题,通过相应的软硬件防御及数字认证等网络安全措施确保信息不泄密,确保系统应用安全、数据安全。

标准规范:制定符合实际业务工作的系统运维和数据维护及 IT 管理等规范。

7.3.5　上海供水智能化建设

7.3.5.1　上海供水智能化建设的理念

上海供水信息由于采集的信息量多,监控区域大,一直探索通过智能应用手段来提升对庞大实时数据的分析处理能力,从容及时应对各种变化,做到精细化、科学化管理。当前上海供水信息化的发展已完成了数字化专业系统的建设,实现了 SCADA 系统、调度业务管理系统、LIMS 系统、供水管网 GIS 系统、供水管网模型系统等的建设,并向自学习及大数据智能应用方向拓展,逐步由人工监控管理转为系统自识别、自分析、自预警的智能供水管理模式,同时根据供水服务及工况,为管理者提供风险防控的优选方案及指挥辅助功能,提升特大型城市的供水风险防范水平。其智能化的建设围绕六个方面展开。

(1) 在线监测,智能感知:通过在线仪表、远程终端单元(Remote Terminal Unit,RTU)等终端以及移动互联网技术实现对数据、图像、语音的智能数据采集、仪表的智能诊断,错误信息智能报警,仪表的智能触发、智能自动控制及远程操控等功能。同时通过数图联动、图形化展示的方式监控数据的变化和状态,如图 7-11 所示。

(2) 资源整合,智能共享:用于监测各类跨平台的在线实时数据,并为后台大数据提供基础数据来源。通过与供水行业内外的资源整合,完成核心数据库的搭建、建立数据质量和安全及接入标准,通过数据清洗和信息钻取,寻找数据关联,为智能应用提供支撑。如上海通过

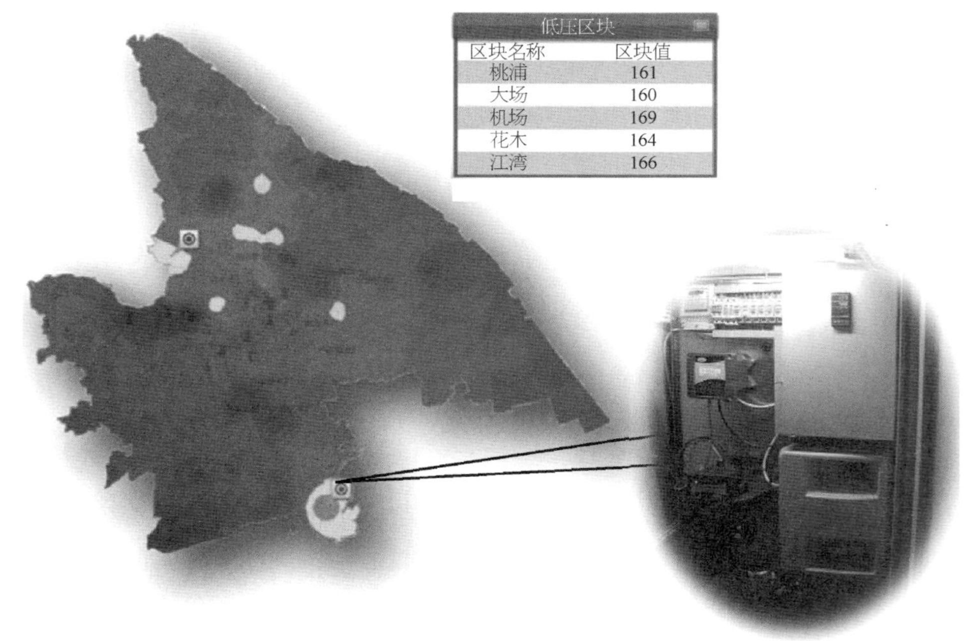

低压区块
区块名称 区块值
桃浦 161
大场 160
机场 169
花木 164
江湾 166

图 7-11　上海供水管网在线压力监控图

接入船舶自动识别系统(Automatic Identification System,AIS),可实时掌握水源地附近的危化品船舶的动态,自动分析船舶与水源地距离与船舶航行动向,提前规避水源地风险,如图 7-12 所示。

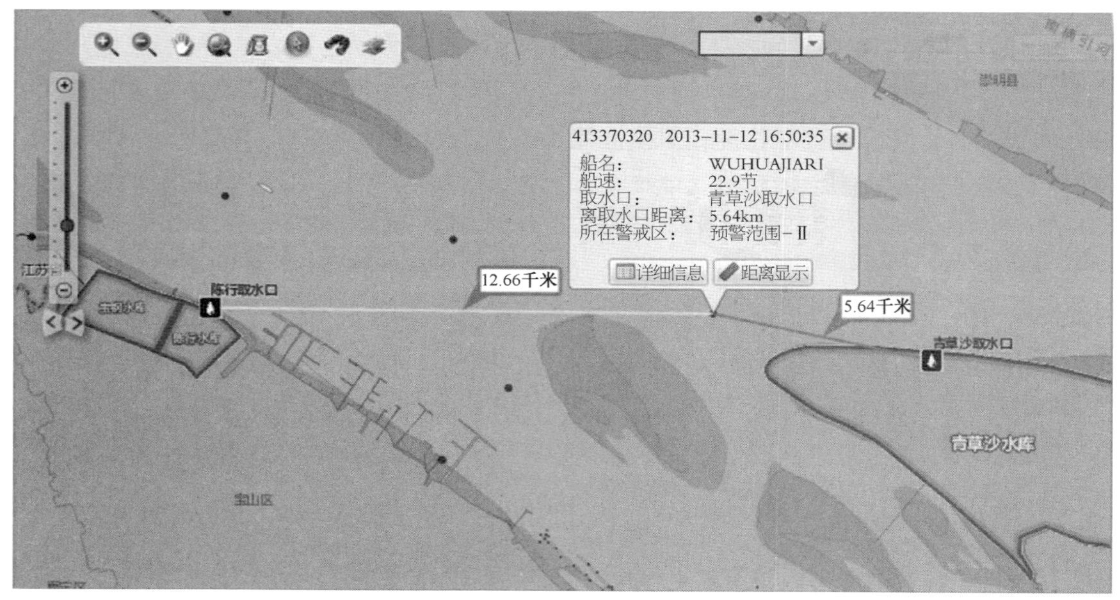

图 7-12　船舶共享数据在供水信息化系统中的应用

(3) 综合评估,智能分析:通过对供水水厂、泵站、管网的运行状态进行综合评估,实现对压力分布、水厂泵站运行负荷、水量变化等的在线常态分析、工程分析,查找潜在风险,对存在的问题给出建议方案。与水量预测、水平衡分析等模型、当前供水工程状态、高峰供水等参数因子结合,进行动态分析及事件评估,并通过预案库提出处理方案。当前上海智能供水已完成了平台的初步建设,实现了针对水源地水质状况、水质评价、水厂负荷、水厂工况等功能的智能分析、多维度动态统计、数图联动及智能预警等功能,提高了供水管理人员的监管效率,如图 7-13 所示。

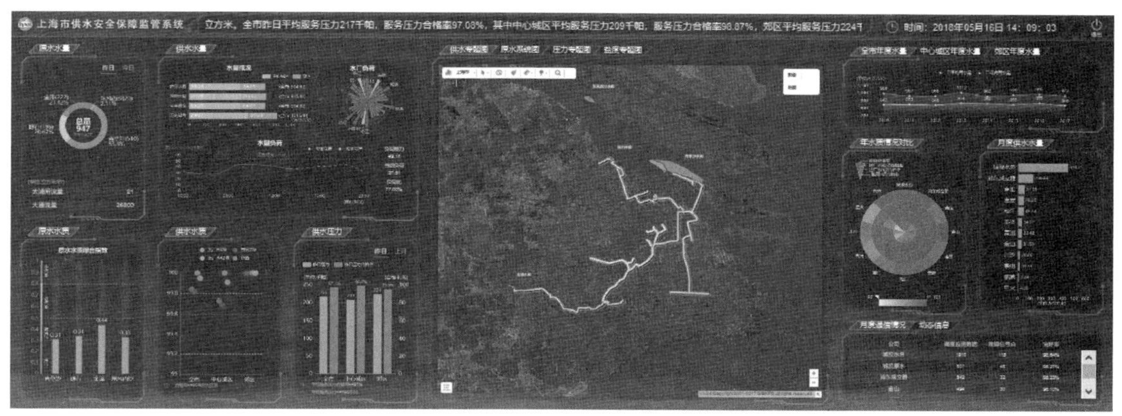

图 7-13　上海智能供水监控平台

(4) 预警联动,智能响应:为防范风险事件的发生,设置预警条件及参数,实现对风险预警的前置与报警实时触发(如管损、供水设施突发停役、服务压力突降、风险源预警与识别等),并智能诊断事件发生的大体位置、影响范围、影响程度。如上海的智能供水已通过大数据将管网与水厂泵站的监控数据进行拓扑关联,确定关联强弱因子,并在发生管损或水厂跳电等突发状况可以快速自诊断及预警,如图 7-14 所示。

图 7-14　上海智能供水监控平台(动态预警界面)

(5) 突发应急,智能处置:针对应急突发事件,根据事件的类型、影响程度、相应等级,自动触发应急事件处置流程,启动水力模型,并根据应急工况进行快速计算和校核,制定出具有可操作性的原水切换方案、区域调水方案、区域内调度方案等。

(6) 决策调控,智能指挥:突发事件发生后,管理和决策人员可以在第一时间接入到智能指挥平台,通过在线反馈与三级联动实现对突发事件的快速响应与应急处置。结合当前移动网络技术实现语音交流、数据及图文交互、现场视频/图像监控共享、调度指令下达、协同指挥决策,达到会商及指挥决策的目的。作为应急处置的重要一环,通过现场视频会商平台,可及时高效处置事故,消除风险隐患,如图 7-15 所示。

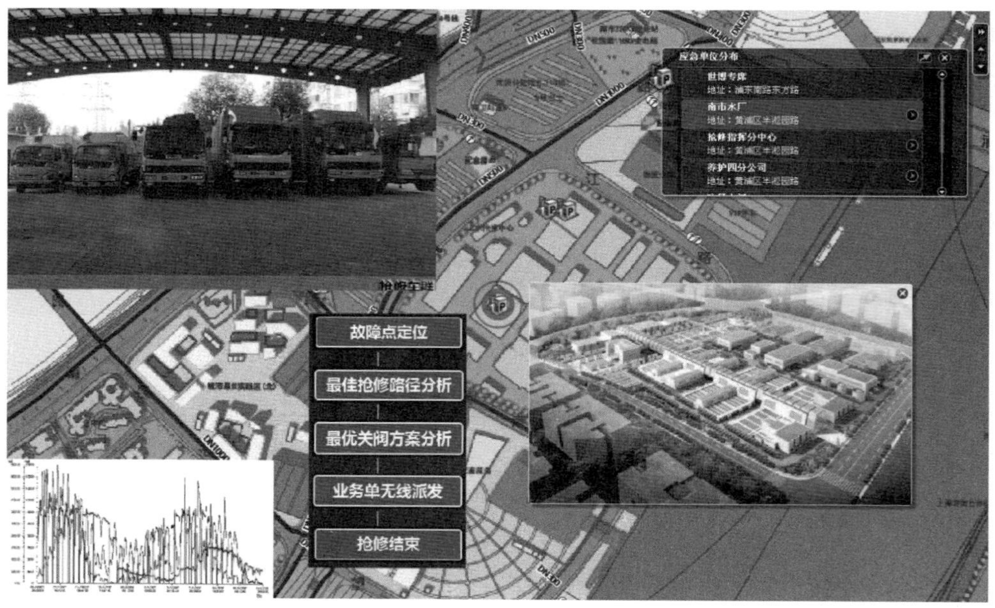

图 7-15　应急指挥平台示意(世博园区)

7.3.5.2　上海智能供水业务流程构架

过去许多业务及监管主要依赖调度员人工监控,许多问题的发现与处置主要依赖于调度员的责任心和经验的敏感度,不同的人,会有不同的处置效率。通过上海智能供水信息化的建设,目前在管理流程上已经发生了一些蜕变,管理模式逐步由人工智能化、大数据进行前置介入,使得当前上海供水管理更加合理化、科学化,管理模式得到了优化,上海智能供水建设业务流程优化如图 7-16 所示。

7.3.5.3　上海智能供水应用分析

信息化建设强调"以应用为导向",随着智能供水应用的深入推进,当前上海在供水管理中通过人工智能及大数据应用消除了过去一些应用中存在的瓶颈,使得管理中许多应用得到了深化:一是解决了信息孤岛问题,使得各类信息交互,通过大数据生成新的应用;二是通过数据治理,解决了数据质量不规范或者消除了无效数据,使得后续应用可靠性得到了保障;三是加入大

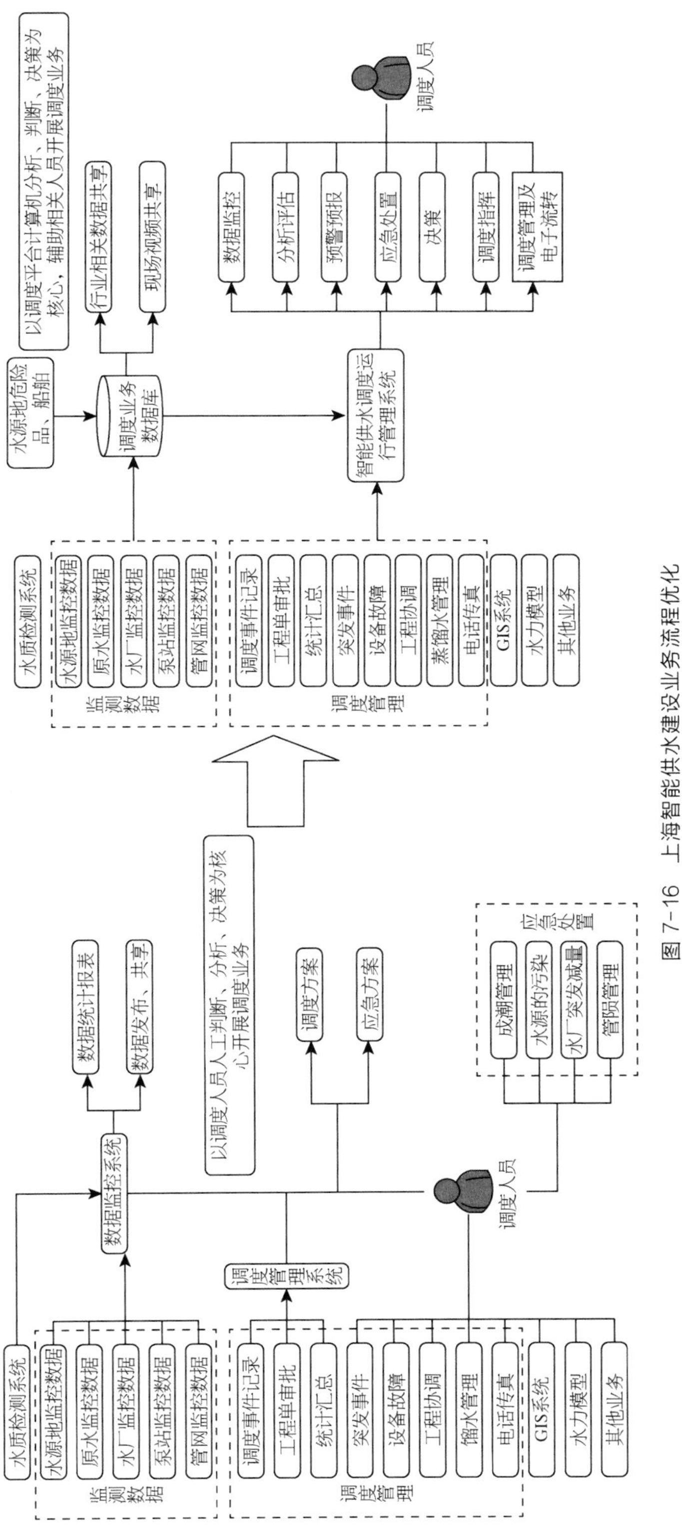

图 7-16　上海智能供水建设业务流程优化

数据后，对报警的应用得到了拓展，形成了面向事件的综合事件报警，为应急处置起到了快速响应；四是在数据分析、数据挖掘等方面的功能得到了加强。

1. 解决了信息孤岛问题，实现多元数据的综合分析

当前上海供水行业已经完整了行业数据的整合，建立了行业数据库，数据库库中在线监测数据总量超过 6 000 个，其中数据除了来自行业内的各个供水企业，还有海事局、长江委、太湖局、气象局等各跨行业部门。数据种类达 40 多种，包括了供水的压力、流量、水质、机泵、管网等信息以及气象、水文、船舶等跨行业数据。由于系统连接的部门众多，使得数据的传输方式和更新频率也呈现了多样化。但这些数据的整合与共享却为相关的应用、管理以及分析提供了支撑。通过数据共享的好处是可以实现对突发事件的综合分析，例如：通过接入的船舶数据可以针对如水源地沉船事件、水污染事件等进行预警，当接到海事部门的沉船事件通报，系统根据沉船位置自动计算与取水口的距离，以及根据船舶装载货物等相关信息判断该事件对供水的影响情况，如图 7-11 所示。如果缺少外源数据或信息的支撑则可能在分析中存在不确定性或误判。

2. 通过数据治理，确保数据的完整与可靠

由于数据是信息化的基础，也是智能供水应用可靠性的最根本保障，但由于数据来源多样，许多数据是通过在线仪表的传感器获取，考虑到在线设备的故障以及干扰等因素，在过去的管理中往往会发现数据出现中断、失效等现象。如果仍然采用这些数据对后续的应用就会造成误判，因此在上海智能供水管理中我们为每个数据赋予一个新鲜度标签，后续管理中的每个应用功能模块在调用数据时都可以根据数据的新鲜度决定是否对该数据予以标识和采用。对于部分有变化规律和必须采用的数据，如在统计全市水量时需要用到的水厂流量，我们通过人工智能自学习方式赋予模拟数据以代替中断的数据，如图 7-17 所示。其他的数据治理还包括数据合理性分析，自动剔除毛刺数据和超出合理范围的数据，确保数据的可用性。

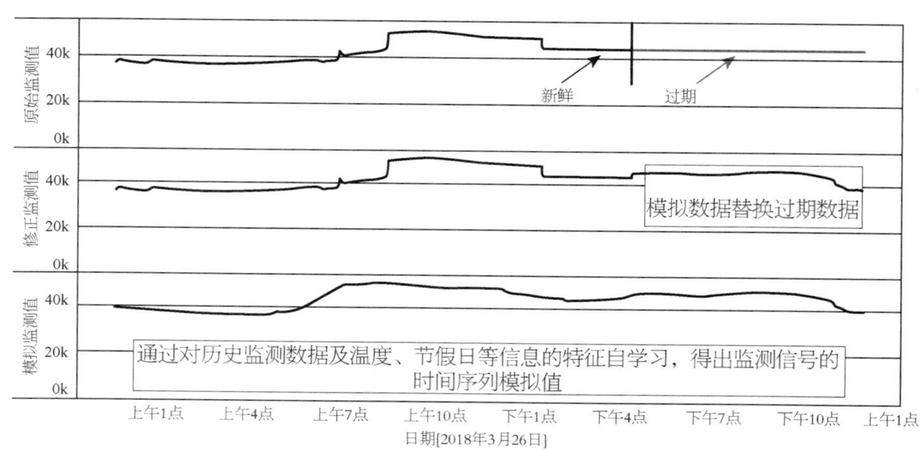

图 7-17 上海智能供水数据治理新鲜度概念的设置

3. 通过数图联动，实现图形化以及事件化报警的方式

过去预报警主要通过预设报警值来反映供水安全风险。例如管网测压点的压力突然出现大幅降低，由调度员分析周围相关测压点压力变化情况。而通过数图联动、图形化显示则能将数据转化为图形的一部分（图 7-18、图 7-19），通过颜色和形状的变化使得调度员及管理人员能够直观了解当前供水风险的状况。

图 7-18　上海智能供水压力预警区块图

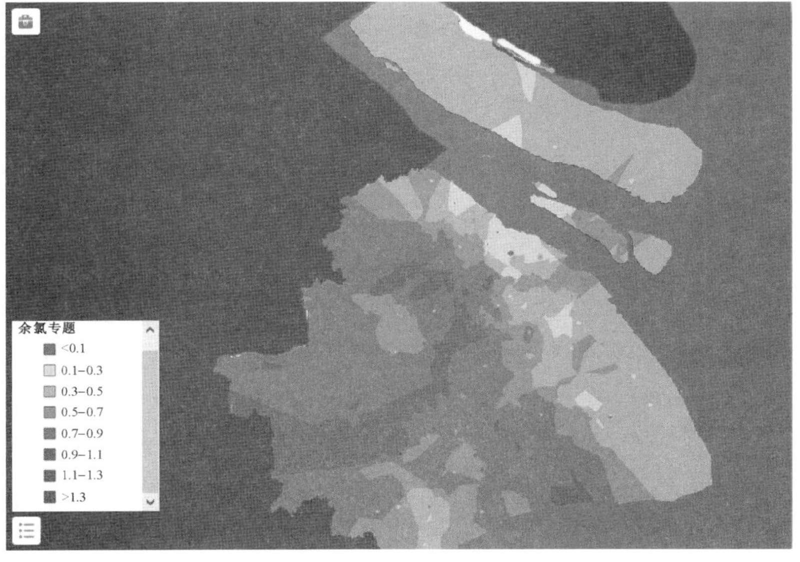

图 7-19　上海智能供水余氯等值面图

另一个报警方式的变化是面向事件的综合报警，目前上海智能供水通过大数据分析已实现管损报警的开发，直接以事件形式进行报警，通过这种方式可以简化报警后的人工分析，快速掌握供水风险。例如，以 2017 年 11 月四平路、溧阳路爆管为例，当时有超过 10 个监测点压力出

现下降，其中以溧四监测点压力突降幅度最大，达到 70 kPa 以上，而溧四的关联监测点复中、北站、大连、塘沽以及鸭绿江泵站等也出现了超过 10% 的压降，系统报警提篮桥板块可能发生爆管，根据系统定位功能，给出大致可能爆管范围，并显示该区域内超过 500 mm 的管道信息和相关工程信息，形成短信发送模板，系统同时提供信息查询和相关关阀方案等功能。根据系统的分析直接给出了报警事件，并直接推送处置方案，最大限度地实现了智能化预警与处置的管理能力。

4. 数据的综合分析与挖掘

过去我们对供水风险的分析主要还是依靠经验，水量的多和少、水压的高和低这些数据其实每时每刻都与供水风险密切相关。如 2008 年奥运会开幕式结束时，供水调度 SCADA 系统突然显示疑似爆管的大面积降压情况，后经过排查确认为居民同时用水导致。如果在数据分析时把这些相关信息加入，则在风险防控中就能减少误判或错判，能提高系统的准确度。上海供

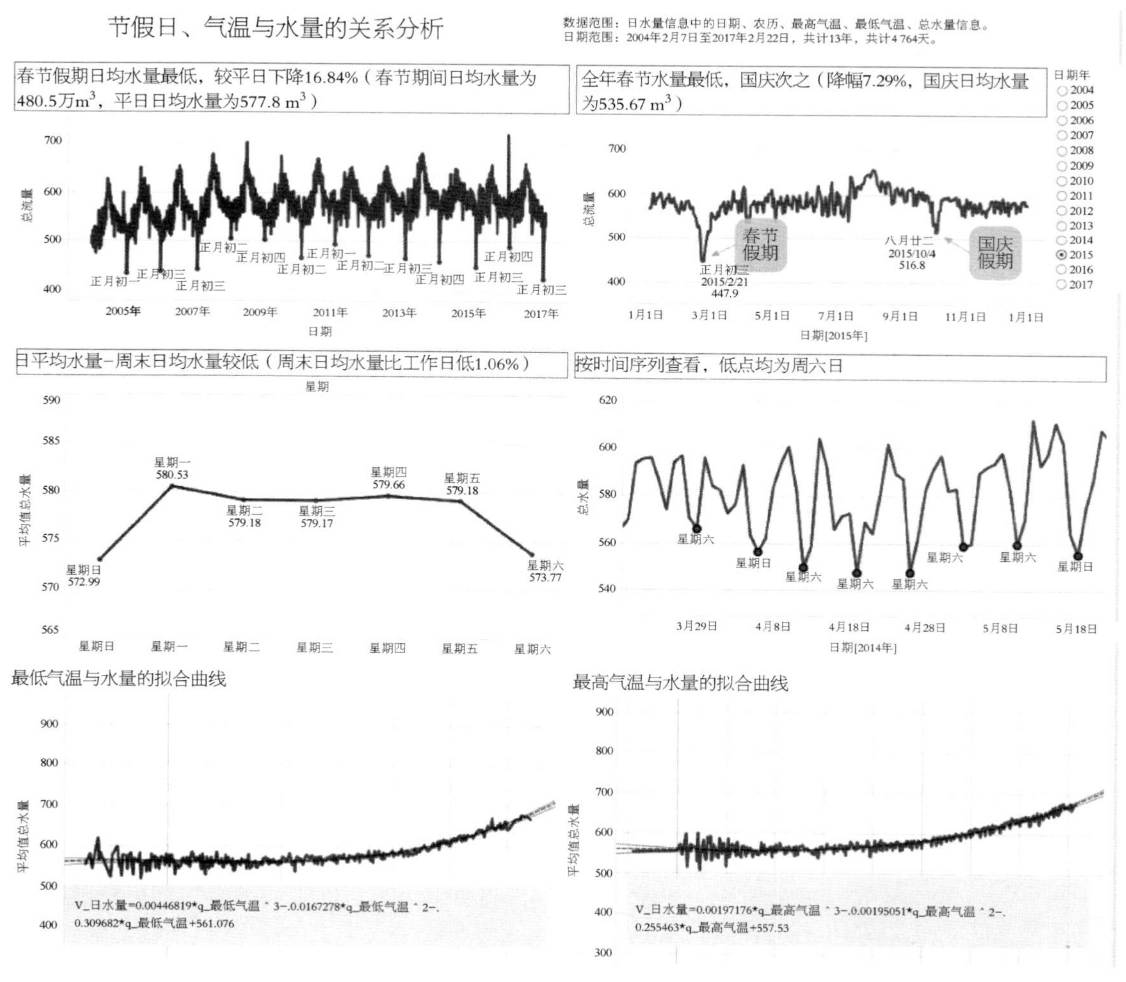

图 7-20　上海智能供水年水量专题分析功能

水管理部门在智能供水的领域里加入了中、短期需水量预测，了解城市未来用水需求及其发展趋势，进而合理地为各个水厂制定配水、供水调度决策，保证管网安全运营，供需平衡。具体通过从多元数据中读取历史流量、压力、节假日等信息，以及分析未来天气信息，并在此基础上研究流量规律性、趋势性、气象因素及节假日对城市短期需水量预测的影响，拟定需水量的主要影响因子，实现水量的综合分析。如图 7-20 所示，上海智能供水可实现对年水量专题的分析功能。从水量分析来看：①节假日水量，通过对十几年数据分析对比，得到一年内水量最低为春节期间，较平均下降约 16.8%，其次是国庆期间，较平均下降约 7.3%；②周水量，一周内水量呈现周日最低、周一最高的特征；③水量与气温变化规律，温度越高，水量与气温的关联性越强，在高峰供水保障期间可拟合形成一个气温—水量对应关系式，据此可粗略预测水量情况，为管理提供更为精准的支撑。

本篇参考文献

[1] BLANCA J, ROSE J, 杨昆，等.城镇水安全：风险管理[M].北京：中国水利水电出版社，2014.

[2] 李默，姜宏龙.城市供水风险分析与风险管理研究[J].城市规划，2016，6(8)：1.

[3] 吴薇，黄飞.关于城市供水安全保障与应急体系建设的思考[J].供水技术，2017，11(3)：61-64.

[4] 周雅珍，蔡云龙，刘茵，等.城市供水系统风险评估与安全管理研究[J].给水排水，2013，39(12)：13-16.

[5] 梁明.深圳水务集团供水水质安全保障问题研究[M].兰州：兰州大学，2015.

[6] 周亚珍，张明德，蔡云龙，等.城市供水系统风险评估：理论、方法和案例[M].北京：经济科学出版社，2014.

[7] 李鸳.我国城市供水应急预案策略及兰州市供水应急预案研究[D].兰州：兰州交通大学，2015.

[8] 李永林，叶春明，城市供水系统风险评估模型研究[M].上海：复旦大学出版社，2015.

[9] 韩晓刚.城市水源水质风险评价及应急处理方法研究[D].西安：西安建筑科技大学，2011.

[10] 段宗元.淮南市集中式饮用水水源保护区环境风险调查分析与保护对策[J].绿色科技，2013(10)：160-161.

[11] 吴芳.南方地区典型城市水源水及饮用水水质特征分析与评价[M].武汉：武汉大学，2005.

[12] 吴海鹏.供水水源系统的风险评估[J].给水排水，2015，41：35-37.

[13] 周婕.城市水源地船舶流动风险源风险评价方法与实证研究[D].上海：华东师范大学，2012.

[14] 罗锦洪.饮用水源地水华人体健康风险评价[D].上海：华东师范大学，2012.

[15] 李柏.闵行区江源水厂一期工程风险管理研究[D].南京：南京理工大学，2016.

[16] 李青松，高乃云，马晓雁，等.上海市原水及地表水中 SEs 调查及风险评估[J].中国给水排水，2013，29(15)：146-149.

[17] 刘菁，郭广翠，双晴.城市供水管网脆弱性研究进展[J].灾害学，2017，32(3)：131-136.

[18] 孙伟.HF 供水集团管网风险控制研究[D].南京：南京邮电大学，2017.

[19] 赵颖.城市地下供水管网事故应急处置[J].科学视界，2016(23)：355.

[20] 汪建新.上海城区二次供水设施现状分析及优化运行措施研究[D].哈尔滨：哈尔滨工业大学，2016.

[21] 康利民，吴俊奇.不同季节的二次供水水质调查及分析[J].给水排水，2018，54(2)：48-52.

[22]张勇，王东宏，杨凯. 1985—2005 年中国城市水源地突发污染事件不完全统计分析[J].安全与环境学院，2006，6(2)：79-83.

[23] 王东宇，张勇. 2006 年中国城市饮用水源突发污染事件统计及分析[J].安全与环境学报，2007，7(6)：150-155.

[24] 郭向楠,张勇．2007—2008 年中国城乡饮用水源突发污染事件统计及分析[J].安全与环境学报,2009,9(3):183-191.

[25] 刘志国,徐韧,余江.上海水域化学品突发环境污染事故统计分析及特征研究[J].上海环境科学,2015,3:97-100.

[26] 哈国辉,谢海龙.集中供水厂如何对危害事件进行风险评估及采取相应控制措施[J].给水排水,2013,49(S1):76-79.

[27] 邓丹青.N 水厂建设项目风险评估与对策研究[D].广州:华南理工大学,2011.

[28] 姜巍.城市配水系统突发污染事件风险评价研究[D].天津:天津大学,2012.

[29] 赵元,李霞,庄宝玉,等.输配水系统水质脆弱性评估模型的研究[J].中国给水排水,2010,26(21):51-54.

[30] 黄源.T 市供水管网浊度特性的研究及其风险评估的应用[D].哈尔滨:哈尔滨工业大学,2013.

[31] 刘成,曾德才,高育明,等.二次供水突发水污染事件案例分析[J].环境卫生学杂质,2014,4(5):461-463.

[32] 康利民,吴俊奇.两种不同的二次供水系统水质安全性分析[J/OL].环境工程:1-7[2018-09-12].http://kns.cnki.net/kcms/detail/11.209X.20180322.

[33] 李欢,赵建夫,王虹.饮用水输配系统中条件致病菌的健康风险和生长因素[J].中国给水排水,2017,33(10):41-44.

[34] 盖永伟,姜蓓蕾,侯方玲,等.河流型饮用水水源地安全风险分类和因子识别[J].水电能源科学,2016,34(5):160-163.

[35] 腾洪辉,王继库.基于事故树的城市二次供水水质污染风险分析[J].安全与环境工程,2013,20(3):69-72.

[36] 张嘉恩.杭州市供水安全风险评价研究[D].杭州:浙江工业大学,2012.

[37] 董秉直,顾玉亮,俞亭超,等.饮用水安全区域联动应急技术研究与示范[J].给水排水,2013,49(3):29-34.

[38] 刘云霞,杨宏伟,杨少霞.城市供水系统原水取水单元风险评估[J].净水技术,2012,31(3):16-19.

[39] 周纪委.西安市供水系统风险评价研究[D].西安:西安理工大学,2017.

[40] 郑小明,姚黎光,宋仁元.上海供水管网概况、问题及对策[J].供水技术,2007,1(4):11-15.

[41] 刘志国,徐韧,余江,等.上海水域化学品突发环境污染事故统计分析及特征研究[J].上海环境科学,2015(3):97-100.

[42] 陈旭源.饮用水突发性移动型风险源应急系统平台的构建[J].净水技术,2014,33(S1):163-168.

[43] 刘锋.大连湾船运液体化学品溢漏扩散形式与损害评估研究[D].大连:大连海事大学,2002.

[44] 张连丰.散装液体化学品海上泄漏事故应急决策系统研究[D].大连:大连海事大学,2003.

[45] 张耀伟.天津港散装危险化学品事故风险评估及应急反应策略[D].大连:大连海事大学,2009.

[46] 陈孙舸.舟山海域化学品泄漏事故应急对策的研究[D].上海:上海海事大学,2006.

[47] 潘冲,王惠群,管卫兵,等.长江口及邻近海域溢油实时预测研究[J].海洋学研究,2011,29(3):176-186.

[48] 张凤丽.基于 ALARP 原则的油船溢油事故定量风险评估标准的研究[D].大连:大连海事大学,2011.

[49] 钱蔚.感潮河段水源地突发性液体化学品泄漏及溢油事故二维数值模拟[D].南京:河海大学,2008.

[50] 王雪松.典型北方水源地藻类特征及其对自来水厂处理效率的影响研究[D].长春:吉林大学,2009.

[51] 邢志贤,任汉英.首届全国微生物污染防治监测新技术与环境安全管理研讨交流会论文集[C].中国微生物学会,桂林,2008.

[52] 王晨婉.基于贝叶斯理论的供水管道风险评价研究[D].天津:天津大学,2010.

[53] 方伟.城市供水系统水质化学稳定性及其控制方法研究[D].长沙:湖南大学,2007.

[54] 杨俊军.再矿化工艺中预处理石灰水试验研究[D].长沙:湖南大学,2010.
[55] 姚黎光,朱慧峰,徐青萍,等.上海市居民二次供水水质保障关键技术研究与应用[J].净水技术,2017,36(S1):18-21.
[56] 上海市水务局.上海市供水调度管理细则[S].上海:上海市水务局办公室,2015.
[57] 上海市质量技术监督局.DB31/T 1091—2018 生活饮用水水质标准[S].上海,2018.
[58] 尹兆龙,信昆仑,项宁银.供水管网压力监测点布置的实用方法[J].中国给水排水,2014(2):19-23.
[59] 张清周,黄源,齐晶瑶,等.给水管网新增压力监测点优化布置方法[J].给水排水,2017(3):127-131.
[60] 邢昱,郭悦嵩,秦红伟,等.饮用水源地水质现状评价及污染防治研究[J].环境与发展,2017,29(5):31-31.
[61] 明瑞菲,胡晓龙,丁桑岚.饮用水水源地水质现状评价及变化趋势分析研究[J].环境科学与管理,2016,41(2):177-181.
[62] 舒诗湖,郑小明,戚雷强,等.供水管网水质安全多级保障与漏损控制技术研究与示范[J].中国给水排水,2017(6):43-46.
[63] 常田.城市供水管网管线健康状态评估方法研究及其应用[D].北京:清华大学,2016.
[64] 陶涛,颜合想,信昆仑,等.基于 SCADA 压力监测的爆管定位分析[J].供水技术,2016,10(4):11-14.
[65] 黎梓波.城镇供水管网漏损监测与控制技术及应用[J].水能经济,2017(11):313-313.
[66] 王建新,左峰,孟冬生,等.对《城镇供水管网漏损控制及评定标准》的探讨[J].中国给水排水,2017(15):47-51.
[67] 曹徐齐,阮辰旼.国内外城镇供水管网漏损检测最新技术及漏损管理策略汇编[J].净水技术,2017(2):5-10.
[68] 姚黎光,张晓平,廖军,等.上海市二次供水优化布局与水质保障技术示范[J].中国给水排水,2017(14):25-28.
[69] 北京华泰保险公估有限公司.上海城投水务(集团)有限公司 2016 年 1 月末寒潮案[R].2016.
[70] 孟明群,戴雷杰,张立尖,等.上海市中心城区供水管网信息化建设与展望[J].中国给水排水,2012,28(12):5-8.
[71] 戴婕,张东.上海市供水管网信息化平台构建与应用[J].给水排水,2015(12):104-107.
[72] 张维明,马名楠.供水行业信息化管理调研报告及分析[J].中国给水排水,2016(24):54-58.
[73] 朱慧峰.基于最小二乘支持向量机的城市供水短期水量预测研究[J].电气自动化,2018(1):105-107.

第 4 篇

水生态环境安全风险管理

水生态环境安全风险有广义与狭义之分，广义上是指涉及水安全保障、水资源利用、水环境污染、水生态退化等各方面的风险；狭义上是指水环境受到污染、水环境质量下降、水生态服务功能退化引发的安全风险。它具有自然、社会双重属性，自然属性主要包括干旱、洪涝、江河湖库等水载体岸坡安全风险，以及水与周围生态环境如森林、土地、城市生态系统之间的和谐共生关系；社会属性是指在一定的经济社会、技术条件下，水生态环境受人类活动影响的程度，是否威胁到水资源的可持续利用、水生态环境的质量友好和水生态环境的服务功能。人类社会发展已进入生态文明社会，生态文明是工业文明发展到一定阶段的产物，生态文明建设是尊重自然、顺应自然、保护自然、合理利用自然的必然要求。要实现人与水和谐共生，必须坚守水资源利用上限、水环境质量底线和水生态保护红线，否则，就难以防范和化解水生态环境安全风险。

8 风险识别与评估

8.1 风险调查识别

8.1.1 风险事件种类

综合考虑水生态环境风险源的区域位置、影响方式、发生概率及可能影响程度等因素，一般将风险源分为固定源、移动源、流域源三大类。

固定源主要包括工业企业排污、污水处理厂尾水排放、危险品仓库与废物填埋厂和装卸码头污染泄漏、农业面源污染、城镇地表径流污染、农村生活污染、畜禽养殖污染等位置基本固定的风险源。移动源主要包括水体中的航运船舶以及沿河道路上行驶的货运车辆等风险源。流域源主要指受上游来水变化影响、下游咸潮入侵、流域上下游突发性水污染事件等引起的较大范围污染的风险源[1]。

8.1.2 风险调查研究

1. 调查研究范围确定

一般根据风险事件可能影响的范围来划定调查研究范围。对于城市上游突发水污染的风险事件来说，其调查研究范围主要根据城市上游水系连通情况、水体流向流速、风向风速，以及污染物的迁移转化规律等因素，综合分析确定可能对城市水生态环境安全造成影响的上下游、左右岸水系范围，开展突发水污染事件的调查研究，为风险分析评价和预警防控奠定基础。对于本地水生态环境安全风险事件来说，其调查研究范围主要根据本地及上下游河网分布、本地风险源(污染源)分布、水流运动等情况，综合分析确定可能对城市水生态环境安全造成影响的水系范围。对于河口水域发生咸潮入侵的风险事件来说，其调查研究范围主要根据风向风速、水流运动、潮位变化、河口形态等情况，综合分析确定河口咸潮影响范围。

2. 调查内容和调查方法

重点调查水系沿岸地区工业企业污废水、污水处理厂尾水、城镇地表径流污染、农业农村污染、船舶污染等排放情况。调查项目包含污染物类型、排放量、排放地点、排放频次、影响范围等。调查方法一般采用现场调查监测复核、收集水量水质监测数据、相关文献及水资源公报、环境质量报告、取水许可论证等研究成果。

8.1.3 风险影响因子

水生态环境安全风险因子主要包括污染源[2]、水质、水文气象、人为影响四大类。

1. 污染源类

(1) 企业排污口:废污水排放量及污染物浓度,直接影响受纳水体水质;重大水污染事故隐患。

(2) 污水处理厂:重大水污染事故隐患。

(3) 船舶、码头、船舶加油站等:重大水污染事故隐患。

(4) 河湖底泥污染:可引起水生态环境健康风险。

(5) 畜禽养殖、农业化肥等:重大水污染事故隐患。

2. 水质类

本区域河湖水体及上游来水的水质状况:直接反映水体功能。

3. 水文气象类

(1) 径流量:直接影响河湖水系的纳污能力、水环境容量。

(2) 流向、流速:主要影响污染物的对流扩散与迁移转化。

(3) 风向、风速:主要影响挥发性污染物、溢油的对流扩散与迁移转化。

(4) 光照、水温:主要影响藻类、水葫芦等生物污染源的生长。

4. 人为影响类

(1) 人为偷排污染物:重大水污染事故隐患。

(2) 人为放养生物:水生态风险隐患。

8.2 风险评估

水生态环境安全风险评估主要是针对以人类活动为主导的区域自然—社会—经济复合生态系统。水生态环境安全风险评估应统筹兼顾区域自然、社会、经济整体状况,重点考虑区域内人类活动对水生态环境的影响,全面把握区域水生态环境的安全状况及其演变规律,为实现区域经济社会可持续发展提供决策依据。

8.2.1 指标体系

1. 指标体系构建原则

构建指标体系是开展科学正确评价的基础和前提,基于水生态环境安全风险评估的内涵,筛选评估指标原则包含以下四项。

(1) 综合性与主导性相结合。风险源项影响生态环境的因素众多,且影响程度差异性较大。通过多因素综合评定法,既要对风险源项进行全面、综合分析,同时还应突出重点,避繁就简，着重分析影响较大，并具典型代表性的主导因素。

(2) 科学性和可操作性相结合。评价指标应能客观反映各风险源项对水生态环境的实际影响，既要科学规范，内涵明确，又要考虑数据的可获性和指标量化的难易程度。应力求使所选指标数据来源准确且便于测算与统计，处理方法科学，计算模型易于掌握。

(3) 定量与定性相结合。评价指标既要有反映各风险源项影响的定量指标，也要有某些必不可少的、对水生态环境安全影响较大的定性指标，并采用科学合理可行的技术方法量化指标，使所选指标均具有统计价值，进行定量分析评价，以减少主观任意性。

(4) 独立性与可比性相结合。评价指标应相互独立、层次清晰、结构合理，避免交叉重复计算，同时所选指标内容要简单明了，容易理解，并具有较强的可比性。

2. 指标体系构建方法

在构建指标体系时，初选指标可以尽可能全面，而在指标体系优化时则需要考虑指标体系的全面性、科学性、层次性和可操作性等。当指标繁多时，就会有很多重复指标相互干扰，需要用正确的、科学的方法对其进行筛选。现阶段常用的指标体系研究方法一般有理论分析法、调查研究法、专家咨询法、目标分解法、多元统计法等。

3. 指标体系层次结构

依据指标筛选原则及方法，建立“目标层—准则层—指标层”层次结构的水生态环境安全风险评估指标体系。本节以长江口水源地为例[1]，风险评估指标体系分级标准如图 8-1 所示。

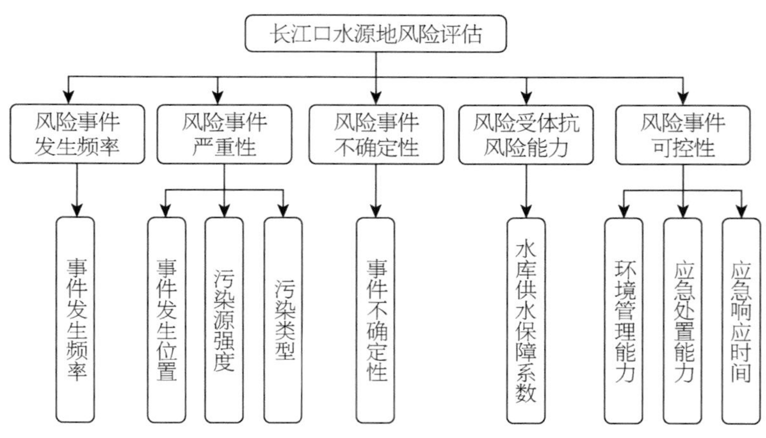

图 8-1　长江口水源地风险评估指标体系

第一层为目标层：表示水生态环境安全风险评估要达到的总体目标，反映不同风险源项对水生态环境安全影响的程度。

第二层为准则层：主要包括风险事件发生频率、风险事件严重性、风险事件不确定性、风险受体抗风险能力、风险事件可控性 5 个准则。

第三层为指标层：基于准则层，从水生态环境安全的实际出发，结合各风险源发生概率、排放特征、破坏程度、自身抗风险能力和应急响应等具体因素,选取事件发生频率、事件发生位置、污染源强、污染类型、事件不确定性、风险发生时用水保障系数、环境管理能力、应急处置能力和应急响应时间共 9 项评价指标。

准则层 5 项与指标层 9 项具体解释如下:

(1) 风险事件发生频率:选取事件发生频率 1 项指标。调研分析近 10 年来区域、流域、上下游海事、水务、环保等部门掌握的突发水污染事件情况。

(2) 风险事件严重性:选取事件发生位置、污染源强度、污染类型 3 项指标,不同风险源的特征差异很大,需针对不同类型风险源再进行细分。

(3) 风险事件不确定性:选取事件不确定性 1 项指标,从风险事件发生时间、发生位置、水文条件、气象条件来分析不同风险源的不确定性。

(4) 风险受体抗风险能力:选取水源地水库供水保障系数(水源地水库可供水时间与事故影响可能时长的比值)1 项指标,这与水库库容、供水规模以及事故可能影响时间等因素有关。咸潮期、非咸潮期水库可供水时间不同,因此水库抗风险能力从咸潮期和非咸潮期两个方面来考虑。

(5) 风险事件可控性:选取环境管理能力、应急处置能力、应急响应时间 3 项指标。环境管理能力主要考虑无预案、预案执行力大小等因素;应急处置能力主要考虑应急抢险成效、应急抢险队伍配备、抢险物资储备等因素;应急响应时间由事故报警及核实时间、应急力量出发时间和应急力量到达时间组成。

8.2.2 指标权重的计算方法

1. 指标权重的计算方法[3]

在评价过程中,需要考虑各评价指标的相对重要程度,最直接和简便的方法是赋予各指标权重。权重值的确定直接影响评价的结果,权重值的变动可能引起被评价对象优劣顺序的改变。权重的确定方法可分为主观赋权法和客观赋权法两种。

1) 主观赋权法

主观赋权法依靠人的主观经验,专家咨询是信息的主要来源,即利用专家组的智慧和经验,主要有层次分析法、德尔菲构权法。

(1) 层次分析法

层次分析法(Analytic Hierarchy Process, AHP),是将与决策有关的各种元素分解成为目标、准则和指标等不同层次,在此基础上进行定性和定量分析相结合的一种决策方法。这种方法的特点在于深入分析复杂决策问题的本质和各影响因素的内在关系,用较少的定量信息进行数字化决策。可为多准则、多目标或无结构特性的复杂决策问题提供一种简便有效的决策方法。在进行定量信息的数字化过程中,层次分析法通过主观判断对评价目标、子目标和指标的相对重要性进行比较判断,构成判断矩阵,计算指标权重值,实现定性分析和定量计算相结合。层次分析法计算流程如图 8-2 所示。

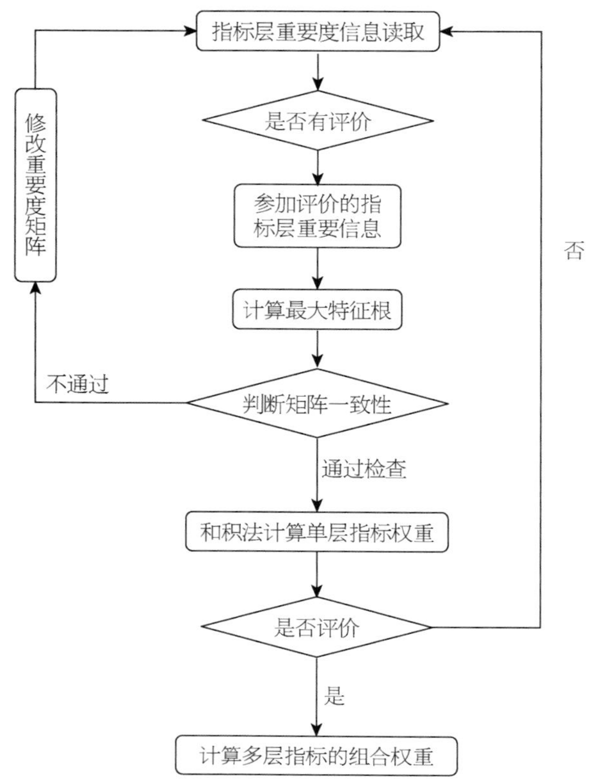

图 8-2　层次分析法计算流程

(2) 德尔菲构权法

德尔菲构权法采用匿名发表意见的方式,针对特定问题采用多轮专家调查,避免专家之间互相讨论,通过多轮次调查调整对问卷所提问题的看法,经过反复征询、反馈、修改和归纳,最后汇总成专家基本一致的看法,作为专家调查的结果。德尔菲构权法能够克服专家面对面讨论中存在的屈从于权威或盲目服从多数的缺陷,是一种背对背征询专家意见的调研方法。

德尔菲法首先按照涉及的领域选定专家,专家人数的多少,可根据研究涉及面的大小而定,一般不超过 20 人。专家组确定后,一般要进行四轮专家调查咨询。逐轮收集意见并为专家反馈信息是德尔菲构权法的主要环节,这一过程重复进行,直到每个专家不再改变自己的意见为止,一般经过四轮调查后,专家的意见会趋向收敛。也有可能经过第二轮后专家意见达到统一,就没必要进行第三轮、第四轮征询专家意见了。但如果第四轮结束后,专家意见仍没有达成一致,也可以用中位数和上下四分位数来确定结论。

2) 客观赋权法

客观赋权法的信息源是统计数据本身,主要有标准差、熵权法、变异系数法和主成分分析法。

(1) 标准差法

标准差是衡量数据偏离均值程度的一种度量。设有 n 个评价对象,m 个评价指标,对第 j 个指标,当标准差越大,不同类别之间的特征变异程度就越大。当提供的信息量越大,标准差法在综合评价中所起到的作用也就越大,同时,其权重也就越大;反之,则权重越小。

(2) 熵权法

熵权法的基本思想是认为指标的差异程度越大越重要,对应的权重相应也越大。计算时如何实现各指标间熵值与熵权的转换是关键环节,它直接影响到各指标客观权重的正确性,进而关系到样本评价的合理性。熵权的算法较多,有些算法当熵值处于一定区间时,其相互间的微小差别可能引起熵权间差异较大。因此,熵权的计算式还在不断改进中。

(3) 变异系数法

变异系数是表征评价指标特征值之间差异性的另一个参数,可用来确定评价指标的权重。其本质思想就是由各个待评价对象在该指标下指标数据值的差异程度来确定该评价指标的权重。具体来说,评价指标的权重与待评价对象在该指标下具体数据值的差异相关联,如果某一个评价指标能使评价对象在该指标下的数据值差异越大,则对该指标赋权就越大;若待评价对象在某一个评价指标下的数据值差异越小,则对该评价指标赋权越小。如果所有待评价对象在某一个评价指标下的数据值无差异,则该评价指标对待评价对象的排序将不起作用,可以赋予其权重为零。

(4) 主成分分析法

主成分分析法也称矩阵数据分析法,它通过变量变换的方法把相关性较强的变量重新组合,生成少数几个彼此不相关的综合指标变量,使它们能够尽可能多地提取原有变量的信息,然后以主成分的方差贡献率作为权重。

3) 组合赋权法

组合赋权法是通过一定的算式将多种方法赋权的结果综合在一起,得到一个更为客观合理的权重值。针对不同的评价对象有不同的组合,采用层次分析法确定主观权重、变异系数法确定客观权重进行组合赋权,得到评价指标体系的最终权重。

2. 计算方法的适用性

主观赋权法是基于决策者的主观经验和专业智慧判断信息,给出的属性权重,属性的相对重要程度一般不会违反人们的常识,但具有一定差异性。层次分析法是较为简单直观、方便实用的方法,分析思路清晰,所需的数据较少,在实际应用中有一定的优点和适用性。基于层次分析,以九度法构建专家判断矩阵,计算指标权重是目前较为常用的主观赋权法。

客观赋权法是基于决策矩阵信息,从客观数据出发,依靠数学理论和方法,通过建立一定的数学模型计算出权重系数,避免了人为偏差。但忽视了决策者的经验判断和专业智慧等合理信息,不考虑指标本身的物理意义和差异,有时会出现权重系数不合理的现象。

组合权重法通过组合赋权,使权重排序结果既能体现决策者主观信息,又能体现客观信息,是将主、客观信息综合集成的科学合理的方法。但组合权重法中优化组合赋权方法的研究还不完善,多种方法计算的赋权组合差异较大,需要进行不同方法的比较分析,还须与评价对象的实际情况相结合。

8.2.3 风险评估模型

1. 指标权重计算

基于指标权重方法适用性分析,考虑不同风险源特征差异及指标值样本量大小因素,指标权重的计算采用专家打分和层次分析构权法相组合的方法。根据长江口水源地风险评估指标体系具有影响因素多、专业性强和涉及面广等特点,为了合理确定各指标的权重分配,采用调查问卷的形式征求不同专业、不同部门等相关专家的意见和建议,并在专家打分的基础上,运用层次分析法确定风险评价指标体系中不同评价指标的权重。结合专家打分和层次分析构权法,权重计算结果汇总详见表 8-1。

表 8-1 长江口某水源地权重计算结果汇总

目标层	准则层		指标层	
	指标	权重/%	指标	分解权重/%
长江口某水源地风险评估	风险事件频率	0.236 9	事件发生频率	0.236 9
	风险事件严重性	0.312 0	事件发生位置	0.153 1
			污染源强	0.097 3
			污染类型	0.061 6
	风险事件不确定性	0.065 4	事件发生不确定性	0.065 4
	风险受体抗风险能力	0.192 8	水库供水保障系数	0.192 8
	风险事件可控性	0.192 9	环境管理能力	0.094 6
			应急处置能力	0.060 2
			应急响应时间	0.038 1

2. 风险源等级判定

由于不同风险源的特征有所不同,时间、空间、事故类型等差异很大,为使指标体系更具可比性和可操控性,风险事件细分如下:

(1) 固定源:工业企业、污水处理厂事故性排放,危化港口码头突发性爆炸。

(2) 移动源:航运船舶油品或化学品突发性泄漏。

(3) 流域源:流域代表断面超Ⅲ类和Ⅳ类常规指标个数或有检出微量有机物,咸潮氯化物浓度大于 250 mg/L。

在风险评估指标体系和风险事件分类基础上,通过风险源项调查及危害程度分析,结合自身特点,听取有关专家的意见,将风险评估指标分为Ⅰ、Ⅱ、Ⅲ、Ⅳ4 个等级。Ⅰ级代表对水生态环境安全威胁程度最大,Ⅱ级次之,Ⅳ级最弱,见表 8-2。

表 8-2 长江口水源地风险评估指标体系标准分级

准则层	指标层			Ⅰ级	Ⅱ级	Ⅲ级	Ⅳ级
风险事件频率	事件发生频率			1年2次以上	一年(1,2]次	[1,10)年1次	≥10年1次
风险事件严重性	事件发生位置			上游5 km,下游3 km	上游15 km,下游10 km	上游30 km,下游20 km	上游50 km,下游30 km
	污染源强	流域源		常规指标超Ⅲ类指标数量≥5个,或常规指标超Ⅲ类指标数量3～4个且浓度超标倍数≥2,或微量有害有机物超标	常规指标超Ⅲ类指标数量3～4个,或常规指标超Ⅲ类指标数量1～2个且浓度超标倍数≥2,或微量有害有机物浓度占标率≥80%	常规指标超Ⅲ类指标数量1～2个,或微量有害有机物浓度占标率50%～80%	常规指标的占标率(Ⅲ类标准)80%～100%,或微量有害有机物浓度占标率0～50%
		固定源	工业企业	特征行业污水直排,年排放量>100万t	企业直排,污水年排放量(10,100]万t	企业直排,污水年排放量(1,10]万t	纳管,污水年排放量≤1万t
			污水处理厂	事故排放浓度大于污水排放标准5倍	事故污水排放浓度是污水排放标准(3,5]倍	事故污水排放浓度是污水排放标准(1,3]倍	事故污水排放浓度小于等于污水排放标准1倍
			危化港口码头	千万吨级	百万吨级	十万吨级	万吨级
		移动源		泄漏>100 t	泄漏(50,100]t	泄漏(10,50]t	泄漏≤10 t
	污染类型			剧毒,难降解,难挥发,难处理	中高毒,较难降解,较难挥发,较难处理	微毒,较易降解、较易挥发、较易处理	常规污染物,无毒,易降解、易挥发、易处理
风险事件不确定性	事件不确定性			发生时间、发生位置、水文条件、气象条件都不确定	发生时间、发生位置、水文条件、气象条件3个不确定	发生时间、发生位置、水文条件、气象条件1～2个不确定	发生时间、发生位置、水文条件、气象条件都确定
风险受体抗风险能力	风险发生时水库供水保障系数			≤0.4	(0.4,0.7]	(0.7,1]	>1
风险事件可控性	环境管理能力			无预案	有预案,执行力较弱	有预案,执行力较强	有预案,执行力强
	应急处置能力			弱	较弱	较强	强
	应急响应时间/h			>24	(12,24]	(3,12]	≤3

3. 风险评估模型

目前多采用风险评估模型来进行风险评价。在风险评估指标分为Ⅰ、Ⅱ、Ⅲ、Ⅳ级4个等级的基础上，将Ⅰ、Ⅱ、Ⅲ、Ⅳ级分别赋予分值10，7，4，1，得出综合评价值对应于不同风险源等级。风险源等级判定见表8-3。

风险源等级评估模型如下：

$$\delta = \sum_{i=1}^{k} \omega_i \delta_i \quad (i = 1, 2, \cdots, k) \tag{8-1}$$

式中 δ_i—— 第 i 个风险指标赋分值；

ω_i—— 第 i 个风险指标的权重。

表8-3　综合风险等级判定

综合评价值	(7, 10]	(4, 7]	(1, 4]	(0, 1]
风险等级	高风险	中风险	低风险	极低风险

8.2.4 风险评估案例

本节主要通过与水相关的水源地、河道、湖泊三个案例进行风险评估。

1. 水源地生态环境安全风险评估

以长江口的东风西沙水源地为例[3]，阐述其风险评价的过程和结论。

1) 风险源等级判定

在风险源识别基础上，针对风险事件，将风险源分别进行风险等级判定。

(1) 固定源

根据近10年统计资料，未发生工业企业、污水处理厂事故性排放、危化港口码头突发性爆炸事件。事件发生位置、污染源强、污染类型三项风险严重性指标暂无统计数据，未影响取水口正常取水。从防控措施来讲，已强化了对固定风险源的监督与管理，一旦发生突发性污染事件，可立即确定污染物种类、排放浓度及排放总量等信息，并在较短的时间内对污染事故进行控制和治理，最大限度地保障水源地安全。

(2) 流域源

① 徐六泾、北支、南支来水。分析近10年徐六泾、北支、下游南支断面水质资料，徐六泾、南门断面每年超Ⅲ类的常规指标为1～2个，北支断面每年超Ⅲ类的常规指标为3～4个。从调查资料来看，徐六泾、北支、下游南支断面来水未影响取水口正常取水。防控措施上，上海相关部门已与长江流域和沿江各省水务、环保部门建立了密切联系，能够及时了解长江来水水质的变化情况。

② 咸潮。根据东风西沙水域有实测资料以来的历年氯化物数据统计，从2008年12月至2014年5月，东风西沙水域共遭遇了52次咸潮入侵，最长不宜取水天数为13 d，强度比较大，持

续时间长。防控措施上，水库扩容的潜力较大，预留蓄高至 6.2 m 的调蓄库容；同时，建立了咸潮应急预案，以及与水文气象部门的紧密联系，能够及时掌握咸潮期水文气象预报动态。

(3) 移动源

对上海港 2004—2013 年期间发生的船舶污染事故进行了专项调研，显示在 2004—2013 年 10 年期间，上海港共发生突发性船舶污染事故 102 起，平均每年近 10 起，泄漏污染物共计约 2 053.82 t，平均每年近 205.40 t。从船舶污染发生的空间分布上看，近 10 年来在长江口附近水域共发生了 13 起燃油及化学品泄漏事故，共计污染物 751.82 t。防控措施上，加大了船舶航运的管理力度，推广建设通用船舶自动识别系统(Automatic Identification System，AIS)岸基网络，实现了远程实时跟踪船舶的安全生产和船期执行情况。事故诊断和监测能力建设日益加强，应急队伍建设和应急物资储备建设日趋完善。

2) 东风西沙水源地风险评估

通过集成东风西沙水源地风险评估指标及其权重计算方法和分级评价标准研究成果，建立了东风西沙水源地风险评估模型。依据东风西沙水源地风险评估指标体系，以长江流域徐六泾来水、区域入长江口污染负荷和长江口水质监测及突发性水污染事件影响等历史数据统计分析为基础，在计算分析东风西沙水源地 3 类风险源 9 项评估指标水平值的基础上，应用东风西沙水源地风险评估模型，评估得出徐六泾来水、北支来水、南支来水、咸潮入侵等流域源和固定源(包括工业企业、污水处理厂、支流排水、危化品港口码头)及航运船舶突发污染移动源的风险等级分别为低风险、中风险、低风险、中风险、低风险、高风险，相应的风险指数分别为 3.58，4.04，3.58，5.87，1.58，7.01；对不同风险源按照风险高低排序为：航运船舶突发污染事故>咸潮入侵>北支来水>南支来水 = 徐六泾来水>固定源。具体评价过程见表 8-4— 表 8-9。

表 8-4 固定源等级判定

风险源	指标层	赋分值	权重值	风险值
固定源(包括工业企业、污水处理厂、支流排水和危化港口码头)	事件发生频率	1	0.236 9	0.24
	事件发生位置	1	0.153 1	0.15
	污染源强	1	0.097 3	0.10
	污染类型	1	0.061 6	0.06
	事件不确定性	1	0.065 4	0.07
	水库供水保障系数	1	0.192 8	0.19
	环境管理能力	4	0.094 6	0.38
	应急处置能力	4	0.060 2	0.24
	应急响应时间	4	0.038 1	0.15
	综合风险值	1.58		
	风险源等级	低风险		

表 8-5　徐六泾来水等级判定

风险源	指标层	赋分值	权重值	风险值
徐六泾来水	事件发生频率	7	0.236 9	1.66
	事件发生位置	4	0.153 1	0.61
	污染源强	7	0.097 3	0.68
	污染类型	1	0.061 6	0.06
	事件不确定性	1	0.065 4	0.07
	水库供水保障系数	1	0.192 8	0.19
	环境管理能力	1	0.094 6	0.09
	应急处置能力	1	0.060 2	0.06
	应急响应时间	4	0.038 1	0.15
	综合风险值	3.58		
	风险源等级	低风险		

表 8-6　北支来水等级判定

风险源	指标层	赋分值	权重值	风险值
北支来水	事件发生频率	7	0.236 9	1.66
	事件发生位置	4	0.153 1	1.07
	污染源强	7	0.097 3	0.68
	污染类型	1	0.061 6	0.06
	事件不确定性	1	0.065 4	0.07
	水库供水保障系数	1	0.192 8	0.19
	环境管理能力	1	0.094 6	0.09
	应急处置能力	1	0.060 2	0.06
	应急响应时间	4	0.038 1	0.15
	综合风险值	4.04		
	风险源等级	中风险		

表 8-7　南支来水等级判定

风险源	指标层	赋分值	权重值	风险值
南支来水	事件发生频率	7	0.236 9	1.66
	事件发生位置	7	0.153 1	0.61
	污染源强	7	0.097 3	0.68
	污染类型	1	0.061 6	0.06
	事件不确定性	1	0.065 4	0.07

（续表）

风险源	指标层	赋分值	权重值	风险值
南支来水	水库供水保障系数	1	0.192 8	0.19
	环境管理能力	1	0.094 6	0.09
	应急处置能力	1	0.060 2	0.06
	应急响应时间	4	0.038 1	0.15
	综合风险值	3.58		
	风险源等级	低风险		

表 8-8 咸潮入侵等级判定

风险源	指标层	赋分值	权重值	风险值
咸潮入侵	事件发生频率	10	0.236 9	2.37
	事件发生位置	10	0.153 1	1.53
	污染源强	7	0.097 3	0.68
	污染类型	1	0.061 6	0.06
	事件不确定性	4	0.065 4	0.26
	水库供水保障系数	4	0.192 8	0.77
	环境管理能力	1	0.094 6	0.09
	应急处置能力	1	0.060 2	0.06
	应急响应时间	1	0.038 1	0.04
	综合风险值	5.87		
	风险源等级	中风险		

表 8-9 航运船舶突发性污染事故等级判定

风险源	指标层	赋分值	权重值	风险值
航运船舶突发性事故	事件发生频率	7	0.236 9	1.66
	事件发生位置	10	0.153 1	1.53
	污染源强	7	0.097 3	0.68
	污染类型	4	0.061 6	0.25
	事件不确定性	10	0.065 4	0.65
	水库供水保障系数	7	0.192 8	1.35
	环境管理能力	4	0.094 6	0.38
	应急处置能力	4	0.060 2	0.24
	应急响应时间	7	0.038 1	0.27
	综合风险值	7.01		
	风险源等级	高风险		

2. 河道水生态环境安全风险评估

河道水生态环境质量评估是通过对河道水生态环境质量的众多指标分析，对其做出定量评述，弄清流域水生态环境质量变化规律，为流域水生态环境系统风险防控及制定区域环境系统管理方案提供依据。流域水生态环境质量评估是流域水生态环境污染综合防治的基础，是改善流域水生态环境质量迫切需要解决的问题。

1）营养性污染物风险评估

流域水生态环境中营养性污染物主要是以氮、磷为代表，近年来，随着氮、磷等营养物质排放量的增加，水体富营养化的风险呈增大趋势。湖泊、水库等封闭性水域中无机氮含量大于0.2 mg/L，磷的浓度超过0.02 mg/L时，易引发藻华现象。国内外研究者运用各种风险评估方法（营养状态指数法、灰色聚类法、模糊综合评价法、模糊物元识别法等）对流域水生态环境质量指标进行分析，评估流域水体富营养化程度[4]。

基于高锰酸盐指数、总氮、总磷、溶解氧、叶绿素a和透明度等指标数据，综合运用营养状态指数、灰色聚类和模糊综合评价等方法进行综合营养状态指数（TLI）计算，可定量评估河流的富营养化程度[5]。

2）有毒有机污染物风险评估

多环芳烃（PAHS）、环境内分泌干扰物等是一类持久性有毒有机高风险污染物，对生态环境和人类健康构成了潜在威胁，近年来，国外学者对其为代表的有机污染物的毒性及造成的环境污染风险进行了风险评价研究。1989年美国环保局提议用健康风险模型评估DDTs和HCHs对人类健康造成的风险，基于这一模型，运用安全系数或物种敏感性分布法对巢湖水中DDTs和HCHs产生的潜在生态危害和健康风险进行评估[6]。

首先，综合运用表观效应阈值法、相平衡分配法和物种敏感性分布法，发现水生态环境的潜在风险主要是由污染物通过对藻类的危害引起的[7]。在此基础上，众学者根据HR-ERL（污染物含量与生物效应低值的比值）和HR-ERM（污染物含量与生物效应中值的比值）计算方法，结合不同生物对水生态环境中有毒有机污染物的响应，对多环芳烃等引发环境风险的可能性进行了评判[8]。

其次，基于有毒有机污染物与生物的定量构效关系，结合主成分分析法和因子分析法，可对污染物的毒性进行评估研究，利用污染物的毒性基准值和实验值等数据资料计算农药在环境中的毒性比率（TR），并参照半数致死浓度来评估农药的生态毒性效应，生态毒性可分为剧毒、高毒、中等毒、低毒、微毒、无毒[9]。而对于毒物是否造成水生态环境风险的判断，还可运用风险商数（RQ）方法，结合概率风险判定模型，对湿地残留农药的环境风险进行评估[10]。当环境暴露浓度测量值（MEC）无效时，可以用环境预测浓度（PEC）代替，此外，通过环境预测浓度（PEC）与无效应浓度预测值（PNEC）的比值可以评估水生态环境所能承受的有毒有机污染风险[11]。

3）重金属污染物风险评估

水生态环境中的重金属主要来源于冶金、汽车制造、电镀、金属开采等行业，排放的重金属极易富集在河流湖泊沉积物或者底泥中,引起流域水生态环境污染风险。国内外学者主要应用脆弱性指数、重金属富集系数、潜在生态风险指数以及地积累指数等方法对流域水生态环境重金属风险展开一系列研究[12]。

在对重金属的实测值、环境背景值和毒效响应因子等数据分析的基础上,运用潜在生态风险指数法对单一重金属潜在生态危害系数和多金属潜在生态风险指数进行计算,可评估重金属的潜在风险程度与毒性大小[13]。或者利用风险评估代码表来判断沉积物中不同形态的重金属所引起的环境风险程度[14]。

为确定不同风险源对流域水生态环境重金属污染程度和贡献率,林春野等[15]就重金属环境浓度测量值与环境背景值进行相关关系分析,利用地积累指数法和重金属富集系数法分别计算地累积指数和富集因子,进而确定重金属在水生态环境中的污染程度等级和富集程度。

3. 湖泊生态安全风险评估

湖泊生态风险评估通过对湖泊生态系统及其组分的分析,评估它们可能遭遇的风险,并通过相应的研究方法,对其受到生态威胁的大小进行量化分析,根据计算结果确定湖泊生态系统抵御风险的能力。湖泊水体水质状况、富营养化状况以及湖泊周边污染排放状况等,是城市湖泊水生态环境安全风险的最大影响因子之一。其中,水质状况应包含化学需氧量(COD)、溶解氧(DO)等普通有机物污染状况,As, Cd, Cr, Cu, Hg, Ni, Pb 和 Zn 等重金属污染状况[16],以及多环芳烃(PAHs)、多氯联苯(PCBs)等高毒性的持久性有机污染物(POPs)状况[17]。湖泊周边污染排放状况对湖泊水体水质和富营养化程度都有一定影响,排放污染物浓度越大或排放量越大,排入湖泊的污染物量也越多,湖泊水体水质风险和富营养化风险越大。

1) 营养性污染物风险评估

湖泊富营养化甚至发生蓝藻水华是全世界面临的严重生态环境问题之一,对人类和生态系统健康都有重大影响。蓝藻水华的发生是营养盐、水温、风速等气象条件以及湖泊形态等众多因素共同作用的结果。目前,不同影响因素与蓝藻水华之间的相互影响机制尚未有明确定论[18],水华发生风险也具有较大的不确定性。国内外研究者运用基于营养盐的阈值分析法[19]、营养状态指数法[20]、单一因子标准指数法[21]、灰色聚类法[22-23]、模糊综合评价法[24]、基于生物累积模型的单因素和多因素风险评价法[25]、模糊物元识别法[26]、生物指标参数法等风险评估方法对北京密云水库、湖南洞庭湖、广州荔湾湖、深圳铁岗水库、苏州昆承湖、武汉东湖、安徽巢湖等湖库水生态环境质量指标进行分析,评估湖库水体富营养化程度。

张艳会等[18]采用自组织特征映射神经网络和模糊风险评价方法定量分析了太湖不同监测点蓝藻水华的发生风险,并结合 GIS 地学统计法分析将太湖蓝藻水华发生的风险划分为微风险区、轻度风险区、中度风险区、重度风险区四类区划。评价结果为,以梅梁湖为例,发生轻度、中度和重度水华的概率分别为 0.54、0.18 和 0.01,就整个太湖而言,从西北到东南风险呈现逐渐降低的趋势,整个太湖蓝藻水华暴发风险相对较大的区域约占 60%,说明目前太湖蓝藻水华暴发的风险较大。

2）有毒有机污染物风险评估

持久性有机污染物(POPs)是一类能够在环境中持久稳定保留并对生态环境、人体健康造成威胁，由自然或人类活动产生的有机污染物质，其分子结构稳定、不易与其他物质发生反应，具有长距离迁移性、半挥发性、持久性、长期残留化、生物富集特征及潜在毒性等特征。典型的POPs除了《斯德摩尔公约》(UNEP,2001)中首批控制的12种杀虫剂、工业化学品类(多氯联苯,PCBs)和非故意排放副产物类外，还包括新增的10种POPs及多环芳烃(PAHs)[17]。

多环芳烃(PAHs)是世界各国优先控制的持久性有机污染物，具有生物富集性和三致效应(致癌、致畸和致突变)，主要源于化石燃料(煤、石油等)、生物质(秸秆、薪柴等)的不完全燃烧以及石油产品的泄漏等。其中燃烧过程中产生的PAHs可经大气颗粒物迁移和沉降等途径进入地表水体，由于PAHs具有溶解度低、蒸气压小及辛醇-水分配系数高的特点，更易于被沉积物吸附[27]，并且能够通过再悬浮作用重新释放到环境中，从而对底栖生物及其他水生生物产生毒害作用，破坏水生生态系统，进一步影响陆生生物和人类健康[28]。近年来，国内外学者对密歇根内陆湖、鄱阳湖、太湖、巢湖、白洋淀等天然湖泊表层沉积物中PAHs的浓度分布及其危害进行了广泛的研究，PAHs潜在生态风险评价方法包括沉积物中PAHs风险值法、沉积物质量基准评价法、毒性当量法、物种敏感度分布(Species Sensitivity Distributions, SSD)曲线拟合法[29]、基于生物影响试验确定的生态效应区间值评价[30-31]及超标系数评价法[32-33]、风险商值法[34]等。

郭雪等[17]和梅卫平等[27]分别采用毒性当量浓度法、潜在生态风险效应区间阈值评价和超标系数评价法对上海市滴水湖水系沉积物中的PAHs健康风险和生态风险进行了评价，均认为滴水湖及其水体交换区沉积物和土壤中PAHs的生态风险较低，基本无风险；但芦潮引河闸内、闸外引水河沉积物中PAHs都存在较低概率的潜在风险，由于闸内和闸外引水河道附近是城镇居民区，频繁的交通和人类活动均对PAHs污染具有一定的影响，有发生生态风险的可能，应该引起重视。

3）重金属污染物风险评估

重金属具有潜在性、生物富集性、生物毒性等特点。水体的重金属通过食物链累积于生物体中，从而危害人类健康，威胁水生态环境系统。近年来，国内外学者对于湖泊重金属污染状况开展了许多研究，沉积物已成为许多学者研究水生态环境重金属污染的主要对象，国内对太湖、滇池、巢湖等的研究较多[35]。对于湖泊重金属生态风险的评价方法，目前国内外运用较为普遍的有地积累指数法[36-44]、Hakanson潜在生态风险指数法[45-49]，其他还有沉积物质量基准法[50]、内梅罗污染指数法、对数衰减模型[51]、基于重金属风险评价代码方法(Risk Asssessment Code, RAC)[52]等。

江敏等[35]采用Hakanson潜在生态风险指数法对滴水湖沉积物重金属的生态危害进行了评价，根据重金属种类、水体对其污染的敏感性、表层沉积物重金属质量比及其生物毒性等，计算单种重金属的潜在生态危害系数和多种重金属的潜在生态危害指数，并根据表 8-10 评价其生态风险水平和危害程度。

表 8-10　　单种及多种重金属潜在生态危害指数及其生态风险水平和危害程度

单种重金属的潜在生态危害指数 E_r^i	单因子污染的生态风险水平	多种重金属的潜在生态危害指数 RI	潜在生态危害程度
$E_r^i < 40$	轻微	$RI < 150$	轻微
$40 \leqslant E_r^i < 80$	中等	$150 \leqslant RI < 300$	中等
$80 \leqslant E_r^i < 160$	强	$300 \leqslant RI < 600$	强
$160 \leqslant E_r^i < 320$	很强	$RI \geqslant 600$	很强
$E_r^i \geqslant 320$	极强		

通过 Cu, Cd, Pb, Cr, Zn, Hg, As 7 种重金属在表层沉积物中的潜在生态风险性及空间变化特征评价结果表明，引水河道沉积物中各重金属的年平均质量比普遍高于滴水湖湖区。由潜在生态风险评价结果可知，滴水湖及其引水河道总体潜在生态风险指数 RI 均值为1 343.44，具有很强的生态危害；各重金属生态风险由高至低依次为 Cd, Hg, As, Pb, Cu, Cr, Zn，其中 Cd 为最主要的生态风险因子，潜在生态风险系数均值为 795.80，Hg 的潜在生态风险系数均值为 471.67，也呈极强生态危害，As 的潜在生态风险系数均值为 44.07，表现出中等生态危害，其他重金属为轻微生态危害。

9 风险预警与防控

水生态环境安全风险防控应由单一的水质管理向流域区域水生态系统管理转变。多年的水环境系统治理实践表明,水环境问题不仅仅是水质问题,在河湖系统水质发生较大变化前,其生态系统的结构和功能已经发生了较大的变化,河湖主要生物种群的变化尤为明显。水生态环境安全风险防控措施是从风险防范开始的,风险控制技术措施是关键,风险管理是手段,其实质是解决好“人水”关系,实现“人水”和谐发展。

9.1 风险防范

把加强水生态环境安全风险防范作为应对水生态环境安全风险事前控制的主要手段,从风险源头减少风险事件发生概率。

9.1.1 节水优先

以节水型社会建设为切入点,实施水资源消耗总量和强度双控行动,强化水资源承载力在区域发展、城镇化建设、产业布局等方面的刚性约束,通过节约水资源降低风险发生的概率[53]。

1. *落实最严格水资源管理制度*

开展水资源开发利用总量和强度双控行动,实施水资源开发利用控制红线和用水效率控制红线管理制度。

上海是全国首批实施最严格水资源管理制度试点工作的直辖市。市政府组建了分管副市长担任组长、市水务局等 19 个部门为成员单位的上海市实施最严格水资源管理制度领导小组,明确了市政府各部门、各区(县)人民政府和相关企业(集团)的责任分工。

针对上海本土水资源承载能力的硬约束和国家对上海市水资源开发利用总量控制的“天花板”约束,实施最严格水资源管理制度,至 2035 年,年用水总量控制在 138 亿 m^3。开源与节流并重,提高水资源供应能力,进一步转变水资源利用方式,强化水资源的多源统筹、循环高效利用,不断提高用水效率,优化用水结构,控制取用水总量,建设节水型城市。万元地区生产总值(GDP)用水量控制在 22.5 m^3 以下,万元工业增加值用水量控制在 33 m^3 以下[53]。根据水务“十三五”发展规划要求,万元 GDP 用水量较“十二五”期末下降 23%,万元工业增加值用水量较“十二五”期末下降20%[54]。

2. 节水型社会建设[55]

抓好工业节水。制定国家鼓励和淘汰的用水技术、工艺、产品和设备目录,完善高耗水行业取用水定额标准。开展节水诊断、水平衡测试、用水效率评估,严格用水定额管理。

加强城镇节水。禁止生产、销售不符合节水标准的产品、设备。公共建筑必须采用节水器具,限期淘汰公共建筑中不符合节水标准的水嘴、便器水箱等生活用水器具。鼓励居民家庭选用节水器具。

发展农业节水。推广渠道防渗、管道输水、喷灌、微灌等节水灌溉技术,完善灌溉用水计量设施。在东北、西北、黄淮海等区域,推进规模化高效节水灌溉,推广农作物节水抗旱技术。

3. 加大非常规水资源利用力度

鼓励加强河湖水资源经适当处理符合杂用水水质要求后,用于绿化、道路浇洒、景观生态等领域用水;积极推进工业废水或城镇污水厂中水回用、沿海企业或单位海水冷却使用、雨洪水集蓄利用等示范工程建设,逐步建立非常规水资源利用体系,并将它们纳入水资源统一配置。

9.1.2 加强水生态环境风险源防控

摸清水污染高风险行业布局,明确水污染风险防范重点名录与重点区域,加强重点领域、重点类型水污染风险以及重点水生态环境风险隐患防范,建立水污染风险动态管理数据库,完善水生态环境风险前端监管体系[56]。

重点加强对污染源总氮、总磷和行业特征污染物排放的监测。持续推进重点污染源在线监控系统建设,加强对水污染源的一类污染物和其他主要污染物的在线监测监控。继续通过在线监控、专项执法等手段严格监管工业企业排放,及时严肃查处违法排污。对于厂中违法排污等责任不明、缺乏有效法律支撑和长效监管手段等问题进行专题研究,力求突破。①

9.1.3 建立完善水生态环境风险监测与预警体系

加强地表水微量有机物和水污染预警预测技术、水体新化学物质监测技术研究和应用,提高预警和应急处理能力。

1. 完善水生态环境监测预警网络

在全力实施水污染防治行动计划、全面推行“河长制”和“湖长制”的形势下,加强对地表水水体水环境质量的监控和入河排污口的调查监测,进一步优化地表水水环境监测断面,推进主要水体、重点监测断面水质自动监测站网建设,加快水环境预警监测体系建设,实现水功能区监测和重要水体预警全覆盖。推进泵站在线监测试点工作,实时掌握排江的水量、水质等信息。

① 苏州河环境综合整治四期工程总体方案.上海:上海市水务局,2017.

加强对合流制区域污水处理厂超越管排水的监测监控。

上海通过建立长江口、黄浦江上游水源地水环境安全预警监控系统，推进长江口、黄浦江、苏州河和淀山湖等主要水体的实时监测，各区主要进出水断面做到实时监测，继续开展淀山湖蓝藻水华监测预警，对长江口、黄浦江上游生态敏感区等特定功能区开展监测预警，建设完善省市边界水文水质自动监测站网，实行流域主要来水水质水量同步连续监测，逐步完善水环境监测预警网络。①

2. 逐步构建水生态环境监测预警网络

我国的水环境质量标准主要包括化学和物理指标，缺乏水生生物、营养物、生态学等类型的指标，不能对水环境质量进行全面客观的评价，也不能反映各类水生态环境功能对不同水质指标的具体要求，难以满足水生态环境文明建设的需求。

应提升对饮用水水源水质全指标监测、新型痕量污染物监测、水生生物监测、持久性有机物、环境激素、生物毒性等因子的监测能力，在重要水功能区试点开展生物安全、生物多样性综合指数、生态链的监测研究，为水生态环境风险防控提供支撑。逐步构建水生态环境监测网络，基本实现环境质量、污染源、生态状况监测全覆盖。

9.1.4 强化公众参与和社会监督

通过加强宣传教育，加强舆论导向，大力培育公众惜水、节水、爱水、护水、管水的水文化素养与良好氛围，并鼓励公众参与水生态环境安全风险防控，形成全社会共同防控风险的情形[56]。

1. 依法公开环境信息

公开违法违规企业处罚整改情况等信息，严格执行《企业事业单位环境信息公开办法》，重点排污单位应依法向社会公开其主要污染物名称、排放方式、排放浓度和总量、超标排放等情况以及污染防治设施的建设与运行情况。

2. 加强社会监督

完善政府、企事业单位、公众沟通平台，拓展企业、公众等利益相关方参与决策的渠道。为公众、社会组织提供水污染防治法规培训和咨询，邀请其全程参与重要环保执法行动和重大水污染事件调查。公开曝光环境违法典型案件。健全举报制度，充分发挥“12369”环保举报热线和网络平台作用。限期办理群众举报投诉的环境问题，一经查实，可给予举报人奖励。通过公开听证、网络征集等形式，充分听取公众对重大决策和建设项目的意见。发挥民间组织在环境社会管理中的积极作用，鼓励和引导环保公益组织参与社会监督。积极推行环境公益诉讼[56]。

① 苏州河环境综合整治四期工程总体方案.上海：上海市水务局，2017.

3. 构建全民行动格局

树立"节水洁水,人人有责"的行为准则。加强宣传教育,把水资源、水环境保护和水情知识纳入国民教育体系,提高公众对经济社会发展和环境保护客观规律的认识。依托中小学节水教育、水土保持教育、环境教育等社会实践基地,开展环保社会实践活动。支持民间环保机构、志愿者开展工作。倡导绿色消费新风尚,开展环保社区、学校、家庭等群众性创建活动,推动节约用水,鼓励购买使用节水产品和环境标志产品[55]。

9.2 风险控制

风险控制主要通过加强应急保障能力建设和水生态环境系统治理等措施来实现。

9.2.1 加强应急保障能力建设

1. 制定应急预案

地方各级人民政府要制定和完善水污染事故应急处置预案,明确突发水污染事件等级标准,落实责任主体,明确预警预报与响应程序、应急处置及保障措施等内容,依法及时公布预警信息。

2. 加强饮用水源地应急保障能力建设

注重备用水源地建设,加快实现水源地互联互通,规划完善应急取水口和地下水应急供水深井布局。就上海市域来说,按照供水水源"百年大计"的要求,立足上海市域、对接长江和太湖两个流域,秉承"两江并举"的水源地战略布局,坚持"集中取水、水库供水、互连互通、一网调度"的总体布局,不断完善黄浦江上游水源地金泽水库、长江青草沙、陈行和东风西沙 4 座河流型水库水源地功能,加强原水系统互联连通,保留水厂应急取水口,战略储备长江口陈行—宝钢—太仓水库链、下扁担沙和东太湖等优质水源地,合理保留应急取水口、地下水深井等其他应急水源[57]。

一旦发生水源地、水厂污染事件,涉事原水、供水企业应立即启动本企业应急预案,实施应急调度先期处置,并及时向主管部门报告。主管部门启动饮用水源地水质灾害事故应急预案,判断水源地重大污染物的性质、污染范围、污染物的质量、污染物影响变化,评估污染物影响时间,同时进行水源地水质检测和取水口运行应急调度,实施水源地应急联动调度或水源地切换调度,并启动涉事供水企业的区域供水应急调度预案,实施区域供水应急调度[58]。

3. 加强泵闸应急调度能力建设

当突发水污染事件发生后,水闸泵站管理部门应进行应急调水处置,对河道水质、水情进行监测,根据水污染事件的发生地点、污染物随水流运动的影响等制定泵闸应急调度方案,及时开闸开泵引水稀释取水口污染物或关闭相关水闸阻截污染物,防止污染取水口。泵闸行业主管部门日常应做好泵闸设施的运行、养护和维修,及时消除安全隐患,加强对泵闸工程设施的巡检,保证设施完好[59]。

9.2.2 强化水生态环境系统治理

水生态环境系统治理是一个循序渐进的过程,应从流域角度出发,在系统控源治污的基础上,重视城市河流的水量水质修复与生态修复工作,确保城市河湖的自然属性与自然条件的修复,让城市河湖逐步恢复昔日"清水绿河"的风采。在治理过程中应遵循防治水污染—治理水环境—修复水生态循序渐进的治理过程。首先,应当对水生态系统基本状况开展调查监测分析,科学评价水污染现状及生态退化水平,识别确诊其主要生态环境问题;然后,在此基础上提出城市水生态系统的水污染防治与生态修复的近远期目标,使得水生态环境系统治理工程有的放矢、技术可行、经济合理、社会认同、效益显著。我国现阶段诸多城市水生态系统污染比较严重,生态差,甚至出现黑臭水体,因此城市的水污染治理与生态修复目标可以分为近期目标和远期目标,如图 9-1、图 9-2 所示。

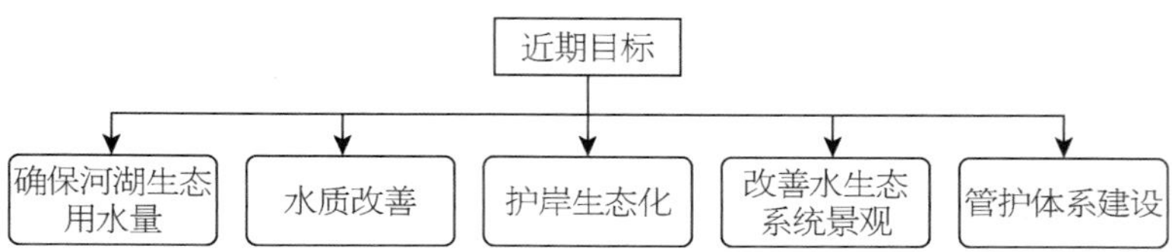

图 9-1 城市水污染治理与生态修复的近期目标

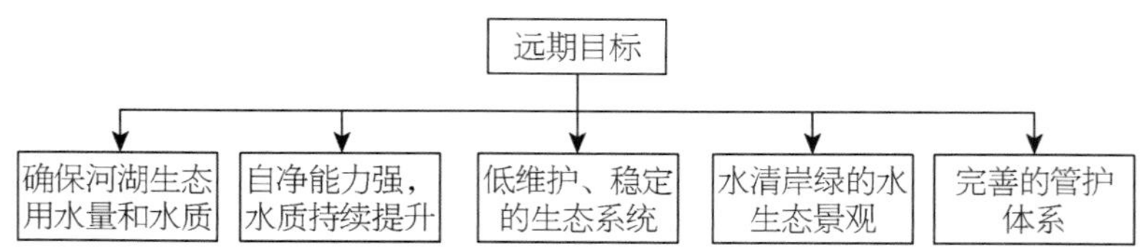

图 9-2 城市水污染治理与修复的长期目标

水生态环境系统治理是一个复杂的系统性工程,在理念上应以控源治污为前提,并树立流域系统治理的思想;在治理模式上需要持续创新,例如"河长制""湖长制"是河湖治理的强有力抓手;在治理技术上必须不断研究,掌握核心技术,攻克各类难题;在管理体系上需要建立长效机制,确保治理效果。河湖生态治理系统关系如图 9-3 所示。

1. 防治水污染

防治水污染是水生态环境系统治理的核心和根本,通过污水收集纳管、污水处理厂提标改造、市政防汛泵站放江污染控制、海绵城市径流污染控制、城镇面源污染防治、农业面源污染防治等工程建设,进一步提升水生态环境基础设施保障能力和水平。

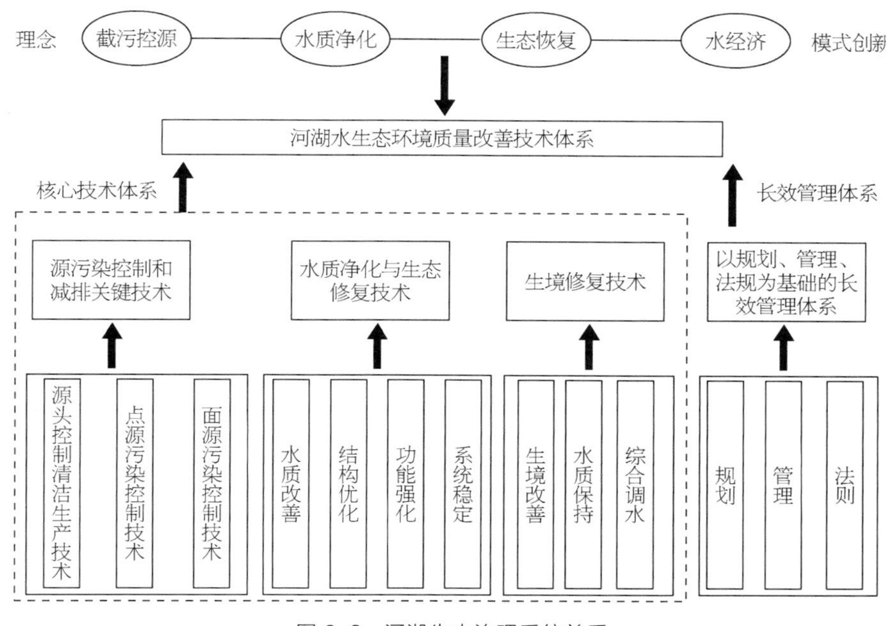

图 9-3 河湖生态治理系统关系

1）加强水环境基础设施建设①

（1）提高城镇污水处理能力及水平。不断提高城镇污水处理能力，加大臭气治理力度。进一步完善区域城镇污水处理系统布局，执行《城镇污水处理厂污染物排放标准》一级 A 标准，加快推进实施城镇污水处理厂提标改造和新建、扩建工程，加强污水处理厂污泥臭气治理，努力实现城镇污水处理厂泥水气高标准同治及污水污泥全收集、全处理。

（2）深化完善污水收集管网建设。全面建设完善污水收集管网，重点加强老镇区、城郊接合部等人口集中地区，以及“城中村”“195”区域等薄弱区域的污水管网建设。郊区配合新城、大型居住社区、重点地区开发和城市更新改造，继续完善污水处理厂一、二级收集管网，加大截污纳管力度，进一步提高污水处理效率和处理标准。推进非建成区有纳管条件的直排污染源纳管，努力实现城镇集中建设区、“195”区域污水全部纳管。

（3）着力推进市政泵站防汛污染控制。全面启动城市地表径流和市政排水设施污染控制。开展中心城初期雨水治理，深化城市深层排水调蓄系统工程的前期研究。实施市政泵站污水截流设施建设与改造，重点完成中心城区雨水泵站的旱流截污改造；制定并完善泵站优化调度运行制度，控制减少泵站放江污染。新建或完善中心城排水系统，全面消除中心城建成区排水系统空白区，新建泵站同步设置旱流截污设施。开展全市建成区排水管道大排查，实施市政管道雨污混接改造，因地制宜开展老旧小区雨污混接改造。

（4）积极推进海绵城市建设。按照贯彻落实国家海绵城市建设的实施意见，将海绵城市建

① 苏州河环境综合整治四期工程总体方案.上海：上海市水务局，2017.

设要求落实到各级城乡规划中，在城市规划、建设、管理全过程中充分体现海绵城市理念。开展海绵城市建设试点，推行绿色基础设施和低影响开发技术，加大雨水回收利用技术的应用和推广，从源头削减径流总量并减少城市面源污染影响。强化海绵城市建设管理，统筹各类用地开发和道路、园林、水系统等基础设施建设。建筑与小区、绿地系统、道路与广场、排水系统新建和改建工程应达到规划的海绵城市建设目标和指标，试点区域年径流总量控制率不低于80%，新建和改建地区年径流污染控制率分别不低于80%和75%。

2）推进农业农村环境污染综合防治①

（1）综合防治养殖业污染。开展不规范畜禽养殖户清理整治。进一步控制畜禽养殖总量，编制实施区域养殖业布局规划，削减养殖总量，优化养殖布局。开展畜禽养殖场标准化建设，以粪尿综合利用和治理为重点，实现粪尿干湿分离、雨污分离处置；积极推进生态农业、种养结合，继续以生态还田、沼气工程为主要方式，推进规模化畜禽养殖场污染减排，并建立长效运行管理机制；严格监测监管，严控规模化畜禽养殖场污染物排放。

（2）推进种植业面源污染防治。调整农作物茬口布局，减少夏熟大小麦种植面积，增加绿肥和冬季深耕晒垡面积，逐步形成大小麦、绿肥和冬季深耕晒垡各占三分之一的茬口模式，通过结构调整减少粮食作物化肥、农药用量；从结构和管理两方面入手减少蔬菜作物化肥、农药用量。大力推广高效低毒低残留环保型农药以及生物农药，禁止使用高毒高残留农药。大力推广使用防虫网、诱虫板、杀虫灯、昆虫性诱剂等绿色防控技术，控制病虫害发生基数，减少病虫害防治次数和化学农药数量。建设蔬菜废弃物回收资源化利用示范点，结合蔬菜标准园艺场建设，推进蔬菜废弃物资源化利用。推广种养结合生产模式，积极开展稻鸭共作、稻蟹共作、稻虾共作等生态种植模式的应用示范，注重生态效益和经济效益并重，稳步发展种养结合家庭农场。建立农业主要污染物流失监测基地，开展化肥农药流失定位监测，以常规农业生产方式为对照，在主要农业生产区域设立环境友好型农业生产方式效果评估监测点，全面监测评估农业生产中氮、磷流失的情况。

（3）加强农村环境综合治理。结合村庄改造和美丽乡村建设，因地制宜开展农村生活污水治理，改善农村人居水生态环境。有纳管条件的地区实行污水纳管；无纳管条件的地区采用适合的分散式污水处理技术，加强对生活污水处理设施的运行和维护，建立长效管理机制。

3）加强工业污染防治②

（1）加大产业结构调整力度。根据本市发展规划，加速淘汰不符合本市发展要求的落后产能，出台产业结构调整负面清单和能效指南，在继续推进电镀、热处理、锻造、铸造四大加工工艺结构优化调整的基础上，结合地区转型要求，全面淘汰手工电镀工艺、镀铅工艺、铸/锻件酸洗工艺等生产企业。强化对化工、石化、医药制造等重点行业的清洁化改造和监管。持续推进现有工业企业向工业区块集中，优先淘汰饮用水水源保护区和准保护区内的污染企业，优先调整工业区块外的危险化学品生产企业、使用危险化学品从事反应型生产的企业以及污水直排企业。制定并实施压缩低效产能方案。

①② 苏州河环境综合整治四期工程总体方案.上海：上海市水务局，2017.

(2) 推进产业空间布局优化。合理确定城市及产业发展布局、结构和规模。按照国家要求,开展水资源、水环境承载能力现状评价。充分考虑水资源、水环境承载能力,以水定城、以水定地、以水定人、以水定产。禁止新建钢铁、建材、焦化、有色等行业的高污染项目,严格控制石化化工和劳动密集型一般制造业新增产能项目。坚持“批项目,核总量”制度,新建、改建、扩建的造纸、焦化、氮肥、有色金属、印染、农副食品加工、原料药制造、制革、农药、电镀十大重点行业建设项目,实行主要污染物排放减量置换。加强常态管理和监督检查,全面清理整顿违反环评制度和“三同时”制度的建设项目。

(3) 强化工业集聚区和企业水污染防治。提高工业集聚区集中防污治污水平。持续推进工业集聚区截污纳管,工业区块已开发地块实现污水全收集、全处理,建立完善雨污水管网维护和破损排查制度,以化工、医药、农药、有色金属冶炼等行业集聚的区块为重点,定期排损,防范风险隐患。工业集聚区内企业废水必须经预处理达到集中处理要求,方可进入污水集中处理设施。对污水直接排向外环境的工业集聚区实施集中排污口管理,增加总氮、总磷等控制指标,安装自动在线监控装置。

4) 积极治理船舶污染①

增强港口码头污染防治能力,进一步完善全港船舶废弃物(油污水、生活污水、垃圾)回收处理体系,持续加强现场监督管理。在饮用水水源保护区范围内实行船舶含油污水、生活污水和生活垃圾“零排放”,具备纳管条件的港口区域全面实现污水纳管处理。开展浮吊市场的专项整治,压缩规模、分批取缔,消除航运安全隐患和水上污染源。加强对内河危险品船舶的监管力度,在区域水域内考虑禁运《内河禁运危险化学品目录(2015 版)》(试行)明确的相关危险品;进一步加强危险品船舶的日常监管工作,确保内河危险品船舶运输处于受控状态。积极推进内河船型标准化,大力发展液化天然气(Liquefied Natural Gas,LNG)等新能源环保型船舶,优化船舶运力结构,提升区域船舶总体安全和环保水平。严格执行船舶新环保标准,对改造仍不能达到要求的限期予以淘汰。

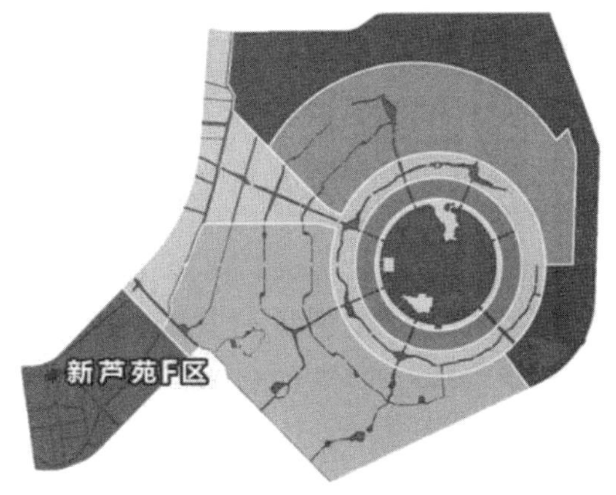

图 9-4　新芦苑 F 区地理位置

5) 海绵城市建设案例

(1) 上海临港新城新芦苑 F 区海绵化改造工程[60]

上海临港新城新芦苑 F 区位于潮乐路 8 弄,属于拆迁安置小区,于 2006 年建成,总占地面积 33 700 m^2,如图 9-4 所示。

① 苏州河环境综合整治四期工程总体方案.上海:上海市水务局,2017.

项目改造立足于解决内涝积水问题;综合解决居民关心问题提升环境品质,提高海绵城市建设的公众参与度。项目改造目标:年径流总量控制率达 75%,对应设计降雨量22.44 mm;年径流污染控制率达 45%以上;雨污混接改造率为 100%;雨水管渠设计重现期实现5 年一遇;雨落水管断接率 50%;下凹式绿地率大于 5%。

① 不同雨水来源处理方式

建筑屋面雨水:在屋面雨水海绵化设计实施中,运用了高位雨水花坛、无动力缓释器、雨水断接井、雨水花园四种技术设施和“雨落管断接井 + 雨水花园”“高位花坛 + 无动力缓释器”两种工艺组合方式。利用高位花坛的土壤与生物作用、储水空间和无动力缓释器的储存延时净化作用,实现设施“渗”“净”“蓄”“滞”“排”等海绵功能。建筑屋面雨水海绵化技术设施工艺如图 9-5 所示。

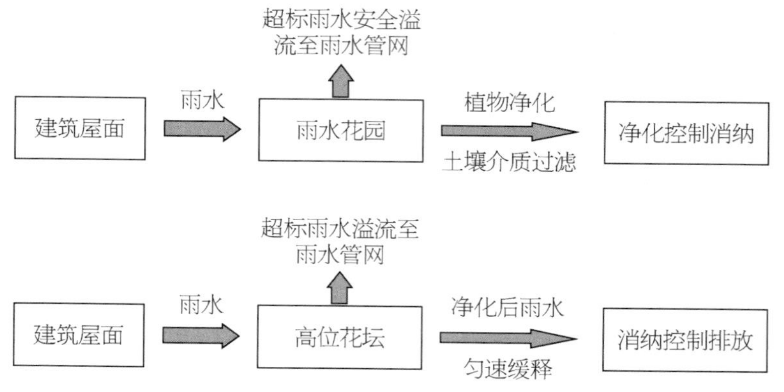

图 9-5　建筑屋面雨水海绵化技术设施

小区路面雨水:在小区道路路面雨水的海绵化设计实施中,选择了立蓖式雨水口、雨水花园、配水溢流井、调蓄净化缓释设施四种技术设施和“立蓖式雨水口 + 配水溢流井 + 调蓄净化缓释设施”的工艺系统组合方式。利用进水、配水和调蓄净化缓释设施的综合作用,实现设施“蓄”“滞”“净”“渗”“用”等海绵功能。小区道路海绵化技术设施工艺如图 9-6 所示。

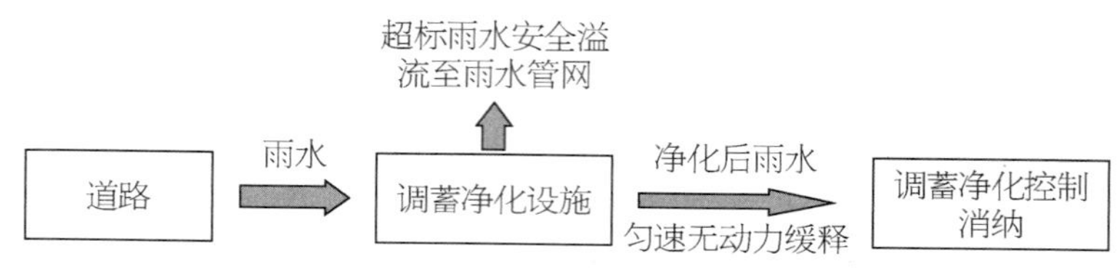

图 9-6　小区道路海绵化技术设施工艺

停车场铺装雨水:在停车场铺装雨水的海绵化设计实施中,选择了盖板排水沟、雨水花园、调蓄净化缓释设施三种技术设施和“盖板排水沟 + 雨水花园”“盖板排水沟 + 调蓄净化缓释设施”两种组合方式。利用进水和调蓄净化缓释设施的综合作用，实现设施“蓄”“滞”“净”“渗”“用”等海绵功能。小区停车场海绵化技术设施工艺如图 9-7 所示。

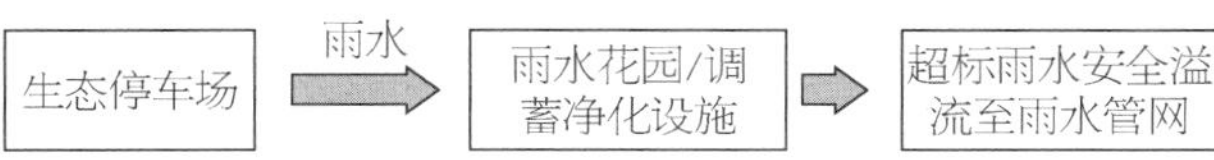

图 9-7 小区停车场海绵化技术设施工艺

② 现场问题解决方案

散水坡改造：重新修砌雨水沟，收集雨水。

雨污改造：重新敷设一根管道，接入附近其他的雨水井。

积水点修复：如为道路则将原有面层刨除，用水泥重新敷设路面，并且重新设计道路的坡向，铺一层防裂贴，最上面加罩面层。如为停车位则将小区沿着主干道的植草砖车位，翻新修复，改成透水铺装车位。散水坡改造、雨污改造、积水点修复改造前后对比如图 9-8 所示。

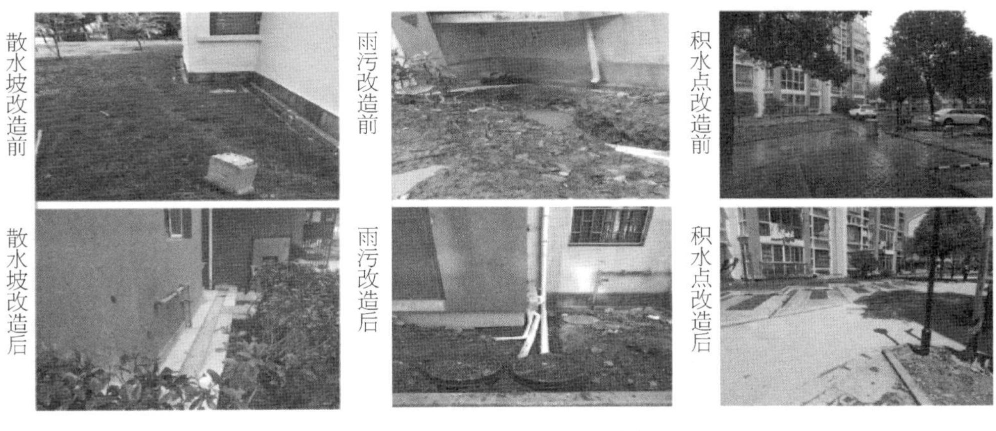

图 9-8 现场问题改造前后对比

通过海绵设施改造，区域年雨水径流污染消减率(以 SS 计)为 66.13%(>45%)，满足海绵城市建设对年径流污染去除率的要求。

③ 低影响开发理念(LID)设施构造

雨水花园是一种在地势较低的区域，通过植物、土壤和微生物系统蓄渗、净化径流雨水的设施。雨水花园形式多样、使用区域广、易与景观结合，径流控制效果好，建设费用与维护费用较低；但地下水位和岩石层较高、土壤渗透性能差、地形较陡的地区，应采取必要的换土、防渗、设置阶梯等措施，避免次生灾害的发生，将增加建设费用。雨水花园典型构造如图 9-9 所示。

高位花坛内砾石层及土壤层具有较好的净化作用，同时缓冲屋面雨水的势能冲击；无动力缓释器能够增加雨水在储水腔内的停留时间，一方面强化沉淀功能，保证了雨水排出前的沉淀

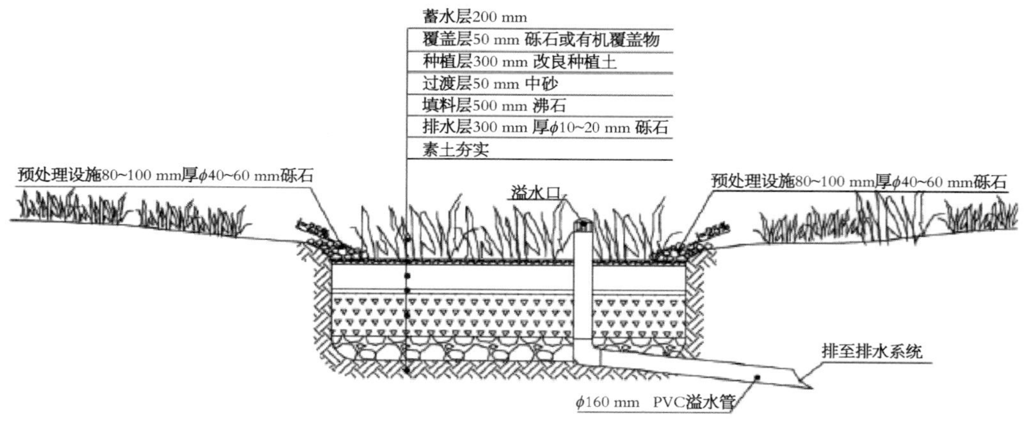

图 9-9 雨水花园典型构造

净化时间；同时延长了雨水与植物根系及其附着的微生物接触时间，提高雨水中污染物的去除效果；利用高位雨水花坛的土壤与生物作用、储水空间和无动力缓释器的储存延时净化作用，实现设施“净”“蓄”“滞”“排”等海绵功能。高位花坛典型构造如图 9-10 所示。

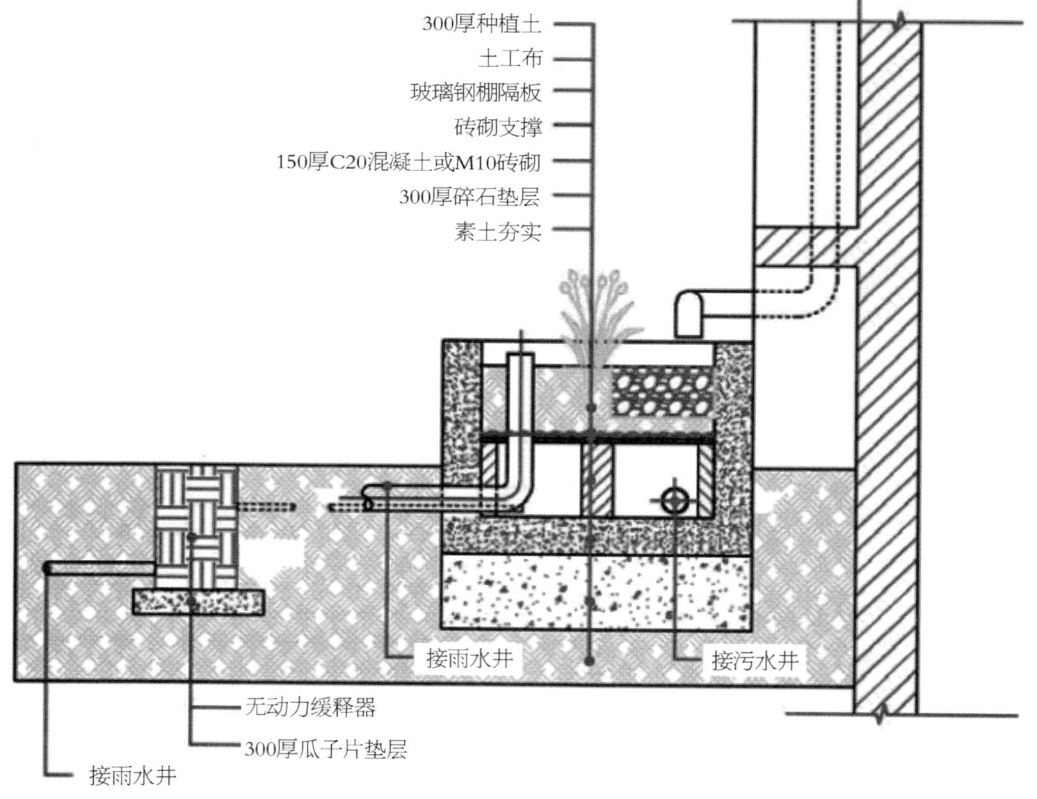

图 9-10 高位花坛典型构造（单位：mm）

调蓄净化设施由抗撕裂、抗穿刺、易集泥、具有一定不排空容积的箱体和无动力缓释器组成，是立体组合“微型湿地 + 缓释 + 渗透”工艺的具体体现，利用微型湿地的储存、沉淀和生态净水功能，经过无动力缓释器将净化后雨水可控、可规划地缓释下渗(利用)，全过程全自动运行，无动力和人工消耗，并可清理和维护。调蓄净化设施典型构造如图 9-11 所示。

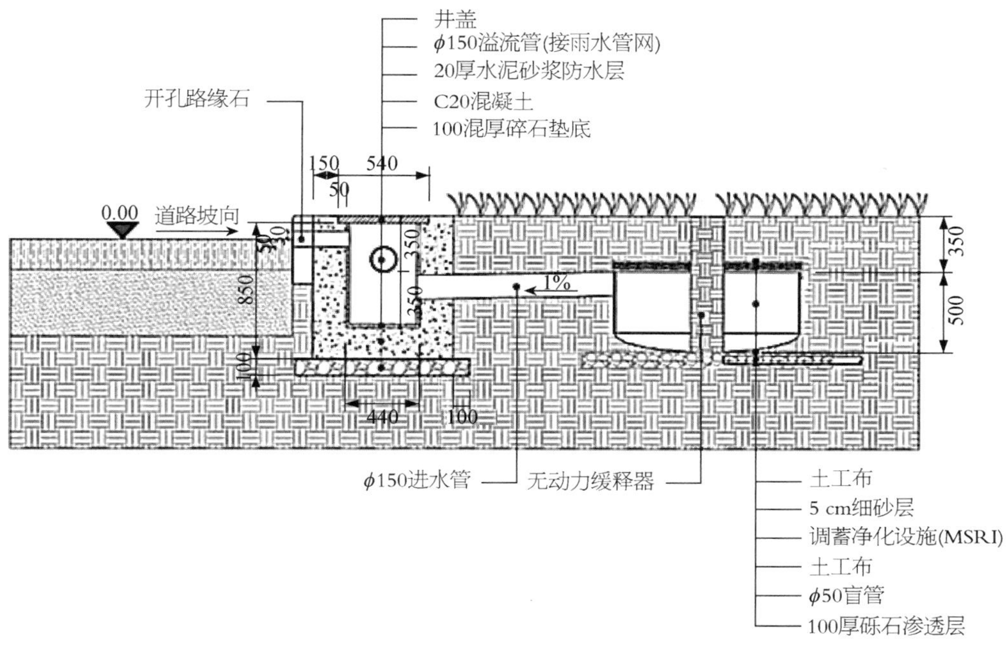

图 9-11 调蓄净化设施典型构造(单位：mm)

④ 新芦苑 F 区海绵城市改造的可复制与可推广性

新芦苑 F 区位于芦潮港镇区域内，其建设风格、结构形式、排水现状、居民组成等基本情况，以及海绵城市改造涉及的难点和问题均具有普遍性、代表性。建筑与小区是城市建设中最重要的组成部分，同时也是城市雨水排水系统的起端，是城市海绵化改造的主要内容。经过全面优化的核心技术设施(雨水花园、地下调蓄净化设施、高位雨水花坛、调蓄净化沟)，在海绵化改造全面推进工作中，不仅在临港地区，在上海市甚至在全国范围内具有很高的可复制与可推广性。小区采用的实施模式为：海绵总控 + 弹性设计 + 精细施工 + 预制材料 + 成熟苗木 + 专业监理 + 效果验收 + 公众参与，该模式具有系统性，因此可被广泛借鉴。新芦苑 F 区海绵化改造案例前后对比如图 9-12 所示。

(2) 桃浦智慧城海绵城市建设案例

桃浦智慧城面积 4.2 km^2，其海绵城市建设目标是将桃浦智慧城打造成上海市海绵城市建设示范区，规划桃浦智慧城将基本形成初期雨水污染治理体系，年径流污染控制率不低于 80%。桃浦智慧城区位如图 9-13 所示。

图 9-12　新芦苑 F 区海绵化改造前后对比

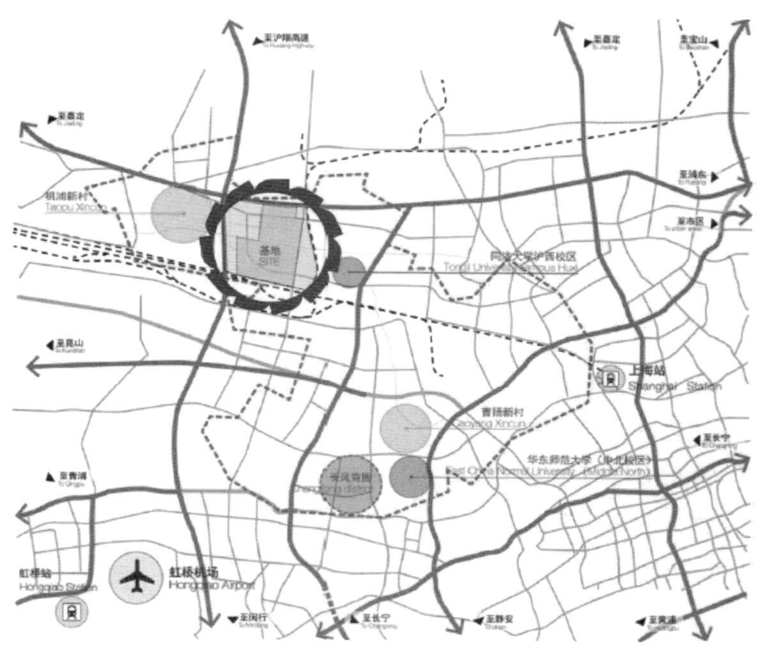

图 9-13　桃浦智慧城区位示意图

其海绵城市建设实施方案，主要从两大层面去构造：首先，以现状河道为基础，增加人工水系，形成合理的城市水脉网络；同时基于现状排水网络，对其进行改造再利用，形成河道与管网一体化的“大海绵体”。其次，基于专项规划编制的各个系统（建筑与小区、绿地系统、道路广场）的低影响开发设施控制指标，包括年径流总量控制率、下凹式绿地率、透水铺装、绿色屋顶率，将低影响开发设施落实到各个系统的地块及道路，四大系统的低影响开发设施相互联系，形成“互助式”的“小海绵体”。桃浦智慧城海绵城市建设总体框架如图 9-14 所示。

小海绵体的构筑主要从建筑与小区、道路广场以及绿地三个系统考虑。低影响开发设施选择与布局,应该遵循经济、有效、合理、注重对既有设施的利用等原则。建筑与小区系统中的新建地块的低影响开发设施,应该要满足自身地块年径流消减量;道路系统的低影响开发设施,只能消减部分海绵城市设计降雨量的年径流量,因此它的低影响开发设施应该与周边绿地的低影响开发设施相衔接,将自身无法消减的年径流量导入绿地中;绿地系统是海绵城市重要组成部分,绿地除了消减自身的年径流量,还需要解决周边地块及道路无法消减的年径流量。所以低影响开发设施的布局应该充分结合地形,做好竖向设计,使规划区的低影响开发设施能形成一个网络。

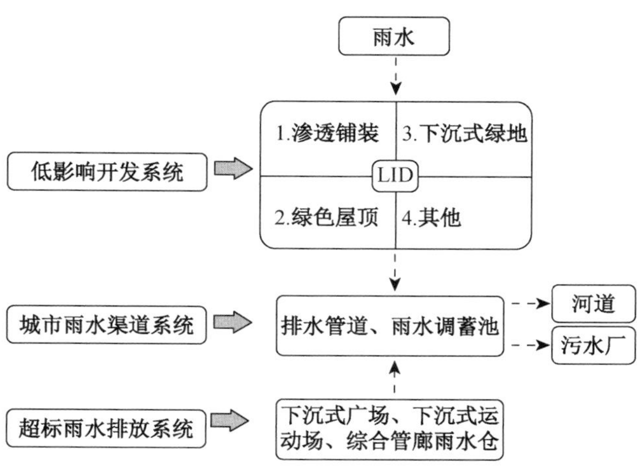

图 9-14 桃浦智慧城海绵城市建设总体框架

当区域降雨超出海绵城市控制径流量的时候,海绵城市体系将由“小海绵”运行体系转变为“大海绵”运行体系。“大海绵”运行体系主要由城市水系和城市排水系统组成。城市水系主要发挥排涝调蓄作用,确保遭遇大暴雨期间河网具有足够的调蓄容积,并在外围排水口门联合调度下,确保河网水位不超过控制除涝高水位,进而保证城市排水除涝安全。桃浦智慧城水系主要形成“两横两纵两湖”格局,水面率约为 4.09%。城市排水系统主要由市政管网及排水泵站组成,主要发挥雨水收集、汇流、排放的作用。根据水系统总体规划,排水系统分为 3 个区域,分别为东区、中区和西区,其中东区为小区强排模式,超控制径流量雨水经漫溢孔进入市政雨水管网,经市政管网收集汇流后,经原桃浦工业区雨水泵站提升排至外河(桃浦河);中区中央绿地采取地表缓冲自流排水模式,超控制径流量雨水经地面径流汇流至河道湖泊中;西区为自流排水模式,超控制径流量雨水经漫溢孔进入市政雨水管网,经市政管网收集汇流后就近排入地块内河道湖泊中。桃浦智慧城海绵城市重点工程分布如图 9-15 所示。

6) 泵站放江污染物削减技术案例

以上海市徐汇区康健泵站放江污染物削减试点项目为例,通过调查泵站设施设备完备性以及优化运行管理的可行性,分析了截留设施能力和扩容性能,结合泵站周边的污水管网规划,确定可行的污水出路,分析近期新增的调蓄措施、混接管网排摸及改造的可行性,解决泵站放江污染物的问题。由于管网改造周期长,污染难以在短期内截断,因此污染物削减后排河是近期缓解泵站放江污染较为可行的措施。污染物削减应遵循的原则为:①降低放江污染物浓度,避免泵站放江对河道水质的高负荷冲击;②尽量将泵站淤积污泥从泵站前池取出,避免进入河道;③将泵站放江的集中高浓度排放模式,改为处理后低浓度分散式排放,配合区域

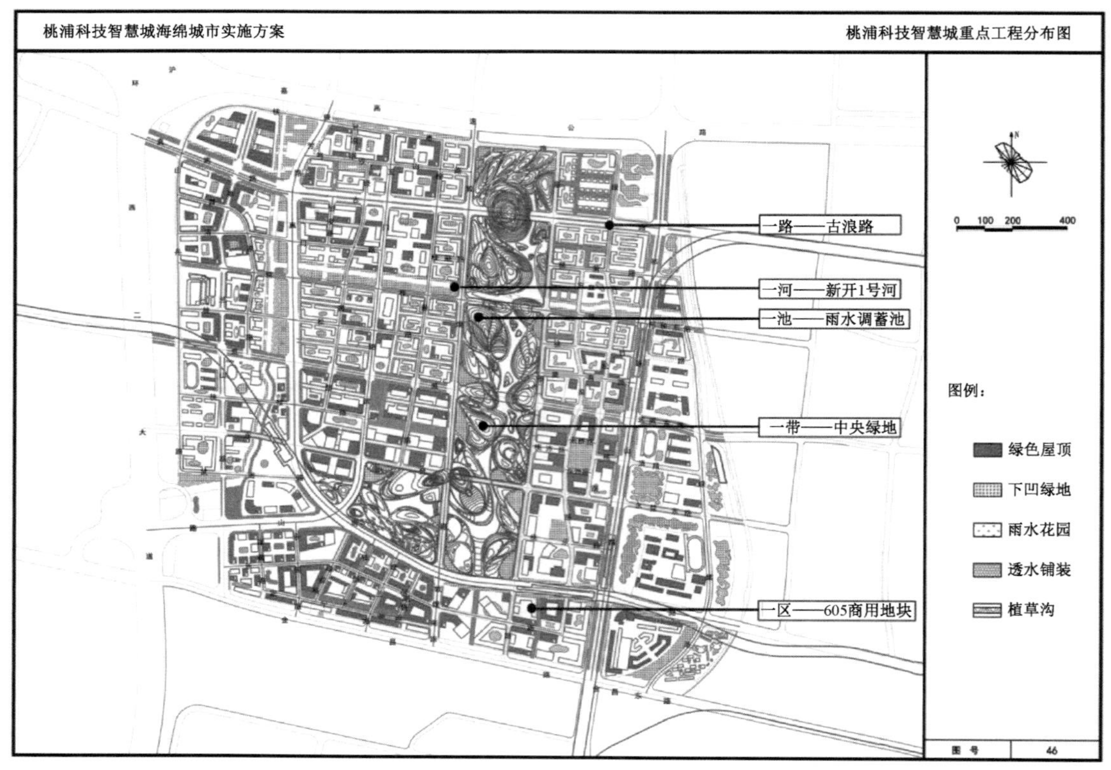

图 9-15　桃浦智慧城海绵城市重点工程分布

调水、生态净化消除河道黑臭;④采用高效快速、模块化、性价比高、抗冲击的污水处理工艺及设备。

康健泵站蓄积的污水,其特点与生活污水相近,如采用传统的生活污水处理工艺,由于受占地、二次污染因素的影响,短时期内较难实施。康健泵站具有放江水量大、可用占地小、周边为居民区的特点。处理工艺选择大致遵循以下原则:①处理设备应具备处理量大、占地小的特点;②白天运行,不会造成噪声、臭味等环境二次污染;③尽量采用自动化程度高和管理简便的水处理设备,降低系统的操作强度及运维成本;④泵站底泥应尽量避免进入河道;⑤尽量采取简便的施工工艺,减少对泵站运行的影响;⑥处理设备的设置不影响泵站的正常排涝功能。

不管是旱天溢流污染、雨前预抽空,还是初期雨水,首要的污染物为淤积底泥,淤积底泥的特点是含有大量泥沙,而泥沙附着大量有机污染物。因此须选用不易堵塞、材料耐磨性好的污泥提升设备;同时结合泵站可用占地小及周边为居民区的特点,应选用占地小、全封闭、噪音小、无臭味、卫生性好的设备。康健泵站污染物削减系统针对淤积底泥选用自冲搅拌型潜水排污泵和一体化分离装置进行泥水分离。

针对旱天溢流污水和预抽空混接污水,特点是污染物浓度高,处理水量适中,宜采用旁路异位措施,即在岸上设置污水处理设施,同时兼顾泵站可用占地小的特点。康健泵站选用了选用超磁分离水体净化技术(采用集装箱集成模式),在实现高效快捷的水质净化和污水处理的同时,具有灵活度高、节省土地、土建构筑物少、投资费用低、启动速度快等一系列优势。康健泵站放江污染物削减处理系统工艺流程如图 9-16 所示。

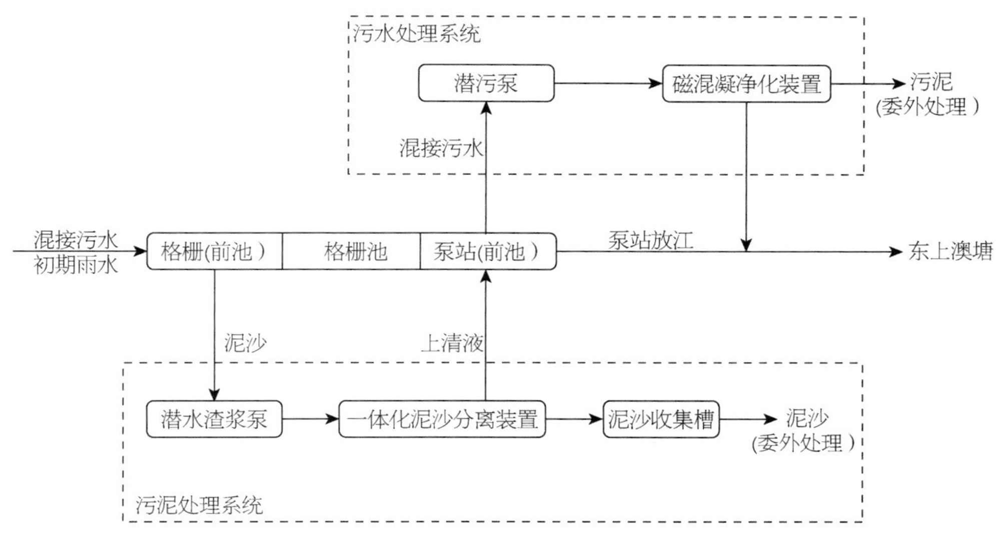

图 9-16 康健泵站放江污染物削减处理系统工艺流程

2. 改善水环境

改善水环境主要通过河道治理来提高槽蓄能力,提高水生态系统吸收、转化、降解污染物的能力,达到增加区域的纳污能力、净化水体、改善水质的目的。

1) 河道综合整治

区域水面率对于改善城市小气候、提升城市景观、反映城市环境水平等具有重要意义。近年来,水面率已逐渐成为衡量一个地区地表水资源总量的重要指标之一,水面率的控制除考虑泄洪、排涝的需要外,还具有表征城市水环境生态效应的意义,因此在城市河网水系保护中水面率指标日益得到重视。

以"提高水质、提升景观、改善生态、改善环境"为目标,推进"洁水""畅水""活水"专项行动。重点针对河道淤积、水环境面貌差,水流不畅、水动力不足,水质较差、水生态脆弱等突出问题,集中连片开展中小河道环境综合整治。①

2) 河网水系连通

一是打通断头浜,通过实地开河、架设桥梁等措施,将"断头浜"与周边水系沟通;二是疏拓瓶颈段,通过拆坝建桥、拆涵建桥、既有铁路桥涵扩孔等措施,打通阻水建筑物、拓宽束水建筑物、增加河道过水断面,保障河道过水通畅。

---

① 苏州河环境综合整治四期工程总体方案.上海:上海市水务局,2017.

3）疏浚清淤

（1）底泥疏浚。底泥是天然水体中一个重要内污染源，有大量污染物沉积其中，如重金属离子、氮/磷营养盐及某些难降解有毒有害物质等。在一定条件下，这些污染物会从底泥中释放出来，重新进入水体，造成二次污染。当底泥中污染物的浓度高出本底值 3～5 倍时被认为其对人类及水生生态系统存在潜在危害，可考虑进行疏挖[53]。底泥疏浚是修复湖库、河流的一项有效技术之一。需要特别注意的是，底泥清除后会对水底生态系统造成一定影响，必须对底部生态系统进行修复，包括水生植物修复、微生物修复、水生动物修复等。

（2）清淤。中小河道、湖泊的清淤工程是扩大河湖蓄排水能力，保障排涝、防洪安全及灌溉用水的需要，也是改善河道水质、提升河道景观、促进生态系统健康的需要。位于平原感潮河网地区的中小河道容易淤塞宜实施河湖轮疏制度。

4）调活水体

在污染源治理的同时，充分发挥平原感潮河网地区的自然潮汐动力优势及充沛的过境水资源优势，充分利用现有水利工程开展区域水资源调度，既可满足区域生产、生活和生态用水的需求，又可改善区域水环境质量、提高人居生活品质，科学合理的水资源调度已成为不可缺少且长期有效的水资源利用和水环境保护措施之一。

5）水质净化

（1）人工曝气增氧技术。河道曝气技术是针对河流中污染物含量高且大量消耗 DO 致使水体缺氧的问题，实施曝气增氧的技术。人工向水体中充入空气（氧气），增强河水复氧能力。河道人工曝气复氧的净化机理是：向水体中充人空气或纯氧，提高水体中的 DO 浓度，加快好氧菌的繁殖速度，抑制厌氧菌和藻类的繁殖，消除水体黑臭现象，增强水体的自净能力。

（2）投加化学药剂。投加除藻剂是一种简便、应急的控制水华的办法，可以取得短期的效果，常用的除藻剂有硫酸铜和西玛三嗪等。当除藻剂与絮凝剂联合使用时，可加速藻类聚集沉淀。常采用的沉磷化学药剂有三氯化铁、硝酸钙、明矾等。投加这些药剂，与水中的磷结合，絮凝沉淀进入底泥。当水底缺氧时，底泥中有机物被厌氧分解，产生的酸环境会使沉淀的磷重新溶解进入水中，若加入适量的石灰可以增加磷酸钙的稳定度，同时调节底泥 pH 值为 7.0～7.5，可达到脱氮的目的[55]。

（3）微生物强化技术。最常用投放的微生物有光合细菌（PSB）和高效微生物群（EM）。光合细菌能将富营养化水体中的磷吸收转化、氮分解释放、有机物迅速转化为可被水生物吸收的营养物。光合细菌有游离态和固定化两种，采用人工培养高密度光合细菌，通过一定的方法投入水体，可加速水体的物质循环，达到净化水体的目的。在疏浚底泥、人工曝气的基础上，曾用水面泼洒法向水体投放 PSB，同时放养一定数量的鱼类，并在浅水区种植水生植物，重建修复水生态环境平衡[55]，培育健康的生态链。各种微生物在其生长过程中产生的有用物质及其分泌物质，成为微生物群体相互生长的基质和原料，通过相互间的竞生、自生、共生关系，形成一个复杂而稳定的微生物系统，发挥综合功能效益。

6）河岸生态及文化景观塑造

在区域水污染得到控制、水环境容量得到提高、水体流动性得到恢复后，区域水环境质量将得到显著的改善，此时河道生态功能及景观品质的提升需求将显得十分迫切。应结合城镇总体规划、美丽乡村规划、旅游发展规划、郊野公园规划等建设，充分挖掘区域历史人文价值，深度融合水文化、水环境、水景观要素，全力推进城镇发展、郊野公园、生态公益林、水上旅游线路、滨河绿化美化净化等河湖生态景观建设。

7）苏州河环境综合整治工程案例

苏州河是上海重要河流之一，也称吴淞江，源自江苏太湖瓜泾口，在上海外滩汇入黄浦江，全长 125 km，上海境内 53.1 km。据资料记载，苏州河从 20 世纪 20 年代开始出现黑臭现象，1928 年在苏州河取水的闸北水厂被迫搬迁至军工路黄浦江取水。20 世纪五六十年代，苏州河污染加重；20 世纪 70 年代末期，苏州河上海段全线遭受污染，市区河段终年黑臭，鱼虾绝迹，两岸环境脏乱。造成苏州河严重污染的原因，主要是大量的工业废水、生活污水直接排入河道水系，以及感潮河流不利的水动力条件。

20 世纪 80 年代初，上海开始对苏州河污染治理问题进行研究。1988 年对排入苏州河的污水实施合流污水治理一期工程，1993 年投入运行，每天截流污水 140 万 m^3。在此基础上，1996 年开始进行苏州河环境综合整治，市政府成立领导小组，由市长担任领导小组组长，20 多个政府部门和地方政府的领导为领导小组成员，下设领导小组办公室，负责苏州河整治工作的组织、协调、督促和检查，全面推进苏州河整治工作。苏州河环境综合整治工程从 1998 年开始，目前已完成三期，总投资约 140 亿元，2018 年启动实施第四期整治工作。

苏州河环境综合整治一期工程（1998—2002 年）主要实施以消除苏州河干流黑臭以及与黄浦江交汇处的黑带为目标的 10 项工程，包括苏州河六支流污水截流工程，石洞口城市污水处理厂建设工程，综合调水工程，支流建闸控制工程，苏州河底泥疏浚处理工程，河道曝气复氧工程，环卫码头搬迁和水面保洁工程，防汛墙改造工程，虹口港，杨树浦港地区旱流污水截流工程，虹口港水系整治工程。

苏州河环境综合整治二期工程（2003—2005 年）主要实施以稳定水质、环境绿化建设为目标的 8 项工程，包括苏州河沿岸市政泵站雨天排江量削减工程、苏州河中下游水系截污工程、苏州河上游—黄渡地区污水收集系统工程、苏州河河口水闸建设工程、苏州河两岸绿化建设工程、苏州河梦清园二期工程、市容环卫建设工程、西藏路桥改建工程。

苏州河环境综合整治三期工程（2006—2008 年）主要实施以改善水质、恢复水生态系统为目标的 5 项工程，包括苏州河市区段底泥疏浚和防汛墙改造工程、苏州河水系截污治污工程、苏州河青浦地区污水处理厂配套管网工程、苏州河长宁区环卫码头搬迁工程、苏州河综合监控管理工程。

苏州河环境综合整治四期工程（2018—2021 年）目标是到 2020 年苏州河干流消除劣Ⅴ类水体，支流基本消除劣Ⅴ类水体，水功能区水质达标率不低于 78%；到 2021 年支流全面消除劣

Ⅴ类水体。干流堤防工程全面达标、航运功能得到优化、生态景观廊道基本建成。形成大都市的滨水空间示范区，水文化和海派文化的开放展示区，人文休闲的自由活动区，为最终实现“安全之河、生态之河、景观之河、人文之河”的愿景奠定基础。主要以市区联动、水岸联动、上下游联动、干支流联动、水安全水环境水生态联动为原则，通过点源和面源污染综合治理、防汛设施提标改造、水资源优化调度，以及生态、景观、游览、慢行的多功能公共空间集成策划和建设等综合措施，满足水功能区划要求，留足滨水空间，促进城市可持续发展。

苏州河环境综合整治历程是城市典型的水生态环境系统治理发展的过程，从最初的防治水污染开始，逐步开展了水环境改善、水景观营造、水生态修复、水文化挖掘等一系列工作，成功打造了苏州河两岸“生态、休闲、运动、文化”品牌，成为城市水生态环境系统治理的典范。苏州河水质变迁史如图 9-17 所示。

20世纪初的苏州河水，生态良好

20世纪70年代末苏州河全线污染

经过治理，目前苏州河水达到V 类水质国家标准，开始出现小鱼

图 9-17　苏州河河水水质变迁史

3. 修复水生态环境

基于区域生态系统服务功能重要性等级，划定并严格实施区域生态保护红线，严格土地用途管制。将湿地生态系统作为重点保护对象，加强对湿地的保护力度，严控滩涂围垦强度，有效维护河口地区的特殊生态环境，维持对全球具有重要意义的生物多样性资源。提升内陆湿地生态系统保护效力，土地开发利用要留足滨河、滨湖、滨海地带，保证野生动物重要栖息地、鱼类洄游通道、重要湿地等生态空间，挤占用地要限期退出。因地制宜，加强生态保护与建设，积极开展滨海退化湿地、野生动物栖息地生态修复等重大生态工程建设，提升林地、湿地质量，保护生物多样性，全面提升森林、湿地等自然生态系统的生态服务功能。重点加强上游水系空间保护。梳理和恢复河道水网，提高水系连通性，依托河网水系构建本市重要的“水-绿”生态廊道，推进林水一体化建设，保障市域河面率。①

1）河湖生态治理

河湖水生态环境修复是一项理论复杂、因素众多、操作困难的系统工程，不仅需要对河湖自身功能和特性、污染成因、污染程度等方面进行科学分析，还需要对水生态环境修复技术的可行性、经济合理性、治理效果及其长效性、维护管理的难易性等方面进行精准施策。因此，立足于

① 苏州河环境综合整治四期工程总体方案.上海：上海市水务局，2017.

河道具体实际，科学选择与优化河道修复方法和工艺显得极为重要。国内外对河道水生态环境修复技术已有大量研究，根据修复机理不同可分为物理修复、化学修复和生态修复三类技术。以下详细介绍生态修复技术。

(1) 生态修复技术

近年来，国内外学者通过人工建造模拟的生态系统(如人工湿地)，将植物、动物、微生物的修复作用统一结合而形成的水质强化净化与水生态修复技术正越来越多地应用于实际工程中，这是当前的研究热点。

植物强化修复技术是在河道水面或水下人工种植水生植物或改良的陆生植物，利用植物的吸收、根系的阻截与吸附、根区形成的生物共生体的吸收转化等作用以及物种的竞争相克原理，达到净化污染物、改善生境、创造有利于水生态恢复的条件等目的的一种拟自然处理方法。根据种植植物类型和种植方式的不同，植物强化净化可分为人工植物浮床(常称为生态浮岛、生物浮床或生物浮岛等)和人工"水下森林"两种技术类别。其中，浮床技术是由现代农艺无土种植技术衍生而来的一种生态工程技术。

水生态多样性修复技术是在生境条件(水质、基底、岸坡等)达到明显改善和获知水体水生贫化程度的基础上，通过人工配种水生植物或放养水生动物来重建稳定群落结构和完整功能的顶层生态修复手段。依据当前对该技术的研究范围，可分为水生植物多样性修复和水生动物多样性修复两种技术类别，其中对水生植物多样性修复的研究相对较多。近年来，国内一些高校和科研院所开始对河道水生植物多样性恢复技术进行了探索研究，一些环保企业也开始尝试将该技术应用于河道的生态治理中。截至目前，我国在该技术应用方面已初步形成了一些具有指导性的设计模式和关键技术参数。例如，在植物来源方面要尽量选择本地常见水生植物；在植物组配方面需要以挺水植物为主、沉水植物为辅，结合少量浮叶植物[57]。

生态修复技术是利用微生物或动植物对水体中的污染物进行吸收、降解、转化，构建健康循环的生态链达到修复生态系统的作用。因为生态系统是统一的整体，包括生产者、消费者和分解者，所以单一的物种修复难以达到良好的修复效果[58]。

(2) 生态护岸

生态护岸是指在原有传统护岸技术的基础上，融入景观学、环境学、生物学、生态学及美学等有关生态环境的学科知识和技术，创造出环境友好型、生态和谐型、功能复合型的现代化新型护技术。生态护岸不但能够实现传统护岸的防洪、排涝、航运、引水等主要功能，还能促进护岸水体和两岸土壤之间的融合，进而促进河道水生态环境的健康发展[59]。

从设计理念看，传统护岸偏重防洪、排涝、引水等基础性功能；而生态护岸，除考虑上述基本功能外，还统筹兼顾景观、生态、环保、人文、历史等不同的因素，因此能够更好地促进新型水生态环境理念的建设和发展。

从护岸形态看，传统护岸断面规则、岸线形态规整，缺乏传统文化特色和历史文明的烙印；而生态护岸，断面形态多样、岸线自然蜿蜒、亲水休闲方便，更加贴近自然，更能彰显河道原有特色和历史积淀，同时也满足人与自然和谐共生的原生态。

从使用材料看，传统护岸工程主要使用块石、水泥、钢筋、现浇混凝土等硬质材料，护岸硬化之后，水体与陆域的通道被隔断，势必会引起自然环境的恶化，河流的自净能力下降，生态系统的平衡遭到损坏[60]；生态护岸使用的材料一般为天然石材、多孔结构、植物、土工材料等，透气、透水、宜生物，更有利于整个河道生态体系营养、水分、空气等的相互交换，对河道的生态系统影响较小，更有利于河流的自我修复及功能恢复，使河流重新成为人类的“生命之源”。

从工程效果看，传统护岸工程后期的修补、管理工作较多，河道生态系统容易被破坏，影响河水自净能力，很难达到水生态环境景观和环保的要求；而生态护岸，其设计因地制宜，护岸材料和施工技术渐趋成熟，多种形式的生态护岸可满足不同河道的功能需求，后期的管理维护比传统护岸要简单许多。

(3) 河道生态修复工程案例

上海市静安区夏长浦河道全长 2 629 m，呈 L 形，东起彭越浦，南侧断头，河道平均宽度

(a) 夏长浦河道治理前

(b) 夏长浦河道治理后(1)

(c) 夏长浦河道治理后(2)

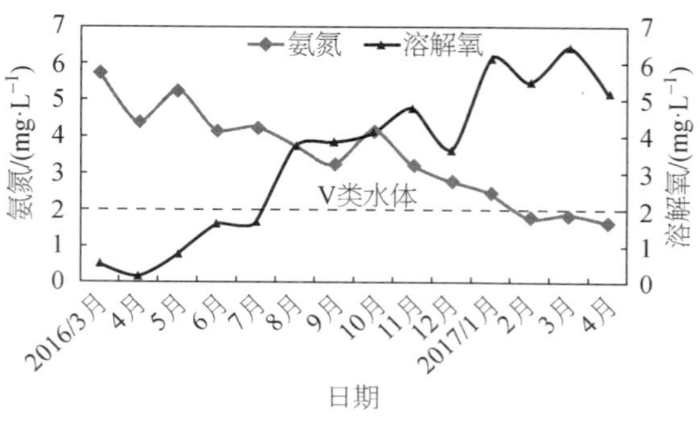

(d) 夏长浦河道水质数据分析

图 9-18　夏长浦生态河道治理前后对比

12 m，河道水体流动性差，水质为劣Ⅴ类，主要是氨氮超标，水体透明度低，部分地段和时段有异味，对河段两岸居民的健康带来不利影响，经常有居民为此投诉。为避免对环境造成二次污染和其他不良影响，项目主要采用生物修复措施，在截断河道沿线污染源的基础上，针对水体透明度低、溶解氧不足等特点，首先采用曝气增氧和生物填料框的组合技术，提升河道内有益微生物的活性和种群数量，在此基础上布置生物浮床、水生植物和生物基，通过上述组合工艺实现水质的提升。经过治理，河道水体透明度达到 1 m，水质由劣Ⅴ类提升至Ⅴ类水，河道景观明显改善，恢复河道内生态循环系统，实现水体自净能力，并入选"上海市最美河道"(图 9-18)。

2) 黑臭河道的生态治理

黑臭河道治理需在污染源调查(图 9-19)的基础上，因地制宜，一河一策，多管齐下，综合治理。黑臭水体治理技术体系如图 9-20 所示。

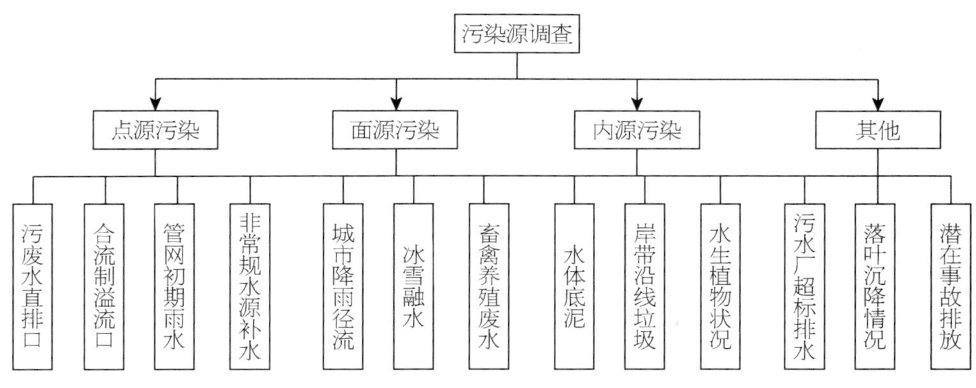

图 9-19　污染源调查品类

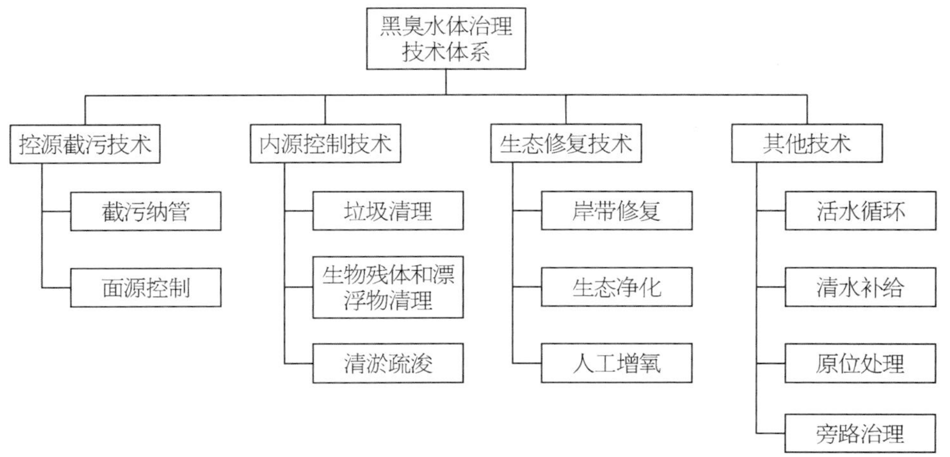

图 9-20　黑臭水体治理技术体系

(1) 治理技术

物理修复：对黑臭河道治理中的工程项目而言，其基本的物理方法主要包括人工曝气、底泥疏浚等[61]。在工程治理中,水体供氧,以及耗氧失调都会造成水体黑臭现象。通过曝气复氧可以实现对受污染河道的有效治理,全面提升水体中的溶解氧含量,加速对污染物的生物降解能力,增强水体的自净能力。

河流改造形态分析:在河流环境治理、改造形态的过程中,按照直线化、规模化及硬质化设计建设,虽然在某种程度上解决了城市防洪排涝的问题,但是,在河流项目治理中影响了河流生态系统。通过对国内资料的研究发现,健康性的生态河流具有上、中、下游统筹协调、水岸联动贴近自然的形态,河流周围环境呈现出透水性及多孔性的特点。因此,在黑臭河流治理的过程中,需要尊重自然、顺应自然、保护自然、合理利用自然,实现城市河流多样化的设计,从而为不同的生物提供不同阶段的环境治理方式,保证河流水流形态的多样化生态化发展。

化学修复:在黑臭河道治理工程设计的过程中,通过运用化学方法治理河道,需要使用到强化絮凝、化学氧化,以及化学沉淀等技术形式,而且,所运用的化学试剂包括了铁盐及铝盐等混合性试剂,同时需要运用到双氧水等氧化性的试剂及生石灰等沉淀试剂。通过多种试剂反应状况的分析,有效地去除黑臭河水中的污染物质,提高水质的透明度。在运用强化絮凝技术的同时,需要进行科学化的工艺处理技术,通过合理运用化学絮凝剂,可以在较短的时间内实现投资较少的项目收益,实现污水河道的稳定处理。

生态修复:对于黑臭水体而言,其生物处理技术主要是对黑臭水的科学治理,可以在根本上改变微生物的生长试剂投放模式。在运用生物处理技术时,需要对水质进行系统性的监测。通过对水质的科学检测,可以在某种程度上减少人工对微生物的培养,提升黑臭水体的治理能力,并为臭水沟的治理效率提供进行化的支持[62]。

用于黑臭水体治理的微生物修复主要有三类[63]:一是直接向受污染河道水体投加经过培养筛选的一种或多种微生物菌种;二是向受污染河道水体投加微生物促生剂(营养物质),促进“土著”微生物的生长;三是生物膜技术。

调活水体,充分发挥区域水资源及水动力优势,充分利用现有水利工程设施进行科学合理、有序有效调控,可加速水体流动,改善水动力条件,增强污染物的稀释扩散能力,增强大气复养能力,增强水体自净能力,达到改善水质的目的。这是物理修复为主、生化修复为辅的一项综合治理技术,也是不可或缺长期有效的重要辅助措施。但是针对黑臭水体改善水质时更需加强入河湖污染源的全面防治,否则,实施引清调水会对排水的受纳水环境产生较大影响。

黑臭河道与海绵城市建设相结合:更加注重黑臭河道滨岸带的地形营造、生物生态融合设计,充分发挥滨河空间海绵“渗、滞、蓄、净、用、排”的综合功能效益,增强滨河地带生态系统净化雨水的能力,减轻降雨径流面源污染。更加注重河道景观与生态的融合设计,努力打造河道生态廊道、滨河公共活动开放空间,在工程实践中通过水下建立高效生态水处理系统、水上形成湿生植物景观、堤岸景观生态修复和河岸竖向空间廊道的四维立体的滨水景观构建黑臭河道的生态廊道修复技术。生态廊道景观是处于陆生生态系统与水生生态系统之间具有独立的水文、土壤和植被特征的生态系统，在防洪、排涝、截流、净化入河污染物、改善河水水质、维护生物多样性和生态平衡等方面具有十分重要的作用。

(2) 黑臭河道生态治理工程案例

黑臭河道南北厅位于上海市普陀区，河道长 1 155 m，北起西走马塘，南至月湾浜，河口宽 12～30 m，水体呈黑臭状态，水体透明度低，臭味明显，底泥污染严重，感观效果差。针对黑臭水体，首先截断外部污染源(如排污口)，然后排干河道进行彻底清淤处理，清除内部污染源，并对底泥进行灭菌消毒处理。在此基础上，引入外部较好水体，结合人工曝气增氧、微生物调控，提升水体自净能力，然后通过布置复合生态浮床、种植水生植物，进一步提升水质。经过治理，整体水质达到Ⅴ类水，其中氨氮、总磷等单项指标浓度显著降低，达到Ⅲ类水质。南北厅治理前后对比如图 9-21 所示。

(a) 南北厅河道治理前

(b) 南北厅河道治理后

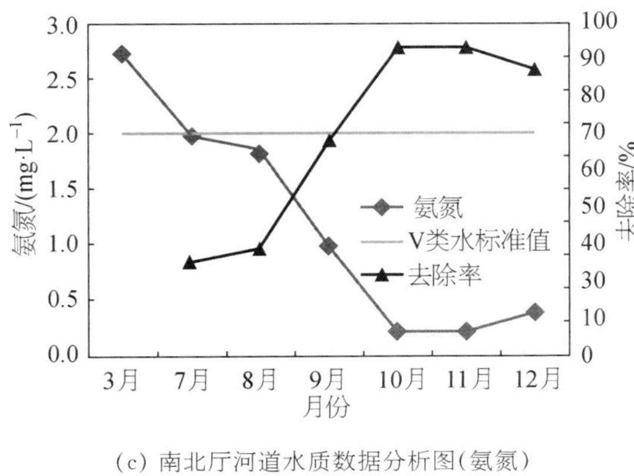

(c) 南北厅河道水质数据分析图(氨氮)

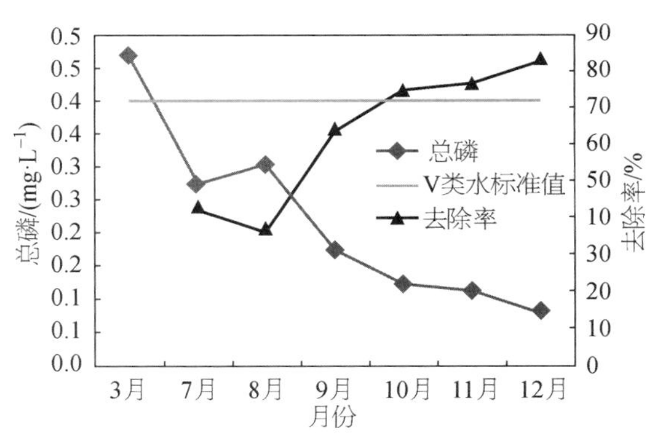

(d) 南北厅河道水质数据分析图(总磷)

图 9-21 南北厅黑臭河道治理前后对比

3) 崇明世界级生态岛建设案例[64]

崇明世界级生态岛陆域面积 2 494. 5 km^2，始终坚持“生态立岛”的基本原则，一切从生态出发，坚守生态底线，厚植生态基础，彰显生态价值。围绕“生态 + ”和“ + 生态”主题，开展水、土、林和道路、交通、民生等基础设施生态化建设。其目标愿景为：至 2035 年，把崇明区基本建设成为在生态环境、资源利用、经济社会发展、人居品质等方面具有全球引领示范作用的世界级生态岛；成为世界自然资源多样性的重要保护地、鸟类的重要栖息地；成为长江生态环境大保护的示范区、国家生态文明发展的先行区。

为达到以上目标需重点抓好六大生态体系建设：①与自然和谐相处的人居生态体系；②支撑可持续发展的生态安全保障体系；③体现循环经济理念的产业生态体系；④可持续利用的资源保障生态体系；⑤健康持续的生态服务体系；⑥体现现代文明的生态文化体系。到 2020 年，崇明的森林覆盖率将达到 30%，绿色食品认证率达到 90%，农村生活污水实现 100%全处理、全覆盖，地表水环境功能区达标率达到 95%，城镇污水处理率达到 95%，出水断面水质不劣于进水断面，使生态岛成为长江的过滤器。崇明区空间结构规划如图 9-22 所示。

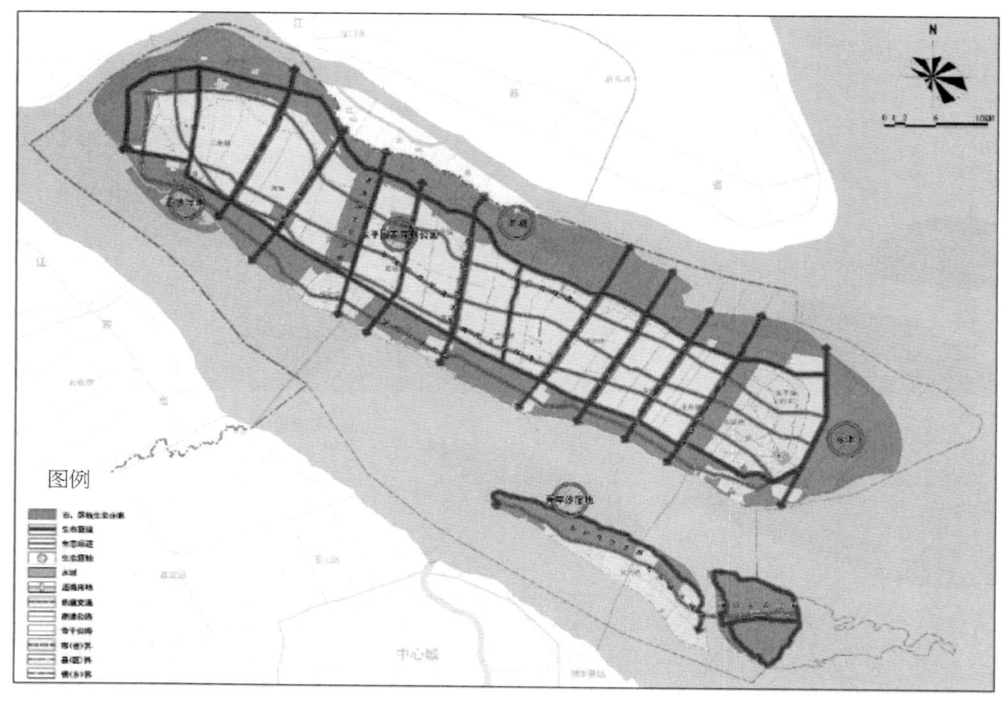

图 9-22　崇明区生态空间结构规划

水环境保护方面注重提升崇明三岛水体生态功能。按照“截污、治污、调活水系、恢复生态”的原则全面开展河道水环境综合整治，有效改善水环境质量；按照集中处理与分散治理相结合的原则，完善城镇排水系统，提高农村生活污水处理率，实现城乡污水全收集全处理；加强工业污染源治理，确保达标排放，对污染企业予以关闭，为生态岛建设留出容量。规划至 2035 年全面恢复水生态系统功能，实现地表水水环境功能区达标率 100%。其中，青草沙、东风西沙饮用水水源一级和二级保护区水质达到Ⅱ—Ⅲ类地表水标准，其他水体达到Ⅲ类及以上标准；城镇污水处理率达到 100%，农村生活污水处理率达到 100%。崇明区骨干河道水网规划如图 9-23 所示。

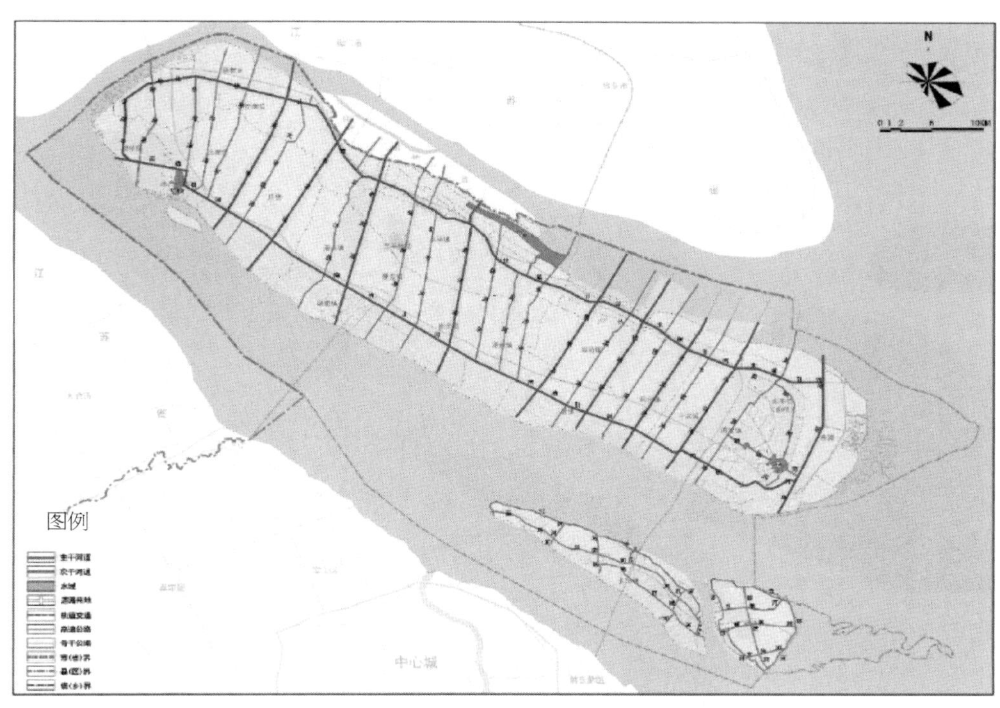

图 9-23 崇明区骨干河道水网规划

4) 黄浦江上游水域水面漂浮物拦截打捞设施规划案例[65]

为有效控制水面漂浮物对河道的污染,进一步改善水域环境卫生质量,提高应急事件处理能力,保障景观水域免受较大污染而对拦截打捞设施进行规划和建设管理。

(1) 拦截打捞总体布局

以黄浦江上游水系现状为基础,结合该水域水面漂浮物来量特性,充分利用上海市水利分片治理中已建水闸工程,形成“三线联防、五区联动、六片联控”的黄浦江上游水域拦截打捞综合体系。黄浦江上游水域拦截打捞综合体系布局如图 9-24 所示。

“三线联防”即在黄浦江上游水域自上而下的“省市边界河道、黄浦江上游主要支流、黄浦江干流”重要节点设置拦截点,并配备相应的打捞配套设备,形成 3 道拦截防线,对水面漂浮物进行层层拦截。

“五区联动”即黄浦江上游水域涉及的 5 个行政区相关部门、单位积极配合,联合联动,协调一致,突出抓好“拦截、打捞、运输、处置”四个环节的衔接,形成上、下游整治作业的合力,共同实现黄浦江上游水域供水水质安全和水面环境整洁的目标。

“六片联控”即黄浦江上游水域所涉及 6 个水利控制片(太北片、太南片、青松片、浦南东片、淀南片、浦东片),对其沿黄浦江支流、干流的各个河道水闸口进行联合拦控,片内的水面漂浮物控制在片内进行拦截打捞,不流入片外河道,同时对于闸口外 30 m 范围内河道进行及时清理、打捞,在保证片内水域水质安全及水面整洁的同时不给片外河道增添拦截打捞压力。

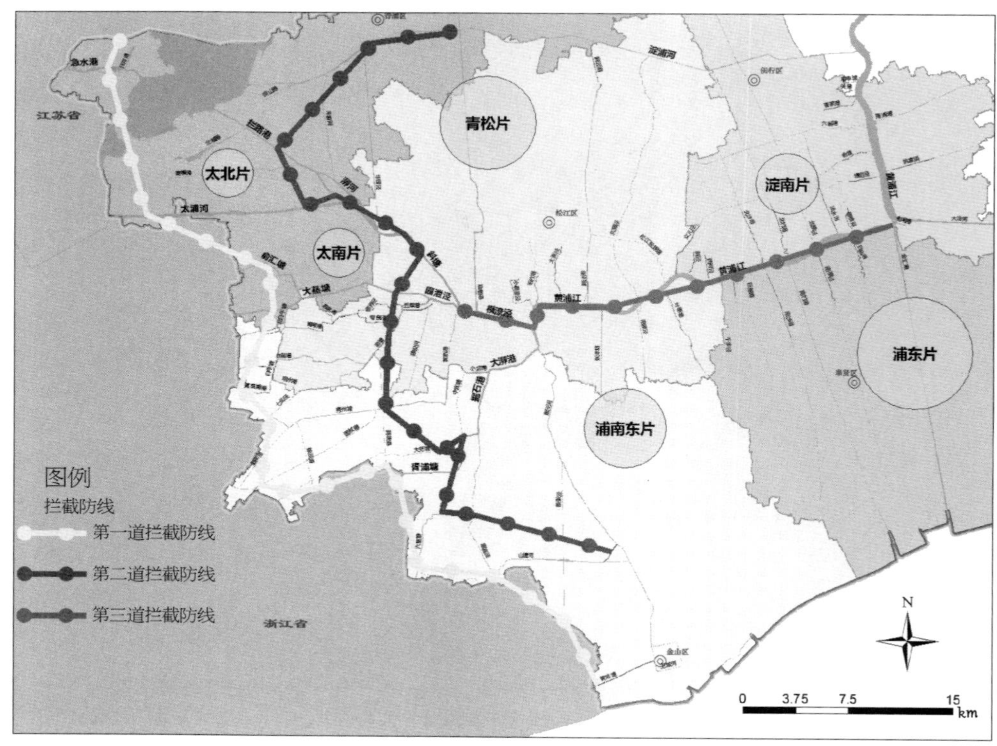

图 9-24 黄浦江上游水域拦截打捞综合体系布局

目前,黄浦江上游各区相关责任部门、单位在市政府成立“联席会议”平台的基础上,由市水务、环卫等行业主管部门具体负责协调、指导,已形成了有效的联防、联控、联动机制。六大水利片的外围控制工程建设也已趋完善,片内拦截打捞工作通过各片内河长效管理工作机制也得到了有效的控制。

(2) 拦截点规划

根据历年来整治水生植物经验、现状拦截点运行效果情况,结合水流、风向及岸线特点,在充分听取各区相关部门、单位意见后,提出拦截点规划布局、设施类型及规模。

拦截点设施类型一般采用固定式与移动式拦截点相结合的方式进行布局,实现更为灵活、机动的运行模式,提高整体拦截效率。其中固定式拦截点使用较为坚固、扎实的材质进行库区的搭建,或利用现状水闸形成天然库区,这类拦截点的特点是库区面积较大,设施较为牢固,设施位置相对稳定,方便大型打捞设备进出作业。可移动式拦截点使用较为轻便的材质进行库区的搭建,具有搭建与拆卸方便、快捷的特点,可依据风向、河水流向、突发事件等不同情况进行调整,提高拦截效率,这类拦截点的特点是库区面积相对较小,但具有很强的机动性。

在拦截库区形式方面,主要采用河道水闸双侧拦截、单侧拦截和全河道拦截三种形式。

拦截点规划布局以多级拦截、重在源头,拦截点布置尽量前移为主要原则,在已有拦截点设置的基础上，适当调整、新增拦截点，布置形成三道拦截打捞防线：第一道拦截防线，在上海市与江、浙两省边界主要河道的重要节点规划布置18处拦截点，以中小型跨界河道为主，在源头进行第一层拦截；第二道拦截防线，在黄浦江上游各主要支流如拦路港-泖河-斜塘、淀浦河、太浦河、园泄泾、大泖港等布置40处拦截点，位于省市交界的腹部地区，布置较为密集，是拦截力度最大的区域；第三道拦截防线，主要布设于黄浦江上游干流河道两侧，西至三角渡，东闸港，共布置12处拦截点，将对上游遗漏的水面漂浮物进行最后拦截。三道防线拦截点共计70处，库区总规模达345 300 m^2。

9.3 风险管理

9.3.1 完善法律法规体系

需完善法律法规体系、健全环境治理体系、加强全过程管理机制建设、强化基础支撑能力建设。目前我国已经形成了包括《环境保护法》《突发事件应对法》《大气污染防治法》《水污染防治法》《固废污染防治法》《海洋污染防治法》等在内的环境保护法律体系，且不少法律中已经明确引入了防范环境风险的原则。但目前来看，在重大事故生态环境风险防控和应对处置、环境损害赔偿等领域缺少专项法律规定，相关工作的开展缺少系统的、强有力的法律依据，尚需通过立法进行完善[66]。

对于地方法规来说，以上海为例，按照立法优先、完备法制、依法治污、统一管理的要求，建立健全水生态环境保护、水生态环境风险防控政策法规体系。目前已于2018年始实施《上海市水资源管理若干规定(2018)》，同时按照法定程序，正加快完成《上海市环境保护条例》修订，进一步完善、严格排污许可证管理等制度要求和工作内容，将把市政泵站、规模化畜禽养殖场等纳入重点监管范围。依法研究制定更严格水污染防治要求和排放标准，在产业准入、水量水质、总量控制、污染源监管及雨污分流等方面修订并完善地方性法规及政策机制，依法制定更加严格的水污染防治标准，提高市场准入条件；完善环保准入制度，推进水生态环境治理法制化、制度化、常态化，从法律法规层面降低风险发生概率。①

9.3.2 完善联防联控机制

9.3.2.1 完善风险防控的政府协调应对机制②

建立风险区划、风险动态管理、风险评价与监督考核、风险信息公开等一系列制度。通过完善风险防控体制机制、加强重大水污染事件协调、常态化开展风险评估等措施，提高政府水生态环境安全风险防控能力。完善多部门联动的饮用水水源污染事故应急预案和跨界水污染事故处置应急联防联动机制，提高应急响应的技术能力和水平[56]。

---

①② 苏州河环境综合整治四期工程总体方案.上海：上海市水务局，2017.

加强对饮用水水源保护区内运输船舶等流动风险源和周边风险企业的监管。在全市饮用水水源保护区内禁止装载高污染风险货物或剧毒品的船舶航行、停泊、作业，严格监管各类装卸码头。落实河流水源地危险品船舶禁运，并持续减少船舶航运量。强化备用取水口管理，提高应急处置能力。

加强环境监督执法能力建设，建立政府各部门协同运作体制和调控监督机制，进一步完善市-区-镇网格化管理制度，重点加快推进街镇一级网格化中心建设，强化街镇在环境监管事务中的能效，提升网格化管理主动发现和协同处置能力。推进流域、区域和部门间联合执法，构建协同联动新机制。

实施污染源排污许可管理，依法核发排污许可证，开展排污权交易试点。加强许可证管理，以改善水质、防范风险为目标，将污染物排放种类、浓度、总量、排放去向等纳入许可证管理范围，并将总氮、总磷纳入监测、总量控制和许可证管理体系。禁止无证排污或不按照许可证的规定排污。

进一步加大工业企业环保执法力度，所有排污单位必须依法实现全面达标排放。排查工业企业排污情况，达标企业应采取措施确保稳定达标；对超标和超总量的企业予以“黄牌”警示，一律限制生产或停产整治；对整治仍不能达到要求且情节严重的企业予以“红牌”处罚，一律停业、关闭。

加强危险品码头和堆场监管，对危险品码头和堆场企业进行全面梳理，认真排查安全和环保隐患，对不符合要求的企业坚决进行整改或停业整顿。抓紧完善全港危险品码头、堆场布局，进一步健全相关安全、环保标准，从源头上保障危险品码头、堆场的作业安全。

9.3.2.2 建立社会分担机制

通过完善社会化分担机制、建立巨灾风险分散机制等措施，提高全社会共担风险的能力[56]。

促进引导社会资本参与，完善“政府引导，市场运作，社会参与”多元化投入机制，充分运用市场机制，利用财税、金融信贷、投资、价格等经济手段，创建社会化、市场化、多元化融资平台，拓宽融资渠道，建立污染治理新机制，鼓励社会各类投资主体参与水污染治理和环境基础设施建设。针对大型污水处理厂升级改造项目加快调整市级污水建设项目资金投资政策，继续完善水环境设施建设投融资环境，积极争取金融机构加大对环境基础设施建设项目的信贷支持力度并给予贷款利率方面的优惠。引导社会资本参与，对社会资本投资环境基础设施建设的项目，给予各方面支持。积极推广应用政府与社会资本合作(PPP)模式，建立和完善污水治理行业稳定、长效的社会资本投资回报机制。通过排污权有偿取得试点和排污权交易试点，逐步建立有序的排污权交易市场。①

9.3.2.3 建立健全流域和区域联防联控机制

利用长三角一体化发展的协作机制，突破地区封闭和“条块分割”，有效应对跨区域重大水资源风险事件。建立跨部门以及和国家、流域互通的水生态环境信息共享机制，完善水资源水

① 苏州河环境综合整治四期工程总体方案.上海：上海市水务局，2017.

生态环境监测监控预警体系。建设上海市水文、水质、污染源、生态监测、预警等信息共享平台，提升常规监测和预警监测能力。建设全市水环境管理信息平台，增强水务、环保和相关部门之间的信息共享。

水生态环境治理和保护呈现重末端治理、轻源头预防，以及流域区域联动、水陆联动、多专业联动协同防治不充分不平衡等问题，目前水环境质量改善工作没有有效统筹水资源配置、水污染防治和水生态保护，流域区域海域环境综合管理薄弱，突出表现在穿越多省市的长江、长江口北支、黄浦江上游太浦河及吴淞江—苏州河水系的水污染联防联治、水生态环境联保联控统筹协调和技术支撑不够。上海地处长江流域和太湖流域最下游，区域水安全、水资源、水环境和水生态受流域来水来沙、区域排水排污、河口海域涨落潮等因素影响显著，必须顺应水的流域性、流动性、循环性特点，开展流域、区域、海域联合防治水污染，联合调度水资源，联合管控水安全，联合保护水生态技术体系开放协作共享研究。

9.3.2.4 完善水生态环境安全风险事件应急响应机制

构建水源地突发污染事故的有效防范体系，切实降低突发事故发生的概率。建设和完善水源保护区水路运输管理系统，有效防止船舶污染，全面禁止在水源保护区水路运输危险品。建立水源安全预警制度，定期发布饮用水水源地水质监测信息。全面提升风险事件应急和救援能力，并加强水资源风险事件应急后评估。

9.3.3 推行智慧管理服务

从大数据的视角，利用互联网＋和物联网的技术进行水生态环境安全风险的智能化与精细化管理。

1. 智能化管理

对接“智慧城市”平台建设，大力推进物联网、云平台、大数据、移动应用等信息技术与水务、环保、城市应急等领域现代管理业务的深度融合，强化城市水生态环境智能服务体系研究。

按照“深度融合、智能决策、全面共享”的指导思想，以信息技术、互联网技术为依托，智能感知和信息采集控制终端为基础，大数据、云计算技术为支撑，完善水质监测站网布局，推进生态监测站网建设，建立完善的信息发布网络系统，努力实现水生态环境安全风险的实时预警与智能调度；建立“河长制”“湖长制”平台、城乡中小河道治理信息平台、网格化管理平台等业务化平台，整合并建立水生态环境安全智能管理云平台，实现信息资源的高度共享和各业务应用系统之间的互联互通。同时打造智慧水生态环境移动应用平台。

2. 精细化管理

在 2017 年全国两会上，习近平提出了“城市管理应该像绣花一样精细”的总体要求。总的思路是综合运用法治化、社会化、智能化、标准化的手段，推进精细化管理的全覆盖、全过程、全天候，让城市更有序、更安全、更干净。

上海作为超大城市，其精细化管理是一个世界级难题，应该紧紧围绕满足人民日益增长的美好生活需要这一核心任务，做出新的制度安排、政策创新和技术应用等，实现人财物的合理配置，着力破解不平衡不充分的矛盾，创建更加整洁、安全、干净、有序、公正的城市环境，全面提升超大城市的吸引力、竞争力和内在魅力。为此，《上海市水务、海洋精细化管理工作三年行动计划》中针对水生态环境安全风险管理从强化补齐短板、强化依法管理、强化智慧服务、强化标准引领、强化严守安全底线、强化服务能力、提升保障计划实施 7 方面明确了 2018 年任务清单，共计 23 项主要任务，见表 9-1。

表 9-1　精细化管理 2018 年任务清单

序号	板块	主要任务
1	强化补齐短板	创新水务、海洋管理方式，补齐体制机制短板
2		加强河道综合治理，补齐河湖水生态环境短板
3		加快泥、水、气同治，补齐污水处理能力短板
4		推进雨污混接改造，补齐排水分流制短板
5	强化依法管理	完善水务海洋法规和规章
6		深化水务、海洋规划
7		加强河道蓝线管理
8		加强执法力度，提高执法效能
9		深化行政审批改革，提高服务效能
10	强化智慧服务	建设智慧河长工作平台
11		推进资源环境监测管理
12		提升“互联网 + 政务服务”能力
13		建设“政务云”水务公共信息服务平台
14	强化标准引领	对接六大领域，制订水务管理服务标准
15		围绕城市管理薄弱区域，完善中小河道管理标准
16	强化严守安全底线	强化重大工程建设管理
17	强化服务能力提升	提高水闸现代化管理水平
18		加强最严格水资源管理
19	保障计划实施	加强组织领导
20		争取政策和资金保障
21		加快人才队伍建设
22		扩大社会参与
23		注重工作考核

3. 预警系统案例

1) 平原感潮河网突发水污染事故预报预警业务化系统[67]

通过深度融合在线监测、数据库、互联网、WebGIS和预警预报模型等技术，以信息数据库为基础，以水动力预报模型、溢油和化学品泄漏模型为核心，以网络服务器为依托，无缝链接流域区域降雨量预报模型和河网水文水动力预报模型，研发建立了基于B/S架构的平原感潮河网突发水污染事故预报预警业务化系统，实现了对黄浦江上游水源地突发水污染的快速预报预警。

突发性水污染事故预报预警模型，融合集成基于B/S架构的黄浦江上游水源地数字河网水量水质预报模型系统、OilMap溢油模型、ChemMap化学品泄漏模型等。河网预报流场数据转换模块，在.NET平台上采用C#语言开发形成NetCDF接口模块，实现了河网数值模型与二维溢油和化学品泄漏模型的无缝链接和自动融合模拟计算。

应用该系统模拟计算了2014年7月、2017年6月黄浦江上游3次锑污染事件案例，模拟计算结果与实际监测结果吻合较好，较准确地反映了太浦河锑污染的影响范围和影响程度变化过程，即该锑污染主要发生在京杭大运河南段(太浦河以南)周边区域，受太浦闸关闭影响敏感，主要是由于太浦河南岸地区受锑污染的支流汇入太浦河的污染物通量显著增大引起的。

2) 长江口水源地突发污染预警系统平台[3]

基于Web-GIS技术的长江口突发事故应急响应模型系统平台包括空间关系型中央数据库、多个数值模型(溢油模型、化学品溢漏模型及业务化水动力模型)、GEOSERVER地图服务器、IIS和APACH网络服务器以及OCEANMAP数据服务器五部分。从模块功能划分，包括用户管理模块(用户管理权限)、数值模拟模块(溢油及化学品溢漏模拟)、数据资源管理模块(GIS、ASAEDS、WMS、Met-Ocean、AIS船舶数据、应急数据)等。

从油品(重油、380#燃料油、180#燃料油、重质柴油)、水情(汛期、非汛期)、地理位置(长江口内、长江口外、近杭州湾)等多因子综合考虑，选取了白茆沙“12・30”溢油事故(重油、非汛期、长江口内近东风西沙水库)、吴淞口“5・18”溢油事故(380#燃料油、非汛期、长江口吴淞口)、九段沙“6・26”溢油事故(380#燃料油、非汛期、长江口杭州湾交界处)、长江口外“3・19”溢油事故(180#燃料油、非汛期、长江口外)四个典型溢油事故进行了模拟分析，并与实际观测以及卫星遥测等实况数据进行了对比分析。结果表明，模拟结果能准确地反映油污带运行轨迹。表明该污染预警平台完全可以用于长江口杭州湾溢油事故模拟，科学指导相关应急预案编制。

9.3.4 提升科技创新支撑

提升科技协同创新能力，用科技创新积极应对水生态环境安全风险，主要从规范标准制定、规划体系完善、科技创新研究、人才队伍建设等方面强化科技支撑。

1. 规范标准制定

强化水生态环境标准体系研究和建设，编制或修订行业相关标准和规范。重点研究修订上海市饮用水水质标准、上海市污水综合排放标准、地表水生态环境功能划分评估规范等，研究制定污水厂污水污泥处理装备设备相关建设运营管理标准、农田水利建设标准规范、农村生活污水处理标准规范、BIM(建筑信息模型)技术应用规范，以及畜禽粪污生态还田技术规范等，加快完善水生态环境标准规范体系。①

2. 规划体系完善

梳理水生态环境与人居环境、代谢环境(物质流、能量流)、生物环境、社会环境、经济环境和文化环境的生态关系。在城市规划中统筹水源保护、污水排放与处理系统、自然保护区、水生动物迁徙通道、水生态敏感区等的保护与建设以及城镇体系规划、产业布局等，人居环境生态建设需要进行整体设计，组织编制水生态环境安全风险区划、水生态环境保护修复规划、水生态环境安全风险防控应急预案等，加快完善水生态环境安全规划体系，引领并指导水生态环境安全风险管理工作。

3. 科技创新研究

加强青草沙等水源地咸潮预报、监测评估、预警监控和水库智能化调度等关键技术的研究，提升水源地水安全评估、诊断、预警和应对能力；推进饮用水水源地微量有毒有机物监测和处理技术研究与应用；加强从源头到龙头全过程饮用水安全保障技术研究。加强城市面源污染负荷识别、治理和防汛同步提标关键技术研究，深入研究深层调蓄工程规划、设计及建设关键技术；研究制定海绵城市建设的水质净化能力、影响地下水质的污染评估技术指南及规范。研究建立流域水生态环境功能管理体系，研究跨界生态补偿制度；推进提升城区河网生态承载力、水生态环境修复的关键技术。加强污水处理厂提标改造关键技术研究，推进绿色低碳处理污水循环利用、污泥综合利用关键技术研究和应用；研究工业集中区废水处理、农村污水处理技术体系。加强海洋环境保护和生态修复技术研究，着力修复受损海洋生态系统。研究建立长江口杭州湾水环境综合管理等支撑体系，以及区域地表水-地下水交互影响规律等。

目前，流域区域联手、水陆联动、多技术融合防治水污染科技协作仍显不够，需要加强流域、区域、海域科技合作开放共享研究。为顺应水的流域性、流动性、循环性特点，必须从流域、区域、海域三个层面加强一体化科技合作，破解跨区域资源整合共享、技术融合集成、统筹协调管控等难题，更科学合理配置科技资源，更广泛深度融合多项技术，更优质高效创新驱动发展。加强水陆联动、上下游联动、多技术融合系统防治水污染的源头减污、过程控污、末端治污以及水生态系统健康循环的规划、建设、保护和管理的技术体系研究，率先建立长三角一体化的流域、区域、海域联合防治水污染，联合调度水资源，联合管控水安全，联合保护水生态技术体系。

4. 人才队伍建设

加大水生态环境人才队伍建设力度，营造吸引人才、重用人才、培养人才的良好环境；加强

---

① 苏州河环境综合整治四期工程总体方案.上海：上海市水务局，2017.

水生态环境风险防控人才队伍保障，注重专业技术和项目管理人才的储备与引进，充实风险管理基层力量。强化水生态环境风险的行业监管，把好生态规划龙头，严控技术标准与质量关口，完善风险管理办法，加强水生态环境监测预警智能化信息化系统整合应用；综合运用经济、技术、法律、行政等手段，加强对涉水生态环境开发、利用、配置、节约与保护的监督和管理，保障水生态环境的安全。

本篇参考文献

[1] 吴彩娥.东风西沙水源地风险源评估及防控对策研究[R].上海：上海勘测设计研究院有限公司，2015.

[2] 惠军，陈银川，林剑波，等.长江口地区水生态环境风险分析[J].人民长江，2016，47(13)：24-27.

[3] 徐贵泉.崇明岛东风西沙水源地水质预警与防控关键技术研究[R].上海：上海市水务(海洋)规划设计研究院，等，2016.

[4] JIANG Y, NAN Z, YANG S. Risk assessment of water quality using Monte Carlo simulation and artificial neural network method[J]. Journal of Environmental Management, 2013, 122: 130-136.

[5] 陈小华，李小平，王菲菲，等.苏南地区湖泊群的富营养化状态比较及指标阈值判定分析[J].生态学报，2014，34(2)：390-399.

[6] 万群，申升，汪铁，等.三峡工程截流后洞庭湖水体污染及风险分析[J].环境科学与技术，2012(S1)：225-228.

[7] VON DER OHE P C, DULIO V, SLOBODNIK J, et al. A new risk assessment approach for the prioritization of 500 classical and emerging organic microcontaminants as potential river basin specific pollutants under the European Water Framework Directive[J]. Science of the Total Environment, 2011, 409(11): 2064-2077.

[8] 吴艳阳，吴群河，罗昊，等.沉积物中多环芳烃的生态风险评价法研究[J].环境科学学报，2013，33(2)：544-556.

[9] PALMA P, KUSTER M, ALVARENGA P, et al. Risk assessment of representative and priority pesticides, in surface water of the Alqueva reservoir (South of Portugal) using on-line solid phase extraction-liquid chromatography-tandem mass spectrometry[J]. Environment International, 2009, 35(3): 545-551.

[10] QU C S, CHEN W, BI J, et al. Ecological risk assessment of pesticide residues in Taihu Lake wetland, China [J]. Ecological modelling, 2011, 222(2): 287-292.

[11] THOMATOU A A, ZACHARIAS I, HELA D, et al. Determination and risk assessment of pesticide residues in lake Amvrakia (W. Greece) after agricultural land use changes in the lake's drainage basin[J]. International Journal of Environmental Analytical Chemistry, 2013, 93(7): 780-799.

[12] YANG J, LI F, ZHOU J, et al. A survey on hazardous materials accidents during road transport in China from 2 000 to 2008[J]. Journal of Hazardous materials, 2010, 184(1-3): 647-653.

[13] 李其亮，毕军，杨洁.工业园区环境风险管理水平模糊数学评价模型及应用[J].环境保护，2005(7B)：20-22.

[14] SUNDARAY S K, NAYAK B B, LIN S, et al. Geochemical speciation and risk assessment of heavy metals in the river estuarine sediments—a case study: Mahanadi basin, India[J]. Journal of Hazardous Materials, 2011, 186(2-3): 1837-1846.

[15] 林春野，周豫湘，呼丽娟，等.松花江水体沉积物汞污染的生态风险[D]. 2007.

[16] 丁之勇，蒲佳，吉力力·阿不都外力.中国主要湖泊表层沉积物重金属污染特征与评价分析[J].环境工程，2017，35(6)：102，136-141.

[17] 梅卫平.滴水湖水系表层沉积物中多环芳烃和多氯联苯分布特征与风险评价[D].上海:上海海洋大学,2014.

[18] 张艳会,李伟峰,陈求稳.太湖蓝藻水华发生风险区划[J].湖泊科学,2015,卷缺失(期缺失):1133-1139.

[19] 杨龙,王晓燕,王子健,等.基于磷阈值的富营养化风险评价体系[J].中国环境科学,2010,30(增刊):29-34.

[20] 王鹤扬.综合营养状态指数法在陶然亭湖富营养化评价中的应用[J].环境科学与管理,2012,37(9):188-194.

[21] 王岩.洞庭湖氮磷时空分布及生态风险评价[D].哈尔滨:东北林业大学,2014.

[22] 朱庆峰,廖秀丽,陈新庚,等.用灰色聚类法对荔湾湖水质富营养化程度的评价[J].中国环境监测,2004,20(2):47-50.

[23] 刘翔.湖库水体富营养化的评价与模拟研究——以深圳铁岗水库为例[D].成都:四川师范大学,2015.

[24] 庞博,李玉霞,童玲.基于灰色聚类法和模糊综合法的水质评价[J].环境科学与技术,2011,34(11):185-188.

[25] 徐艳红.基于水体藻类累积动力学模型的水华风险评价方法研究及应用[D].武汉:武汉大学,2014.

[26] 陈林,许其功,李铁松,等.模糊物元识别模型在巢湖水体富营养化评价中的应用研究[J].环境工程学报,2010,4(4):729-736.

[27] 郭雪.滴水湖及其水体交换区沉积物和土壤中 PAHs 的分布及生态风险评价[J].环境科学,2014,35(7):2664-2671.

[28] 李法松,韩铖,操璟璟,等.长江安庆段及毗邻湖泊沉积物中多环芳烃分布及风险评价[J].环境化学,2016,35(4):739-748.

[29] 任琛.巢湖流域多环芳烃的分布、来源与生态风险评价[D].合肥:合肥工业大学,2015.

[30] 陈明华,李春华,叶春,等.太湖竺山湾湖滨带沉积物中多环芳烃分布、来源及风险评价[J].环境工程技术学报,2014,4(3):199-204.

[31] 朱俊敏.上海淀山湖典型持久性有机污染物(POPs)多介质迁移、归趋及模拟研究[D].上海:华东师范大学,2017.

[32] 梅卫平,阮慧慧,吴昊,等.滴水湖水系沉积物中多环芳烃的分布及风险评价[J].中国环境科学,2013,33(11):2069-2074.

[33] 李琴.鄱阳湖生态经济区典型城市多介质中 PAHs 分布特征及风险[D].南昌:南昌大学,2016.

[34] 王薛平.上海市地表水体中多环芳烃与多氯联苯的环境行为与风险研究[D].上海:华东师范大学,2017.

[35] 江敏,阮慧慧,梅卫平.滴水湖沉积物重金属生态风险评价及主成分分析[J].安全与环境学报,2013,13(3):151-156.

[36] 陶征楷,毕春娟,陈振楼,等.滴水湖沉积物中重金属污染特征与评价[J].长江流域资源与环境,2014,23(12):1714-1720.

[37] 马婷,赵大勇,曾巾,等.南京主要湖泊表层沉积物中重金属污染潜在生态风险评价[J].生态与农村环境学报,2011,27(6):37-42.

[38] 李德亮,张婷,余建波,等.长江中游典型湖泊重金属分布及其风险评价——以大通湖为例[J].长江流域资源与环境,2010,19(Z1):183-189.

[39] 刘婉清,倪兆奎,吴志强,等.江湖关系变化对鄱阳湖沉积物重金属分布及生态风险影响[J].环境科学,2014,35(5):1750-1758.

[40] 李法松,韩铖,林大松,等.安庆沿江湖泊及长江安庆段沉积物重金属污染特征及生态风险评价[J].农业环境科学学报,2017,36(3):574-582.

[41] 蒋豫,刘新,高俊峰,等.江苏省浅水湖泊表层沉积物中重金属污染特征及其风险评价[J].长江流域资源与环

境,2015,24(7):1157-1162.

[42] 张鑫,董茹月,白亚楠,等.南四湖沉积物重金属含量水平与生态风险[J].山东化工,2018,47(15):182-183,185.

[43] 欧阳美凤,谢意南,李利强,等.东洞庭湖及其入湖口水域表层沉积物中重金属的分布特征与生态风险[J].生态环境学报,2016,25(7):1195-1201.

[44] 郁亚娟,王冬,王翔,等.滇池湖体及其主要入湖河流沉积物中重金属生态风险的时空分布特征评价[J].地球与环境,2013,41(3):311-318.

[45] 杨辉,陈国光,刘红樱,等.长江下游主要湖泊沉积物重金属污染及潜在生态风险评价[J].地球与环境,2013,41(2):160-165.

[46] 张家泉,田倩,许大毛,等.大冶湖表层水和沉积物中重金属污染特征与风险评价[J].环境科学,2017,38(6):2355-2363.

[47] 邹华,王靖国,朱荣,等.太湖贡湖湾主要河流表层沉积物重金属污染及其生态风险评价[J].环境工程学报,2016,10(3):1546-1552.

[48] 孙照斌,邴海健,吴艳宏,等.太湖流域西氿湖沉积岩芯中重金属污染及潜在生态风险[J].湖泊科学,2009,21(4):563-569.

[49] 孙清展,臧淑英,孙丽,等.仙鹤湖重金属污染及其潜在生态风险分析[J].中国农学通报,2012,28(2):261-266.

[50] 李娜,王珍珍.沉积物重金属污染生态风险评价方法浅析[J].内蒙古石油化工,2012(23):11-12.

[51] 李芬芳,李利强,符哲,等.洞庭湖水系入湖口表层沉积物中重金属的污染特征与生态风险[J].地球化学,2017,46(6):580-589.

[52] 张菊,陈明文,鲁长娟,等.东平湖表层沉积物重金属形态分布特征及环境风险评价[J].生态环境学报,2017,26(5):850-856.

[53] PALERMO MR. Design considerations for in-situ capping of contaminated sediments[J]. Water Science and Technology, 1998, 37(6-7): 315-321.

[54] 杨文龙.湖水藻类生长的控制技术[J].云南环境科学,1999,18(2):34-36.

[55] 曾宇,秦松.光合细菌法在水处理中的应用[J].城市环境与城市生态,2000,13(6):29-31.

[56] 田英,赵钟楠,黄火键等.中国水资源风险状况与防控策略研究[J].中国水利,2018(5):7-9.

[57] 高吉喜,叶春,杜娟,等.水生植物对面源污水净化效率研究[J].中国环境科学,1997,17(3):0-0.

[58] GREEN F B, BERNSTONE L S, LUNDQUIST T J, et al. Advanced integrated wastewater pond systems for nitrogen removal[J]. Water Science and Technology, 1996, 33(7): 207-217.

[59] 徐大建.航道整治工程中生态护岸技术应用探讨[J].中国水运(下半月),2015(9):157-158.

[60] 郭伟,张茜.生态护岸在平原河道整治中的应用[J].中国水运(下半月),2016,16(1):175-177.

[61] 刘成,胡湛波,郝晓明,等.城市河道黑臭评价模型研究进展[J].华东师范大学学报(自然科学版),2011,2011(1):43-54.

[62] 姜伟,黄明.苏州市城区河道黑臭成因分析及对策研究[J].中国水运:

[63] 汪红军,胡菊香,吴生桂,等.生物复合酶污水净化剂处理黑臭水体的研究[J].水利渔业,2007,27(1):68-70.

[64] 上海市崇明区总体规划暨土地利用总体规划(2017—2035)[R].上海:上海市崇明区人民政府,2018.

[65] 赵麟,李学峰.黄浦江上游水域水面漂浮物拦截打捞设施规划[R].上海:上海市水务规划设计研究院,2013.

[66] 曹国志,贾倩,王鲲鹏,等.构建高效的环境风险防范体系[J].环境经济,2016,191-192:53-58.

[67] 徐贵泉.黄浦江上游取水安全和水源湖(库)生态结构关键技术研究与示范应用[R].上海:上海市水务(海洋)规

划设计研究院,等,2017.
[68] 孔令婷.智能苏州河防汛管理关键技术集成与应用示范[R].上海:上海市水务(海洋)规划设计研究院,等,2018.

附录 A　防汛风险管理——防汛风险图

洪水风险图的编制是通过对特定区域自然条件、洪水特性、工程情况、社会经济等相关因素的分析，运用水力学、水文学、历史水灾调查等分析方法，提供该区域遭受不同量级洪水时可能的淹没风险及灾害信息。洪水风险图编制工作是防洪减灾的重要基础性工作，是非工程防洪措施的重要组成内容，通过洪水风险图的编制和发行，一方面为制定防洪规划、建设防洪工程、调整社会经济发展布局和产业结构、洪涝灾害预警、部署防汛抢险救灾等工作提供科学依据和技术支撑；另一方面，当洪水灾害发生时，根据洪水风险图提供的信息，可以为防汛决策指挥部门指导民众避难、安置受灾人口等提供参考信息，从而为减少洪灾损失、保持社会秩序稳定提供技术保障。

全国洪水风险图编制工作起步于 20 世纪 80 年代，主要经历了起步探索、试点研究和编制应用等三个阶段[1]。20 世纪 90 年代中后期，国家防汛抗旱总指挥部办公室（以下简称"国家防总办公室"）陆续组织在七大江河、部分重点水库和重要防洪城市开展了洪水风险图编制研究工作，印发试行了《洪水风险图制作说明》《洪水风险图编制纲要》等技术文件，逐步拉开我国洪水风险图编制工作序幕。2005 年，国家防总办公室组织编制了水利行业标准《洪水风险图编制导则》(SL 483—2010)。2008 年和 2011 年，全国洪水风险图编制一期、二期试点工作全面铺开，在全国选择 50 处防洪保护区、蓄滞洪区、洪泛区、城市和水库等编制单元开展全面试点，在组织实施、制作方法和路线等方面进行了多层次全方位的探索，初步形成了洪水风险图编制的技术规范体系。2013 年 5 月，水利部、财政部联合编制印发了《全国山洪灾害防治项目实施方案(2013—2015 年)》，在此基础上，水利部专门编制了《全国重点地区洪水风险图编制项目实施方案(2013—2015 年)》（以下简称《实施方案》），在全国防洪重点地区先行开展洪水风险图编制工作，标志着我国洪水风险图编制工作在研究和试点基础上，进入生产和推广应用阶段。

上海市中心城区和浦东区、浦西区、杭嘉湖区（沪）、阳澄淀泖区（沪）分别作为 2013—2015 年城市型和区域型的太湖流域防洪重点地区开展了洪水风险图编制工作。下面分别选取上海市中心城区防洪风险图制作和太湖流域洪水风险图制作中与上游边界直接相关的杭嘉湖区（沪）作为洪水风险图编制的两个典型案例。

A.1　上海市中心城区防洪风险图案例

A.1.1　区域概况

上海市中心城区范围北起外环线、南至黄浦江和大治河，东起外环线，西至沈阳—海口高速公路(G15)和闵行区界的区域,涉及宝山区、嘉定区、杨浦区、闸北区、虹口区、普陀区、长宁区、静安区、黄浦区、徐汇区、青浦区、松江区、闵行区和浦东新区共 14 个区,总面积 1 248 km^2,区域位置如附图 A-1 所示,是上海市政治、经济和文化中心。

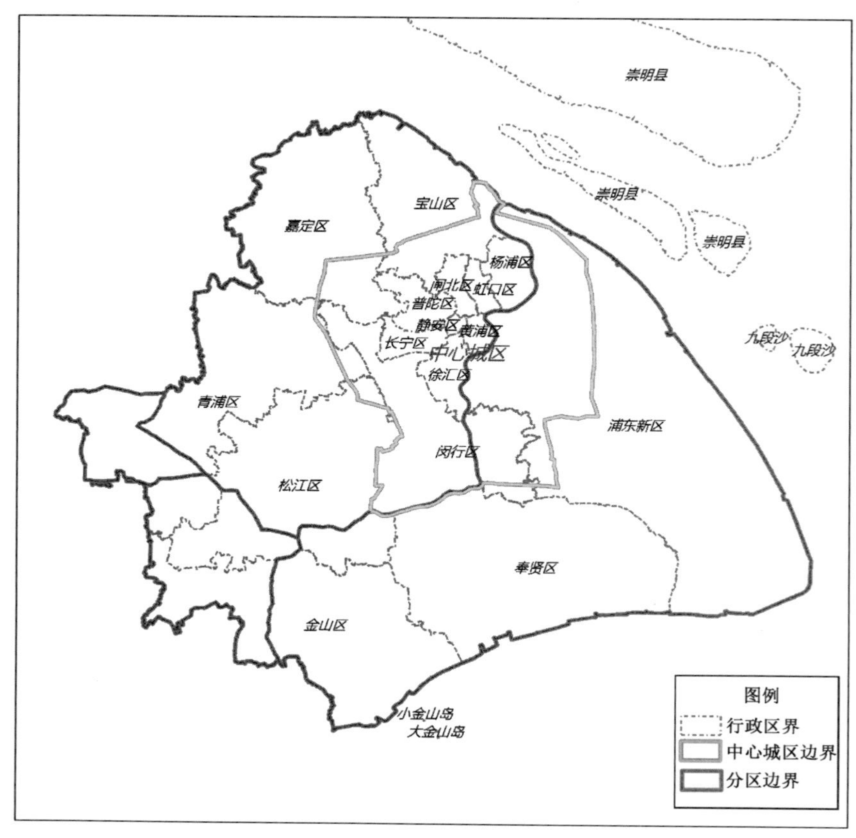

附图 A-1 中心城区地理位置

中心城区河流纵横密布,相连成网,以黄浦江为主干贯穿全市,其支流主要有苏州河、川扬河、淀浦河等,黄浦江源自太湖,全长 113 km,流经市区,江道宽度 300～770 m,平均宽度为 360 m,是上海的水上交通要道。

上海市为滨海沿海区域,台风、暴雨导致的洪涝灾害历来为主要灾害源,中心城区主要河道不同程度受海潮影响,常因高潮位顶托导致黄浦江及内河高水位,出现河道溃决、漫溢、渗漏等,以及区域排水不畅等灾害。上海市位于太湖流域的东部,处于太湖流域下游区域,黄浦江为承接上游太湖流域洪水的主要通道,上游太湖流域洪水如与本区域暴雨洪水及高潮位相遇,常影响沿江区域的排涝,引起洪涝灾害,因此,中心城区主要洪水来源为台风、暴雨、高潮位和上游洪水。在中心城区及整个上海市,这四种洪水源既可能单一发生,但更多的是相伴而生、重叠影响。上海地区所谓的“二碰头”“三碰头”“四碰头”是指台风、暴雨、天文高潮、上游洪水中有两种、三种或四种灾害同时影响上海,导致上海地区出现严重的风、暴、潮、洪灾害。

A.1.2　基础资料收集和分析处理

上海市中心城区洪水风险图编制需要的资料主要包括基础地理资料、水文资料、防洪工程及调度规则资料、历史洪涝灾情资料、社会经济资料和避洪转移资料等。

1. 自然地理

收集了中心城区洪水计算范围的数字线划地图(Digital Line Graphic,DLG)数据,包括行政区划、道路、铁路、水系、居民地、土地利用、高程点、等高线等相关图层。根据上海市的实际情况和要求,数据统一采用上海地方坐标系,高程基准采用上海吴淞(佘山)高程基准。

2. 水文及洪水

收集了中心城区所有线状河道、面状河道空间分布,大部分河道的横断面资料,大部分河道的常水位、最高控制水位、常水位和控制水位的水面面积和槽蓄容量等特征参数。其中,市管河道 20 条,区管河道 80 条。此外,还收集了上海市 2012 年水利普查获得的详细的河道断面资料。中心城区内及边界处的雨量站 79 个,潮(水)位站 47 个。

根据中心城区近年发生的较为典型的暴雨洪水,收集了 1997 年第 11 号台风、2000 年“派比安”台风、2005 年“麦莎”台风、2012 年“海葵”台风、2013 年“菲特”台风和 2013 年 9 月 13 日暴雨洪水资料,用于模型参数的率定和验证,同时还收集了 2015 年 6 月 17—18 日、8 月 24—25 日暴雨洪水资料,用于开展洪水分析。

3. 社会经济资料

本次中心城区洪水风险图编制范围主要涉及宝山区、嘉定区、杨浦区、闸北区、虹口区、普陀区、长宁区、静安区、黄浦区、徐汇区、闵行区、青浦区、松江区和浦东新区共 14 个行政区,共计 48 个乡镇、89 个街道。进行洪水影响分析所涉的社会经济数据具体包括总面积、GDP、常住人口、乡村居民人均纯收入、乡村居民人均住房、城镇居民人均可支配收入、城镇居民人均住房、耕地面积、农业产值、林业产值、畜牧业产值、渔业产值、工商企业固定资产、工商企业流动资产、工业总产值或商贸企业主营收入、公路铁路修复费用、房屋建筑单价、居民地非居民地建筑物占地比例、不同楼层建筑物比例、资产净值率等。以上社会经济数据主要源自各区县 2013—2014 年统计年鉴。选定 2013 年为洪水风险图编制的社会经济数据水平年。

4. 工程及调度

中华人民共和国成立以来,上海市基本形成千里海塘、千里江堤、区域除涝、城镇排水“四道防线”,发挥了巨大的防灾减灾效益。其中,与中心城区范围密切相关的江堤、区域除涝和城镇排水情况如下。

1) 千里江堤

堤防是上海市黄浦江干支流防洪挡潮的主要工程设施。在上海地区,黄浦江干支流的堤防通常分市区和郊区两部分,市区段堤防习惯称防汛墙,郊区段堤防习惯称江堤。“千里江堤”,主要指黄浦江干流段及其上游支流等堤防,用于防御海潮及上游和本地洪水。黄浦江现有防汛岸线总长约 479.7 km，由堤防及相应工程等组成，各段的防洪标准均为千年一遇潮位(84 标准)。

2）区域除涝

上海市依据区域的河网分布和地势特点，提出“分片控制，洪、涝、潮、渍、旱、盐、污综合治理”的治水方针。1980 年，上海市水利局编制完成《上海郊区水利建设规划(1981—1990)》草案，正式提出把全市分为 14 个水利控制片进行综合治理，各相关部门针对 14 个水利控制片，在总体治水方针下，制定和开展了一系列区域性规划。水利控制片基本上由外围一线堤防、水闸、泵闸，片内河道以及圩区组成。各水利控制片通过一线堤防和水闸的控制基本形成了封闭圈，可以有效地阻止片外洪水流入，而片内的涝水则需要通过片内河道，由泵闸控制，排出片外，另外，部分泵闸对洪水还可双向控制，既可引入，也可排出。

3）城镇排水

城镇排水工程主要为排水泵站、排水管网以及与其配套的调蓄池、污水处理设施等设备。上海市中心城区为高度城市化区域，地面不透水率很高，城镇排水系统为区域排水提供了重要保障，中心城区排水分区及排水管网分布如附图 A-2 和附图 A-3 所示。

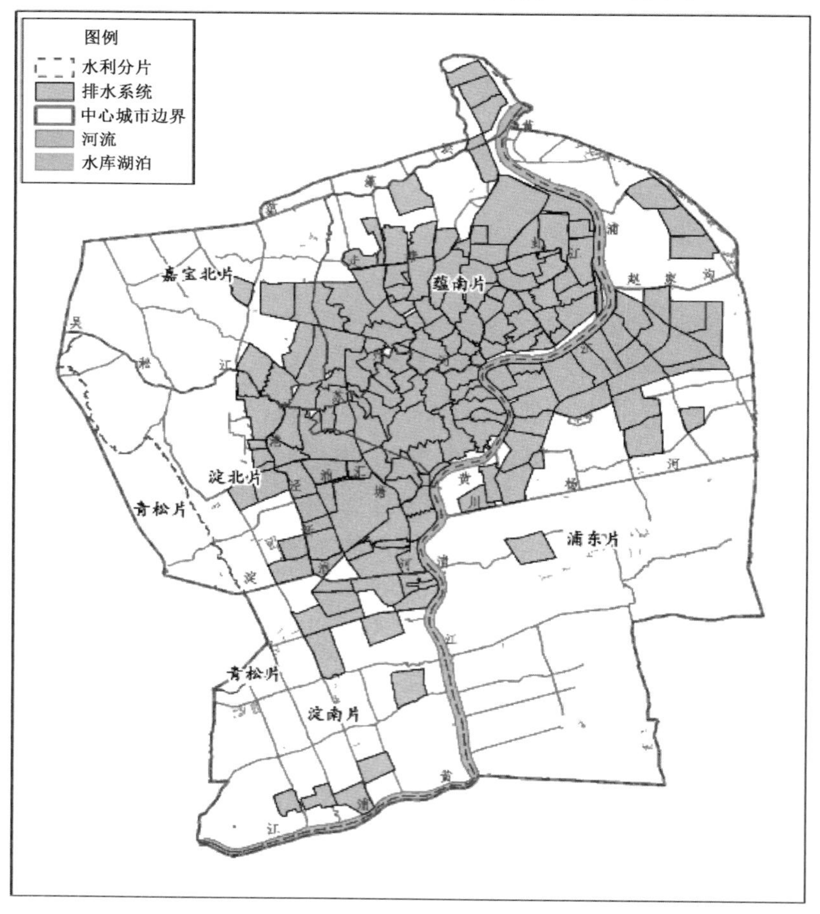

附图 A-2　中心城区排水分区分布

附图 A-3　中心城区排水管网分布

4）防洪工程调度

上海市防洪工程主要按照《上海市水利控制片水资源调度实施细则》（沪水务〔2012〕627号）进行调度。

5. 洪涝灾害

中心城区的洪涝灾害威胁主要来自太湖流域洪水、黄浦江高潮位及区域内涝。收集了上海市全市及各区县的灾害总结、灾情统计，以及部分积水道路统计数据等，包括 1905 年以后历次台风影响上海市的情况、典型年梅雨灾害资料和典型年场次暴雨洪水灾害资料。其中中心城区较为典型的历史洪涝灾害情况包括 1991 年梅雨、9711 号台风、1999 梅雨、2000 年“派比安”台风、2005 年“麦莎”台风、2012 年“海葵”台风、2013 年“菲特”台风和 2013 年“0913”暴雨。

6. 基础工作底图及加工处理

基础底图的加工与处理，主要包括洪水分析模型建模所用的数字高程模型（Digital

Elevation Model，DEM）、道路、堤防、水系等图层，损失评估所用的行政区、居民地和土地利用图层，避险转移所用的安置点、居民地、路线图层，以及风险图绘制所需的基础底图。

A. 1. 3 洪水分析

A. 1. 3. 1 洪水分析方案

根据中心城区的洪水来源情况，以及历史上各洪水源造成的洪涝灾害情况，中心城区洪水风险图编制时需要考虑台风、暴雨、高潮位和上游太湖流域洪水四种洪水源，以及这些洪水源的组合影响。其中，台风造成的主要灾害中，除吹倒树木、房屋、电线杆等物体外，主要表现形式为海浪对海塘的冲击，风暴潮引起高潮位，以及随台风而来的暴雨，因此，开展洪水分析时主要分析暴雨、高潮位和上游太湖流域洪水的影响。

1. 洪水量级

1）黄浦江防汛墙溃决洪水

防汛墙溃决洪水分析标准为黄浦江 500 年一遇和 1 000 年一遇。

2）暴雨积水

开展暴雨积水分析时，主要考虑中心城区发生暴雨和黄浦江发生高潮位的情况，只分析暴雨和历史高潮位组合后受工程控制下的暴雨积水，并进行组合。设计暴雨按市政频率和水利频率分别考虑。市政频率选取 1 年、2 年、3 年、5 年、10 年、20 年、30 年、50 年和 100 年一遇设计暴雨，降雨过程为 3 h。水利标准选取 5 年、10 年、20 年、50 年和 100 年一遇设计暴雨，降雨过程为 24 h。高潮位选择历史典型潮位过程，分别为 1997 年第 11 号台风和“麦莎”台风期间的潮（水）位过程。历史典型场次暴雨选取 2015 年 6 月 7—18 日和 8 月 24—25 日发生在上海市的两场暴雨，以及考虑现场暴雨的暴雨中心发生在中心城区的水情况，潮（水）位选择历史同期实测潮（水）位过程。

2. 溃口设定

溃口的选择主要考虑河道险工险段、穿堤建筑物、堤防溃决后洪灾损失较大等情况。根据“最可能”“最不利”和“代表性”三个原则，“最可能”指溃口的设定考虑了堤防的薄弱段、险工险段；“最不利”指溃口的设定考虑了重要的城镇、工商业所处位置的堤段，以及地势低洼区域等，由此可以预估出最严重的灾害影响；“代表性”指溃口的设定考虑了以前发生过溃口的位置，即历史出险位置。中心城区洪水分析任务中，只在黄浦江溃决分析时设置溃口，选取浦西防洪保护区和浦东防洪保护区已设置的溃口，暴雨积水分析不设置溃口。

1）黄浦江防汛墙溃决溃口

（1）溃口位置

约每隔 6 km 设置一处溃口，同时考虑上述三个基本原则，共计 20 处溃口，左岸 12 处，右岸 8 处。溃口位置如附图 A-4 所示。

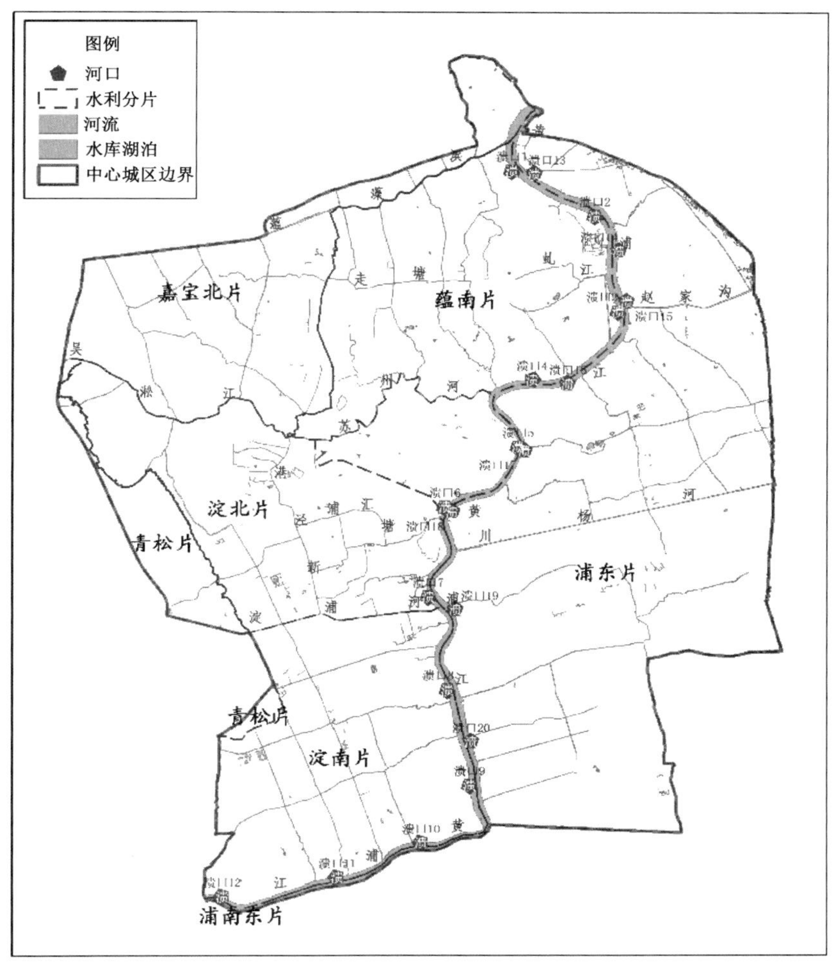

附图 A-4　黄浦江溃口位置分布

(2) 溃口宽度

上海市防汛墙均按仓构建，历史洪水中，防汛墙基本按仓溃决，考虑到溃决时的最不利因素，按防汛墙瞬间全溃的方式，选黄浦江每个溃口宽度为 90 m。

(3) 溃决时机与溃决形式

黄浦江防汛墙堤岸为高桩承台式、低桩承台式、护坡式、L 形、重力式等结构形式，基础结构坚实一般不会冲毁，防汛墙溃决主要考虑上部墙身失稳，考虑偏危险情况，黄浦江水位达到设计水位或最高水位前溃决，选择瞬间全溃，溃口底高程为地面高程。

3. 计算方案

综合以上分析，共计算了暴雨积水方案 32 个，黄浦江防汛墙溃决 40 个，合计 72 个方案。

A.1.3.2　洪水分析结果

采用全国重点地区洪水风险图编制项目可采用的系列软件名录中“中国水利水电科学研究

院洪水分析系列软件"中的"城市洪水分析软件",构建了城市整体一维、二维水动力模型。模型通过考虑城市内河流的导水、高出地面线状地物(高速公路、铁路,堤防等)的阻水以及主干道路的阻水和过水作用,水闸、泵站的防洪工程调度,以及排水管网的排水作用等,分析了降雨、潮汐、上游洪水等各要素综合作用下的区域洪水风险。结果表明:

(1) 同一方案条件下,中心城区的中心区域如杨浦区、闸北区、虹口区、静安区、黄浦沤、徐汇区,以及浦东新区的沿黄浦江核心区域等洪水淹没程度相对其他区域较小。

(2) 高潮位影响区域洪水风险。根据水利和市政两种标准的方案计算结果统计,当中心城区遭遇同一级别暴雨时,发生"9711"潮位时网格的淹没面积、平均水深,淹没道路总长、平均水深均比发生"麦莎"潮位时的大,由于"9711"潮位整体上及最高潮位均比"麦莎"潮位高,即高潮位更容易引起区域高洪水风险。

(3) 针对水利标准的暴雨积水,各级别暴雨导致的洪水淹没面积相差较小,介于 700～800 km^2,但淹没水深较大的网格淹没面积相差较大,如发生 5 年一遇暴雨,"麦莎"潮位时,淹没水深大于 0.5 m 的网格面积为 5.63 km^2;发生 100 年一遇暴雨,"9711"潮位时,淹没水深大于 0.5 m的网格面积为 47.79 km^2。

各级别暴雨的道路淹没长度具有一定差别,如发生 5 年一遇暴雨,"9711"潮位时,淹没道路总长为 2 134.86 km,淹没水深大于 0.5 m 的道路为 62.88 km;发生 100 年一遇暴雨,"9711"潮位时,淹没道路总长为 2 642.54 km,淹没水深大于 0.5 m 的道路为 193.52 km。

(4) 针对市政标准的暴雨积水,各级别暴雨的洪水淹没面积相差较大,最大值为 100 年一遇暴雨,"9711"潮位时,淹没面积达到 792.95 km^2;最小为 5 年一遇暴雨,"麦莎"潮位时,淹没面积仅为 230.35 km^2。淹没水深较大的网格淹没面积相差也较大,如 100 年一遇暴雨,"9711"潮位时,淹没水深大于 0.5 m 的网格面积为 7.29 km^2;1 年一遇暴雨,"麦莎"潮位时,淹没水深大于 0.5 m 的网格面积为 0.42 km^2。

各级别暴雨的道路淹没长度差别较大,如发生 5 年一遇暴雨,"9711"潮位时,淹没道路总长为 1 870.66 km,淹没水深大于 0.5 m 的道路为 24.99 km;发生 100 年一遇暴雨,"9711"潮位时,淹没道路总长为 2 883.66 km,淹没水深大于 0.5 m 的道路为 81.72 km。

A.1.4 洪水影响分析

洪水影响分析主要包括淹没范围和各级淹没水深区域内社会经济指标的统计分析。洪水损失评估是对各量级洪水对淹没区造成的灾害损失进行评估分析等。洪水影响分析与损失评估以不同级别的行政区域(市/县/区、乡镇/街道、行政村等)为统计单元进行。

A.1.4.1 洪水影响分析方案

中心城区洪水影响分析与损失评估的方案与洪水分析的方案保持一致,即对每个洪水分析方案都进行影响分析与损失评估,对典型方案不同水深的评估结果、不同类型和不同行政区的结果进行分析,并且对具有可比性的方案(同频率不同溃口、同一溃口不同频率)间的洪水影响及损失评估结果进行比对分析。

1. 评估单元的确定

依据《洪水风险图编制技术细则(试行)》的规定,洪水影响分析以不同级别的行政区域(市/县/区、乡镇/街道、行政村等)为统计单元进行。考虑收集到的资料情况,中心城区的洪水影响与损失评估以乡镇/街道为最小统计单元,编制范围主要涉及宝山区、嘉定区、杨浦区、闸北区、虹口区、普陀区、长宁区、静安区、黄浦区、徐汇区、闵行区、青浦区、松江区和浦东新区共14个行政区,共计48个乡镇、89个街道。

2. 洪水影响分析和损失评估指标

考虑社会经济资料和地图资料的获取性,以及《洪水风险图编制技术细则(试行)》对分析和评估内容的要求,结合中心城区的社会经济状况,本次洪水影响的指标为:受淹行政区面积、受淹居民地面积(农村居民地面积、受淹城镇居民地面积、受淹耕地面积、受淹重点单位数、受淹交通道路长度、受影响人口和GDP,对中心城区的主要损失类型进行评估,具体包括家庭财产损失、家庭住房损失、农业损失、工业资产损失、工业产值损失、商业资产损失、商业主营收入损失、公路损失、铁路损失等。

A.1.4.2　**洪水影响分析结果**

运行洪水影响分析统计模块,能够按水深、按行政区域分别统计在不同方案下研究区域的灾情。灾情统计的各指标均指对应水深大于或等于5 cm的情况;受淹公路主要指城市主干道、城市次干道、国道、省道、县道等;受影响的重点单位包括工矿企业、商贸服务企业、学校、医院、仓库、化工厂、行政机关,除对受影响重点单位的总数进行分析统计外,对学校、医院和仓库等也进行分类详细统计。

1. 洪水影响分析

1) 市政标准方案

在遭遇同样的潮位过程,发生市政标准暴雨频率越小(重现期越大),受灾情况越严重。例如当遭遇"9711"实测潮位过程,发生市政标准1年一遇到100年一遇频率的9个方案(1年、2年、3年、5年、10年、20年、30年、50年、100年),淹没面积从227.64 km^2 增大到778.93 km^2,淹没居民地面积从4 770.81万 m^2 增大到14 042.83万 m^2,淹没耕地面积从1 434.36 hm^2 增大到4 238.41 hm^2,受影响公路长度600.34 km增大到2 212.01 km,受影响重点单位及设施从4 712个增加到14 903个,受影响人口也从119.86万增加到了523.44万。在遭遇"麦莎"实测潮位过程,发生市政标准1年一遇到100年一遇频率的9个方案中,情况大致类似。

在模拟的9组暴雨频率方案中(同一暴雨频率不同潮位为一组),对于同一频率的暴雨遭遇"9711"实测潮位的灾情要比遭遇"麦莎"超位的灾情稍重,但淹没面积增加值均未超过3.5 km^2,增加的幅度小于1.35%,增加的受影响人口不超过6.1万,增幅也小于4.7%。因此可以认为在这组方案中,暴雨频率的大小对灾情的大小起着更关键的作用。

2）水利标准方案

在遭遇同样的潮位过程，发生水利标准暴雨频率越小（重现期越大），受灾情况越严重。例如当遭遇“9711”实测潮位过程，发生水利标准5年一遇到100年一遇频率的5个方案（5年、10年、20年、50年、100年），淹没面积从501.26 km^2 增大到793.51 km^2，淹没居民地面积从9 242.79万 m^2 增大到14 199.26万 m^2，淹没耕地面积从3 151.27 hm^2 增大到4 479.37 hm^2，受影响公路长度1 402.90 km增大到2 482.89 km，受影响重点单位及设施从9 524个增加到15 283个，受影响人口也从295.84万人增加到了563.86万人。在遭遇“麦莎”实测潮位过程，发生水利标准5年一遇到100年一遇频率的5个方案中，情况大致类似。

在模拟的5组水利标准暴雨频率方案中（同一暴雨频率不同潮位为一组），对于同一频率的暴雨遭遇“9711”实测潮位的灾情要比遭遇“麦莎”超位的灾情稍重，但淹没面积增加值均未超过3.8 km^2，增加的幅度不足1.0%，增加的受影响人口不超过7.6万，增幅也小于2.5%。因此与市政标准暴雨遭遇实测潮位的方案情况相似，在水利标准暴雨遭遇实测潮位时，暴雨频率的大小对灾情的大小起着更关键的作用。所有方案的淹没水深都小于2 m，并且都呈现出淹没水深等级越小，淹没的面积越大，受淹农田、居民地、道路以及受淹人口和GDP越大的趋势。

2. 洪灾损失评估

运行洪涝灾害损失评估模型，能够得出在不同方案中心城区不同资产分类、不同行政区以及不同水深范围的损失。中心城区暴雨内涝各方案的评估结果反映的是整个片区的损失状况，在各类资产损失中基本是工业资产损失、家庭财产和家庭住房损失较为严重，道路损失相对较轻。因为中心城区大部分是建成区，耕地较少，所以农业损失不大。另外，由于中心城区的暴雨内涝的积水时间较短，所以未造成较大的工商业产值损失，这些特征是与上海市城中心区域内涝灾害的损失统计数据基本相符的。

对于市政标准各方案，与淹没程度相对应，在遭遇同样的潮位过程，发生市政标准暴雨频率越小（重现期越大），洪灾损失越大。当遭遇“9711”实测潮位过程，发生市政标准1年一遇到100年一遇频率的9个方案（1年、2年、3年、5年、10年、20年、30年、50年、100年），经济损失从2.41亿元增大到15.59亿元，当遭遇“麦莎”实测潮位过程，发生市政标准1年一遇到100年一遇频率的9个方案经济损失从1.68亿元增大到14.64亿元。对应于各方案的淹没情况，在模拟的9组暴雨频率方案中（同一暴雨频率不同潮位为一组），对于同一频率的暴雨遭遇“9711”实测潮位的灾情要比遭遇“麦莎”超位的损失稍重，但增加的损失值均未超过1亿元，增加的幅度不超过45%，同样可以认为在这组方案中，暴雨频率的大小对洪灾损失的大小起着更关键的作用。

对于水利标准各方案，与淹没程度相对应，在遭遇同样的潮位过程，发生水利标准暴雨频率越小（重现期越大），洪灾损失越大。当遭遇“9711”实测潮位过程，发生水利标准5年一遇到100年一遇频率的5个方案（5年、10年、20年、50年、100年），经济损失从12.44亿元增大到52.83亿元，当遭遇“麦莎”实测潮位过程，发生水利标准1年一遇到100年一遇频率的5个方案经济损失从11.51亿元增大到51.47亿元。对应于各方案的淹没情况，在模拟的5组暴雨频率方案中(同一暴雨频率不同潮位为一组),对于同一频率的暴雨遭遇“9711”实测潮位的灾情要比遭遇“麦莎”超位的损失稍重,但增加的损失值均未超过 1.4 亿元,增幅较小。同样可以认为在该组方案中,暴雨频率的大小对洪灾损失的大小起着更关键的作用。闵行区、浦东新区、普陀区、杨浦区的损失相对较大,其他各行政区的损失相对较小,其中静安区的损失最小。

A.1.5 避洪转移分析

避洪转移分析是在洪水风险计算分析的基础上,以转移预案为指导,根据特定频率/场次洪水的淹没范围、水深、到达时间等风险信息,通过对受淹居民区位置、人口数量、设施、道路、安置区域等信息的综合分析和路网计算,得到居民区避洪转移安置方案和转移安置最优路径,为现有防洪预案方案的修订完善提供参考。避洪转移分析计算技术流程如附图 A-5 所示。

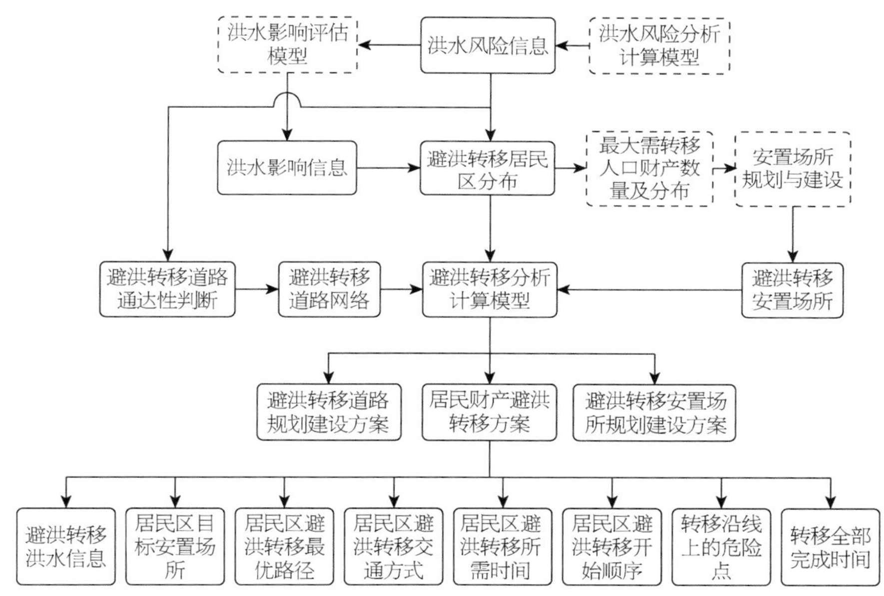

附图 A-5 避洪转移分析计算技术流程

A.1.5.1 避洪转移分析方案

中心城区河流溃堤洪水避洪转移分析共涉及黄浦江左堤 12 个溃口、黄浦江右堤 8 个溃口,共计 20 个溃口的最大洪水量级方案,为便于开展避洪转移分析和成果的表述,分别按左岸和右岸相近溃口进行洪水包络组合以开展避洪转移分析。

A.1.5.2 避洪转移分析结果

以黄浦江左堤(浦西)溃口为例,其避洪转移分析结果如下。

1. 转移人口分析

黄浦江 1 000 年一遇洪水左堤溃口 1 至溃口 12 洪水淹没范围包络情况如附图 A-6 所示。根据异地避洪转移范围的确定条件,分析计算得淹没包络范围内水深均小于 1 m 且流速均小于

0.5 m/s 的就地安置人数为 543 763 人，其中宝山区 20 053 人，虹口区 56 350 人，黄浦区 338 027人，静安区 18 490 人，闵行区 25 375 人，徐汇区 13 995 人，杨浦区 71 473 人。根据异地转移条件（水深大于 1 m 或流速大于 0.5 m/s）可以计算得需异地转移 34 747 人，其中宝山区 3 473 人，虹口区 122 人，黄浦区 28 013 人，闵行区 895 人，徐汇区 1312 人，杨浦区 932 人。

2. 安置场所

中心城区相关区县有初步的避洪转移预案，因此根据这些初步避洪转移方向选择规划相应的安置场所。针对黄浦江左堤溃口 1 至溃口 12 洪水淹没包络受影响人口及可能受溃堤洪水的淹没情况，选择城区公园、广场、学校运动场以及高地等区域作为安置灾民的安置场所，并保证安置场所的总安置容量要满足黄浦江左堤溃口 1 至溃口 12 避洪转移最大可能需要的安置容量。利用高分辨率遥感图像对各区已有安置场所进行识别相关安置范围，并根据《避洪转移图编制技术要求（试行）》按人均 8 m^2 核定安置容量，共选定安置场所 14 个，可安置的总人数 254 629 人。

3. 转移安置及转移路线

根据就近避难优先原则、行政隶属关系以及转移批次的先后次序等，确定每个转移单元的安置区，并利用 GIS 建立路网分析计算模型，通过设定道路的等级、交通方式、天气状况等条件，计算分析出所有转移单元与相应转移安置区通过时间最短的最优路径。中心城区浦江左堤溃口 1 至溃口 12 洪水包络避洪转移路线如附图 A-6 所示。

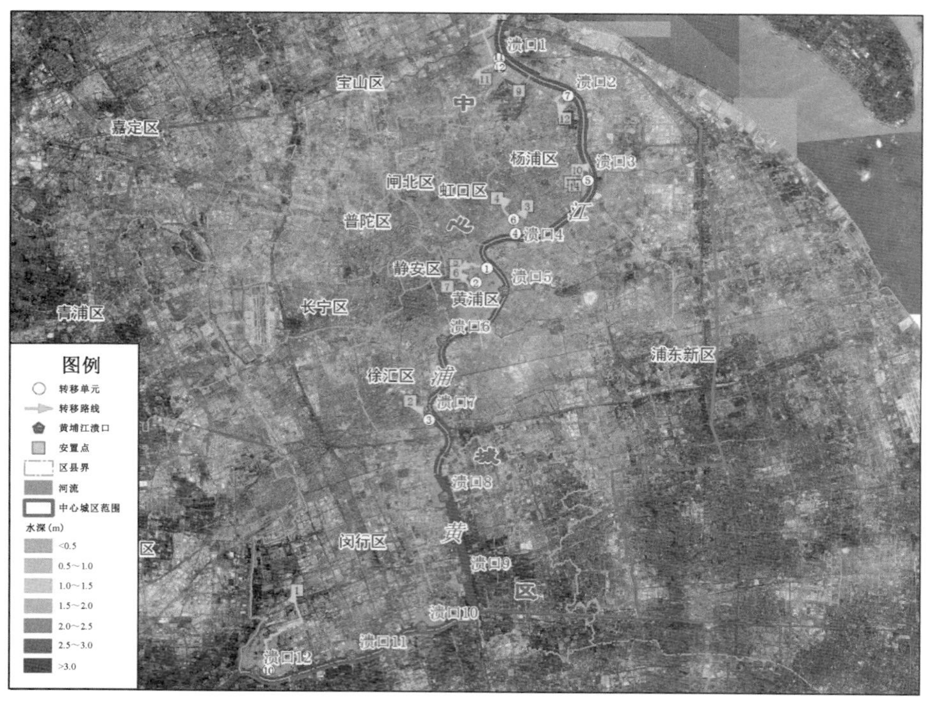

附图 A-6　中心城区黄浦江左堤溃口 1 至溃口 12 避洪转移路线和安置地点示意图

A.1.6　风险图的绘制

选用国家防办公布的《重点地区洪水风险图编制项目软件名录》中的风险图绘制系统，共绘制了 20 处溃口 40 个方案的防汛墙溃决洪水淹没水深图以及 32 个暴雨内涝方案的淹没水深图，合计 216 幅洪水风险图，以及 1 幅避洪转移图，附图 A-7 为中心城区水利标准 5 年一遇暴雨

附图 A-7　中心城区水利标准 5 年一遇暴雨组合"麦莎"实测潮位淹没水深

组合“麦莎”实测潮位淹没水深图。

A.1.7 风险图的应用

2016 年至今，上海市结合防汛实际，主要开展了以下两方面洪水风险图的应用。

1. **防汛预警方面**

开展了“上海市洪水风险动态分析系统”研究(附图 A-8)，并于 2016 年汛期投入运行，至今已累积计算了 100 多个实时预报暴雨方案(附图 A-9)。系统通过与气象精细化暴雨定量预报

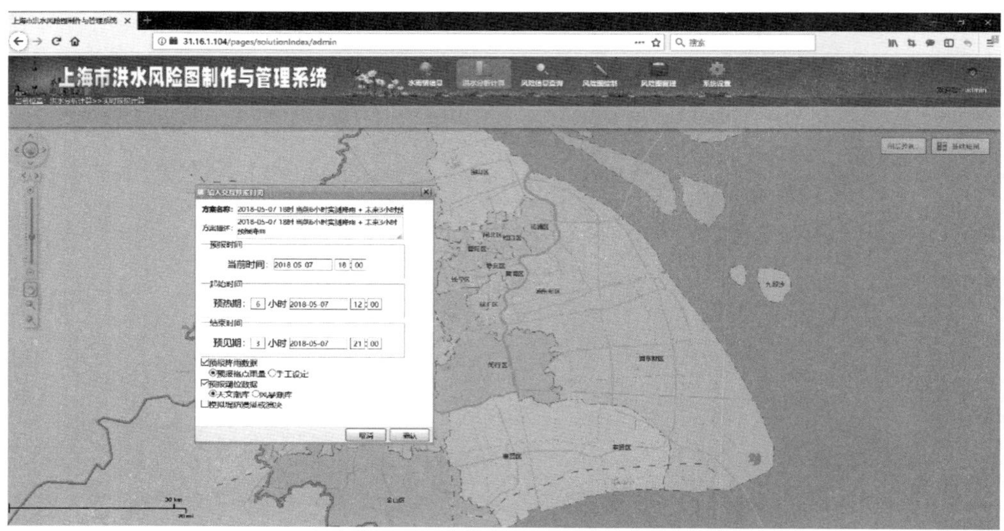

附图 A-8 上海市洪水风险动态分析系统

附图 A-9 系统运行以来计算的实时预报暴雨方案

数据库相关联，快速开展暴雨内涝的实时预报计算，并在系统中快速生成暴雨内涝分析简报和绘制洪水风险图，实现了对中心城区和浦东片暴雨洪水风险的实时分析(附图 A-10、附图 A-11)，为上海市防汛风险的实时动态分析和防汛预警决策提供了重要工具。尤其是在 2017 年 9 月24 日、2017 年 9 月 15 日、2017 年 7 月 25 日、2016 年 10 月 21 日和2016 年 9 月 15 日等场次暴雨的内涝分析和预警中发挥了重要的辅助决策支持作用。

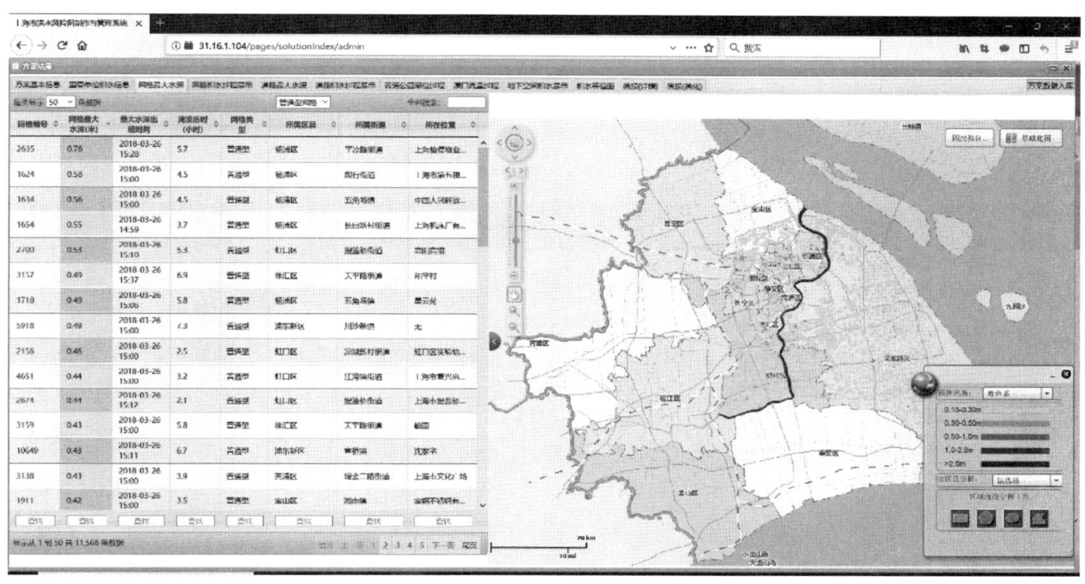

附图 A-10　网格最大水深信息

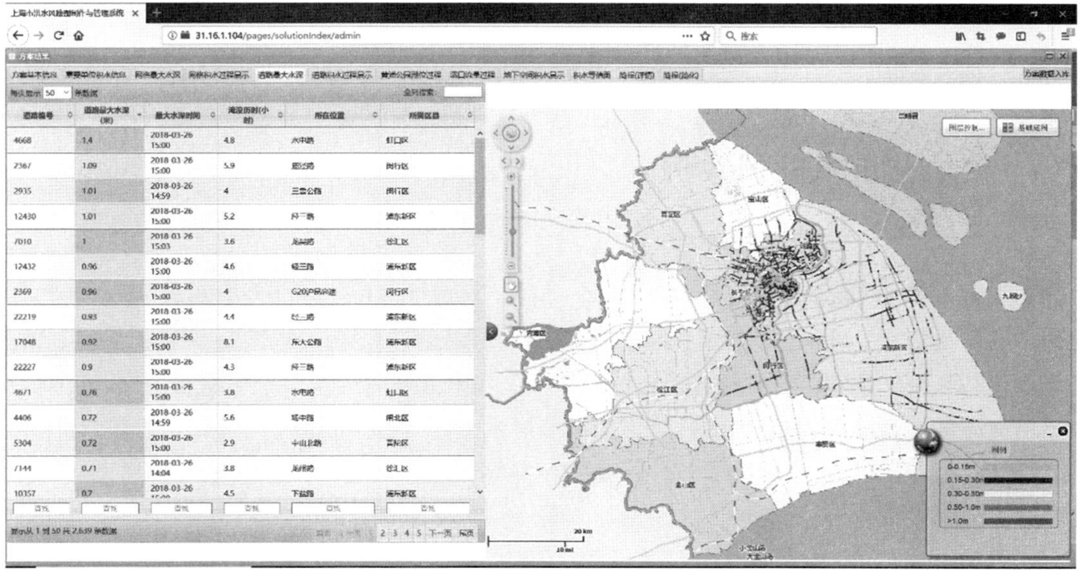

附图 A-11　道路最大水深信息

2018 年，上海首次将洪水风险图动态实时分析作为汛期防汛应急保障演练的重要组成部分，是防汛应急保障演练的重要环节。

2. 防汛风险展示方面

上海市基于已建水务公共信息平台开展了洪水风险图应用展示系统的开发，对洪水风险图编制成果数据进行了进一步细化整理，结合水务公共信息平台，进行了二次开发和集成，从而在水务公共信息平台上根据不同需求进行洪水风险地图和洪水淹没过程的浏览、查询、动态展示(附图 A-12、附图 A-13)，为洪水风险图的应用和宣传培训提供了工作基础。

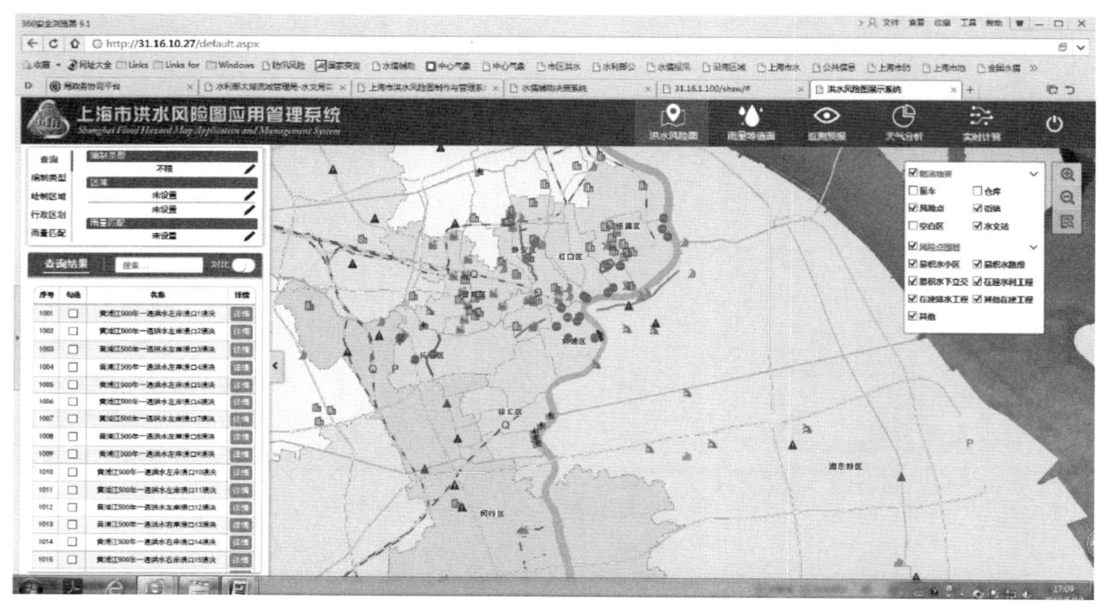

附图 A-12　上海市水务公共信息平台中的风险信息发布

A.2　流域防洪风险图案例

2013—2015 年，太湖流域在国家防办统一部署下，开展了重点地区洪水风险图编制工作，包括 2 个城市和 11 处防洪(潮)保护区，覆盖范围约 1.77 万 km^2，超过太湖流域防洪保护区面积的 70%[2]。其中，上海市包括浦东区、浦西区、杭嘉湖区(沪)、阳澄淀泖区(沪)、上海中心城区等 5 个编制区域。各省(直辖市)分别负责组织开展境内区域的洪水风险图编制工作，流域机构主要负责流域层面协调、流域洪水风险管理系统建设、风险区划试点以及流域片省(直辖市)成果汇总集成工作。目前，流域机构和省(直辖市)的编制任务已基本完成并投入使用，此外太湖流域还在洪水实时分析、洪灾损失快速预判方面进行了有益的尝试[1]。

江苏省太湖区、武澄锡虞区，浙江省浙西区及上海市浦西区、浦东区等 11 处防洪(潮)保护区洪水风险图，编制面积约 1.59 万 km^2。保护区洪水分析方案设计总体上根据洪水来源分，有

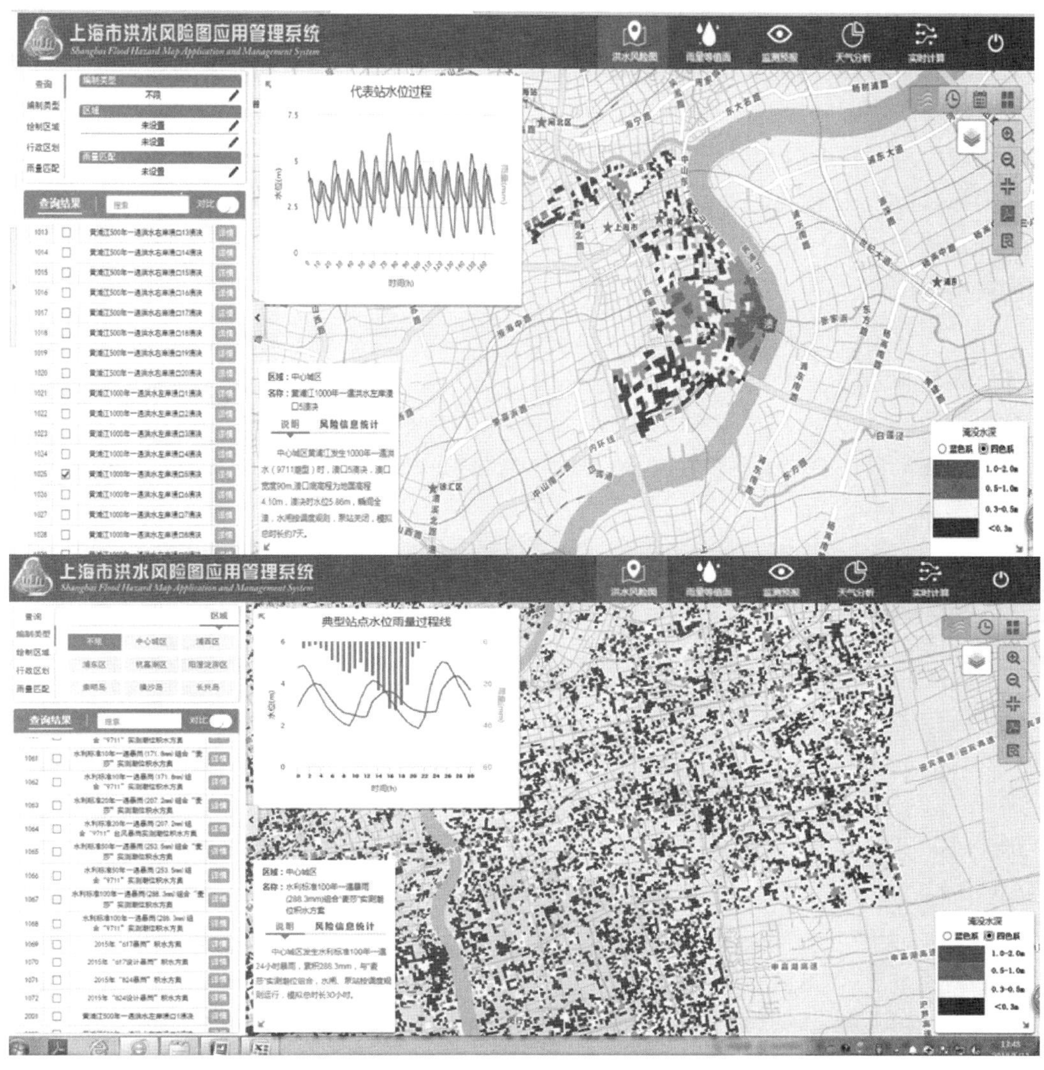

附图 A-13　洪水风险发布

外河洪水、内河洪水、暴雨内涝、实况洪水等。其中，外洪方案指遭遇超标准洪水堤防溃决而进入保护区的情况，内洪方案考虑区域设计暴雨对应设计洪水，内河洪水超标准的堤防溃决情况。作为外洪、内洪溃决方案，溃口选择原则为“最可能”“最不利”“代表性”，“最可能”主要考虑堤防的薄弱段、险工险段；“最不利”考虑重要城镇、工商业所处位置的堤段及地势低洼区域等；“代表性”主要考虑历史溃口位置。防洪保护区洪水风险分析一般选用 5 年一遇、10 年一遇、20 年一遇、50 年一遇、100 年一遇、200 年一遇等不同设计频率洪水，也有根据保护区实际，直接采用防洪保护区防洪标准及以上 2～3 个量级。风暴潮量级一般选取 10 年一遇、20 年一遇、50 年一遇、100 年一遇、200 年一遇、500 年一遇，特别重要的防潮保护区可以选用更高标准。

无锡市、上海市 2 个城市洪水风险图，面积约 0.18 万 km^2。城市洪水分析方案也根据洪水来源设计，与防洪(潮)保护区洪水分析不同的是，城市洪水风险图编制还需考虑城市排水系统的能力，城市暴雨内涝方案设计需要考虑水利标准的长历时暴雨与市政标准的短历时暴雨两个标准。城建部门暴雨分级标准一般选取 1 年一遇、2 年一遇、3 年一遇、5 年一遇、10 年一遇，长历时的暴雨内涝一般选取 5 年一遇、10 年一遇、20 年一遇、50 年一遇、100 年一遇。洪水量级也可根据实际，选用城区除涝标准及以上 3～4 个量级。溃口设置同防洪(潮)保护区溃口设置[2]。

下面选取与流域上游边界直接相关的杭嘉湖区(沪)洪水风险图编制作为流域防洪风险图编制的典型案例①。

A.2.1 区域概况

杭嘉湖区(上海太南片和浦南西片)位于上海市西南部，涉及上海青浦区、松江区、金山区，包括上海市水利分片中的太南片和浦南西片，东与浦东片相连，总面积约 377.7 km^2，编制区域边界如附图 A-14 所示。

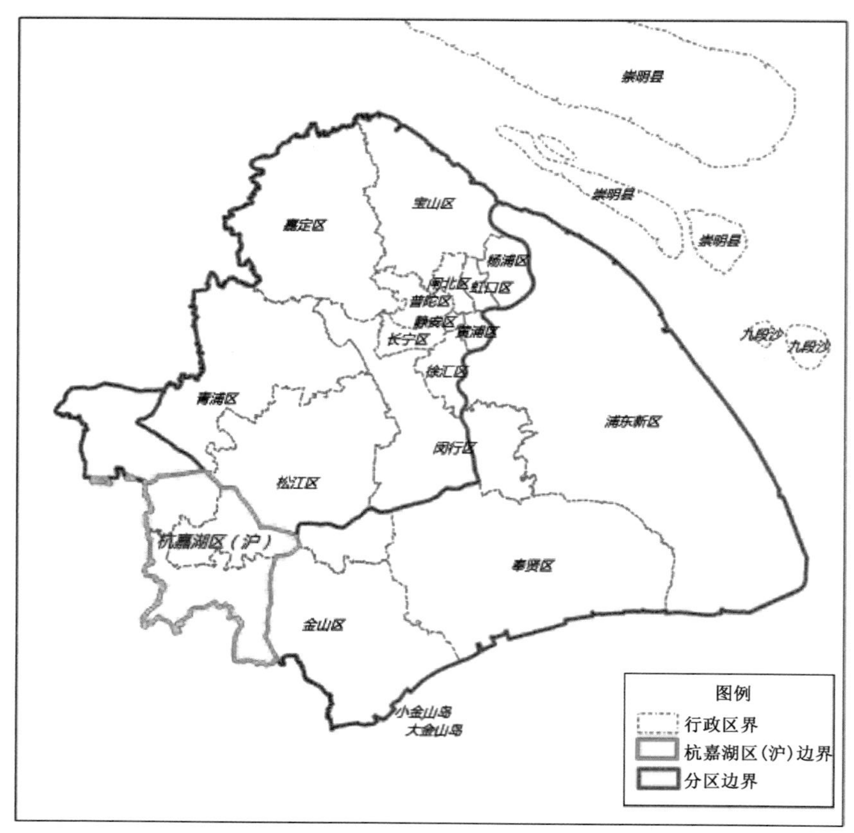

附图 A-14　杭嘉湖区(上海太南片和浦南西片)地理位置

① 中国水利水电科学研究院，上海市(不含崇明)洪水风险编制项目——杭嘉湖区(上海太南片和浦南西片)洪水风险图编制报告，2015。

A. 2. 2　基础资料收集和分析处理

基础资料主要通过如下方式收集:实地考察、座谈会、有关单位协助提供资料信息。数据处理工作主要包括:将收集到的资料按照洪水分析计算、洪水影响分析、避洪转移分析和风险图绘制等要求进行相应的处理。

1. 自然地理

收集了覆盖杭嘉湖区(上海太南片和浦南西片)洪水计算范围 1∶2 000 比例尺的 DLG 数据,包括行政区划、道路、铁路、水系、居民地、土地利用、高程点、等高线等相关图层。根据上海市的实际情况和要求,数据统一采用上海地方坐标系,高程基准采用上海吴淞(佘山)高程基准。

2. 水文及洪水

收集了杭嘉湖区(上海太南片和浦南西片)所有线状河道、面状河道空间分布,大部分河道的横断面资料,大部分河道的常水位、最高控制水位、常水位和控制水位的水面面积和槽蓄容量等特征参数。其中市管和区管河道共 38 条。杭嘉湖区(上海太南片和浦南西片)内及边界处的雨量站共 19 个。相关水位站共 14 个。

根据杭嘉湖区(上海太南片和浦南西片)近年发生的较为典型的暴雨洪水,同时结合收集的河道地形年份,本项目收集了 2005 年“麦莎”台风、2012 年“海葵”台风、2013 年“菲特”台风和 2013 年 09 月 13 日暴雨洪水资料,用于模型参数的率定和验证。

同时,还收集了太湖流域 91 实况、99 实况洪水及流域 50 年一遇、100 年一遇和 300 年一遇设计暴雨和设计洪水资料。本项目收集的水文资料中,位于上海市境内的水文站点资料由上海市水文总站统一进行整编处理,保证了资料序列的一致性、完整性和准确性。边界入流资料及对应的流域降雨资料由水利部太湖流域管理局提供。

3. 社会经济资料

本次杭嘉湖区(上海太南片和浦南西片)洪水风险图编制范围主要涉及上海市青浦区、金山区和松江区三个区的 8 个镇。进行洪水影响分析所涉的社会经济数据具体包括总面积、GDP、常住人口、乡村居民人均纯收入、乡村居民人均住房、城镇居民人均可支配收入、城镇居民人均住房、耕地面积、农业产值、林业产值、畜牧业产值、渔业产值、工商企业固定资产、工商企业流动资产、工业总产值或商贸企业主营收入、公路铁路修复费用、房屋建筑单价、居民地非居民地建筑物占地比例、不同楼层建筑物比例、资产净值率等。

以上社会经济数据主要源自各区 2013—2014 年统计年鉴,选定 2013 年为洪水风险图编制的社会经济数据水平年。

4. 工程及调度

杭嘉湖区(上海太南片和浦南西片)涉及的防洪排涝工程主要包括堤防、水闸、泵站和圩区。堤防信息重点收集测量了黄浦江、太浦河、拦路港—泖河—斜塘、红旗塘—大蒸塘—圆泄泾、胥浦塘—掘石港—大泖港等市管河道堤防信息,包括堤顶高程、堤防形式、近年来险情。水闸、泵站信息主要根据上海市第一次全国水利普查相关资料，杭嘉湖区（上海太南片和浦南西片）现状水闸（含圩区）共有 527 座，排涝泵站（含圩区）共有 337 座。其中，重要水闸控制着黄浦江、太浦河、拦路港—泖河—斜塘、红旗塘—大蒸塘—圆泄泾、胥浦塘—掘石港—大泖港与沿线河流的水流交换。圩区共 49 个。

上海市已形成 14 个水利控制片，控制全市总面积的 97.1%，其中商榻片及浦南西片为太湖流域行洪排涝通道，也称敞开片。水利控制片基本上由外围一线堤防、水闸、泵闸，片内河道以及圩区组成。目前泵闸设施管理部门主要依据《上海市防汛条例》《上海市防汛防台应急响应规范》《上海市水闸管理办法》和《上海市水利控制片水资源调度实施细则》（沪水务〔2012〕627 号）等规定，结合河道和泵闸工程实际情况而进行调度。

5. 洪涝灾害

洪涝灾害资料主要包括防洪保护区历史上各次典型洪水造成的灾害损失等。资料收集根据实测资料、历史记载（如《水利志》）或者现场调查确定。洪涝灾害资料收集的主要内容包括洪水量级、溃口、农田淹没、农作物减产、人员伤亡、工业交通基础设施受损、水毁水利工程等直接和间接经济损失。

历史洪涝灾害资料以文档、表格、图片、图像、多媒体资料等形式存储，可通过受灾区域的民政部门或水利部门历史灾情统计和调查资料、历史水灾出版文献及保险部门的赔偿记录等获取。通过对实测资料、历史记载及实地调查的历史洪水及洪水灾害资料进行汇总和分析，确定具体洪水场次，并明确历史洪水的洪水过程、溃口情况、淹没情况（主要是淹没范围和淹没水深）及损失情况等。

本区域洪涝灾害资料以上海市全市及各区县的灾情总结和统计数据为主，包括 1905 年以后历次台风影响上海市的情况、典型年梅雨灾害资料和典型年场次暴雨洪水灾害资料。其中，杭嘉湖区（上海太南片和浦南西片）所涉及的青浦区、金山区和松江区较为典型的历史洪涝灾害包括 1991 年、1999 年、2002 年、2005 年及 2007—2014 年。

6. 基础工作底图及加工处理

基础底图的加工与处理方法、内容按《洪水风险图编制技术细则（试行）》的要求，与上海市中心城区相同。

A.2.3 洪水分析

根据《洪水风险图编制技术细则（试行）》的要求，结合杭嘉湖区（上海太南片和浦南西片）洪水分析的实际需求，本次洪水分析流程分为以下步骤：①洪水分析方法的确定；②选择洪水分析模型；③模型建立；④参数率定与模型验证；⑤方案分析计算；⑥计算结果提取；⑦洪水风险信息统计。具体流程如附图 A-15 所示。

A.2.3.1 洪水分析方案

杭嘉湖区（上海太南片和浦南西片）处于太湖洪水及杭嘉湖地区涝水过境的要冲地带，特殊

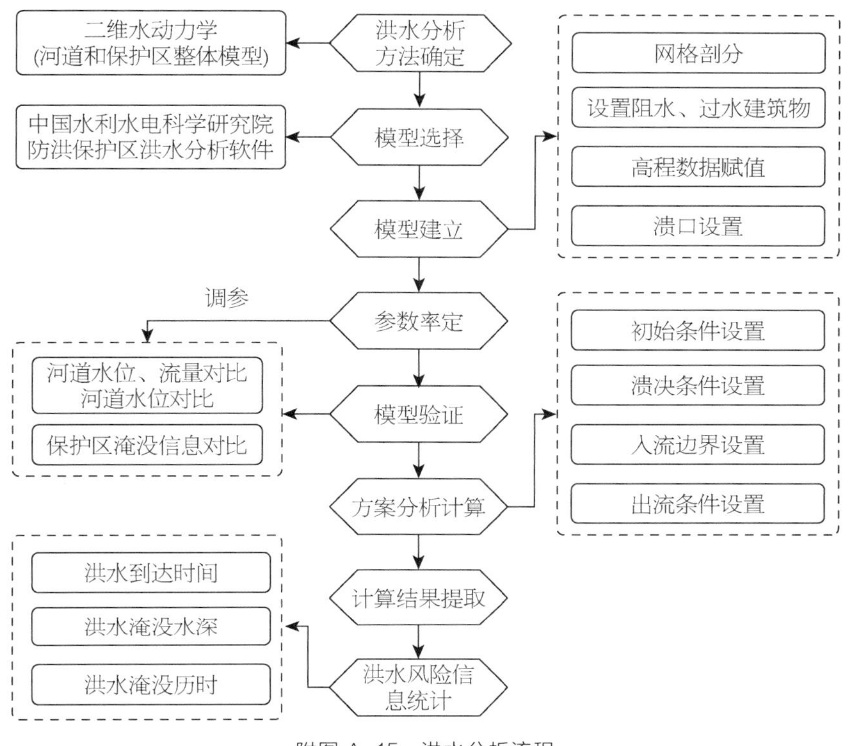

附图 A-15　洪水分析流程

的地理位置和地势低洼的自然条件，决定了易受洪涝威胁的现实。自 20 世纪 90 年代太浦河、大蒸塘开通以来，上游来水下泄加快，下游江潮上溯增强，水文情势发生了很大的变化。外河底水位抬高，潮差减少，高水位屡屡出现。杭嘉湖区已经建成的部分农村圩区，随着部分区域城市化进程的加快，用地性质发生改变，暴雨径流的产流、汇流过程加快，如遇突发极端灾害性天气，或长时间连续梅雨，产生洪涝灾害的可能仍不能排除。因此，需考虑上游洪水、区间暴雨和高潮位三种洪水来源。

1. 洪水量级

1）内河溃决洪水

内河溃决的洪水量级按当前防洪能力和高于该防洪能力设置，包括太浦河、拦路港—泖河—斜塘、红旗塘—大蒸塘—园泄泾和胥浦塘—掘石港—大泖港，其现状防洪能力均已达到 50 年一遇，故分别选取 50 年一遇和 100 年一遇的设计洪水开展不同溃口的溃决模拟。另外，增加了标准较低的惠高泾及内部圩堤所在河道进行溃决分析。惠高泾现状防洪能力不足 20 年一遇，所以选择 20 年一遇、50 年一遇和 100 年一遇洪水量级。内部圩堤选取了浦南西片的建设河右岸堤防和太南片的大胜港右岸堤防，规划防洪标准分别为 30 年一遇和 10 年一遇，所在圩区名称分别为建设河东和太南片。由于这两条内河及其附近无实测水文站点，无法获得不同频率的设计水位过程，所以洪水量级采用河道堤防规划防洪标准对应的设计水位作为恒定水位边界。闸门顶漫溢方案选取 50 年一遇和 100 年一遇两种洪水量级。

2）暴雨内涝洪水

暴雨内涝主要考虑上海市发生暴雨，以及上游发生洪水的情况，并进行组合影响分析。流域暴雨选取了“1991 梅雨”“1999 梅雨”实况降雨及“91 北部”“99 南部”50 年一遇、100 年一遇、300 年一遇设计暴雨；区域暴雨选取了“麦莎”“菲特”实况降雨及“麦莎”“菲特”20 年一遇、50 年一遇设计暴雨；上游洪水选取了流域“91 北部”“99 南部”50 年一遇、100 年一遇设计暴雨下对应的计算洪水下泄过程。

2. 溃口设定

1）溃口选择原则

溃口的选择主要考虑河道险工险段、穿堤建筑物、堤防溃决后洪灾损失较大等情况。根据“最可能”“最不利”和“代表性”三个原则，“最可能”指溃口的设定考虑了堤防的薄弱段、险工险段；“最不利”指溃口的设定考虑了重要的城镇、工商业所处位置的堤段，由此可以预估出最严重的灾害影响；“代表性”指溃口的设定考虑了以前发生过溃口的位置，即历史出险位置。杭嘉湖区（上海太南片和浦南西片）洪水分析任务中，只在内河溃决分析时设置溃口，暴雨内涝分析不设置溃口。

2）溃口位置确定

根据上述原则，以及对研究区域调研的结果，结合专家咨询意见和技术大纲审查意见，共设置了 16 个溃口，各溃口具体位置如附图 A-16 所示。

3）溃决时机

根据《洪水风险图编制技术细则（试行）》的规定，防洪保护区堤防溃口时机取洪水位达到溃口所在位置的防洪保证水位。由于上海市河道管理中涉及的特征水位中，无专门的“防洪保证水位”，而是“最高控制水位”，对比本项目所涉及的各条河流的最高控制水位与开展内河溃决时选择的各测站设计水位可以看出，大部分河流的最高控制水位比 50 年一遇设计水位还要高，太浦河的最高控制水位甚至高于 100 年一遇设计水位，如采用该特征水位确定溃决时机，则在部分洪水量级条件下不会发生溃决。另外，通过与高程数据比对可以看出，杭嘉湖区（上海太南片和浦南西片）河流两岸地面高程一般均较高，所以最终选择溃口所在位置的堤外地面高程作为溃口时机，即当水位首次达到该值时，溃口发生。

4）溃口发展过程及尺寸

上海市防汛墙均按仓构建，每仓的宽度在 10～15 m，历史洪水中，防汛墙基本按仓溃决。通过对上海各区域堤防在历史洪水期间的溃决情况分析，确定所有溃口方案溃口宽度均设置为 90 m。考虑到溃决时的最不利因素，按堤防瞬间全溃的方式溃决，溃口的底高程取溃口所在河道堤防外地面高程。开展洪水分析时，考虑单一溃口的溃决洪水。

3. 计算方案

综合以上分析，考虑上游洪水引起河道堤防溃决洪水及区间暴雨内涝洪水两种情况共计

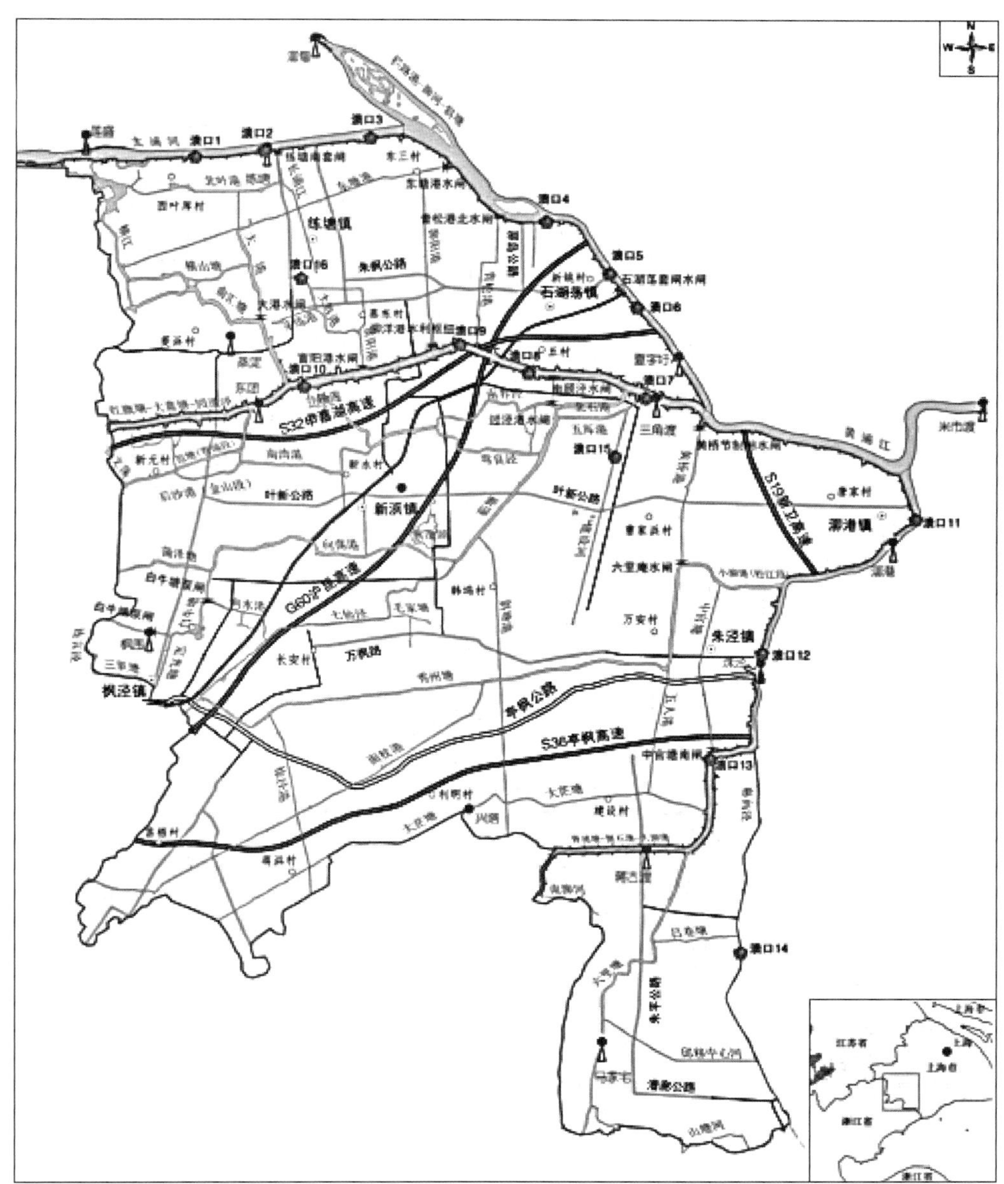

附图 A-16　溃口位置分布

48 个分析方案，其中，堤防溃决洪水分析方案考虑不同降雨条件和不同溃口情况的组合共31 个分析方案，暴雨内涝方案主要考虑了历史典型暴雨、设计标准暴雨、遭遇组合方案等类型共 10 种区域内涝暴雨条件，以及流域实况方案和流域设计暴雨共 7 种流域内涝暴雨条件。

A. 2. 3. 2　洪水分析结果

采用国家防汛抗旱总指挥部办公室公布的全国重点地区洪水风险图编制项目可采用的系列软件名录中“中国水利水电科学研究院洪水分析系列软件”中的“防洪保护区洪水分析软件”，

构建河道和保护区整体二维水动力模型。模型考虑保护区内主要河流的导水作用,高出地面线状地物(高速公路、铁路、堤防等)的阻水作用以及主干道路的阻水和过水作用。重点分析了各方案所有网格的洪水最大淹没水深、洪水到达时间、洪水淹没历时以及各个网格的淹没水深过程和各通道的流量过程等,根据计算结果统计的各方案下溃口溃决水量、最大淹没面积、最大淹没水深、平均淹没水深等特征值,并制作最大淹没范围和淹没水深图。结果分析表明:

(1) 各溃口溃决洪水流量过程合理,水量平衡系数满足《洪水风险图编制技术细则(试行)》要求;研究区域内洪水淹没较好地体现了道路、堤防的阻水作用,洪水淹没空间分布合理;从淹没水深的空间分布、淹没面积、最大淹没水深和平均水深等特征值分析,该区域各溃口的淹没范围和程度均较小,除同时发生堤防漫溢的胥浦塘—掘石港—大泖港溃口 13 和惠高泾溃口 14 外,最大为红旗塘—大蒸塘—园泄泾溃口 8,在 100 年一遇设计洪水条件下,淹没总面积仅为 6.48 km^2。50 年一遇和 100 年一遇洪水条件下闸门顶漫溢方案的淹没面积较各溃口方案偏大,最大为 13.06 km^2,但淹没水深均较小,平均水深为 0.16 m 和 0.18 m。

(2) 总体上区域内涝方案对杭嘉湖区(上海太南片和浦南西片)的内涝影响基本大于流域内涝方案;淹没范围最大为区域"麦莎"50 年一遇设计暴雨方案,最小为流域"1991 梅雨"实况方案;水深≥0.5 m 淹没面积最大为流域"1999 梅雨"实况方案;水深≥0.5 m 淹没面积最小为区域"麦莎"实况方案。其中区域暴雨内涝方案中,"菲特"实况方案的淹没范围和程度均大于"麦莎"实况方案;50 年一遇设计暴雨方案内涝淹没范围和程度大于 20 年一遇设计暴雨方案;在区域"麦莎"20 年一遇设计暴雨的条件下遭遇流域下泄洪水,流域"91 北部"洪水对区域的影响略大于流域"99 南部"方案。流域暴雨内涝方案中,"1999 梅雨"实况方案淹没范围和程度均大于"1991 梅雨"实况方案;"99 南部"雨型对杭嘉湖区(上海太南片和浦南西片)的影响相对突出。

A.2.4 洪水影响分析

A.2.4.1 洪水影响分析方案

杭嘉湖区(上海太南片和浦南西片)洪水影响分析与损失评估的方案与洪水分析的方案保持一致,即对每个洪水分析方案都进行影响分析与损失评估,对典型方案不同水深的评估结果、不同类型和不同行政区的结果进行分析,并且对具有可比性的方案(同频率不同溃口、同一溃口不同频率)间的洪水影响及损失评估结果进行比对分析。

1. 水深等级的确定

主要依据淹没水深这一洪水特征指标进行洪水影响分析和损失评估,按照《洪水风险图编制细则》中对城市洪水风险图水深分级的规定,此次杭嘉湖区(上海太南片和浦南西片)的洪水水深等级确定为<0.3 m, 0.3~0.5 m, 0.5~1.0 m, 1.0~2.0 m 和>2.0 m,共 5 级。

2. 评估单元的确定

依据《洪水风险图编制技术细则(试行)》的规定,洪水影响分析以不同级别的行政区域(市/

县/区、乡镇/街道、行政村等)为统计单元进行。考虑收集到的资料情况,杭嘉湖区(上海太南片和浦南西片)的洪水影响与损失评估以乡镇/街道为最小统计单元,本项目所涉的乡镇包括青浦区的练塘镇,松江区的新浜镇、石湖荡镇、泖港镇,以及金山区的廊下镇、朱泾镇、吕巷镇、枫泾镇等8个镇。

A. 2. 4. 2　洪水影响分析结果

考虑社会经济资料和地图资料的获取性,以及《洪水风险图编制技术细则(试行)》对分析和评估内容的要求,结合杭嘉湖区(上海太南片和浦南西片)的社会经济状况,本次洪水影响的指标为受淹行政区面积、受淹居民地面积(农村居民地面积、受淹城镇居民地面积、受淹耕地面积、受淹重点单位数、受淹交通道路长度、受影响人口和GDP,本项目对杭嘉湖区(上海太南片和浦南西片)的主要损失类型进行评估,具体包括家庭财产损失、家庭住房损失、农业损失、工业资产损失、工业产值损失、商业资产损失、商业主营收入损失、公路损失、铁路损失等。分析结果表明:

(1) 杭嘉湖区(上海太南片和浦南西片)各溃口方案和闸门顶漫溢方案的受灾情况都不严重,对于同一溃口不同频率的方案,频率越小的方案,受淹越为严重。总体上,100年一遇方案较50年一遇方案受淹变化幅度不大。暴雨内涝方案反映的是整个片区的暴雨内涝情况,均比溃口方案严重许多。麦莎实况的淹没程度相对较轻,20年一遇和50年一遇方案淹没均大于麦莎实况;菲特组方案中,菲特实况的淹没程度与菲特50年一遇的淹没程度接近。并且都呈现出淹没水深等级越小,淹没的面积越大,受淹农田、居民地、道路以及受淹人口和GDP越大的趋势,并且基本50%以上的淹没都集中在小于0.5 m的水深等级内。

(2) 由于各溃口位置不同,相应方案淹没的主要土地利用类型也不同,因此在各类资产损失中,没有形成一致的规律。总体上淹没农田面积大的方案,其农业损失所占比例最大;淹没居民地面积较大的区域,家庭财产和住房、工业资产损失较大;而淹没历时较长的方案,则工商企业停产损失较大。所有溃口方案及闸门顶漫溢方案的淹没损失均小于2 000万元。对于暴雨内涝方案,由于评估的是整个片区的暴雨内涝造成的损失,与受淹统计结果相对应,在各类资产损失中基本是农业损失最为严重,这一特征与历史实况内涝灾害的损失统计数据特是完全相符的。由于金山区在杭嘉湖区(上海太南片和浦南西片)片内的面积最大,所以其损失也最大,青浦区在该片内所占面积最小,相应损失也最小,而松江区占片区的面积和损失均介于金山区和青浦区之间。

A. 2. 5　避洪转移分析

避洪转移分析是在洪水风险计算分析的基础上,以转移预案为指导,根据特定频率/场次洪水的淹没范围、水深、到达时间等风险信息,通过对受淹居民区位置、人口数量、设施、道路、安置区域等信息的综合分析和路网计算,得到居民区避洪转移安置方案和转移安置最优路径,为现有防洪预案方案的修订完善提供参考。避洪转移分析计算技术流程如附图A-5所示。

A. 2. 5. 1　**避洪转移分析方案**

避洪转移分析的洪水量级一般选择洪水分析中最大的洪水量级作为避洪转移分析的洪水量级。根据杭嘉湖区(上海太南片和浦南西片)溃堤及闸门顶漫溢洪水风险计算方案及计算结果的分析,选择各溃口避洪转移分析的最大洪水量级的 17 个方案。

A. 2. 5. 2　**避洪转移分析结果**

1. 转移人口分析

杭嘉湖区(上海太南片和浦南西片)各溃堤及漫溢洪水淹没范围均较小,按洪水到达时间区分的转移批次划分不明显,且相互之间重叠少,因此可考虑将所有溃口及漫溢的淹没范围进行叠加,生成包络范围进行综合避洪转移分析。根据异地避洪转移范围的确定条件,分析计算得水深大于 1 m 或淹没历时大于 12 h 的淹没范围内需转移安置的总人数为 23 824 人,涉及 3 区 7 乡镇 55 个行政村,杭嘉湖区(上海太南片和浦南西片)各溃口及漫溢淹没包络水深分布如附图 A-17所示。

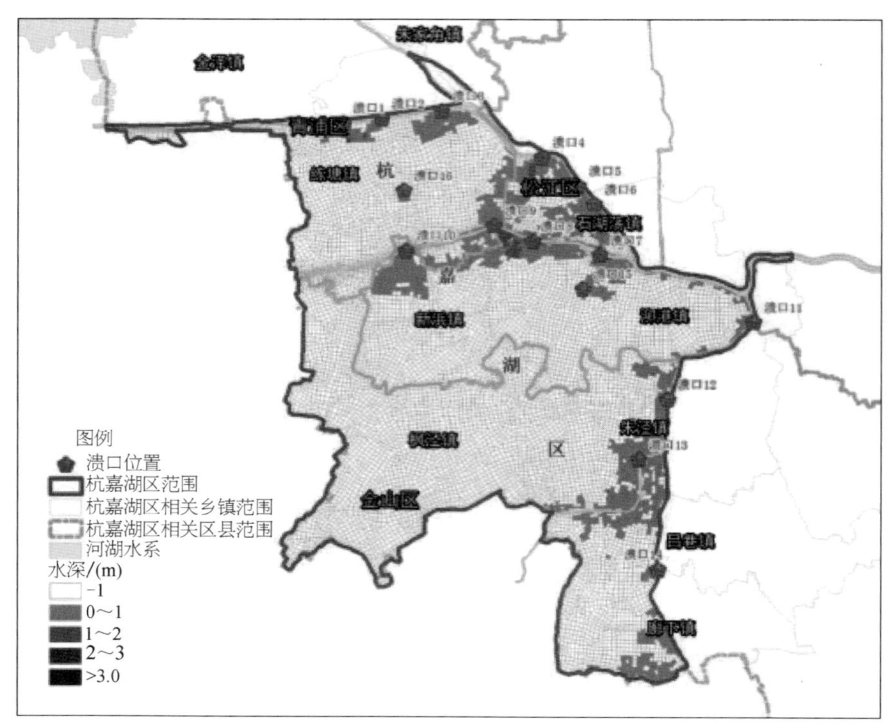

附图 A-17　杭嘉湖区(上海太南片和浦南西片)各溃口及漫溢淹没包络水深分布

2. 转移安置及转移路线

根据就近避难优先原则、行政隶属关系以及转移批次的先后次序等,确定每个转移单元的安置区,并利用 GIS 建立路网分析计算模型,通过设定道路的等级、交通方式、天气状况等条件,计算分析出所有转移单元与相应转移安置区通过时间最短的最优路径。杭嘉湖区(上海太南片和浦南西片)各溃口及漫溢包络洪水避洪转移路线如附图 A-18 所示。

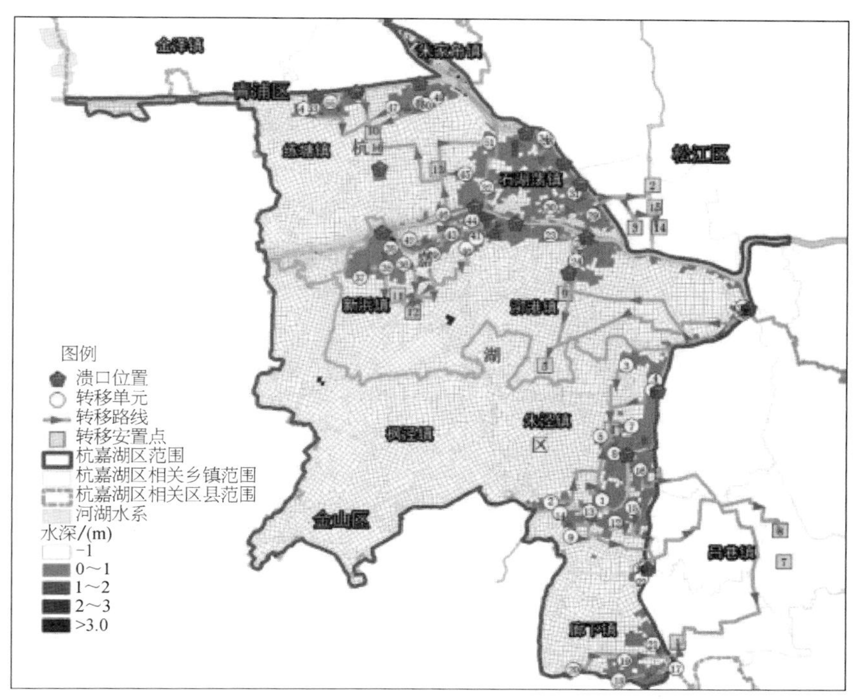

附图 A-18　杭嘉湖区（上海太南片和浦南西片）各溃口及漫溢避洪转移路线图

A.2.6　风险图的绘制

基于以上成果，共绘制了 16 处溃口 31 个方案的堤防溃决洪水淹没水深图、2 个闸门顶漫溢方案以及 17 个暴雨内涝方案的淹没水深图，合计 50 幅洪水风险图，以及 1 幅避洪转移图。附图 A-19 和附图 A-20 分别为堤防溃决和暴雨内涝两类方案的最大淹没水深图。

A.2.7　风险图的应用

洪水风险图是一种融合地理、社会经济、洪水特征等信息，可直观判定区域内遭受洪水灾害危险性大小的科学工具，应用于防洪减灾、洪水保险、发展规划、灾害评估等诸多方面。2015 年以来，太湖流域洪水风险图边编制边应用，在预案编制、防汛防台等领域进行了应用试点[2]。尤其在 2016 年太湖流域特大洪水防御中，洪水风险图编制成果发挥了重要的作用[1]。

1. 流域超标准洪水应急处理预案修编

2005 年太湖局组织编制了《太湖防御超标准洪水方案》。10 年来流域经济社会持续发展，防洪工程体系进一步完善，尤其是大中型城市防洪工程基本建成并投入运用，流域、区域和城市防洪能力发生较大变化。2015 年，太湖局结合各省(直辖市)洪水风险图相关成果，编制完成了太湖流域超标准洪水应急处理预案。其间，应急处理预案编制单位利用洪水风险图项目收集的

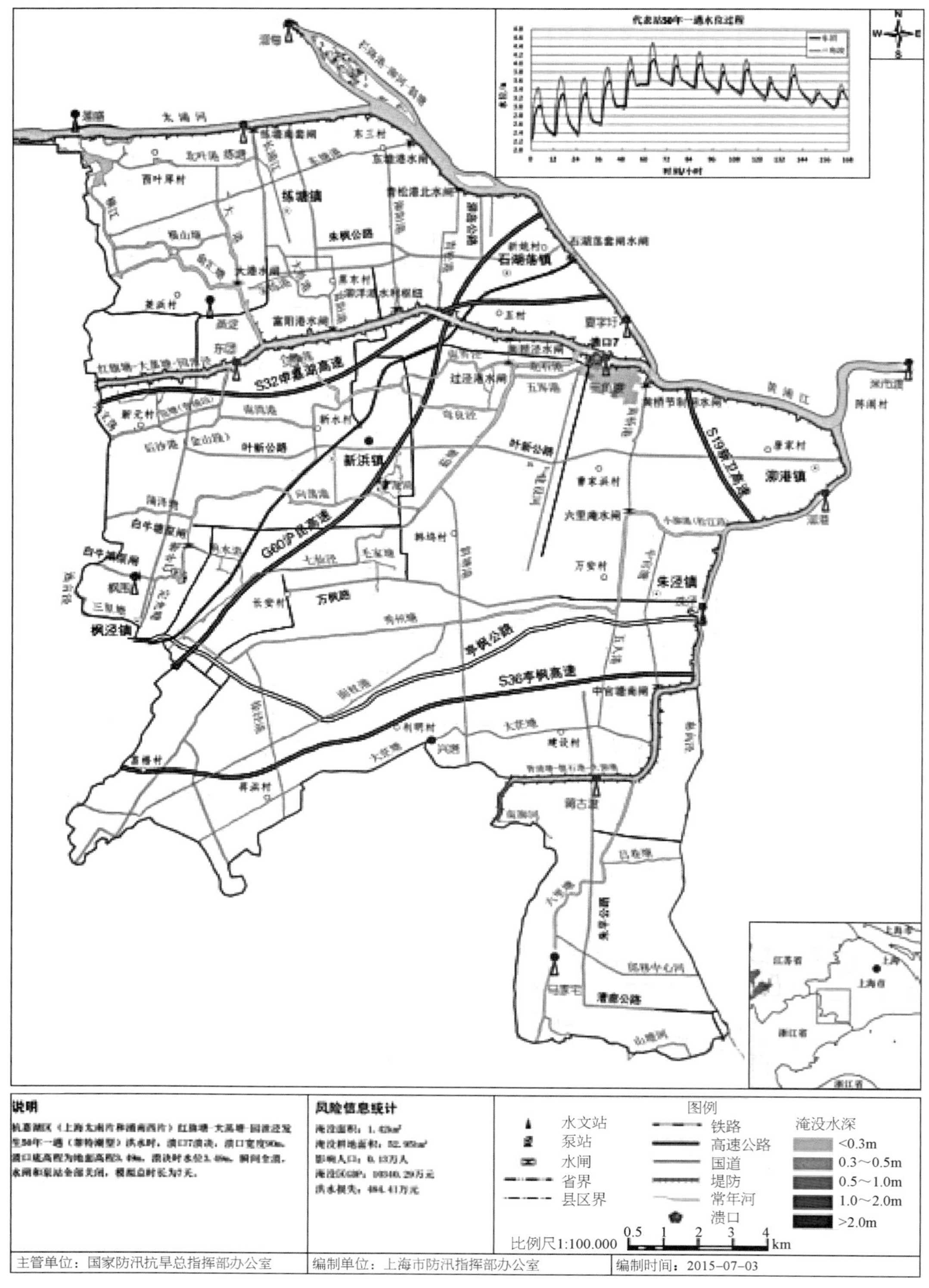

附图 A-19　红旗塘—大蒸塘—园泄泾 50 年一遇洪水溃口 7 溃决淹没水深图

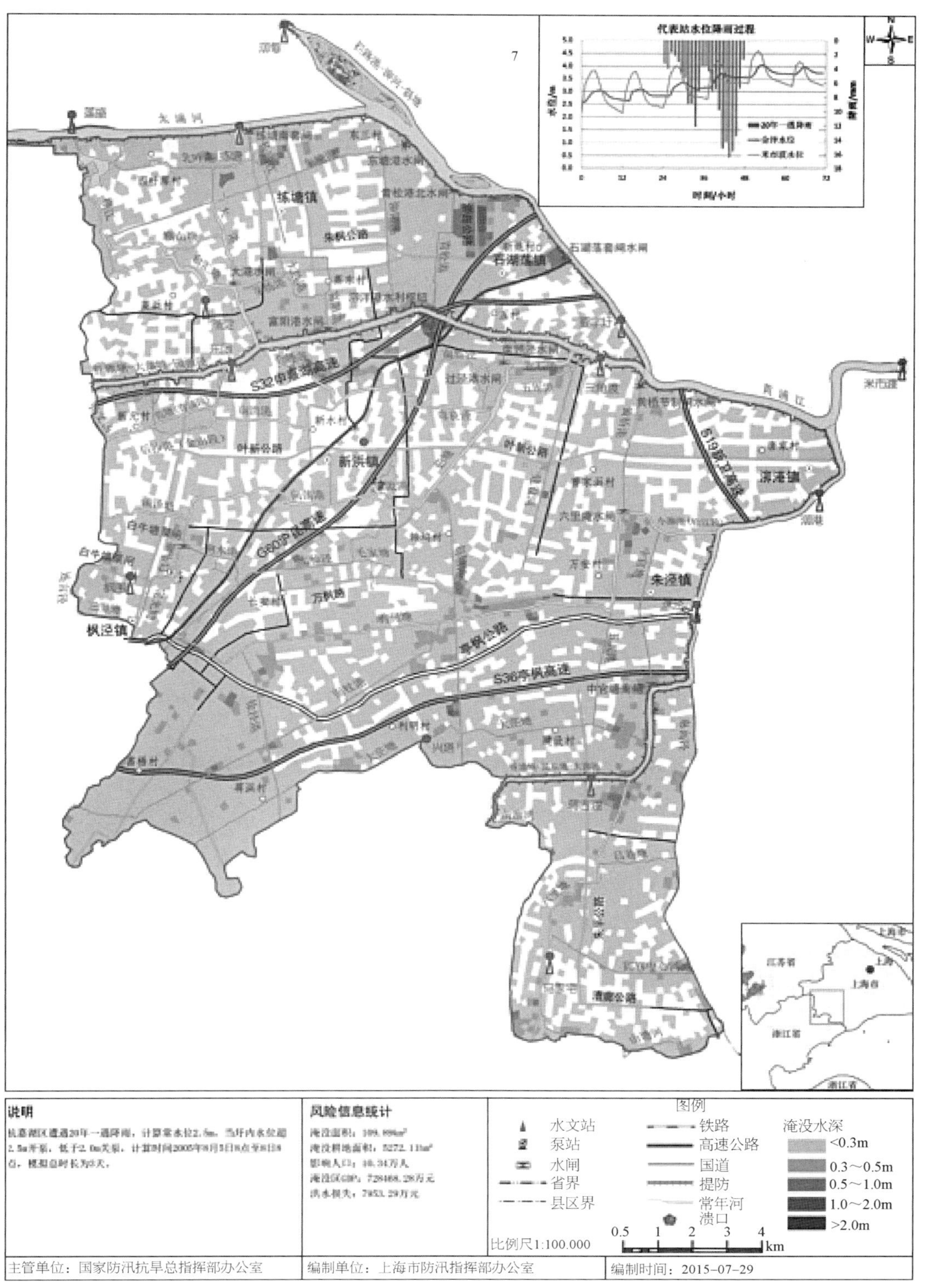

附图 A-20　杭嘉湖区（上海太南片和浦南西片）20 年一遇降雨（“菲特”雨型）内涝淹没水深图

高精度地理数据、工程资料、社会经济资料等，对模型下垫面、工况和调度等资料进行调整和更新，并加入近年实施完成的城市防洪大包围工程及区域防洪工程[1]，进一步提高产汇流及洪水演进的模拟精度[2]。同时结合编制区域的洪水风险图成果，对单一及综合超标准洪水应对措施的效果和影响进行合理性分析，最终提出了切实可行的超标准洪水应急处理预案，并在 2016 年超标准洪水防御过程中得到了应用。

2. 流域性洪水防御

2016 年，受超强厄尔尼诺现象影响，太湖流域发生超标准洪水，梅雨量达到 412 mm(6 月 19 日—7 月 20 日)，是多年平均梅雨量的 1.7 倍；太湖最高水位达 4.87 m，位列 1954 年有记录以来的第二位。汛前，流域内重点地区的洪水风险图编制工作已基本完成，江苏省、浙江省和上海市编制区域面积超过太湖流域防洪保护区的 70%。在流域洪水防御过程中，通过及时调取各编制区域的洪水风险图相关成果，为暴雨洪水影响预测及重点地区灾情预判提供了重要的技术支撑，尤其是利用流域骨干河道周边的区域洪水风险图，深入分析了太浦河、望虞河、东太湖超标准行洪及太湖周边圩区分滞洪等调度措施可能产生的影响，为科学调度流域水利工程、统筹好流域区域洪涝关系提供了支撑[2]。

3. 防汛防台决策指挥

2015 年流域北部地区发生超历史洪水，2016 年流域发生特大洪水；2015—2018 年期间流域先后遭受了“灿鸿”“苏迪罗”“杜鹃”“莫兰蒂”“鲇鱼”“尼伯特”“温比亚”等多个台风侵袭。流域内江苏省、浙江省和上海市防汛部门利用洪水风险图成果，以及实时(或动态)洪水风险分析与管理系统，通过在线实时计算、动态分析等，科学研判不同雨水情组合下的洪水风险；预测实时降雨和预报降雨可能出现的最高洪水位及影响范围，为预置抢险力量、物质，实施调度决策、防汛抢险等提供了技术支撑[1]。

参考文献

[1] 章杭惠，伍永年，刘曙光.太湖流域洪水风险图编制与推广应用[J].中国水利，2017(5):27-30.
[2] 章杭惠，刘曙光，伍永年.太湖流域洪水风险图应用实践与展望[J].中国水利，2017(17):45-48.

附录 B　智能苏州河防汛管理应用系统

智能苏州河防汛管理应用系统是上海市基于智慧水利发展的一个探索项目。我们所理解的智慧水利应该是包含智能感知、智能仿真、智能诊断、智能预警、智能调度、智能处置、智能控制、智能服务为一体的系统工程。

我国智慧水利的发展大致可以分为三个阶段:第一阶段主要是 20 世纪 80 年代到 90 年代后期,水文信息告别纸质记录开始数字化应用,一些水情自动测报系统开始使用;第二阶段主要发生在 20 世纪 90 年代末至 2010 年左右,集水情自动测报、气象云图接收、洪水预报调度、防汛等多项功能于一身的先进防汛指挥系统应用于防汛工作中;第三阶段伴随着"互联网 + "时代新信息技术的发展,智慧水利初现雏形。

智慧水利发展到现在主要优势在于单一业务系统的智能化建设较为普遍、实体网硬件建设实力较强、实时监测与数据传输等"感知"建设技术较为成熟。但也存在一些弱点,比如缺乏统一的标准模式、信息网和管控网软件建设滞后、智能调度监控管理等关键技术研发力度不够。

面对上海市苏州河水系防汛安全受上游来水、区域排水、下游潮汐、泵闸调控等因素综合影响的复杂性,以及苏州河管理涉及水利、水文、堤防、排水、港口、海事、公安、市容环卫等多部门的协调难度,针对苏州河防汛预警预报缺位、智能调控不力等技术问题,为了进一步提高苏州河防汛减灾能力,进一步提升苏州河综合管理水平,开发利用苏州河在线监测数据资源,开展防汛实时监测数据智能处理、智能模拟、智能预警和智能调度 4 项关键技术研究,并在此基础上开发了智能苏州河防汛管理系统平台(附图 B-1)。

智能苏州河防汛管理系统平台建设的重点在"三库"建设上,分别为专题数据库、模型库和预案库。

B. 1　智能感知建设

基于先进感知技术、物联网、无线传感等技术,建设布局合理、结构完备、功能齐全、高度共享的天地空一体化水利基础信息采集与传输系统,实现水文、水资源、水生态环境、水生态环境的立体监测网络,实现水利信息全方位的实时动态监测、快速传输(附图 B-2)。

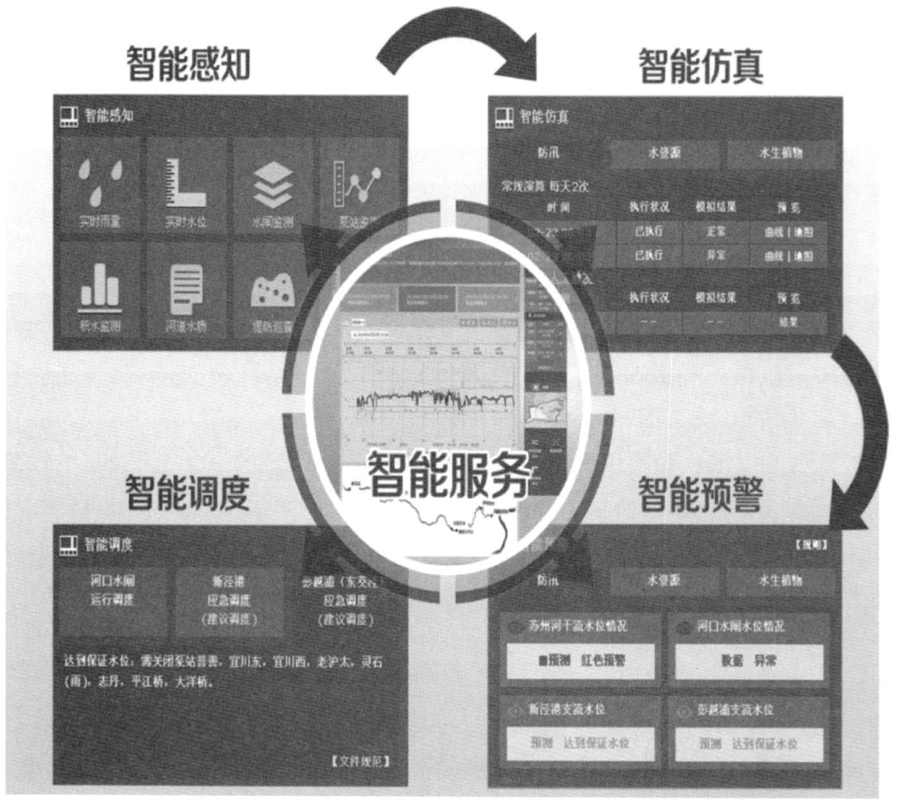

附图 B-1　智能苏州河防汛管理系统的整体架构

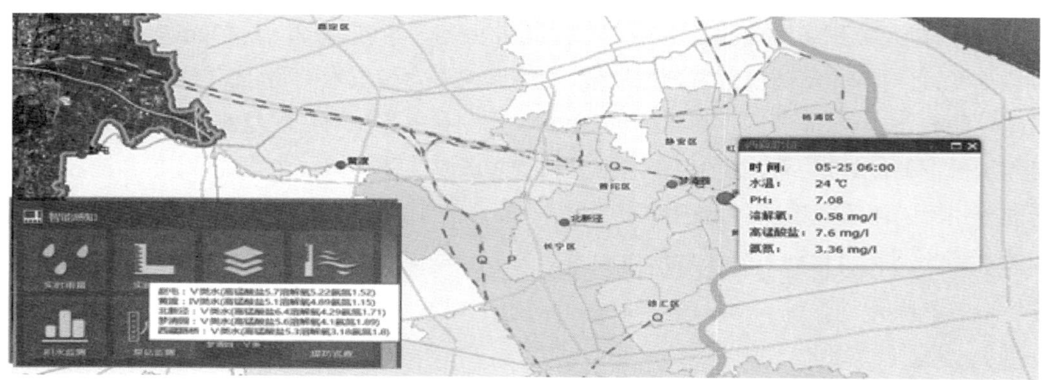

附图 B-2　苏州河智能感知现状

B.2　苏州河防汛监测预警专题数据库建设

开展苏州河防汛智能模拟、智能预警和智能调度的数据库需求分析；在苏州河防汛监测预警数据库现状与需求分析的基础上，开发了防汛监测预警数据接口交换、信息资源共享、数据智能处理技术；实现了降雨网格化预报、在线监测数据处理、边界水位预测和智能调度预案发布等数据接口的交换，研究了触发派生响应天气预报的苏州河防汛预报预警、调度预案等信息数据发布的功能，实现苏州河水系防汛数据库与模型库以及气象雨量预报与水文水力预报的无缝链接，建立在线监测、预报预警、预案发布和实时调控于一体的智能苏州河防汛管理专题数据库。附表 B-1 为数据接口列表。

附表 B-1　　数据接口

在线监测数据接口	水位、雨量
降雨网格化预报数据接口	3 km×3 km，1 h，325 个网格
边界水位预测数据接口	黄浦江上游、长江口
防汛安全智能调度数据接口	四色调度模式文件

B.3　苏州河防汛智能模拟模型库建设

采用苏州河水系降雨径流模型和一维数字河网水动力模型，建立具有代表性、典型性、可靠性的水文水量模型条件响应参数库，不断提高苏州河水系降雨径流及河道水位和流量的预测预报精度。根据气象部门的苏州河水系降雨量预报模型触发传输机制和数据接口标准，研究相应的降雨量网格化精细预报模型结果与其数字河网水文水力预报模型无缝连接的关键技术；按照多用户网络化、实时化、业务化应用的需求，集成了与苏州河水系降雨量预报结果无缝链接的降雨径流、边界水位、数字河网水位和流量一体化预报模型的智能模拟模型库(附图 B-3)。

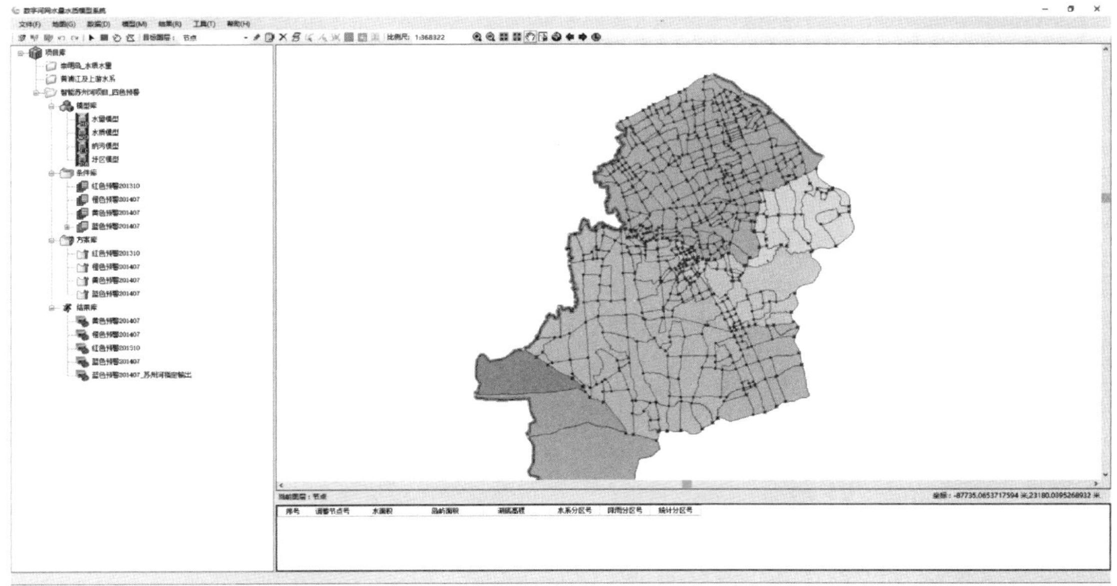

附图 B-3　苏州河水系一维河网水动力模型

B.4 苏州河防汛安全调度预案库建设

定量分析苏州河及其两岸地区排涝对苏州河水文情势的影响后，结合暴雨四色预警发布结果，优化选定了苏州河防汛安全调度控制站点、河口水闸水位分级调度控制、沿线支河泵闸水位分级调度控制、最高水位沿程分布、超警戒水位情况等防汛调度预警指标，综合提出了基于“四色”预警（蓝色、黄色、橙色、红色）的苏州河防汛排涝安全调度预案库，具体明确了“四色”预警时苏州河水系各水闸泵站的调度方式（附表 B-2）。

附表 B-2　　苏州河水系防汛排涝安全调度预案库

四色预警信号	时段雨量	24 h 雨量	苏州河两翼地区	面平均最低控制水位				
				嘉宝北片	□南片	青松片	淀北片	淀南片
蓝色预警	12 h>50 mm	50～100 mm	两岸不排	2.60	2.70	2.50	2.70	2.70
黄色预警	6 h>50 mm	100～150 mm	超 3.2 m 排	2.40	2.50	2.40	2.50	2.50
橙色预警	3 h>50 mm	150～200 mm	充分排水	2.20	2.30	2.20	2.30	2.30
红色预警	3 h>100 mm	>200 mm	充分排水	2.00	2.00	1.80	2.00	2.00

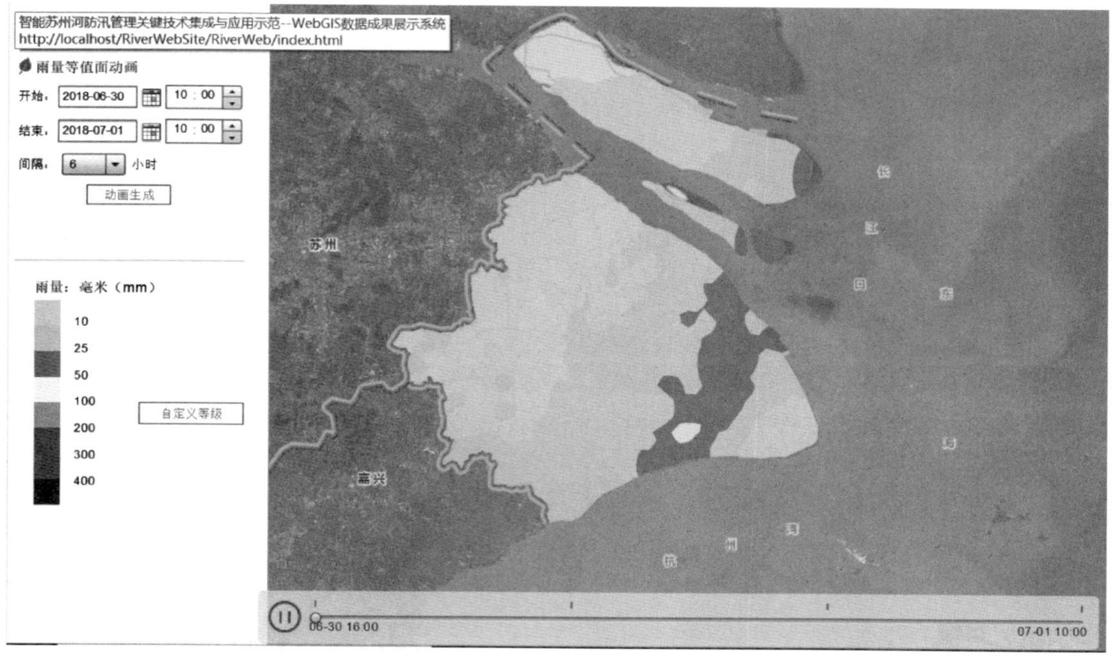

附图 B-4　雨量水位及等值线面图的静、动态展示

B.5 智能苏州河防汛管理应用系统

1. 资源管理模块

主要实现了测站实测雨量、水位数据的定点展示和动态展示，以及等值线面图的静态和动态展示，可以直观地了解区域暴雨中心和强度的变化(附图B-4)。

2. 模型计算模块

可以对降雨径流模型和水力学模型的参数和模型计算条件进行设置，启动模型按照预置的“四色”调度方案进行计算(附图B-5)。

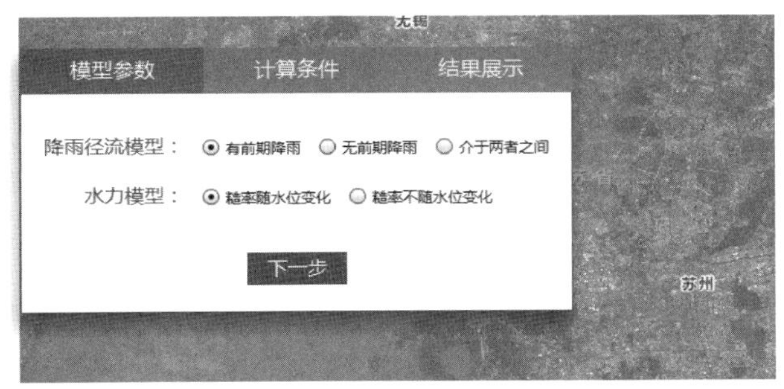

附图B-5 模型计算界面

在结果展示部分，重点对苏州河最高水位分布进行展示并显示相应的预警级别，亦可根据不同调度模式、不同河段、不同警戒级别进行最高水位分布展示，并统计相应预警级别的河段长度和比例。可展示苏州河水系预报流量矢量图和流场动画(附图 B-6、附图 B-7)。

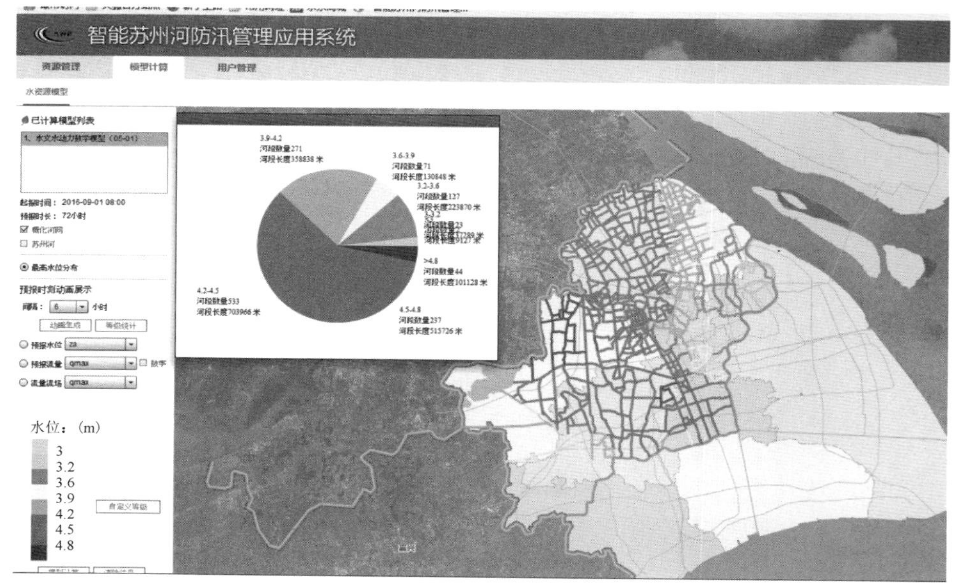

附图 B-6　苏州河水系最高水位分布图

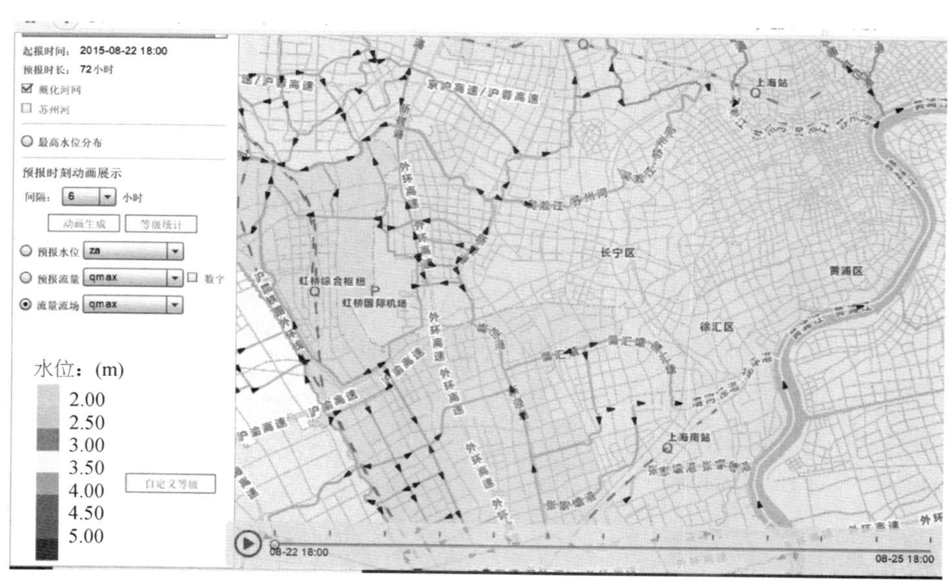

附图 B-7　苏州河水系流场

3. 用户管理模块

用户管理模块主要是对用户和日志进行日常管理。

附录C　人为因素排查表

附表 C-1　　原水系统人为因素详细排查表

序号	检查内容	检查结果		备注
		是	否	
	水源地管理与保护			
1	以地下水为水源时，是否有确切的水文地质资料			
2	以地下水为水源时，取水量是否大于允许开采量			
3	以地表水为水源时，是否有确切的水文和水情资料			
4	以地表水为水源时，枯水流量的年保证率是否达到 90%～97%			
5	在固定式取水口上游至下游适当地段是否装设明显的标志牌			
6	以地表水为水源时，有船只往来的河道是否装设信号灯			
7	以地表水为水源时，是否定期疏浚取水河道、水库等			
8	是否建立了饮用水水源保护区			
9	在水源保护区或地表水取水口上游 1 000 m 至下游 100 m 范围内(有潮汐的河道可适当扩大)，是否定期进行巡视			
10	如未建立饮用水水源保护区，是否已主动向有关主管部门报告，要求尽快建立饮用水水源保护区			
11	供水水源水质是否符合现行的《地表水生态环境质量标准》(GB 3838)或《地下水生态环境质量标准》(GB/T 14848)要求？如果水源水质有超标项目时，是否保证处理后达到国家《生活饮用水卫生标准》(GB 5749—2006)的要求			
12	地下水和地表水水源卫生是否遵守了《生活饮用水集中式供水单位卫生规范》和现行《城镇供水厂运行、维护及安全技术规程》(CJJ 58)规定的要求			
13	是否定期评估供水水源的安全可靠性			
14	供水水源是否为单一水源			
15	是否建立了水源水预警机制			
	原水管线			
16	是否根据现行《城镇供水厂运行、维护及安全技术规程》(CJJ 58)，结合本企业原水条件，制定了原水管网的运行和维护规程			
17	承担原水管线设计、施工、监理的单位是否具有相应的资质			
18	原水管线的设计、施工、管理、维护是否遵守相应的标准、规程及规范			

（续表）

序号	检查内容	检查结果		备注
		是	否	
19	原水管线是否为单路管线			
取水设施与设备				
20	取水口的运行和维护(含取水口附属设施)是否遵守现行《城镇供水厂运行、维护及安全技术规程》(CJJ 58)规定的要求			
21	取水设施的状况有无影响运行的缺陷			
22	取水设施是否配有备用设备			
23	取水设施如水源井的维修和报废是否执行现成《城镇供水厂运行、维护及安全技术规程》(CJJ 58)规定的要求			
24	在近两年来的生产运行高峰期间,泵站中是否有备用机组			
25	机泵的运行是否有泵组开停、泵组运行参数、运行中所发生的事件和当班人员的姓名等记录			
26	是否有巡检制度？巡检记录是否完整			
变配电				
27	配电间建筑设施是否完好、无纰漏			
28	配电间门、窗、柜、网罩等防护设施是否齐备、完好			
29	配电间防汛、排水设施是否完好			
30	电气设备(包括取水泵组、鼓风机组、空压机组等)是否为双路电源供电,并且每路的容量不少于全容量的70%			
31	取水设施中电缆沟内是否有积水排放设施			
32	变配电系统是否建立了防雷系统			
33	取水设施中的机电设备是否按照机电设备维修规程定期执行			
34	根据现行《用电安全导则》(GB/T 13869)的要求,供水企业是否已经制定了变配电系统的用电安全规程和岗位责任制度			
35	是否制定了变配电系统内的电气维修规程			
36	是否建立了接地系统的定期检测制度？保存检测报告并采取措施纠正其接地电阻值			
37	操作泵站的高/低压配电室设备时是否严格遵守安全规程			
38	是否有机电设备进行的巡检制度？巡回检查记录是否完整			
39	变配电系统的技术资料是否齐全			
40	是否对变配电系统中的电气设备按规程进行定期的电气试验和继电保护校验,参加试验的单位有资质,所提交的试验报告交电气主管人员审定后存档			
41	是否制定了变配电系统事故预案			
自动控制				
42	在取水设施中是够建立了以计算机技术为基础的监控体系			

（续表）

序号	检查内容	检查结果		备注
		是	否	
43	是否已经建立了管网模型和配置了应用调度软件			
44	变配电系统的运行情况是否已纳入由监控系统管理，变配电系统的运行情况可以在中心控制室的监控计算机上反映？所有的运行报表、事故报警额和记录、指令的发出等都可以在监控计算机上完成			
计量与监测				
45	供水水源与备用水源是否进行监测，或根据需要建立在线监测和传输系统			
46	是否建立了在线仪表定期的维护、保养和维修机制			
47	从事水量计量工作人员是否具备相应的资格并持证上岗			
48	水量计量仪表是否建立了周检、强检、抽检计划			
49	负责计量管理的职能部门是否按规定进行水量计量管理			
调度				
50	是否根据供水规模的范围、水源状况、水厂与管网中的加压调蓄设施分布情况设立了相应原水调度机构，并制定相应的取水调度职责			
51	是否制定了调度机构负责人和调度员的资格条件			
52	调度室在日程实时调度时，是否通过掌控水源、水厂供水量和水压，结合管网条件精细调度，能经济合理地满足供水范围内服务水压的要求			
53	是否积累了调度运行中发生的主要资料和信息			
54	原水干管阀门的启闭是否事先经调度室同意			
55	机泵的开停操作是否根据中心控制室的命令			
56	调度室针对管网压力不正常的变化，是否建立了爆管等事故的相应处理程序			
57	调度室是否有数据采集和监控系统（SCADA 系统），为提升与发展调度机构的科学决策水平，已研发或将要研发地理信息系统（GIS 系统），以及调度执行、决策、事故处理系统			
安全防护、消防、安保				
58	是否建立了整个取水设施的安全保障措施			
59	需进入检修的取水设施是否有人身安全和安全防护措施并进行定期培训			
60	取水设施中机电设备的转动部分是否有防护装置			
61	是否有人身保护装置的维护和替换规定？并定期检查其可用性			
62	是否设置了安全警戒设施和监控信息传递、报警装置，配备了交通工具			
突发事件和应急预案				
63	是否按国务院《国家突发环境事件应急预案》、《建设部关于印发〈城市供水系统重大事故应急预案〉的通知》、建设部《城市供水水质管理规定》（第 156 号令）等有关要求，制定了发生突发事件，如自然灾害、水源污染、电网断电、重大生产运行等事故及人为破坏等事件时的制水系统应急预案（以下简称“应急预案”），并进行定期演练和评估			

（续表）

序号	检查内容	检查结果		备注
		是	否	
64	在“应急预案”中是否明确突发事件时企业内部的指挥和领导机构与工作分工			
65	是否将可能遇到的突发事件按照有关规定进行分级，并设立了相应的预警等级			
66	是否对取水系统在日常生产和发生突发事件时可能存在的薄弱环节、安全风险及发生概率等进行了评估，并有相应措施			
67	对已发生的突发事件是否有完整的记录			
68	是否制定有机泵运行的应急预案			
69	是否对泵站运行的事故应急预案进行定期演练			
70	是否对生产安全和环境安全进行定期评估，并进行整改			
人员与管理				
71	是否制定了操作手册或相关的管理制度，明确了各岗位的职责、权限和责任			
72	是否对从事电工作业的专业人员进行安全技术培训，并经过电业部门考核合格后取得安全用电操作证			
73	是否有员工培训计划			
74	是否经过相关培训与安全教育并持证上岗			
75	主要技术工种上岗前是否都进行过技术培训			
76	针对企业发展和实际需要，主要技术工种是否有岗位进修计划			
77	设备和材料采购是否按照规定要求通过招标的方式进行			
78	近10年取水系统图纸、档案和设备资料是否齐全，保存良好并更新及时			
79	是否定期对原水系统生产运行安全和环境进行检查评估，并针对发现的缺陷进行整改			
80	是否建立了监督机制，监督内部员工遵守操作手册与安全规程或相关管理制度			
81	是否对运行操作手册与安全规程或相关管理制度进行定期公告和定期更新，使员工能清楚了解修改的内容			
82	是否书面聘任了安全监督人员			
83	是否能保证安全监督人员在企业中起到监督和管理的作用			

附表 C-2　　制水系统人为因素详细排查表

序号	检查内容	检查结果		备注
		是	否	
工艺				
1	是否建立了厂级的水质预警机制			
2	根据原水水质和水厂出水水质的要求，水厂采用的混凝剂是否通过对多种混凝剂的试验或借鉴本地同水源的水厂择优选用			

（续表）

序号	检查内容	检查结果		备注
		是	否	
3	是否严格控制沉淀(澄清)池出水浊度合格率≤5NTU，并配备了浊度仪并正点记录			
4	是否对各单元工艺的主要运行参数进行定期测定，如滤池的滤层高度、滤速、含泥率、反冲强度、运行周期等			
5	是否建立对净水工艺各工序的巡回检查制度，并明确对各工序的检查要求			
6	生物预处理设施运行时是否按现行《城镇供水厂运行、维护及安全技术规程》(CJJ 58)规定，除按正常规定要求检测原水和出厂水水质外，同时每天应检测原水水温、溶解氧、亚硝酸盐氮(包括氨氮)			
7	以氯、高锰酸钾、二氧化氯或臭氧为氧化剂的预处理，其加注量、投加点是否由试验结果确定？氧化剂和水体接触时间是否足够			
8	是否严格控制滤后水浊度≤0.5NTU、合格率≥95%，对每组或每格进行浊度在线检测			
9	水厂清水池的技术要求是否遵守《室外给水设计规范》(GB 50013)			
10	滤池冲洗水和生产废水是否回收利用			
11	生产废水回收利用时是否进行水质检测并控制污染物			
12	水厂产生的泥饼处置是否符合环保要求			
13	污泥脱水后的脱水液排水下水道或附近水体的是否达到废水排放标准			
	制水设施与设备			
14	水厂的运行和维护是否遵守现行《城镇供水厂运行、维护及安全技术规程》(CJJ 58)规定的要求			
15	水厂产生的污泥是否有处理设施			
16	水厂污泥处理设施是否能正常运行			
17	泵房中是否配有备用泵组			
18	泵房的云心是否有泵组开停、泵组运行参数、运行中所发生的事件和当班人员的姓名等记录			
19	水厂设施的状况有无影响运行的缺陷			
20	取水设施是否配有备用设备			
21	机泵的运行是否有泵组开停、泵组运行参数、运行中所发生的事件和当班人员的姓名等记录			
22	清水池、清水储水池检测孔、人孔和通气孔(管)应装有确保正常使用、防止蚊虫侵入和雨水渗入的防护措施			
23	是否有巡检制度？巡检记录是否完整			
	变配电			
24	配电间建筑设施是否完好、无纰漏			
25	配电间门、窗、柜、网罩等防护措施是否齐备、完好			

（续表）

序号	检查内容	检查结果		备注
		是	否	
26	配电间防汛、排水设施是否完好			
27	电气设备(包括取水泵组、鼓风机组、空压机组等)是否为双路电源供电,并且每路的容量不少于全容量的70%			
28	取水设施中电缆沟内是否有积水排放设施			
29	变配电系统是否建立了防雷系统			
30	取水设施中的机电设备是否按照机电设备维修规程定期执行			
31	根据现行《用电安全导则》(GB/T 13869)的要求,供水企业是否已经制定了变配电系统的用电安全规程和岗位责任制度			
32	是否制定了变配电系统内的电气维修规程			
33	是否建立了接地系统的定期器检测制度,保存检测报告并采取措施纠正其接地电阻值			
34	操作泵房的高/低压配电室设备时是否严格遵守安全规程			
35	是否有对机电设备进行的巡检制度?巡回记录是否完整			
36	变配电系统的技术资料是否齐全			
37	是否对变配电系统中的电气设备按规程进行定期的电气试验和继电保护校验,参加试验的单位有资质,所提交的试验报告交电气主管人员审定后存档			
38	是否制定了变配电系统事故预案			
	化学品			
39	使用液氯的水厂,是否按现行《城镇供水厂运行、维护及安全技术规程》(CJJ 58)要求建立液氯使用安全制度,配备液氯泄漏吸收装置并保证该装置能有效运行			
40	化学危险品仓库防盗、防泄漏、防爆设施是否齐备、完好			
41	氯瓶仓库是否配备有效的中和设备、设施			
42	主要净水药剂和材料的检测项目和检测方法是否符合现行《城镇供水厂运行、维护及安全技术规程》(CJJ 58)规定的要求			
43	加氯、加氨车间是否与其他工作间隔开			
45	加氯、加氨车间是否设置了直接通向外部并外向开启的门和固定的观察窗			
46	加氯、加氨和二氧化氯设备间的外部是否设有防毒面具、抢救措施和工具箱			
47	加氯、加氨车间照明和通风设备是否设置了室外开关			
48	氯库和氨库的通风系统其进气和排气口的高低位置设置是否合理			
49	二氧化氯设备间的通风换气次数是否符合要求			
50	二氧化氯消毒系统的防毒、防火和防爆措施是否符合现行《建筑设计防火规范》相关规定的要求			
51	租赁的氧气气源系统(包括液氧和现场制氧)的操作运行是否由氧气供应商远程监控			

（续表）

序号	检查内容	检查结果		备注
		是	否	
52	租赁的氧气气源系统（包括液氧和现场制氧）的操作运行是否由水厂生产人员进行操作			
53	水厂自行采购并运行管理的氧气气源系统是否取得使用许可证			
54	臭氧发生系统的操作运行是否由经过严格专业培训的人员进行			
55	臭氧发生系统的操作运行是否严格按照设备供货商操作手册规定的步骤进行			
56	粉末活性炭的储藏、输送和投加车间是否设置了防尘、集尘和防火措施？是否有防爆措施			
自动控制				
57	在水厂中是否建立了以计算机技术为基础的监控系统			
58	变配电系统的运行情况是否已纳入监控系统管理，变配电系统的运行情况可以在中心控制室的监控计算机上反映；所有的运行报表、事故报警和记录、指令的发出等是否都可以在监控计算机上完成			
计量与监测				
59	是否对水质可实行运行生产单位、职能部门两级管理，班组、水厂化验室和中心化验室三级检验			
60	水厂化验室的水质检测能力能否达到现行《生活饮用水卫生标准》（GB 5749—2006）对制水、出厂水日检验项目的要求			
61	水质检验是否严格执行国家现行《生活饮用水卫生标准》（GB 5749—2006）			
62	水质检验的方法是否按《生活饮用水标准检验防范》（GB/T 5750）执行			
63	水质检验项目和频率是否达到现行《城镇供水运行、维护与安全技术规程》（CJJ 58）规定			
64	是否根据需要配备了便携式水质检测仪、流动检测车和便携式毒性监测仪			
65	是否根据运行需要对各单元净水工艺进行专项水质检验，定时检测并做好记录			
66	化验室使用的计量分析仪器是否严格按照《城镇供水运行、维护与安全技术规程》（CJJ 58）规定的要求，对仪器进行检定、校验和维护			
67	化验室在安全方面是否严格执行实验室资质认定中的有关安全规定			
68	水质检测机构是否经过国家或省级认证认可部门对实验室资质的认定			
69	化验室是否每年至少参加一次由国际、国内或地区有关机构组织的实验室比对或能力验证活动			
70	水厂的进水管道上及出水管道上是否设置了符合精度要求的流量计			
71	流量计运行过程中，按《速度流量计》（JJG 198）的周期要求是否由具备资格的单位及相关人员进行过现场校准			
72	是否制定了对在线仪表进行巡回检查的制度			
73	用户水表的精确度等级是否执行了不低于 2.5 级的规定			

(续表)

序号	检查内容	检查结果		备注
		是	否	
74	水量计量仪表是否建立了周检、强检、抽检计划			
75	负责计量管理的职能部门是否按规定进行水量计量管理			
	调度			
76	厂级调度是否按照《城镇供水运行、维护与安全技术规程》(CJJ 58)相关规定执行			
77	是否制定了调度机构负责人和调度员的资格条件			
78	调度室在日常实时调度时,是否通过掌控水源、水厂供水量和水压,结合管网条件精细调度,并能经济合理地满足供水范围内服务水压的要求			
79	是否积累了调度运行中发生的主要资料和信息			
80	水厂干管阀门的启闭是否事先经调度室同意			
81	机泵的开停操作是否根据中心控制室的命令			
81	机泵的开停操作是否根据中心控制室的命令			
82	调度室是否有数据采集和监控系统(SCADA 系统);是否为提升和发展调度机构的科学决策水平,已研发或将要研发的地理信息系统(GIS)、调度执行、决策、事故处理系统			
	安全防护、消防、安保			
83	是否建立了整个水厂的安全保障措施			
84	是否为员工提供必要的劳动保护装备,并且定期进行指导培训			
85	是否有劳动保护装置的替换和维护规定,并且定期检车设备的可用性			
86	雨雪恶劣天气时,需要户外作业的是否有相应的安全及管理措施			
87	需下管道等封闭空间作业的,是否有相应的安全及管理措施			
88	泵房机电设备的转动部分是否各有防护装置			
89	是否设置了安全预警设施和监控信息传递、报警装置,配备了交通工具			
	突发事件与应急预案			
90	是否按国务院《国家突发环境事件应急预案》《建设部关于印发〈城市供水系统重大事故应急预案〉的通知》、建设部《城市供水水质管理规定》(第 156 号令)等有关要求,制定了发生突发事件,如自然灾害、水源污染、电网断电、重大生产运行等事故及人为破坏等事件时的制水系统应急预案(以下简称“应急预案”),并进行定期演练和评估			
91	在“应急预案”中是否明确突发事件时企业内部的指挥和领导机构与工作分工			
92	是否将可能遇到的突发事件按照有关规定进行分级,并设立了相应的预警等级			
93	是否对制水系统在日常生产和发生突发事件时可能存在的薄弱环节、安全风险及发生概率等进行了评估,并有相应措施			
94	对已发生的突发事件是否有完整的记录			
95	是否制定有机泵运行的应急预案			

（续表）

序号	检查内容	检查结果		备注
		是	否	
96	是否对泵站运行的事故应急预案进行定期演练			
97	是否对生产安全和环境安全进行定期评估，并进行整改			
	人员与管理			
98	是否定期公布水质信息			
99	是否保持了厂内管网系统的图纸、档案资料的完整，并不断更新、及时反映现状			
100	是否制定了操作手册或相关的管理制度，明确了各岗位的职责、权限和责任			
101	是否对从事电工作业的专业人员进行安全技术培训，并经过电业部门考核合格后取得安全用电操作证			
102	是否有员工培训计划			
103	是否经过相关培训与安全教育并持证上岗			
104	主要技术工种上岗前是否都进行过技术培训			
105	针对企业发展和实际需要，主要技术工种是否有岗位进修计划			
106	设备和材料采购是否按照规定要求通过招标的方式进行			
107	是否定期对原水系统生产运行安全和环境进行检查评估，并针对发现的缺陷进行整改			
108	是否建立了监督机制，监督内部员工遵守操作手册与安全规程或相关管理制度			
109	是否对运行操作手册与安全规程或相关管理制度进行定期公告和定期更新，使员工能清楚了解修改的内容			
110	是否书面聘任了安全监督人员			
111	是否能保证安全监督人员在企业中起到监督和管理的作用			

附表C-3　　输配水系统人为因素详细排查表

序号	检查内容	检查结果		备注
		是	否	
	管网			
1	是否对于管道铺设周边地质条件进行或者委托有资质单位进行调查、勘探			
2	输配水管道及用水户支管的设计、施工、管理维护，是否遵照相应的规范、标准及规程			
3	主要输水管或出厂干管管段检修时，供水区能否保证有≥70%的供水量			
4	输配水管道所选的管材、阀门等设备及内外防腐措施（包括必要的阴极防护措施）是否符合相关的国家标准			
5	新建输配水管道完工后的冲洗消毒是否按照相关标准，且经由有资格的部门取水检验合格			
6	输配水管道的阀门及阀井的结构是否有利于操作者不下井启闭作业？需要下井作业时是否有相应的安全及管理措施			

（续表）

序号	检查内容	检查结果		备注
		是	否	
7	输配水管道的高点及茶行距离管道的相关位置是否均按设计要求设有相应规格的空气阀门或真空破坏阀，且这些设备的节点有防冻、防止对管道二次污染的措施			
8	在输配水管道的相应低点是否设有放空阀门，临近河渠附近设有冲排阀门			
9	输配水管道完工后的试压验收是否达到国家相关标准的要求			
10	长距离输水系统是否设有防水锤等安全措施			
11	输配水管道的架空管段的防腐措施是否保持良好			
12	输配水管道的架空管段是否设有空气阀、伸缩节、支座、防冻等相应措施			
13	在输配水管道倒虹穿越河道部位，河岸及河底防冲刷、抗浮及防抛锚等设施是否完好			
14	是否建立了输配水管道上相关阀门等设备的技术参数、检验及运行操作记录的跟踪卡			
15	输配水管道是否已建立并执行了定期巡线制度和相关考核制度？管网故障自报率多少			
16	是否建立并执行输配水管道的阀门启闭、操作制度			
17	是否建立有输配水管道的阀门周期性启闭活动制度			
18	是否建立输配水管道的空气阀周期性拆洗、维护制度			
19	输配水管道爆漏能否在《城市供水管网漏损控制及评定标准》(CJJ 92)规定的时间内完成止水和抢修；及时率为多少			
20	输配水管道阀井井盖的丢失或损坏是否按爆管抢修的要求办理			
21	输配水管道能否定期进行暗漏检修？暗漏检修率是多少			
22	每年管道更新改造计划是否符合《城市供水管网漏损控制及评定标准》(CJJ 92)要求			
23	各阀门井井盖是否齐备、完好			
24	是否制订了对配水管及管道末梢进行定期冲洗的计划并严格执行			
25	供水企业是否对用户水表后的管道系统进行监督，有防止倒流措施，并经常向用户宣传安全用水知识			
泵站				
26	在近两年来生产运行高峰期间，泵站中是否有备用机组			
27	机泵的运行是否有泵组开停、泵组运行参数、运行中所发生的事件和当班人员的姓名等记录			
28	是否有巡检制度？巡检记录是否完整			
变配电				
29	泵站电缆沟内是否有积水排放设施			
30	变配电系统是否建立了防雷系统			
31	取水设施中的机电设备是否按照机电设备维修规程定期执行			
32	根据现行《用电安全导则》(GB/T 13869)的要求，供水企业是否已经制定了变配电系统的用电安全规程和岗位责任制度			

(续表)

序号	检查内容	检查结果		备注
		是	否	
33	是否制定了变配电系统内的电气维修规程			
34	是否建立了接地系统的定期器检测制度,保存检测报告并采取措施纠正其接地电阻值			
35	操作泵房的高/低压配电室设备时是否严格遵守安全规程			
36	是否有对机电设备进行的巡检制度;巡回记录是否完整			
37	变配电系统的技术资料是否齐全			
38	是否对变配电系统中的电气设备按规程进行定期的电气试验和继电保护校验,参加试验的单位有资质,所提交的试验报告交电气主管人员审定后存档			
39	是否制定了变配电系统事故预案			
自动控制				
40	在输配水系统中是否建立了以计算机技术为基础的监控系统			
41	在取水系统中是否建立了以计算机技术为基础的监控系统			
42	在制水系统中是否建立了以计算机技术为基础的监控系统			
计量与监测				
43	水厂化验室的水质检测能力能否达到现行《生活饮用水卫生标准》(GB 5749—2006)对制水、出厂水日检验项目的要求			
44	水质检验是否严格执行国家现行《生活饮用水卫生标准》(GB 5749—2006)			
45	水质检验的方法是否按《生活饮用水标准检验防范》(GB/T 5750)执行			
46	水质检验项目和频率是否达到现行《城镇供水运行、维护与安全技术规程》(CJJ 58)规定			
47	是否根据需要配备了便携式水质检测仪、流动检测车和便携式毒性监测仪			
48	化验室使用的计量分析仪器是否严格按照《城镇供水运行、维护与安全技术规程》(CJJ 58)规定的要求,对仪器进行检定、校验和维护			
48	化验室在安全方面是否严格执行实验室资质认定中的有关安全规定			
50	水质检测机构是否经过国家或省级认证认可部门对实验室资质的认定			
51	化验室是否每年至少参加一次由国际、国内或地区有关机构组织的实验室比对或能力验证活动			
52	管网的水质检验采样点数量是否符合《城市供水水质标准》(CJ/T 206)按供水人口每2万人设一个采样点的规定			
53	是否定期抽检用户受水点的水质			
54	水质检验是否记录完整			
55	流量计运行过程中,按《速度流量计》(JJG 198)的周期要求是否由具备资格的单位及相关人员进行过现场校准			

（续表）

序号	检查内容	检查结果		备注
		是	否	
56	水量计量仪表是否建立了周检、强检、抽检计划			
57	负责计量管理的职能部门是否按规定进行水量计量管理			
58	用户水表的强检是否符合《强制检定的工作计量器具实施检定的有关规定》的要求			
	调度			
59	是否根据供水规模和范围、水源状况、水厂和管网中的加压调蓄设施分布情况设立了相应原水调度机构，并制定相应的取水调度职责			
60	是否制定了调度机构负责人和调度员的资格条件			
61	调度室在日常实时调度时，是否通过掌控水源、水厂供水量和水压，结合管网条件精细调度，并能经济合理地满足供水范围内服务水压的要求			
62	是否积累了调度运行中发生的主要资料和信息			
63	原水干管阀门的启闭是否事先经调度室同意			
64	机泵的开停操作是否根据中心控制室的命令			
65	调度室针对管网压力不正常的变化，是否建立了爆管等事故的相应处理程序			
66	调度室是否有数据采集和监控系统（SCADA 系统）；是否为提升和发展调度机构的科学决策水平，已研发或将要研发的地理信息系统（GIS 系统）、调度执行、决策、事故处理系统			
	安全防护、消防、安保			
67	是否为员工提供必要的劳动保护装备，并且定期进行指导培训			
68	是否有劳动保护装置的替换和维护规定，并且定期检车设备的可用性			
69	需下井作业的是否有相应的安全及管理措施			
70	夜间施工作业是否有防护、警示设备、设施			
71	机电设备的转动部分是否各有防护装置			
72	配水管道上的消火栓形式、规格及安装位置是否按国家有关规定和消防部门的要求确定			
	突发事件与应急预案			
83	供水企业是否按国务院《国家突发环境事件应急预案》、《建设部关于印发〈城市供水系统重大事故应急预案〉的通知》、建设部《城市供水水质管理规定》（第 156 号令）等有关要求，制定了发生突发事件，如自然灾害、水源污染、电网断电、重大生产运行等事故及人为破坏等事件时的制水系统应急预案（以下简称“应急预案”），并进行定期演练和评估			
74	在“应急预案”中是否明确突发事件时企业内部的指挥和领导机构与工作分工			
75	针对各种可能的突发事件，是否有紧急供水措施，以保证居民基本生活用水需求			
76	是否将可能遇到的突发事件按照有关规定进行分级，并设立了相应的预警等级			
77	是否对输配水系统在日常生产和发生突发事件时可能存在的薄弱环节、安全风险及发生概率等进行了评估，并有相应措施			

（续表）

序号	检查内容	检查结果		备注
		是	否	
78	对已发生的突发事件是否有完整的记录			
79	是否制定了机泵运行的应急预案？在电源供应都中断的情况下，是否有防止水锤的技术措施			
80	是否对泵站运行的事故应急预案进行定期演练			
人员与管理				
81	承担输配水管网设计、施工、监理的单位及个人是否具有相应的资质			
82	输配水管道及用水户支管的设计、施工、管理维护是否遵照相应的规范、标准及规程			
83	输配水管道及用水户支管的竣工资料，是否符合城市档案管理及企业经营管理的相关规定			
84	近10年输配水系统的图纸、档案资料是否齐全，保存良好并及时更新			
85	是否保持了输配水管网系统的图纸、档案资料完整，并不断更新，及时反映现状建立了GIS管理系统			
86	主要技术工种上岗前是否都进行过技术培训			
87	是否制定了输配水系统中的运行操作手册，明确了各岗位的职责和权限			
88	是否建立并执行输配水管道的阀门启闭、操作制度			
89	是否确定了技术负责人离开时代理规则和权限，并且公布了其代理规则和权限			
90	是否书面聘任了安全监督人员			
91	是否能够保证安全监督人员在企业所有分支机构中起到管理和监督作用			
92	是否建立了用户服务热线系统			
93	用户投诉问题及处理效果是否建档			
94	是否根据有关规定定期向社会公众公布供水水质			

附表C-4　　二次供水系统人为因素详细排查表

序号	检查内容	检查结果		备注
		是	否	
二次供水设施				
1	从事二次供水设施的设计、生产、加工、施工、使用和管理的单位，是否遵照《二次供水设施卫生规范》(GB 17051)的规定执行			
2	供水企业是否建立制度，加强对二次供水设施的监督管理			
3	二次供水设施是够建立档案			
4	水池、水箱是否做到定时清洗			
5	当清水池、水箱的贮水量停留时间过长时易使余氯消失，是否采取适当降低水位、减小容量的措施			

（续表）

序号	检查内容	检查结果		备注
		是	否	
6	新建二次供水设施完工后的冲洗消毒是否按相关标准实施，且水质化验部门取水检验合格			
7	水池的排空、溢流是否设置水封设施，杜绝外界污染			
8	水池和水箱的技术要求是否遵守《室外给水设计规范》(GB 50013)			
9	二次供水管道所选的管材、阀门等设备及内外防腐措施(包括必要的阴极保护措施)是否符合相关的国家标准			
10	清水调蓄设施是否设置了安保监控装置并能及时传递至监管控制中心，及时报警			
11	机电设备是否按照机电设备维修规程定期执行			
12	运行管理是否有泵组开停、泵组运行参数、运行中发生的事件和当班、巡检人员的姓名等笔录			
13	是否有对二次供水设施中的机电设备运行巡回检查的制度(包括变配电设备)			
14	是否制定了机泵运行的应急预案			
变配电				
15	是否有对机电设备运行巡回检查的制度(包括变配电设备)			
16	变配电系统的技术资料是否齐全			
17	是否制定了变配电系统内的电气维修规程			
18	是否建立了接地系统的定期检测制度，保存检测报告并采取纠正其接地电阻值			
19	是否对变配电系统中的电气设备按规程进行定期的电气试验和继电保护检验，参加试验的单位是否具备资质，所提交的试验报告是否交电气主管人员审定后存档			
20	是否制定了变配电系统事故预案			
计量与监测				
21	水质检验是否严格执行国家现行《生活饮用水卫生标准》(GB 5749—2006)			
22	水质检验的方法是否按《生活饮用水标准检验防范》(GB/T 5750)执行			
23	化验室在安全方面是否严格执行实验室资质认定中的有关安全规定			
24	是否定期抽检用户受水点的水质			
25	水质检验是否记录完整			
26	是否根据需要配备了便携式水质检测仪、流动检测车和便携式毒性检测仪			
27	水量计量仪表是否建立了周检、强检、抽检计划			
28	负责计量管理的职能部门是否按规定进行水量计量管理			
29	用户水表的强检是否符合《强制检定的工作计量器具实施检定的有关规定》要求			
安全防护、消防、安保				
30	是否为员工提供必要的劳动保护装置，并且定期进行指导培训			

（续表）

序号	检查内容	检查结果		备注
		是	否	
31	是否有劳动保护装置的替换和维护规定，并且定期检查设备的可用性			
32	夜间施工作业是否有防护、警示设备、设施			
33	机电设备的转动部分是否各有防护装置			
突发事件与应急预案				
34	是否按国务院《国家突发环境事件应急预案》、《建设部关于印发〈城市供水系统重大事故应急预案〉的通知》、建设部《城市供水水质管理规定》（第156号令）等有关要求，制定了发生突发事件，如自然灾害、水源污染、电网断电、重大生产运行等事故及人为破坏等事件时的制水系统应急预案（以下简称"应急预案"），并进行定期演练和评估			
35	在"应急预案"中是否明确突发事件时企业内部的指挥和领导机构与工作分工			
36	是否将可能遇到的突发事件按照有关规定进行分级，并设立了相应的预警等级			
37	是否对二次供水系统在日常生产和发生突发事件时可能存在的薄弱环节、安全风险及发生概率等进行了评估，并有相应措施			
38	针对各种可能的突发事件，是否有紧急供水措施，以保证居民基本生活用水需求			
人员与管理				
39	是否建立了对二次供水设施的监督管理制度			
40	二次供水设施管理是否建立档案制度			
41	二次供水系统的图纸、档案资料是否完整，并不断更新、及时反映现状			
42	是否制定了二次供水系统的运行操作手册，明确了各岗位的职责、权限和责任			
43	从事水量计量工作人员是否具备相应的资格并持证上岗			
44	主要技术工种上岗前是否都进行过技术培训			
45	设备和材料采购是否通过招标的方式进行			
46	是否书面聘任了安全监督人员			
47	是否能保证安全监督人员在二次供水系统中起到监督和管理的作用			
48	是否建立了用户服务热线电话			
49	用户投诉问题及处理效果是否建档			

附录 D　城市水安全风险防控彩图

附图 D-1　**上海市供水规划**

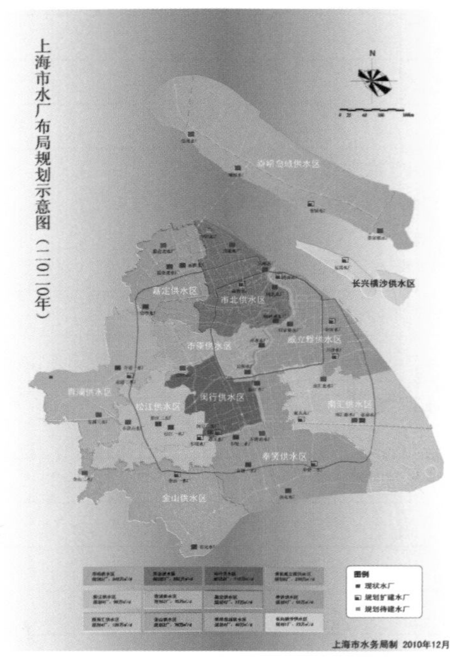

附图 D-2　**上海市原水规划**

附图 D-3　**上海市雨水排水系统**

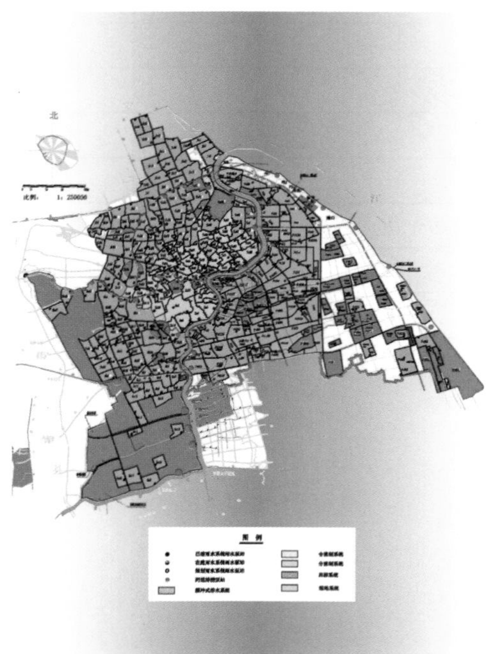

附图 D-4　**上海市污水排水系统**

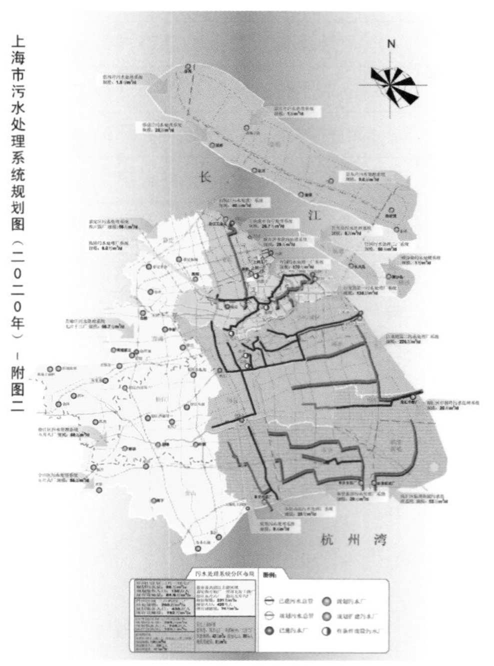

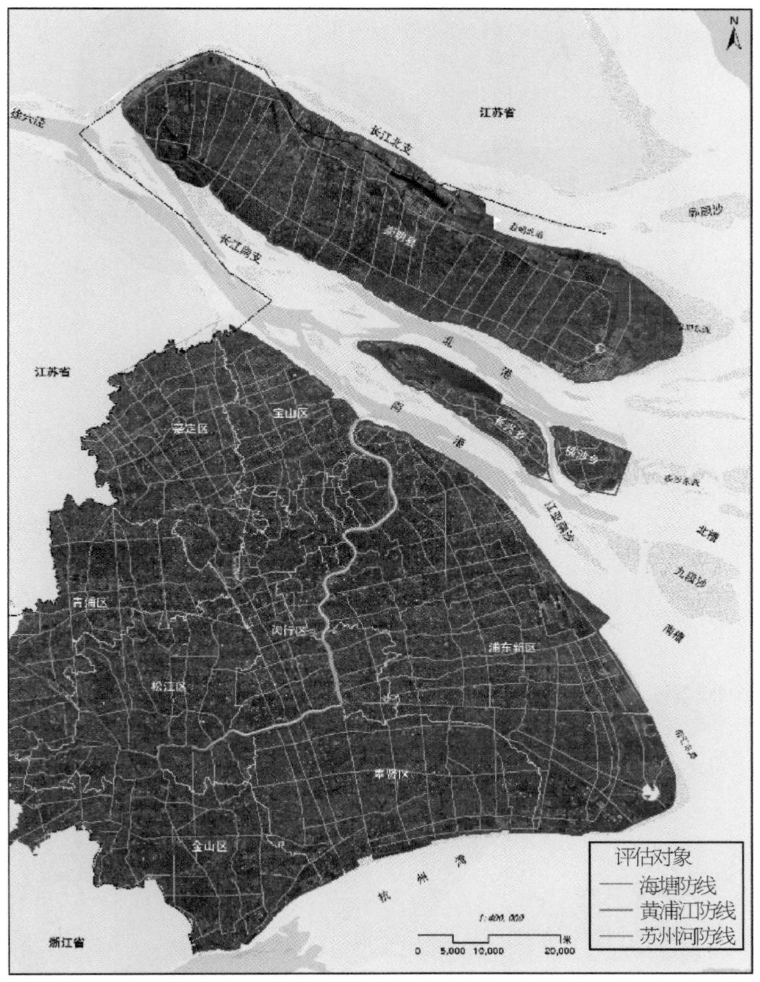

附图 D-5
上海海塘及防汛墙分布

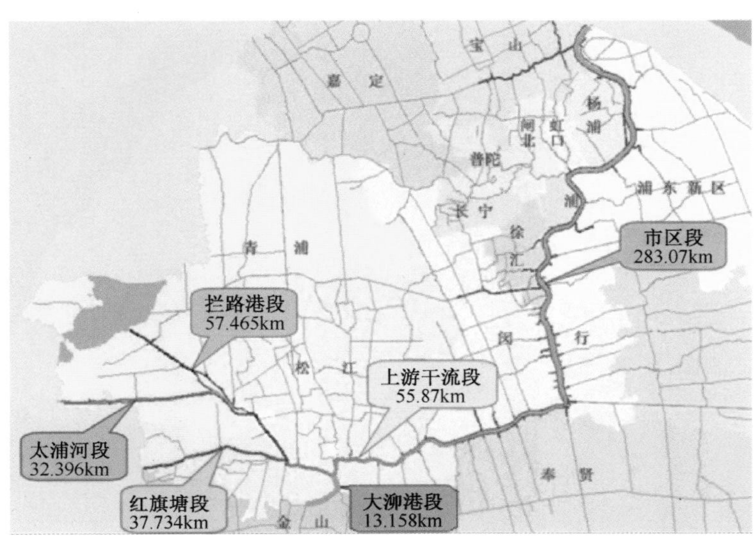

附图 D-6
黄浦江防汛墙分布

附图 D-7
上海市中心城区内涝风险图

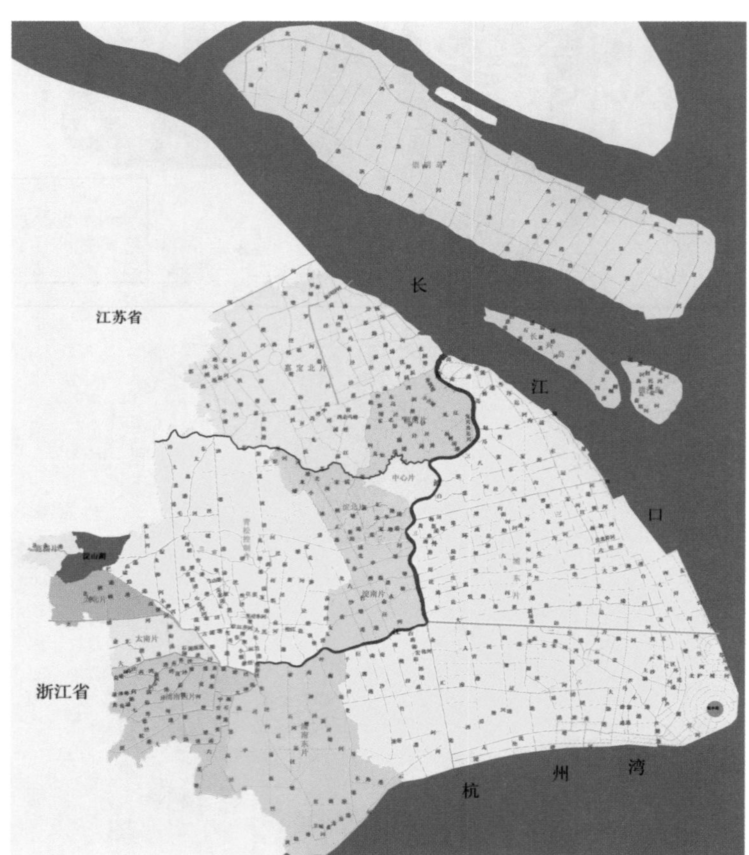

附图 D-8
上海市水利分片治理（防洪、治涝）布局图

附图 D-9　**上海中心城区水利标准 10 年一遇暴雨组合“麦莎”实测潮位淹没水深图**

附图 D-10
上海中心城区水利标准 10 年一遇暴雨组合“麦莎”实测潮位淹没历时图

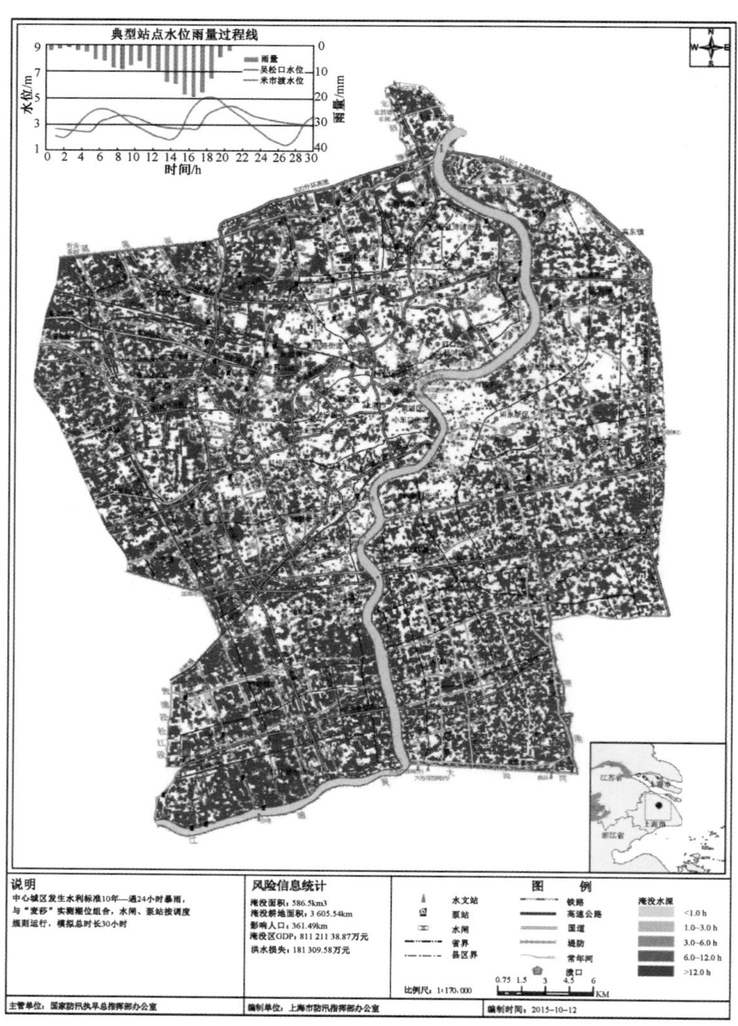

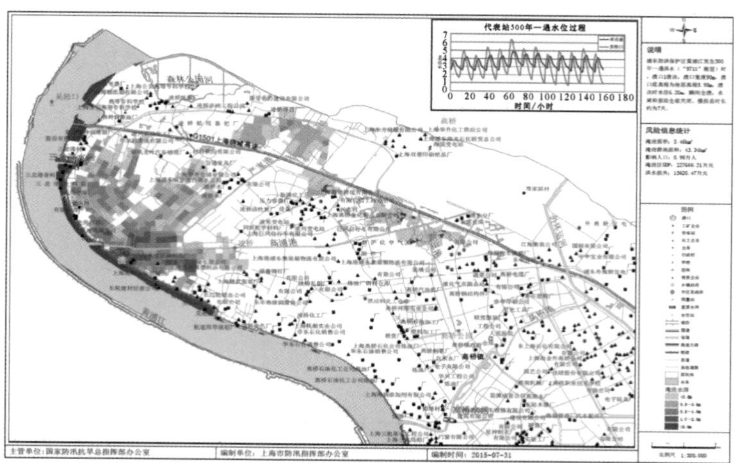

附图 D-11
浦东新区北部区域黄浦江堤防溃决淹没水深图（洪水重现期 500 年一遇）

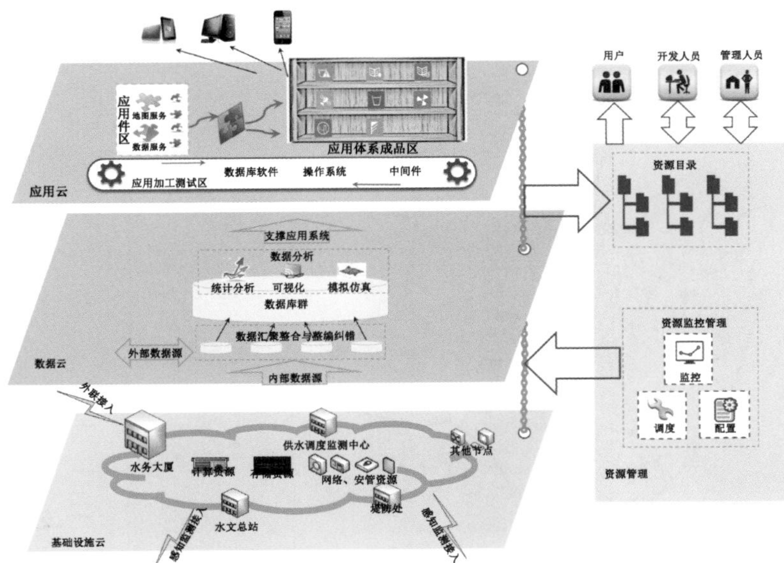

附图 D–12　**防汛信息数据整合示意图**

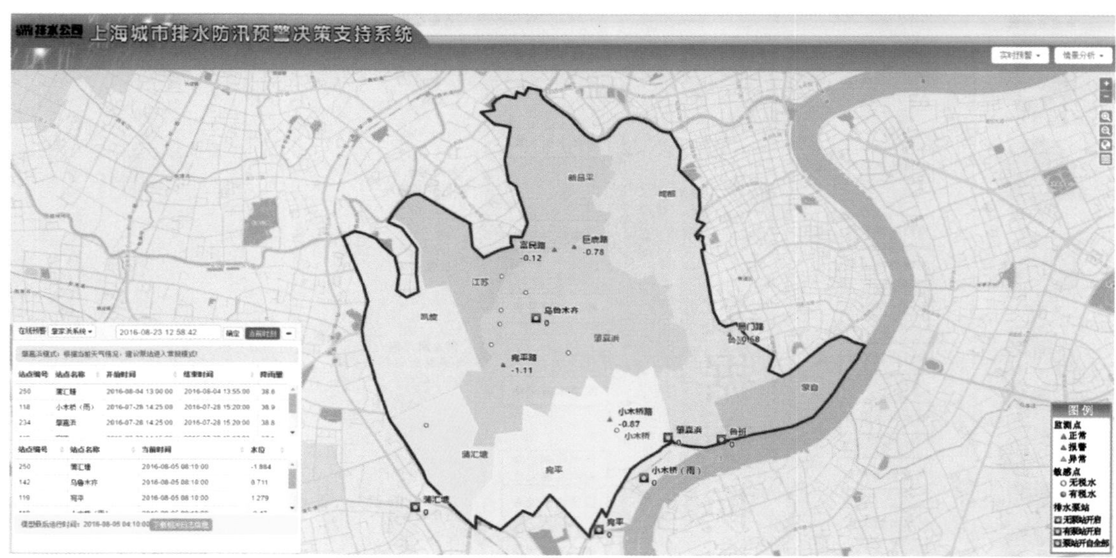

附图 D-13　**城区积水实时预警模型界面示例图**

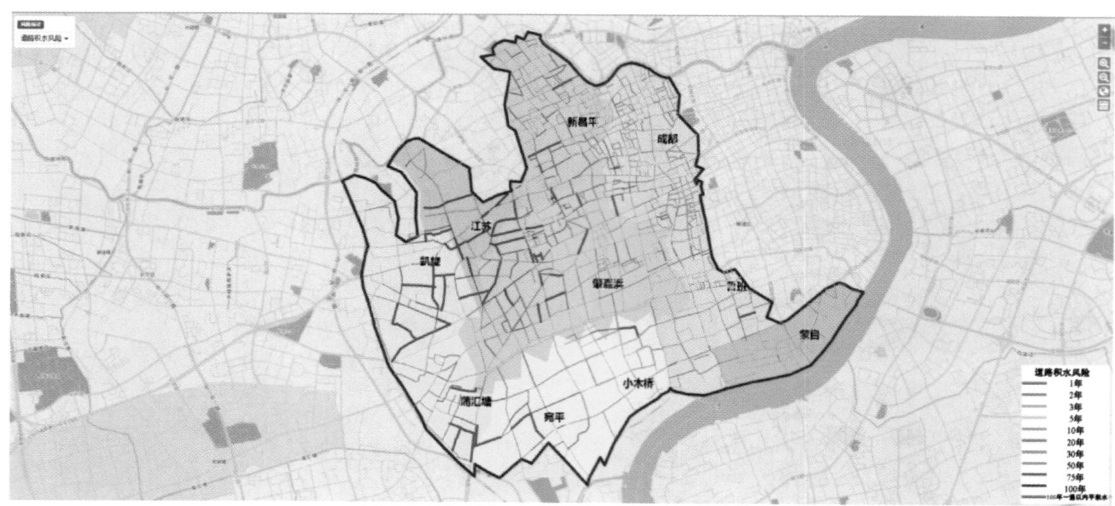

附图 D-14　**情景分析示例——道路积水风险**

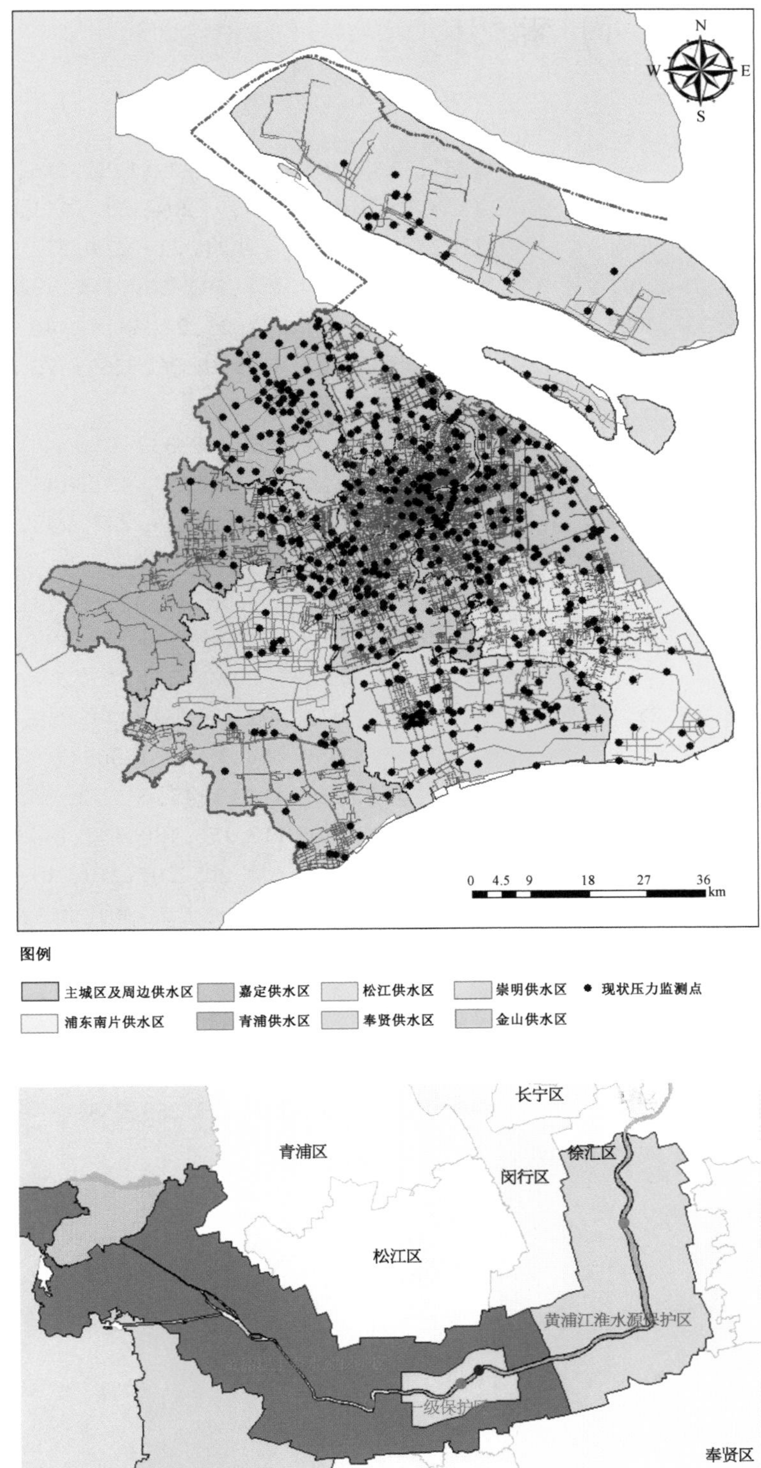

附图 D-15
上海市供水管网在线压力监测点的分布现状

附图 D-16
黄浦江干流现有水质监测点位置示意图

名 词 索 引